数字电子技术实验指导书 第3版

○ 主 编 朱玉玉 刘 泾
○ 副主编 朱玉颖 梁艳阳

中国教育出版传媒集团
高等教育出版社·北京

内容简介

本书与前一版相比基本架构没有变,仍然分为四个模块:基础实验模块、自学开放实验模块、自主开放实验模块和附录模块。基础实验模块主要是实验教学中的必修实验。自学开放实验模块属于实验考试范围,可以在“虚拟实验室”完成。自主开放性实验模块是较难、较复杂知识点的验证和多个知识点综合的设计性实验,主要起承上启下的作用,可用于课程设计。附录模块主要是支撑课程运行需要的重要资料。本次修订增加了 FPGA 内容,对应用仿真工具强化学生“辨识”能力的培养和“课程监督”的新做法进行了较细致的反映。

本指导书继续落实“自主学习为主、教师指导为辅、电脑深入辅助”的范式,可作为高等院校电类相关专业数字电子技术实验课程的教材,同时也可作为高职高专、成人教育相关专业的实验教材和参考书。

图书在版编目(CIP)数据

数字电子技术实验指导书/朱玉玉,刘泾主编;朱玉颖,梁艳阳副主编.--3 版.--北京:高等教育出版社,2024.5

ISBN 978-7-04-061455-8

Ⅰ.①数… Ⅱ.①朱… ②刘… ③朱… ④梁… Ⅲ.①数字电路-电子技术-实验-高等学校-教材 Ⅳ.①TN79-33

中国国家版本馆 CIP 数据核字(2023)第 241512 号

Shuzi Dianzi Jishu Shiyan Zhidaoshu

策划编辑 王耀锋　责任编辑 王耀锋　封面设计 王　洋　版式设计 杜微言
责任绘图 邓　超　责任校对 胡美萍　责任印制 刘思涵

出版发行 高等教育出版社
社　　址 北京市西城区德外大街 4 号
邮政编码 100120
印　　刷 高教社(天津)印务有限公司
开　　本 787mm×1092mm 1/16
印　　张 22
字　　数 530 千字
购书热线 010-58581118
咨询电话 400-810-0598
网　　址 http://www.hep.edu.cn
　　　　 http://www.hep.com.cn
网上订购 http://www.hepmall.com.cn
　　　　 http://www.hepmall.com
　　　　 http://www.hepmall.cn
版　　次 2011 年 8 月第 1 版
　　　　 2024 年 5 月第 3 版
印　　次 2024 年 5 月第 1 次印刷
定　　价 46.00 元

物 料 号 61455-00

第3版前言

第3版主要体现课程持续改进的"精",反映了数字电子技术实验课程在"混合式""数字化"教学改革上持续、深入的进展。本书基本架构没有变,仍然分为四个模块:基础实验模块、自学开放实验模块、自主开放实验模块和附录模块。本次修订增加了FPGA内容,对应用仿真工具强化学生"辨识"能力的培养和"课程监督"的新做法进行了较细致的反映。西南科技大学实验课程的持续改革算起来已十年有余,主要分为两个阶段:2016年以前,基本在做课程统一管理和"虚、实结合"的探索实践,统一管理是"难点、痛点";2016年以后,主要在做"线上与线下结合""仿真工具的深入应用""开放与定点结合""恢复实验考试"和FPGA的基础内容融入传统实验课程运行的探索实践。直到2018年5月,课程线上资源在高等教育出版社数字课程平台(ICC)出版,线上、线下结合改革算是告一段落。同年,FPGA的教学内容也以"植入"形式落实到了实验课程中。在FPGA技术融入课程的探索实践中,主要遇到了两个方面的困难:一是在原有实验学时不能变的情况下,如何增加FPGA内容;二是用什么方法将这种"门槛"较高、软硬一体的前沿技术融合进现有以中、小规模集成电路为基础的实验内容中去。这中间FPGA集成开发环境、实验设备的选择、FPGA实验内容的选定、原有中小规模集成电路实验内容与FPGA内容如何融合最难把握,需要反复研判和实践。最终我们采用全开放的方式,将FPGA实验内容"植入"实验课程中。我们还发现其实学生的自主学习能力是很强的,关键要提供相关环境再加上老师要严格监督,学生在"虚拟电子技术实验室"通过原理与工程仿真理解了实验内容的电路原理以后,用FPGA实现就只是一个技术"翻译"的问题了。

在第2版指导书的使用过程中,我们发现其在以下三个方面存在明显不足:一是学生在预习时,对我们创立的"工程仿真"的意义和作用认识不足,很多同学在开始的几个实验预习中,往往会忽略"工程仿真",因为第2版指导书对"工程仿真"的要求基本都是在原理仿真要求后一笔带过;二是学生在写实验报告时往往不会写"数据结果分析";三是第2版指导书没有很好地"植入"FPGA教学内容。

实验指导书是实验课程重要的教学资源,是学生预习、熟悉实验室环境的良好助手,其内容是否能全面反映课程模式、读者使用它进行实验预习、虚拟操作、复习是否方便,是衡量实验指导书质量的重要标准。为了更好地体现实验课程教学模式改革的成果,第3版主要修订、增加的内容如下:

1. 进一步强调突出"仿真工具"在预习中的深入应用,对仿真工具中模拟和数字仪器、仪表的使用分别提出了预习要求。

2. 在预习中将"工程仿真"独立出来,更加细致地描写"工程仿真"的方法。工程仿真其实还有一个名称,即"数字孪生"。"孪生"的意思就是双胞胎,而"数字孪生"指的是运用"数字技术"制作含动态和静态参数的实验设备模型。本指导书要求学生在做"工程仿真"

的过程中，测量电路关键点的电压或波形，从而提高在实验室做实验时的操作质量和效率。让学生清楚认识到“工程仿真”的基础是“原理仿真”，“原理仿真”的基础是理论知识学习。“工程仿真”或“数字孪生”是 CAE（计算机辅助工程）在实验中的应用，让学生预习时就能利用电脑熟悉实际实验室操作的真实环境。

3. 在基础实验模块所有实验的“四、实验内容与步骤”中增设了“1. 开放实验室”，将原来的内容放在“2. 定点实验室”中。“开放实验室”中的内容主要是学生要在 FPGA 集成开发环境中完成的相应实验。“定点实验室”中的内容和第 2 版基本保持一致，只做了一些完善。

4. 将第 2 版预习要求中带“ * ”的内容全部取消。

5. 将“五、实验报告要求”变为“五、线上和线下应交资料及要求”，将需提交的线上、线下应交资料及要求明确写入指导书中，在“线上应交资料及要求”中还增加了“数据分析”的指导。

6. 20 世纪初世界著名哲学家、教育家杜威说过“用昨天的方法教今天的学生，就会剥夺了他们的明天”。第 3 版增加了附录九至附录十六，这些附录均为实验课程教学新模式中具体的方法、手段的介绍，以便读者更好地共享我们的实验教学新模式。

7. 附录增加了虚拟环境下实验考试考题的部分摘录，考题中的实验电路维修题是为培养学生处理“复杂工程”问题的能力而出的，处理电路故障必须深入应用工程原理，故此类考题具有较高的综合性。它使实验课更好地融入了 OBE 教育理念，有助于学生“认知”能力的培养，从而助力相关专业工程认证的审核。

8. 修改第 2 版中文字、语句、插图中的错误和不准确的地方。

本书由朱玉玉、刘泾担任主编，朱玉颖、梁艳阳担任副主编，参加修订工作的有朱玉玉、刘泾、朱玉颖、梁艳阳、刘瀚宸、李桂琳。朱玉颖对基础实验模块进行了修订，梁艳阳对自学开放实验模块、自主开放实验模块进行了修订，全书最终由朱玉玉、刘泾定稿。

基础实验模块中的实验 1、实验 2、实验 9、实验 10 由刘泾修订。基础实验模块中的实验 3、实验 4、实验 5、实验 6，自学开放实验模块中的实验 24、实验 25、实验 26、实验 27、实验 28，附录三、附录五、附录六、附录十一由朱玉颖修订。基础实验模块中的实验 7、实验 8，自学开放实验模块中的实验 21、实验 22，附录十二、附录十三、附录十五、附录十六由朱玉玉修订。自学开放实验模块中的实验 11、实验 12、实验 13、实验 14、实验 15、实验 16、实验 17，自主开放实验模块中的实验 35、实验 36、实验 37，附录一、附录二由梁艳阳修订。自学开放实验模块中的实验 23，附录四、附录九、附录十四由李桂琳修订。自学开放实验模块中的实验 18~实验 20，自主开放实验模块中的实验 29~实验 34、附录七、附录八、附录十和基础实验模块的插图电子稿和自学开放实验模块、自主开放实验模块的插图电子稿由刘瀚宸修改完成，其他由朱玉玉、刘泾编辑完成。

研究生王陈、周迎辉同学在第 3 版的修订过程中做了文字整理、打印、校对工作。

由于本书提倡仿真工具在实验中的应用，所以本书还可作为高职高专、成人教育的无线电、电子对抗、自动化、电气工程、计算机、安全工程等专业的实验教材。

主管教学的李强教授在第 3 版修订过程中给予了大力支持，并提出了宝贵意见，在此一并表示感谢！

由于编者水平及时间有限，书中不足之处在所难免，敬请读者批评指正。编者邮箱：1548283899@qq.com；527082509@qq.com。

编　者

2023 年 10 月

第2版前言

本指导书第1版于2011年8月出版,已经使用了5年,在使用过程中发现指导书已有很多地方跟不上教学理念、教学方法和技术平台的发展,主要体现在如下5个方面。(1) 如今我们已经有了明确的教学理念和教学方法,教学理念是知识自动化,学生为主体,教师为主导,教学方法是“AATEt”(automation aided teaching experiment,自动化辅助教学实验),简称“艾泰特”,它是指利用现代信息技术平台和计算机软硬件技术辅助理论教学和实验教学。比如:理论课可以将预习方法录制成视频供学生提前自主学习参考,实验课可以将如何利用理论知识和计算机软硬件技术预习实验录制成视频供学生预习参考。但在第1版编写时这些内容体现不足。(2) 虽然在教学中已强调实验预习的重要性,第1版指导书也有专门要求,但预习做得好的同学还是有限,调查发现“不会预习”是主要原因之一。(3) 老师针对实验教学中存在的问题已有新的解决方法,但第1版指导书没有将该方法充分融入,以方便学生参与其中。(4) 随着数字系统的高速发展,传统的将74系列的器件组合成板上系统的手工设计时代已过渡到基于EDA技术的片上系统时代,但第1版指导书并没有反映这一部分内容。(5) A/D、D/A电路目前已成为电子电路系统的公认瓶颈,但书中在这方面的实验明显不够。为了在实验教学中解决以上问题,适应这些新的变化并解决问题,我们决定对第1版内容进行修订。第2版主要增添和修改内容如下:

1. 为了更好地辅助学生进行实验预习和自学,我们在基础部分的10个实验预习部分增加了更详细的预习内容,验证性实验均增加了必做内容预测与仿真步骤,设计性实验增加了必做内容设计与仿真步骤,附录四增加了仿真软件中实验用集成电路引脚图,它同物理集成电路在引脚布局上略有区别,但引脚序号对应的功能是完全一样的。附录七增加了图片化的仿真案例,并在印刷上将基础部分的实验预习和自学部分实验用不同颜色的字体进行了印刷。预习质量是实验操作质量的可靠保障,在仿真技术如此发达的今天,必须让学生学会利用它改变传统的实验预习习惯,认识到软件除了可以做原理性仿真,同样可以做工程级仿真。

2. 目前实验主要存在的问题还是学时少,学生们工程思维和动手能力欠缺,我们解决的办法就是把本校电子技术实验室的“虚拟版”的实验设备和仪器仪表发给学生,有了这个虚拟版的电子技术实验室,学生就可以在图书馆、校园、宿舍随时、反复进行指导书中的实验,以达到充分理解理论知识点,并积累一些工程思维和准工程能力的目的。所以再版时将基础部分实验一的名称由原来的“双踪示波器的使用及门电路测试”改为“数字实、虚电子实验环境的构建与使用”,以突出学生需首先学会构建虚拟电子实验环境的现实性和重要性,为学生主体学习理念的落实,创造必要的条件。

3. 从教学时间和教育基本规律考虑,使用FPGA平台相对SSI和MSI平台还是要复杂得多，在建立数字逻辑与时序概念和思维的初期，如果直接完全用FPGA平台做基础数字电子技术实验，那势必让学生在FPGA开发环境的熟悉上花费太多时间，造成事倍功半的结果，而且这些平台的变化、升级又比较快，再加上后续第五、第六学期还有FPGA的课程，所以我们在第2版指导书中对FPGA只增加了选择性要求，并增加了附录八，用于对现代数字系统设计平台进行介绍，并以赛灵思公司的平台为例介绍了如何在基础实验中应用这些平台，从而达到让学有余力的学生早日接触现代数字系统设计平台的目的。这部分的选择要求前面均打有*号。具体增加内容如下：

（1）能在可编程环境和语言里完成的实验，均增加了选择性要求或扩展要求，在内容安排上充分考虑了它们之间的循序渐进关系，在具体操作上对可编程环境实验部分按选择性内容处理，因为目前可编程环境不但版本多，而且升级变化也很快，所以在实验步骤上没有固定选择某企业的某个版本的开发环境进行细致要求，使用教材时，可根据自己的条件，通过现代化信息技术平台进行补充。

（2）可编程环境和语言完成实验方法分为图形输入法和软件语言输入法两种，操作上也可分为仿真和下载运行两个阶段，考虑到实验时间限制，本次修订将图形输入法介绍放到软件语言输入法之前，这样既符合从易到难的教学规律，也可以更好地和理论教学衔接，而操作过程中的下载运行一律放到学习者课余时间进行，辅导、讨论放在课程QQ群上进行。

4. 增加了5个A/D、D/A仿真实验，名称分别是“Ⅰ型8位D/A转换仿真验证”“Ⅴ型8位D/A转换仿真验证”“8位A/D转换仿真验证”“16位A/D转换仿真验证”“8位A/D-D/A转换综合仿真验证”。仿真实验可以在课余时间进行，仿真后同样可以达到深入理解理论知识点的目的。

5. 附录增加“现代数字系统设计简介”这部分内容。该部分主要介绍了现代数字系统设计的一些CAD工具，尽管这些工具都非常强大，可以设计复杂的数字系统，但本指导书介绍它的目的只是为了使用它完成数字电子技术基础实验，为以后进一步学习数字系统设计打下坚实的基础。这些CAD工具升级、创新都比较快，在学习时一定要掌握其核心要点和内容，才能在将来举一反三地掌握更多类似的CAD工具。“非可编程仿真环境实验案例”这部分内容方便学生对实验内容的预习和复习。“附录二”介绍了常用电子技术实验仪器、仪表、设备，并对虚拟设备和物理设备进行了对比，目前学生能使用实验室的时间毕竟有限，而虚拟仪器、仪表、设备是便携的，掌握好它们的使用对常用电子技术实验仪器、仪表、设备的使用有很大帮助，虚拟仪器、仪表、设备操作是物理仪器、仪表、设备操作的抽象。

6. 修改了部分实验在第1版书中的顺序，使整体架构更加符合第2版的编写中心思想。根据几年的使用情况，发现学生写实验步骤有困难，本次修订对一些实验补充了实验步骤。

7. 第2版取消了第1版书后所附的光盘，光盘中常用仪器、仪表的使用资料已上传至学校精品课程网站。

本指导书由刘泾担任主编，黎恒、肖宇峰担任副主编，参加本次修订工作的有刘泾、黎恒、肖宇峰、张小乾、刘瀚宸。黎恒、肖宇峰分别对内容进行了统稿，全书最终由刘泾定稿。

自学实验11~21由黎恒修改完成，自主开放实验29~37由肖宇峰修改完成，自学开放实验里的22~24由肖宇峰编写完成；自学开放实验里的25~28由张小乾、刘泾合作编写完成。附录二~附录六、插图电子稿由刘瀚宸修改完成，其他由主编修改完成。研究生付涛、张慧玲同学对第 2 版的修订编写做了文字整理、打印、校对工作。

感谢华北电力大学的戴振刚老师对本书的审阅，戴老师提出了许多宝贵的意见和建议。

主管教学的姚远成院长、FPGA 实验室的秦明伟副教授和侯宝临老师在第 2 版编写过程中给予了大力支持，在此一并表示感谢。

本指导书的编写得到了教育部电子信息类专业教指委 2014“重大、热点、难点”研究课题的资助，项目编号 2014-Y18。

本指导书的编写得到了学校教材建设项目的资助。

由于编者水平及时间有限，书中不足之处在所难免，敬请读者批评指正。作者邮箱：Liujing@ swust.edu.cn。

编　者

2015 年 12 月于高近书屋

第1版前言

电子技术基础实验是配合电子技术理论课程的一个关键环节，是学生进一步认识和理解电子技术基础理论的重要步骤，其目的是通过实验达到对电子技术基础理论知识点的深入理解，为将来的工程应用打下良好基础。要想很好地掌握数字电子技术基础知识，除了要从理论层面认真学好有关电子元器件、通用集成电路IC及所构成的基本电路的原理和分析方法外，还要掌握它们的具体应用。电子技术实验就是电子技术理论具体应用的入门，实验指导书是这一教学环节在理论教材基础之上的指导。

本书是数字电子技术实验指导书。全书内容分为4个模块：

(1) 基础实验模块。通过本模块的学习，学生应学会基本的实验方法，包括设计预测、仿真和操作技能。这一模块按通常的实验教学模式进行。

(2) 自学开放实验模块。在该模块的学习过程中，学生应根据自己在第一模块中掌握的实验方法，进一步对已有理论知识进行深入地理解、消化、掌握。该模块在开放实验室或虚拟仿真实验室环境中进行。

(3) 自主开放实验模块。该模块也在开放实验室或虚拟仿真实验室环境中进行。它与第二模块的主要区别是，学生根据第一、第二模块中掌握的实验方法和理论知识，尝试解决一些老师在实际工程中提炼出的问题，为将来的应用和继续提高、深造打下坚实基础。这一部分实验只给出了部分内容，要靠学生自己分析、完善，并完成实验。比如，给出了引脚正确的设计参考附图，但没有给出IC具体型号(模拟实际工程中因为时间久远型号已消失的情况或被人为擦除的情况)，要靠学生自己分析、思考、查找、完善设计。

(4) 附录模块。这一部分主要收集一些完成基础实验模块必需的技术资料和学生完成实验需要的辅助案例。

另外，本书配有一张光盘，介绍了常用电子仪器仪表的使用方法，以便学生对示波器、信号发生器等有更直观地了解。

自学开放实验模块和自主开放实验模块属于“差别化教学”的内容，暂不对学生做统一要求。

本实验指导书的特点如下：

(1) 重提“验证性实验”的应有地位，验证是设计的基础，在自学开放实验模块编入一定量的验证性实验。

(2) 根据学时合理地调整教学实验的内容，留“本”去“末”，将每个教学实验内容调整到合理的量上，被压缩的重要内容自然地放到扩展要求和自学开放实验模块和自主开放实验模块，让学生在课余进行拓展。

(3) 增加“返璞归真”“求本溯源”的实验，重点放在目前仍在应用并不断发展的基础理论知识点上,比如:基于运放和分立器件的 A/D、D/A 实验。

(4) 突出对学生专业“判断力”和工程素质的培养和提高。在实验中突出如何判断所用元器件、仪器仪表、专用导线的好坏,对与工程素质密切相关的实验步骤有严格的要求。

(5) 创新附录的编写方式,锻炼学生查找资料的能力。强调利用计算机网络查找资料的重要性。学生将在广泛的查询中获得知识,提高自己的专业判断力和自主学习精神。

(6) 强调仿真软件在电子技术基础理论实验中的重要性。仿真软件是自主学习的优秀老师。

使用本书进行教学的最佳硬件条件是独立的教学实验室和开放性实验室。两者不能混合使用,混合使用可能会因为设备而使基础实验教学的质量得不到保证。目前还没有独立的开放性电子实验室的学校也可用虚拟仿真实验室暂时代替。

本书是以多年实验教改项目的成果作为支撑,总结作者多年工程经验和教学经验编写而成的。在编写过程中还参照了《高等学校国家级示范中心建设标准》和《高等学校本科教育工作提高教学质量的若干意见》的要求以及目前“卓越工程师”的培养目标。

本书由西南科技大学信息工程学院刘泾担任主编。具体编写分工如下:实验 1、实验 14、实验 19、附录 2 由胥学金编写;实验 3、实验 7、实验 22、实验 23 由方艳红编写;实验 2、实验 17、实验 18 由张小京编写;实验 6、附录 2 由刘春梅编写;林伟参与了附录 5 的编写;其余内容均由刘泾编写。

本书由姚远程教授担任主审。姚远程教授对本教材进行了全面认真地审阅,并提出了很多宝贵的意见,在此表示衷心的感谢。主管学院教学工作的尚丽平教授对本书的前言和架构均提出了宝贵的意见,在此表示感谢。

张守峰、周凤、祁文洁、贺梅、刘勇军等学生为书中的图稿、仿真和手稿录入做了许多工作,在此一并表示感谢。

本指导书也参考了国内部分公司实验设备的配套实验指导讲义和本学院在此之前使用的实验指导自编讲义的内容,在此对参加过这些实验指导讲义编写的老师一并致谢。

由于本书提倡仿真工具在实验中的应用,所以本书还可作为网教、自考、电大等成人教育的无线电、电子对抗、自动化、电气工程、计算机、安全工程等专业的实验教材。

由于编者水平及时间有限,书中不足之处在所难免,敬请读者批评指正。

编　者

2011 年 5 月

目录

模块一　基础实验

模块二　自学开放实验

模块三　自主开放实验

模块四　附　录

模块一　基础实验

实验 1　常用虚、实电子仪器、仪表、设备与 FPGA 平台使用

一、实验目的

实验 1 PPT

1. 学会常用虚、实电子仪器、仪表、设备和 SSI 器件的使用。
2. 掌握用虚、实示波器测量方波和脉冲信号基本参数的方法。
3. 学会使用课程选用的 FPGA 集成开发环境(IDE)实现 SSI 逻辑器件。
4. 学会本实验线上、线下资料的撰写、整理,体会“工程仿真”的作用。

二、预习要求

1. 基本要求

(1) 结合实验内容,阅读本指导书附录,认识电子技术实验室环境,掌握虚拟电子技术实验室环境的使用,重点是虚拟函数信号发生器和示波器及本实验要用的虚拟 SSI 集成电路的使用(包括内部结构、引脚图),了解附录中虚、实同型号集成电路的功能,查找引脚序号、布局同异的器件有哪些。

(2) 在线上视频指导下,用仿真软件对本实验内容进行仿真。

(3) 用课程选用的 FPGA 集成开发环境实现本实验的 SSI 器件。

(4) 学会线上、线下提交资料的撰写、收集与整理。

2. 必做内容

1) CAL 信号和脉冲信号仿真测量步骤

(1) 原理仿真

① 用虚拟模拟函数发生器(function generator)输出“CAL”信号(信号参数见虚表 1.1 最左一栏),用虚拟模拟示波器(oscilloscope)观察、测量,将数据结果和带坐标、数据结果的波形图填入虚表 1.1 中(相关参数含义见附录二)。

虚表 1.1　CAL 信号虚测量结果

信号	相关参数	虚测量数据	虚波形图
CAL 信号 (V_{P-P} = 0.3 V, 1 kHz)	偏转灵敏度/(V/div)		
	波形的峰-峰高度 H_y/格		
	峰-峰电压 V_{P-P}/V		
	扫描速度 t/div		

续表

信号	相关参数	虚测量数据	虚波形图
CAL 信号 (V_{P-P} = 0.3 V, 1 kHz)	一个周期的宽度 H_x/格		
	信号周期 T/s		
	信号频率 f/Hz		

(偏转灵敏度(V/div)也是示波器垂直方向每方格的单位，扫描速度也是示波器水平方向每方格的单位，见附录二中示波器的介绍。)

② 虚拟模拟函数发生器(function generator)输出频率为 1 MHz、峰-峰值为 5 V 的方波信号，用虚拟模拟示波器(oscilloscope)观察、测量方波信号的一个脉冲的上升沿时间、下降沿时间、脉冲宽度等参数，将数据结果和带坐标、数据结果的波形图填入虚表 1.2 中。

虚表 1.2　方波信号虚测量结果

信号	相关参数	虚测量数据	虚波形图
方波信号	上升沿时间/ns		
	下降沿时间/ns		
	脉冲宽度/μs		
	脉冲幅值/V		
	高电平/V		
	低电平/V		

(2) 工程仿真

① 用虚拟数字函数发生器(Agilent function generator)输出“CAL”信号(信号参数见虚表 1.1 最左一栏)，用虚拟数字示波器(Tekronix oscilloscope)观察测量，将结果同“原理仿真”中的结果对比。

② 用虚拟数字函数发生器(Agilent function generator)输出频率为 1 MHz，峰-峰值为 5 V的方波信号，用虚拟数字示波器(Tekronix oscilloscope)观察测量方波信号的一个脉冲的上升沿时间、下降沿时间、脉冲宽度等参数，将结果同“原理仿真”中的结果对比。

2) SSI 集成电路虚拟环境预习仿真

(1) 74LS00 集成电路原理仿真

① 在仿真软件的主菜单 place/component/74LS 中找到原理性 74LS00D 或 74LS00N 器件，点击右上角 OK 按钮，在弹出的窗口 A、B、C、D 中任意点击 1 个**与非**门放到电路编辑窗口。

② 在 74LS00 器件的每个输入引脚放置逻辑开关，在每个输出引脚放置逻辑显示，点击“运行”，拨动逻辑开关，观察逻辑显示 LED 的亮、灭是否满足**与非**逻辑关系(真值表)。

③ 记录各个端口、节点的逻辑状态和电压，供工程仿真参考。

(2) 74LS00 集成电路工程仿真

① 在软件环境里打开课程提供的虚拟实验设备。

② 对照原理仿真电路，在虚拟实验设备上找到工程性 74LS00 器件，在器件内部的 4 个**与**

非门中任选一个，完成输入、输出端的工程仿真连线（注意元器件的引脚编号要对应连接），连线不要接在虚拟实验设备上逻辑开关、逻辑显示电路输出、输入端引线的端头上（需错过端头少许），以免修正时改变虚拟实验设备的固有布局结构（改变虚拟实验设备布局会被扣分）。

③ 运行虚拟实验设备，观察、记录结果，并判断结果是否满足**与非**逻辑关系（真值表）。

④ 记录各个端口、节点的逻辑状态和电压，供实验室排除故障用。

（3）74LS08、74LS86 集成电路的原理仿真、工程仿真方法同上

（4）74LS20 集成电路原理仿真

① 在仿真软件的主菜单 place/component/74LS 中找到原理性 74LS20D 或 74LS20N 器件，点击右上角 OK 按钮，在弹出的窗口 A、B 中任意点击 1 个 4 输入**与非**门放到电路编辑窗口。

② 在 4 输入**与非**门的每个输入引脚放置逻辑开关，在每个输出引脚放置逻辑显示，点击“运行”，拨动逻辑开关，观察逻辑显示 LED 的亮、灭是否满足 4 输入**与非**逻辑关系（真值表）。

③ 记录各个端口、节点的逻辑状态和电压，供工程仿真参考。

（5）74LS20 集成电路工程仿真

① 在软件环境里打开课程提供的虚拟实验设备。

② 对照原理仿真电路，在虚拟实验设备上找到工程性 74LS20 器件，在器件内部的 2 个 4 输入**与非**门中任选一个，完成输入、输出端与虚拟实验设备的逻辑开关、逻辑显示连线（注意元器件的引脚编号要对应连接），连线不要接在虚拟实验设备逻辑开关、逻辑显示电路输出、输入端引线的端头上（需错过端头少许），以免修正时改变虚拟实验设备的固有布局结构（改变虚拟实验设备布局会被扣分）。

③ 运行虚拟实验设备，观察、记录结果，并判断结果是否满足**与非**逻辑关系（真值表）。

④ 记录各个端口、节点的逻辑状态和电压，供实验室排除故障用。

3）FPGA 集成开发环境设计与实现

用课程选用的 FPGA 集成开发环境完成本实验所列的 4 种 SSI 逻辑器件的 Verilog 程序编写、仿真、综合、下载验证。

三、实验原理

1. 示波器工作原理

模拟示波器和数字示波器电路框图分别如图 1.1 和图 1.2 所示，较详细的内容请参考附录二中关于模拟示波器和数字示波器的相关介绍。

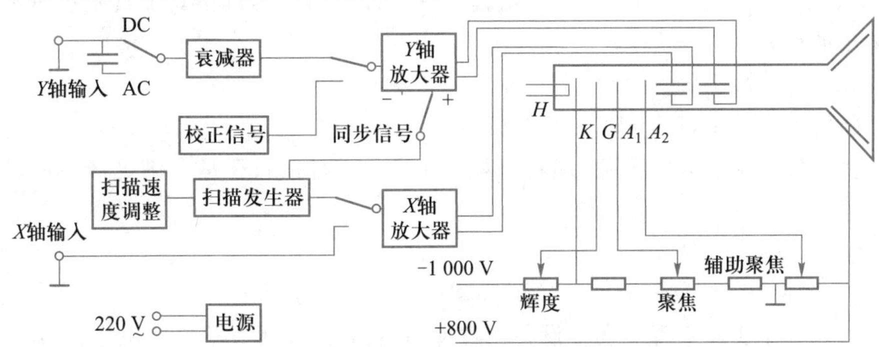

图 1.1　模拟示波器电路框图

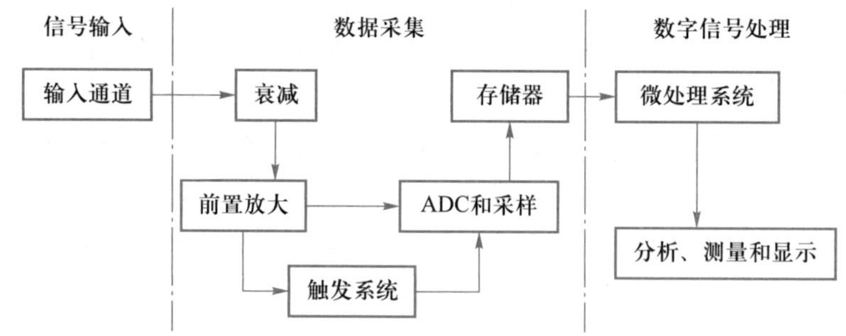

图 1.2　数字示波器电路框图

2. 本实验逻辑门原理

（1）2 输入**与非**门（IC 型号 74LS00，引脚图见附录四）

$$F=\overline{AB}$$

（2）2 输入**与**门（IC 型号 74LS08，引脚图见附录四）

$$F=AB$$

（3）2 输入**异或**门（IC 型号 74LS86，引脚图见附录四）

$$F=A\oplus B$$

（4）4 输入**与非**门（IC 型号 74LS20，引脚图见附录四）

$$F=\overline{ABCD}$$

四、实验内容与步骤

1. 开放实验室（进入定点实验室前完成）

（1）打开课程选用的 FPGA 集成开发环境 IDE，并在 IDE 中建立本实验逻辑门的 FPGA 工程（注意建工程前，先建一个 FPGA 工程总文件夹，再在里面建若干子文件夹，用于保存具体工程，切忌工程混装，比如：**与非**门、**异或**门是 2 个工程不能放在一个子文件夹内）。

（2）在 IDE 中，分别在新建工程中再新建逻辑门 Verilog HDL 设计文件，并输入相应设计代码。

（3）在 IDE 中，分别在新建工程中再新建逻辑门 Verilog HDL 仿真文件（方法同设计文件），并输入该设计仿真程序代码，修改仿真文件属性、保存，运行仿真工具实现对本工程的仿真并输出波形。

（4）综合并分配引脚，生成输出文件。

（5）将输出文件下载至 FPGA 开发板中。

（6）操作开发板已分配开关，观察分配的 LED 显示器亮、灭是否满足器件的逻辑关系（真值表）。

2. 定点实验室

1）基本要求

（1）熟悉电子实验室现有实验设备的各种功能，并能灵活应用这些功能。

（2）用示波器测试本机的“CAL”信号，将结果填入表 1.1 中。

表 1.1　CAL 信号测量结果

信号	相关参数	测量数据	波形图
CAL 信号(V_{P-P}=0.3V, 1 kHz)	偏转灵敏度/(V/div)		
	波形的峰-峰高度 H_y/格		
	峰-峰电压 V_{P-P}/V		
	扫描速度 t/div		
	一个周期的宽度 H_x/格		
	信号周期 T/s		
	信号频率 f/Hz		

(3) 测量方波的一个脉冲信号的上升沿时间、下降沿时间、脉冲宽度等参数。

用函数信号发生器输出频率为 1 MHz、5 V 的方波信号,用示波器测量一个脉冲信号的相关参数,并绘出波形图,将结果填于表 1.2 中。

表 1.2　方波一个脉冲信号参数测量结果

信号	相关参数	测量数据	波形图
方波信号	上升沿时间/ns		
	下降沿时间/ns		
	脉冲宽度/μs		
	脉冲幅值/V		
	高电平/V		
	低电平/V		

(4) 测试门电路功能。

测试实验原理中列出的几个通用逻辑门的逻辑功能(也可测试指导老师指定的通用逻辑门),并填入表 1.3 或自己设计的类似表格中[电压测量方法可参考扩展要求(3)]。

表 1.3　单元逻辑门状态和电压测试表

输入								输出	
A		*B*		*C*		*D*		*F*	
状态	电压	状态	电压	状态	电压	状态	电压	状态	电压

[注意:表 1.3 中 F 为逻辑 **1** 时的电压分带负载(有逻辑显示)和空载两种情况,实测参数值是不一样的。]

2）扩展要求

（1）测量单元逻辑门输入、输出的相位差

如图 1.3 所示，采用 TTL 与非门 74LS00，在输入端输入 100 kHz 的方波信号，用双踪示波器测量输入、输出的相位，得出相位差，画出波形图。

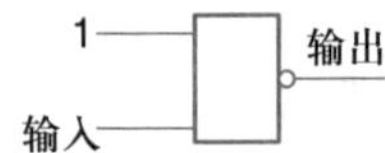

图 1.3 测量 TTL 逻辑门电路输入、输出的相位差

（2）测量门电路的平均延迟时间

测量门电路的平均延迟时间的方法较多，实验时可自行选用。各方法间存在误差，振荡法是较常用的方法，具体操作请参考有关书籍。此处，从定义出发，比较门电路（或多级级联）输入、输出相位，也可测算获得平均延迟时间。

如图 1.4 所示，本实验采用六反相器 74LS04，用双踪示波器测量输入、输出的相位，得出相位差，画出波形图。

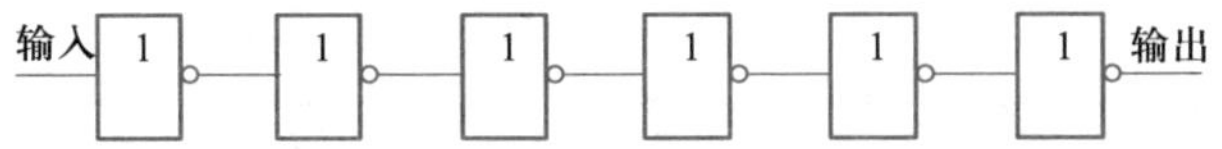

图 1.4 测量 74LS04 逻辑门电路输入、输出波形平均延迟时间

（3）用万用表测量实验设备上的直流电源的电压，填入表 1.4 中。表中的标称值请按设备情况填写。（对于先上数字电子技术基础课程的学生可将此定为必做内容。）

表 1.4 直流电源电压/V

标称值					
实测值					
误差					

3）实验步骤

（1）根据预习要求选择本实验需要的实验室中的仪器、仪表、元件、连接导线，并检查它们的质量。

（2）参照工程仿真，用专用导线进行电路连接（不能带电操作）。

（3）检查逻辑电路图连线是否正确。

（4）连线检查后，通电验证，正常实现电路逻辑功能后，请老师验收。否则，需要排除电路故障（如要移动导线，记住不能带电操作）。

（5）完成实验后，收拾好实验台，关掉用过的仪器、仪表的电源后，再关插座的电源。

五、线上和线下应交资料及要求

1. 线上应交资料及要求

（1）本实验线上教学资源成绩截图。

（2）实验预习报告。

(3) 本实验“原理仿真”所用仿真工具源文件。

(4) 本实验“工程仿真”所用仿真工具源文件。

(5) 电子版实验报告(将手写的实验报告拍照,编辑成 word 文档或扫描成 pdf 文档)。

(6) 本实验 FPGA 工程包。

(7) 电子版 FPGA 实验报告(需按照报告模板完成)。

说明:① 数据分析主要分析 Verilog-HDL 仿真波形图与真值表的关系。

② 进实验室后,以上 7 种线上资料要按时上交给学习委员。

2. 线下应交资料及要求

(1) 写在指定印刷好的报告纸上,内容主要包括:

① 简写设计过程或实验原理,优先用电路图和公式描述。

② 记录实验结果与数据分析,附上有自己信息的实验结果图片。

③ 回答有关思考题,不少于 4 题。

④ 记录实验过程中遇到的印象最深刻的问题及解决过程。

(2) 待课程结束后,将线下资料按规定时间统一上交给学习委员。

六、实验设备

请根据实际情况在预习报告和实验报告中如实记录实验中用到的仪器、仪表、实验台及实验板名称、型号、编号和实际元器件名称、型号、数量。

七、思考题

1. 逻辑开关由哪 4 种元件构成? 它的作用是什么。
2. 逻辑显示由哪 3 种元件构成? 它为什么能显示数字逻辑信号?
3. 简述 Verilog 程序由几部分构成。
4. 用 Verilog 语言实现 74LS55 的逻辑功能。
5. 从 FPGA 仿真波形如何判断程序是否正确? 举例说明。
6. 分别简述脉冲信号 3 个基本参数的物理意义。

八、实验体会

谈谈对本实验的感想,并提出改进本实验的建议。

实验 2　用 SSI 逻辑器件设计组合逻辑电路与 FPGA 实现

一、实验目的

实验 2
PPT

1. 掌握用虚、实 SSI(小规模集成电路)逻辑器件设计组合电路的方法。
2. 掌握用虚、实 SSI 逻辑器件验证已设计的组合逻辑电路的方法。
3. 学会使用课程选用的 FPGA 集成开发环境(IDE)实现本实验内容。
4. 学会本实验线上、线下资料的撰写、整理,体会“工程仿真”的作用。

二、预习要求

1. 基本要求

(1) 复习与本实验相关的理论知识。

(2) 阅读本指导书附录四，熟悉实验所用虚、实集成芯片的型号、引脚图。

(3) 根据实验内容要求，设计出本实验的几种逻辑电路。

(4) 在线上视频指导下，用仿真软件验证本实验设计的逻辑电路(复习验证 SSI 器件质量的方法)。

(5) 在课程提供的虚拟实验设备上，参照原理仿真，重复验证以上设计的逻辑电路，为进实验室实际操作做足准备。

(6) 用课程选用的 FPGA 集成开发环境(IDE)完成本实验电路的实现。

2. 必做内容

1) 半加器的设计与仿真步骤(注意:仿真图保存时，需保证再次打开时要有数据、波形)

(1) 设计与原理仿真

① 根据设计要求给出的真值表，写出 S 和 C 的逻辑方程，并化简。

② 在虚拟仿真环境中绘出半加器逻辑电路图，在电路的每个输入引脚放置逻辑开关，在每个输出引脚放入逻辑显示，点击“运行”，拨动逻辑开关，观察逻辑显示 LED 的亮、灭是否满足半加器真值表。

③ 记录各个端口、节点的逻辑状态和电压，供工程仿真参考。

(2) 工程仿真

① 在软件环境里打开课程提供的虚拟实验设备。

② 对照原理仿真电路完成工程仿真连线(注意元器件的引脚编号要对应连接)，连线不要接在虚拟实验设备引线的端头上(需错过端头少许)，以免修正时改变虚拟实验设备的固有布局结构(改变虚拟实验设备布局会被扣分)。

③ 运行虚拟实验设备，观察、记录结果，并判断结果是否满足半加器逻辑关系(真值表)。

④ 记录各个端口、节点的逻辑状态和电压，供实验室排除故障用。

(3) FPGA 集成开发环境设计与实现

用 Verilog 语言在课程选用的 FPGA 集成开发环境完成半加器电路的设计、仿真、下载调试、验证。

2) 全加器的设计与仿真步骤

(1) 设计与原理仿真

① 根据设计要求给出的真值表和部分逻辑方程，补齐逻辑方程，并化简。

② 在虚拟仿真环境中画出全加器逻辑电路图，在电路的每个输入引脚放置逻辑开关，在每个输出引脚放入逻辑显示，点击“运行”，拨动逻辑开关，观察逻辑显示 LED 的亮、灭是否满足全加器真值表。

③ 记录各个端口、节点的逻辑状态和电压，供工程仿真参考。

(2) 工程仿真

① 在软件环境里打开课程提供的虚拟实验设备。

② 对照原理仿真电路完成工程仿真连线(注意元器件的引脚编号要对应连接)，连线不

要接在虚拟实验设备引线的端头上(需错过端头少许),以免修正时改变虚拟实验设备的固有布局结构(改变虚拟实验设备布局会被扣分)。

③ 运行虚拟实验设备,观察、记录结果,并判断结果是否满足全加器逻辑关系(真值表)。

④ 记录各个端口、节点的逻辑状态和电压,供实验室排除故障用。

(3) FPGA 集成开发环境设计与实现

用 Verilog 语言在课程选用的 FPGA 集成开发环境完成全加器电路的设计、仿真、下载调试、验证。

3) 三变量多数表决器的设计与仿真步骤

(1) 设计与原理仿真

① 根据设计要求给出的真值表和部分逻辑方程,补齐逻辑方程,并化简。

② 在虚拟仿真环境中画出全加器的逻辑电路图,在电路的每个输入引脚放置逻辑开关,在每个输出引脚放入逻辑显示,点击"运行",拨动逻辑开关,观察逻辑显示 LED 的亮、灭是否满足三变量多数表决器真值表。

③ 记录各个端口、节点的逻辑状态和电压,供工程仿真参考。

(2) 工程仿真

① 在软件环境里打开课程提供的虚拟实验设备。

② 对照原理仿真电路完成工程仿真连线(注意元器件的引脚编号要对应连接),连线不要接在虚拟实验设备引线的端头上(需错过端头少许),以免修正时改变虚拟实验设备的固有布局结构(改变虚拟实验设备布局会被扣分)。

③ 运行虚拟实验设备,观察、记录结果,并判断结果是否满足三变量多数表决器逻辑关系(真值表)。

④ 记录各个端口、节点的逻辑状态和电压,供实验室排除故障用。

(3) FPGA 集成开发环境设计与实现

用 Verilog 语言在课程选用的 FPGA 集成开发环境完成三变量多数表决器的设计、仿真、下载调试、验证。

本实验其他设计要求的预习方法都相同,不再赘述。

三、设计提示

1. 半加器

图 2.1 是半加器的原理图框图,表 2.1 是半加器真值表。

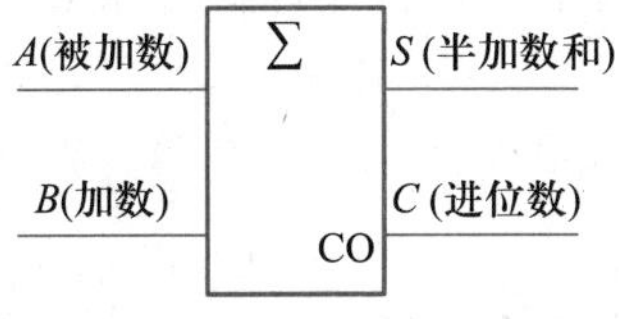

图 2.1　半加器的原理图框图

表 2.1　半加器真值表

A	B	S	C
0	0	0	0
0	1	1	0
1	0	1	0
1	1	0	1

2. 全加器

图 2.2(a)是全加器的原理图框图,图 2.2(b)是全加器的原理图仿真参考图,图2.2(b)

中最左边的逻辑开关和最右边的逻辑显示是组合逻辑电路仿真验证共性器件，逻辑开关需用电源、地、单刀单掷开关和 10 kΩ 下拉电阻构成，逻辑显示需用发光二极管、地和 330 Ω 限流电阻构成。表 2.2 是全加器真值表。

表 2.2 全加器真值表

A_i	B_i	C_{i-1}	S_i	C_i	A_i	B_i	C_{i-1}	S_i	C_i
0	0	0	0	0	1	0	0	1	0
0	0	1	1	0	1	0	1	0	1
0	1	0	1	0	1	1	0	0	1
0	1	1	0	1	1	1	1	1	1

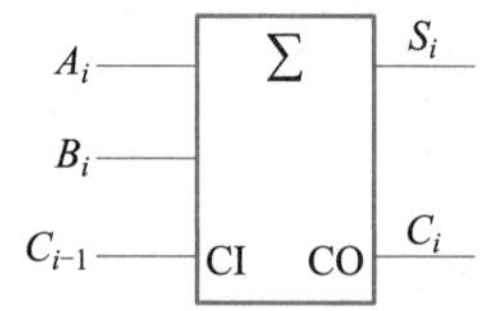

(a) 全加器的原理图框图

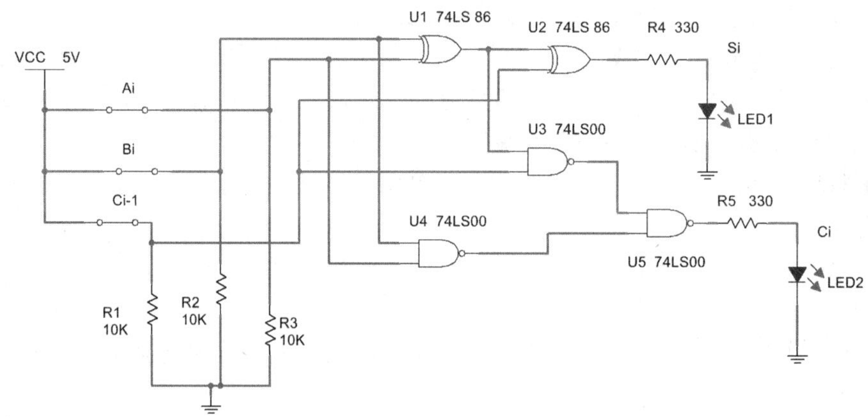

(b) 全加器的原理图仿真参考图

图 2.2 全加器原理图

全加器逻辑表达式为

$$S_i = A_i \oplus B_i \oplus C_{i-1}\text{（最简表达式，需学习者在报告里补齐化简过程）}$$

$$C_i = \overline{A}_i B_i C_{i-1} + A_i \overline{B}_i C_{i-1} + A_i B_i \overline{C}_{i-1} + A_i B_i C_{i-1}\text{（原始表达式，需学习者在报告里补齐化简过程）}$$

四、实验内容与步骤

1. 开放实验室（进入定点实验室前完成）

（1）打开课程选用的 FPGA 集成开发环境 IDE，并在 IDE 中建立本实验预习时设计好的电路工程。

（2）在 IDE 中，分别在新建工程中再新建 Verilog HDL 设计文件，并输入相应设计代码。

（3）在 IDE 中，分别在新建工程中再新建 Verilog HDL 仿真文件，并输入设计仿真程序代码，修改仿真文件属性、保存，运行仿真工具实现对本工程的仿真并输出波形。

(4) 综合并分配引脚，生成输出文件。

(5) 将输出文件下载至 FPGA 开发板之中。

(6) 操作开发板已分配开关，运行、观察分配的 LED 显示器亮、灭是否满足电路逻辑关系（真值表）。

2. 定点实验室

1) 基本要求

(1) 用实验室数电实验板上 SSI 逻辑器件 74LS00（四 2 输入**与非**门）、74LS86（四 2 输入**异或**门）验证已设计的一个 1 位半加器电路。

(2) 用实验室数电实验板上 SSI 逻辑器件**与非**门和**异或**门验证已设计的 1 位全加器电路。

(3) 用实验室数电实验板上 SSI 逻辑器件验证已设计的三变量多数表决器，当 3 个输入端中有 2 个及以上输入 **1** 时，输出端才为 **1**。

(4) 用实验室数电实验板上 SSI 逻辑器件验证已设计的 1 位二进制数的比较器。

(5) 用实验室数电实验板上 SSI 逻辑器件验证已设计的一个四变量多数表决器是否正确。在 4 个输入中 A 代表 2，B、C、D 分别代表 1，当输入数值大于或等于 3 时，输出为高电平，否则，输出为低电平。

2) 扩展要求

(1) 用附录四中的 SSI 逻辑器件设计一个 2-4 译码电路，用“原理仿真、工程仿真”和课程选用的 FPGA 平台验证设计电路是否正确。

(2) 用附录四中的 SSI 逻辑器件设计一个 4 选 1 多路选择器，用“原理仿真、工程仿真”和课程选用的 FPGA 平台验证设计电路是否正确。

(3) 扩展设计完成后，约请老师答辩、检查。

3) 实验步骤

(1) 根据预习要求选择本实验需要的实验室中的仪器、仪表、元件、连接导线，并检查它们的质量。

(2) 参照工程仿真，用专用导线进行电路连接（不能带电操作）。

(3) 检查逻辑电路图连线是否正确。

(4) 连线检查后，通电验证，正常实现电路逻辑功能后，请老师验收，否则，需要排除电路故障（如要移动导线，记住不能带电操作）。

(5) 完成实验后，收拾好实验台，关掉用过的仪器、仪表，再关插座的电源。

五、线上和线下应交资料及要求

1. 线上应交资料及要求

(1) 本实验线上教学资源成绩截图。

(2) 实验预习报告。

(3) 本实验“原理仿真”所用仿真工具源文件。

(4) 本实验“工程仿真”所用仿真工具源文件。

(5) 电子版实验报告（将手写的实验报告拍照，编辑成 word 文档或扫描成 pdf 文档）。

(6) 本实验 FPGA 工程包。

(7) 电子版 FPGA 实验报告(需按照报告模板完成)。

说明:① 数据分析主要分析 Verilog-HDL 仿真波形图与真值表的关系。

② 进实验室后,以上 7 种线上资料要按时上交给学习委员。

2. 线下应交资料及要求

(1) 写在指定印刷好的报告纸上,内容主要包括:

① 简写设计过程或实验原理,优先用电路图和公式描述。

② 记录实验结果与数据分析,附上有自己信息的实验结果图片。

③ 回答有关思考题,不少于 4 题。

④ 记录实验过程中遇到的印象最深刻的问题及解决过程。

(2) 待课程结束后,将线下资料按规定时间统一上交给学习委员。

六、实验设备

请根据实际情况在预习报告和实验报告中如实记录实验中用到的仪器、仪表、实验台及实验板名称、型号、编号和实际元器件名称、型号、数量。

七、思考题

1. 若连接好逻辑电路的线路后,经测试该逻辑电路不正确,请写出解决问题的基本步骤。

2. 逻辑表达式与逻辑电路图及实际接线图的关系是什么?

3. 通过具体的设计体验,你认为设计组合逻辑电路的关键点(或关键步骤)是什么?

4. 分别描述一般仿真与 FPGA 仿真波形表现形式的特点。

5. Verilog 语言有几种电路描述的方式? 名称分别是什么? 简述其特点。

八、实验体会

谈谈对本实验的感想,并提出改进本实验的建议。

实验 3　用 MSI 逻辑器件设计组合逻辑电路与 FPGA 实现

一、实验目的

实验 3 PPT

1. 掌握用虚、实 MSI(中规模集成电路)逻辑器件设计组合电路的方法。

2. 掌握用虚、实 MSI 逻辑器件验证已设计的组合逻辑电路的方法。

3. 学会使用课程选用的 FPGA 集成开发环境(IDE)分模块、分层次实现本实验内容。

4. 学会本实验线上、线下资料的撰写、整理,体会“工程仿真”的作用。

二、预习要求

1. 基本要求

(1) 复习本实验内容所涉及的理论知识。

(2) 阅读本指导书附录四,熟悉实验所用虚、实集成芯片的型号、引脚图。

(3) 根据实验内容要求,设计逻辑电路图。

(4) 在线上视频指导下,用仿真软件验证本实验设计的逻辑电路(复习验证 MSI 器件质量的方法)。

(5) 在课程提供的虚拟实验设备上,参照原理仿真,重复验证以上设计的逻辑电路,为进实验室实际操作做足准备。

(6) 用课程选用的 FPGA 集成开发环境(IDE)完成本实验电路的实现。

2. 必做内容

1) 4 位奇偶校验器的设计与仿真步骤(注意:仿真图保存时,需保证再次打开时要有数据、波形)

(1) 设计与原理仿真

① 根据设计要求给出的真值表,写出 Y 的逻辑方程,并化简。

② 在虚拟仿真环境中画出 4 位奇偶校验器逻辑电路图,在电路的每个输入引脚放置逻辑开关,在每个输出引脚放入逻辑显示,点击“运行”,拨动逻辑开关,观察逻辑显示 LED 的亮、灭是否满足真值表。

③ 记录各个端口、节点的逻辑状态和电压,供工程仿真参考。

(2) 工程仿真

① 在软件环境里打开课程提供的虚拟实验设备。

② 对照原理仿真电路完成工程仿真连线(注意元器件的引脚编号要对应连接),连线不要接在虚拟实验设备引线的端头上(需错过端头少许),以免修正时改变虚拟实验设备的固有布局结构(改变虚拟实验设备布局会被扣分)。

③ 运行虚拟实验设备,观察、记录结果,并判断结果是否满足 4 位奇偶校验器逻辑关系(真值表)。

④ 记录各个端口、节点的逻辑状态和电压,供实验室排除故障用。

(3) FPGA 集成开发环境设计与实现

用 Verilog 语言在课程选用的 FPGA 集成开发环境完成 4 位奇偶校验器电路的设计、仿真、下载调试、验证(注意:Verilog 程序必须以 74LS151 为基础子程序)。

2) 逻辑函数 $F=A\overline{B}C+\overline{A}(B+C)$ 的设计与仿真步骤

(1) 设计与原理仿真

① 根据设计要求写出函数真值表、逻辑方程,并化简。

② 在虚拟仿真环境中画出逻辑函数的逻辑电路图,在电路的每个输入引脚放置逻辑开关,在每个输出引脚放入逻辑显示,点击“运行”,拨动逻辑开关,观察逻辑显示 LED 的亮、灭是否满足真值表。

③ 记录各个端口、节点的逻辑状态和电压,供工程仿真参考。

(2) 工程仿真

① 在软件环境里打开课程提供的虚拟实验设备。

② 对照原理仿真电路完成工程仿真连线(注意元器件的引脚编号要对应连接),连线不要接在虚拟实验设备引线的端头上(需错过端头少许),以免修正时改变虚拟实验设备的固有布局结构(改变虚拟实验设备布局会被扣分)。

③ 运行虚拟实验设备，观察、记录结果，并判断结果是否满足真值表。

④ 记录各个端口、节点的逻辑状态和电压，供实验室排除故障用。

(3) FPGA 集成开发环境设计与实现

用 Verilog 语言在课程提供的 FPGA 集成开发环境完成 $F=A\overline{B}C+\overline{A}(B+C)$ 函数的设计、仿真、下载调试、验证（注意：Verilog 程序必须以 74LS138 为基础子程序）。

三、设计提示

本设计的难点是用一片 74LS151（8 选 1 数据选择器）和**与非**门设计一个 4 位奇偶校验器电路。这里给出一点提示：用 74LS151 设计一个 3 位奇偶校验器是比较容易实现的，在此基础上加上**与非**门，设计 4 位奇偶校验器电路应该有很多办法。这仅仅是一种思路和方法的提示。3 位奇偶校验器真值表如表 3.1 所示，3 位奇偶校验电路图如图 3.1 所示。

表 3.1　3 位奇偶校验器真值表

A	B	C	F	对应 74LS151 输入
0	0	0	0	D_0
0	0	1	1	D_1
0	1	0	1	D_2
0	1	1	0	D_3
1	0	0	1	D_4
1	0	1	0	D_5
1	1	0	0	D_6
1	1	1	1	D_7

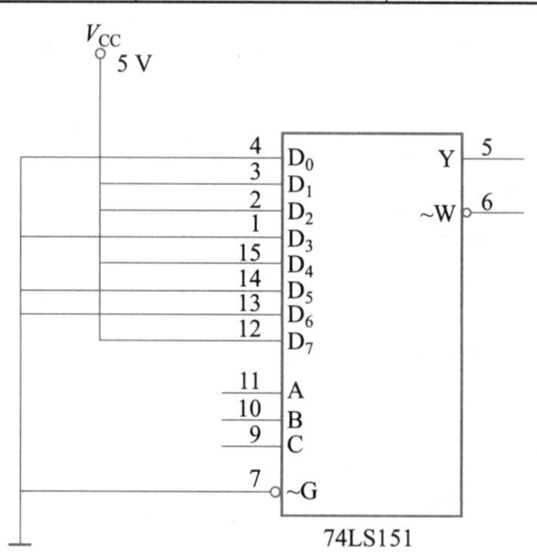

图 3.1　3 位奇偶校验电路图

四、实验内容与步骤

1. 开放实验室（进入定点实验室前完成）

(1) 打开课程选用的 FPGA 集成开发环境 IDE，并在 IDE 中建立本实验预习时设计好的电路工程。

(2) 在 IDE 中，分别在新建工程中再新建 Verilog HDL 设计文件，并输入相应设计代码。

(3) 在 IDE 中,分别在新建工程中再新建 Verilog HDL 仿真文件,并输入设计仿真程序代码,修改仿真文件属性、保存,运行仿真工具实现对本工程的仿真并输出波形。

(4) 综合并分配引脚,生成输出文件。

(5) 将输出文件下载至 FPGA 开发板之中。

(6) 操作开发板已分配开关,观察分配的 LED 显示器亮、灭是否满足电路逻辑关系(真值表)。

2. 定点实验室

1) 基本要求

(1) 用一片 74LS151(8 选 1 数据选择器)和**与非**门设计一个 4 位奇偶校验器电路。要求当输入的 4 位二进制码中有奇数个 **1** 时,输出为 **1**,否则输出为 **0**。4 位奇偶校验器真值表如表 3.2 所示。

表 3.2 4 位奇偶校验器真值表

A	B	C	D	Y	Y'	A	B	C	D	Y	Y'
0	**0**	**0**	**0**	**0**	**1**	**1**	**0**	**0**	**0**	**1**	**0**
0	**0**	**0**	**1**	**1**	**0**	**1**	**0**	**0**	**1**	**0**	**1**
0	**0**	**1**	**0**	**1**	**0**	**1**	**0**	**1**	**0**	**0**	**1**
0	**0**	**1**	**1**	**0**	**1**	**1**	**0**	**1**	**1**	**1**	**0**
0	**1**	**0**	**0**	**1**	**0**	**1**	**1**	**0**	**0**	**0**	**1**
0	**1**	**0**	**1**	**0**	**1**	**1**	**1**	**0**	**1**	**1**	**0**
0	**1**	**1**	**0**	**0**	**1**	**1**	**1**	**1**	**0**	**1**	**0**
0	**1**	**1**	**1**	**1**	**0**	**1**	**1**	**1**	**1**	**0**	**1**

说明:奇校验电路的功能是判奇,即输入信号中 **1** 的个数为奇数时电路输出为 **1**,反之输出为 **0**。偶校验电路的功能是判偶,即输入信号中 **1** 的个数为偶数时电路输出为 **1**,反之输出为 **0**。设计电路时从 IC 的输入、输出或控制端加**与非**门均可。

(2) 利用 3-8 线译码器 74LS138 和**与非**门 74LS20 构成组合逻辑电路,实现逻辑函数 $F=A\overline{B}C+\overline{A}(B+C)$。

2) 扩展要求

(1) 用 74LS138 设计一个 4 位奇偶校验器电路。

(2) 用**与非**门设计 4 位二进制密码锁,要求如下:

4 位密码输入代码分别为 Q、U、N、B,开箱时,钥匙插入钥匙孔右旋使 D=**1**,如果输入密码(如:$QUNB$=**0101**)与设置的代码相同,则保险箱被打开,即输出端 G=**1**,否则箱体发出报警。

(3) 用物理电子元器件组装、调试基本设计或扩展设计,请老师验收。

3) 实验步骤

(1) 根据预习要求选择本实验需要的实验室中的仪器、仪表、元件、连接导线,并检查它们的质量。

(2) 参照工程仿真,用专用导线进行电路连接(不能带电操作)。

(3) 检查逻辑电路图连线是否正确。

(4) 连线检查后,通电验证,正常实现电路逻辑功能后,请老师验收。否则,需要排除电路故障(如要移动导线,记住不能带电操作)。

(5) 完成实验后,收拾好实验台,关掉用过的仪器、仪表的电源后,再关插座的电源。

五、线上和线下应交资料及要求

1. 线上应交资料及要求

(1) 本实验线上教学资源成绩截图。

(2) 实验预习报告。

(3) 本实验"原理仿真"所用仿真工具源文件。

(4) 本实验"工程仿真"所用仿真工具源文件。

(5) 电子版实验报告(将手写的实验报告拍照,编辑成 word 文档或扫描成 pdf 文档)。

(6) 本实验 FPGA 工程包。

(7) 电子版 FPGA 实验报告(需按照报告模板完成)。

说明:① 数据分析主要分析 Verilog-HDL 仿真波形图与真值表的关系。

② 进实验室后,以上 7 种线上资料要按时上交给学习委员。

2. 线下应交资料及要求

(1) 写在指定印刷好的报告纸上,内容主要包括:

① 简写设计过程或实验原理,优先用电路图和公式描述。

② 记录实验结果与数据分析,附上有自己信息的实验结果图片。

③ 回答有关思考题,不少于 4 题。

④ 记录实验过程中遇到的印象最深刻的问题及解决过程。

(2) 待课程结束后,将线下资料按规定时间统一上交给学习委员。

六、实验设备

请根据实际情况在预习报告和实验报告中如实记录实验中用到的仪器、仪表、实验台及实验板名称、型号、编号和实际元器件名称、型号、数量。

七、思考题

1. 使用中、小规模集成门电路设计组合逻辑电路的一般方法是什么?它们有什么不同?

2. 了解编码器、比较器和显示译码器等其他中规模数字集成电路的应用,各列出 5 个中、小规模集成门电路的型号,画出功能引脚图。

3. 简述 Verilog 仿真程序由几部分构成。

4. 简述 Verilog 例化有几种方法。

5. 用 Verilog 语言实现 74LS151 和 74LS138 需要设置几个端口?其端口的信号的方向用什么表示?

八、实验体会

谈谈对本实验的感想,并提出改进本实验的建议。

实验4　组合逻辑电路竞争冒险现象的验证

实验4
PPT

一、实验目的

1. 观察组合逻辑电路的竞争冒险现象。
2. 了解竞争冒险现象的消除办法。

二、预习要求

1. 基本要求

(1) 复习本实验所涉及的理论知识。

(2) 阅读附录四,熟悉本实验所用集成芯片的型号、引脚图。

(3) 在附录六所示仿真软件里仿真实验内容。

2. 必做内容

1) 内容预测

(1) 根据竞争冒险原理预测电路的输出波形,并绘制具体波形图。

(2) 预测解决方案,并绘制解决后的可能波形图。

2) 仿真步骤

(1) 在仿真环境中构建电路并运行,观察竞争冒险现象。

(2) 如果波形与预测不符,请分析原因。

三、实验原理

逻辑电路的两个输入信号同时向相反方向跳变的现象,被定义成信号竞争。信号竞争在逻辑系统中产生干扰脉冲的现象,通常被称为竞争冒险。图4.1所示是竞争冒险与脉冲消除原理仿真参考图。

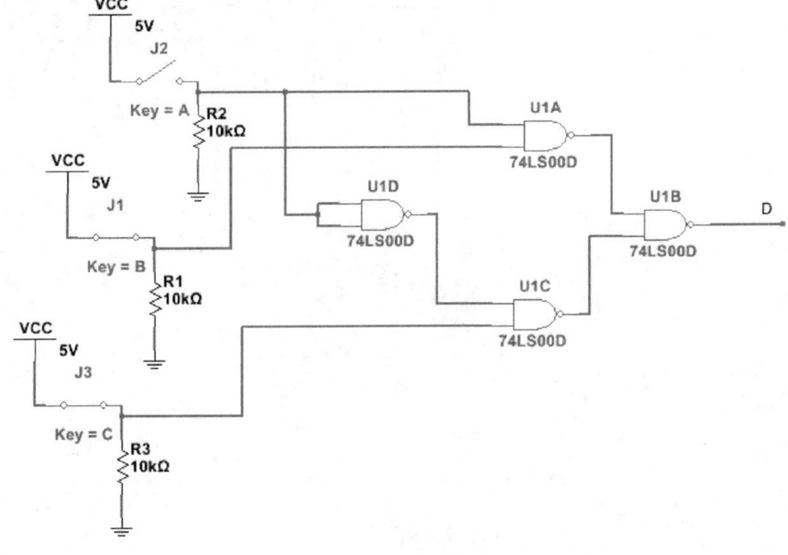

图4.1　竞争冒险与脉冲消除原理仿真参考图

四、实验内容与步骤

1. 基本要求

（1）根据图 4.1 画出逻辑电路接线图，输出 D 接示波器。

（2）脉冲端输入高电平用逻辑开关产生，初始 A、B、C 逻辑开关设为高电平，实验开始后 A 逻辑开关变为低电平，用示波器观察 D 端的变化，并记录波形。

2. 扩展要求

（1）分析、仿真图 4.2(a)所示电路的功能，观察其中的问题，写出问题产生的原因。

（2）分析、仿真图 4.2(b)所示电路中增加的两个元器件的作用。

（3）提出与图 4.2(b)所示电路不同的解决问题方案并仿真验证。

（4）用物理电子元器件组装、调试基本设计或扩展设计，请老师验收。

3. 实验步骤

（1）根据实验内容与预习要求本实验需要的仪器、仪表的质量。

（2）根据仿真的逻辑电路图，选择专用导线的大约数量和元器件。

（3）检验专用导线和所选元器件的好坏（74LS192 的检验方法参考自学开放实验模块中的实验 17 和实验 18）。

（4）按照设计、仿真通过的逻辑电路图连线。（注意：这一步不能带电操作。）

（5）正常实现电路逻辑功能后，请老师验收。

（6）完成实验后，收拾好实验台，关掉用过的仪器、仪表的电源，再关插座的电源。

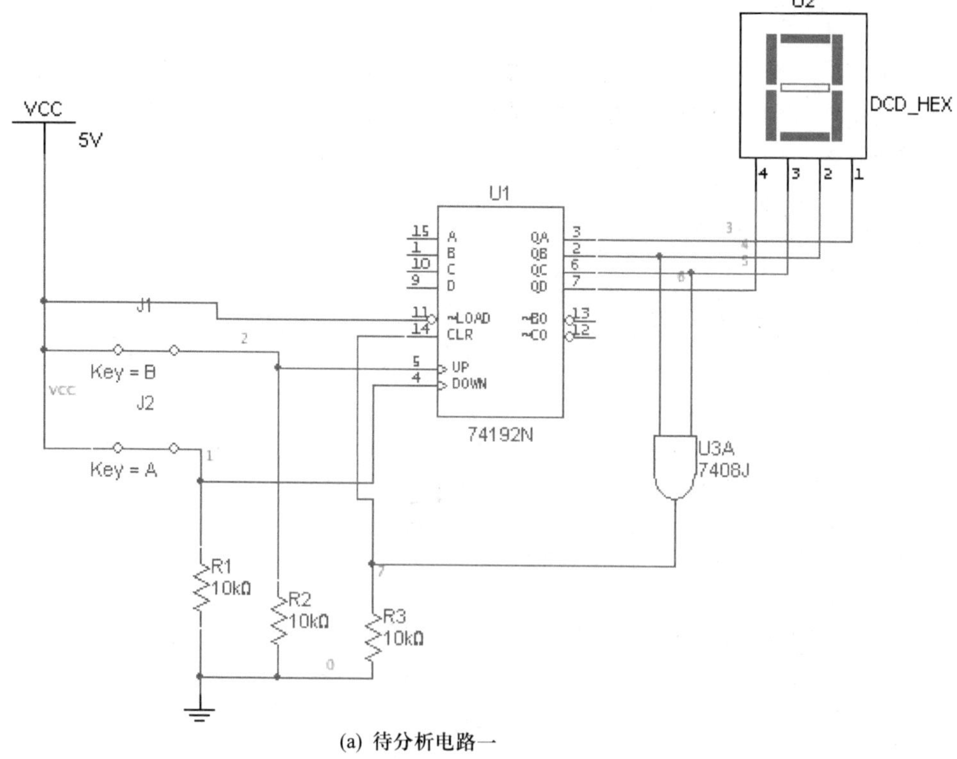

(a) 待分析电路一

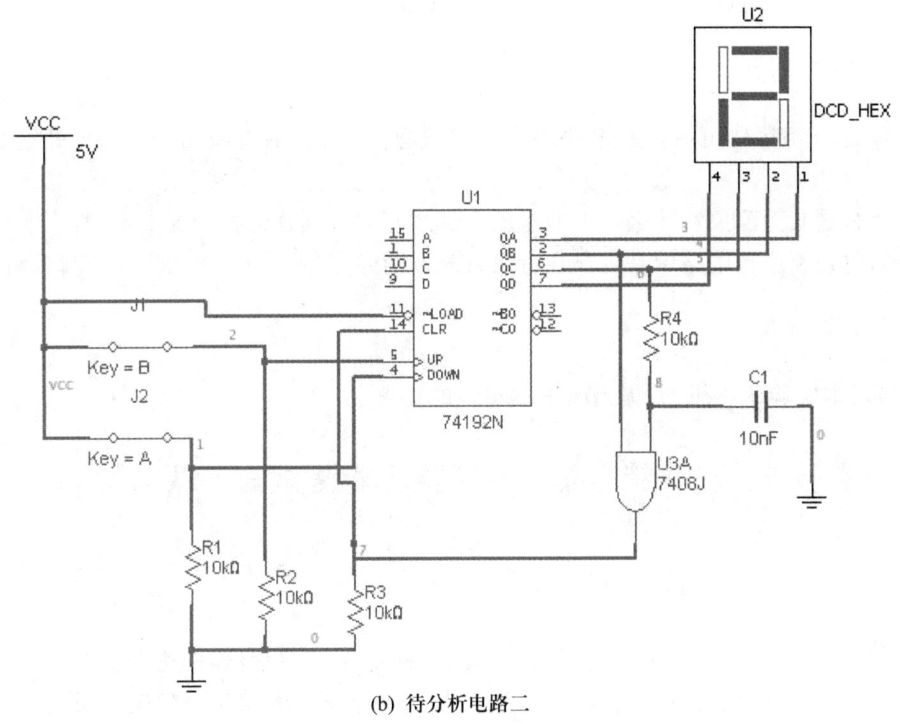

(b) 待分析电路二

图 4.2　待分析电路

五、线上和线下应交资料及要求

1. 线上应交资料及要求

(1) 本实验线上教学资源成绩截图。

(2) 实验预习报告。

(3) 本实验“原理仿真”所用仿真工具源文件。

(4) 本实验“工程仿真”所用仿真工具源文件。

(5) 电子版实验报告(将手写的实验报告拍照,编辑成 word 文档或扫描成 pdf 文档)。

说明:① 数据分析主要写如何根据仿真、实测波形图说明竞争冒险的现象。

② 进实验室后,以上 7 种线上资料要按时上交给学习委员。

2. 线下应交资料及要求

(1) 写在指定印刷好的报告纸上,内容主要包括:

① 简写设计过程或实验原理,优先用电路图和公式描述。

② 记录实验结果与数据分析,附上有自己信息的实验结果图片。

③ 回答有关思考题,不少于 4 题。

④ 记录实验过程中遇到的印象最深刻的问题及解决过程。

(2) 待课程结束后,将线下资料按规定时间统一上交给学习委员。

六、实验设备

请根据实际情况在预习报告和实验报告中如实记录实验中用到的仪器、仪表、实验台及实验板名称、型号、编号和实际元器件名称、型号、数量。

七、思考题

1. **异或**门经常被用在控制电路中作为可设置反相器，请查阅相关资料画出它的实现方式。

2. 什么是 **0** 型险象？什么是 **1** 型险象？试述它们分别在何种情况下出现。

3. 如何判断逻辑电路中是否存在竞争冒险？消除竞争冒险的常用方法有哪几种？

八、实验体会

谈谈对本实验的感想，并提出改进本实验的建议。

实验 5　基本锁存器、触发器功能测试与 FPGA 实现

实验 5
PPT

一、实验目的

1. 掌握理论预测 *RS* 锁存器、*D* 触发器、*JK* 触发器的逻辑功能。
2. 用仿真工具验证 *RS* 锁存器、*D* 触发器、*JK* 触发器的逻辑功能。
3. 学会使用课程选用的 FPGA 集成开发环境（IDE）实现本实验内容。
4. 学会本实验线上、线下资料的撰写、整理，体会“工程仿真”的作用。

二、预习要求

1. 基本要求

（1）复习相关理论知识，用锁存器、触发器特征方程预测 Q^{n+1} 的状态。

（2）阅读附录四，熟悉虚、实 74LS00、74LS74、74LS76 的引脚图。

（3）在线上视频指导下，在仿真软件里运用原理仿真方法验证本实验内容。

（4）在课程提供的虚拟实验设备上，参照原理仿真，进行工程仿真。

（5）用课程选用的 FPGA 集成开发环境（IDE）完成本实验电路的实现。

2. 必做内容

1）理论预测

（1）*RS* 锁存器特征方程预测

用 *RS* 锁存器的特征方程按照预表 5.1 预测 *RS* 锁存器的状态结果，填入表中。

预表 5.1　*RS* 锁存器状态预测

$\overline{R}$	$\overline{S}$	锁存器状态
0	**1**	
1	**0**	
1	**1**	
0	**0**	
1	**1**	

（2）*D* 触发器特征方程预测

用 *D* 触发器特征方程，根据预表 5.2 给出的引脚 D、Q^n 的条件预测 Q^{n+1} 的结果，填入表中。

预表 5.2　*D* 触发器 Q^{n+1} 状态预测

Q^n	0			0			1			1		
D	0			1			0			1		
CP	0	↑	↓	0	↑	↓	0	↑	↓	0	↑	↓
Q^{n+1}												

（3）*JK* 触发器特征方程预测

按照 *JK* 触发器特征方程，根据预表 5.3 给出的引脚 J、K、Q^n 的条件，预测 Q^{n+1} 的结果，填入表中。

预表 5.3　*JK* 触发器 Q^{n+1} 状态预测

CP	↑		↓		↑		↓		↑		↓		↑		↓	
J	0		0		0		0		1		1		1		1	
K	0		0		1		1		0		0		1		1	
Q^n	0	1	0	1	0	1	0	1	0	1	0	1	0	1	0	1
Q^{n+1}																

2）*RS* 锁存器仿真步骤

（1）原理仿真

① 在仿真软件的主菜单 place/component/74LS 中找到原理性 74LS00D 或 74LS00N 器件，点击右上角 OK 按钮，在弹出的窗口 A、B、C、D 中任意点击 2 个**与非**门放到电路编辑窗口，并参照图 5.1 连线构成 *RS* 锁存器。

② 在 *RS* 锁存器输入引脚放置逻辑开关，在每个输出引脚放入逻辑显示。

③ 点击"运行"软件，将 Q、$\overline{Q}$ 的电压与锁存器的状态结果填入仿表 5.1，并与预表 5.1 的状态进行比较。

④ 记录各个端口的逻辑状态和电压，供工程仿真参考。

仿表 5.1　*RS* 锁存器状态仿真

$\overline{R}$	$\overline{S}$	Q/V	$\overline{Q}$/V	锁存器状态
0	1			
1	0			
1	1			
0	0			
1	1			

（2）工程仿真

① 在软件环境里打开课程提供的虚拟实验设备。

② 对照原理仿真电路，在虚拟实验设备上找到 74LS00 器件，完成输入、输出端的工程仿真连线，构成 *RS* 锁存器（注意元器件的引脚编号要对应连接），连线不要接在虚拟实验设备引线的端头上（需错过端头少许），以免修正时改变虚拟实验设备的固有布局结构（改变虚拟实验设备布局会被扣分）。

③ 运行虚拟实验设备，观察、记录结果是否满足特征方程预测状态表，将结果与原理仿真结果进行对比。

④ 记录各个端口的逻辑状态和电压，供实验室排除故障用。

（3）FPGA 集成开发环境设计与实现

用 Verilog 语言在课程选用的 FPGA 集成开发环境（IDE）完成 *RS* 锁存器电路的设计、仿真、下载调试、验证。

3）*D* 触发器仿真步骤

（1）原理仿真

① 在仿真软件的主菜单 place/component/74LS 中找到原理性 74LS74D 或 74LS74N 器件，点击右上角 OK 按钮，在弹出的窗口 A、B 中任意点击一个 *D* 触发器放到电路编辑窗口。

② 在 *D* 触发器每个输入引脚放置逻辑开关，在每个输出引脚放入逻辑显示。

③ 点击“运行”软件，按照 *D* 触发器工作原理拨动逻辑开关，观察 *Q* 端逻辑显示 LED 的亮、灭，将结果填入仿表 5.2、仿表 5.3 中。

仿表 5.2　测试 *D* 触发器置位、复位功能仿真

CP	*D*	$\overline{R}_D$	$\overline{S}_D$	*Q*/V	$\overline{Q}$/V	触发器状态
ϕ	ϕ	0	1			
ϕ	ϕ	1	0			

仿表 5.3　*D* 触发器同步功能测试

Q^n	0			0			1			1		
D	0			1			0			1		
CP	0	↑	↓	0	↑	↓	0	↑	↓	0	↑	↓
Q^{n+1}												

④ 将测试电路的 *CP* 端的逻辑开关换成数字函数信号发生器并输出幅值 5 V、频率 1 Hz的连续脉冲，*Q* 端的逻辑显示换成数字示波器，观察、记录 *Q* 端波形。

⑤ 记录各个端口的逻辑状态和电压，供工程仿真参考。

（2）工程仿真

① 在软件环境里打开课程提供的虚拟实验设备。

② 对照原理仿真电路，在虚拟实验设备上找到 74LS74 器件，完成输入、输出端的工程仿真连线，构成 *D* 触发器（注意元器件的引脚编号要对应连接），连线不要接在虚拟实验设备引线的端头上（需错过端头少许），以免修正时改变虚拟实验设备的固有布局结构（改变虚拟实验设备布局会被扣分）。

③ 按照 D 触发器工作原理进行操作，根据仿表 5.2、仿表 5.3 验证 D 触发器输入、输出引脚之间是否满足功能和特征方程，将结果与原理仿真结果进行对比。

④ 将测试电路的 CP 端的逻辑开关换成 1Hz 连续脉冲，Q 端的逻辑显示换成示波器，观察、记录 Q 端波形。

⑤ 记录各个端口的逻辑状态和电压，供实验室排除故障用。

(3) FPGA 集成开发环境设计与实现

用 Verilog 语言在课程选用的 FPGA 集成开发环境(IDE)完成 D 触发器的设计、仿真、下载调试、验证。

4) JK 触发器仿真步骤

(1) 原理仿真

① 在仿真软件的主菜单 place/component/74LS 中找到原理性 74LS76D 或 74LS76N 器件，点击右上角 OK 按钮，在弹出的窗口 A、B 中任意点击一个 JK 触发器放到电路编辑窗口。

② 在 JK 触发器输入引脚放置逻辑开关，在输出引脚放入逻辑显示。

③ 点击“运行”软件，按照 JK 触发器工作原理拨动逻辑开关，观察逻辑显示 LED 的亮、灭是否满足特征方程，将结果填入仿表 5.4 中。

仿表 5.4　测试 JK 触发器逻辑功能

CP	↑		↓		↑		↓		↑		↓		↑		↓	
J	0		0		0		0		1		1		1		1	
K	0		0		1		1		0		0		1		1	
Q^n	0	1	0	1	0	1	0	1	0	1	0	1	0	1	0	1
Q^{n+1}																

④ 将测试电路的 CP 端的逻辑开关换成数字函数信号发生器并输出幅值 5 V、频率 1 Hz的连续脉冲，Q 端的逻辑显示换成数字示波器，观察、记录 Q 端波形。

⑤ 记录各个端口的逻辑状态和电压，供工程仿真参考。

(2) 工程仿真

① 在软件环境里打开课程提供的虚拟实验设备。

② 对照原理仿真电路，在虚拟实验设备上找到 74LS76 器件，完成输入、输出端的工程仿真连线，构成 JK 触发器(注意元器件的引脚编号要对应连接)，连线不要接在虚拟实验设备引线的端头上(需错过端头少许)，以免修正时改变虚拟实验设备的固有布局结构(改变虚拟实验设备布局会被扣分)。

③ 按照 JK 触发器工作原理进行操作，验证 JK 触发器各个引脚的功能及输入、输出引脚 J、K 与 Q 之间是否满足 JK 触发器的特征方程，将结果与原理仿真结果进行对比。

④ 将测试电路的 CP 端的逻辑开关换成 1~50 Hz 的连续脉冲，Q 端的逻辑显示换成示波器，观察、记录 Q 端波形。

⑤ 记录各个端口的逻辑状态和电压，供实验室排除故障用。

(3) FPGA 集成开发环境设计与实现

用 Verilog 语言在课程选用的 FPGA 集成开发环境(IDE)完成 JK 触发器的设计、仿真、下载调试、验证。

三、实验原理

1. *RS* 锁存器

图 5.1 所示为 *RS* 锁存器的工作原理图，其特征方程为

$$Q^{n+1}=S+\overline{R}Q^{n} \qquad \overline{R}+\overline{S}=\mathbf{1}(\text{约束条件})$$

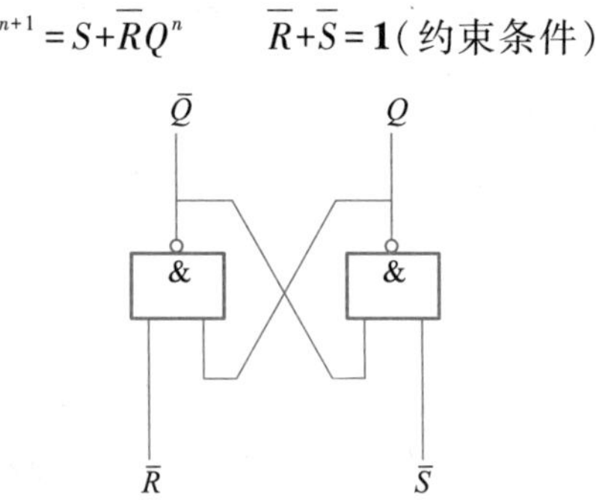

图 5.1　*RS* 锁存器的工作原理图

2. *D* 触发器

图 5.2 所示为 *D* 触发器 74LS74 的引脚图，其状态方程为

$$Q^{n+1}=D \qquad CP\ \text{上升沿有效}$$

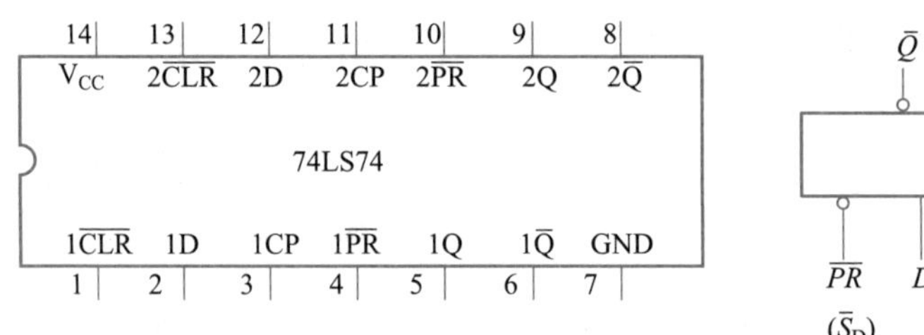

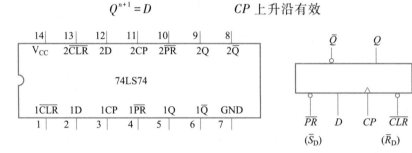

图 5.2　*D* 触发器 74LS74 的引脚图

3. *JK* 触发器

图 5.3 所示为 *JK* 触发器 74LS76 的引脚图，其特征方程为

$$Q^{n+1}=J\overline{Q}^{n}+\overline{K}Q^{n} \qquad CP\ \text{下降沿有效}$$

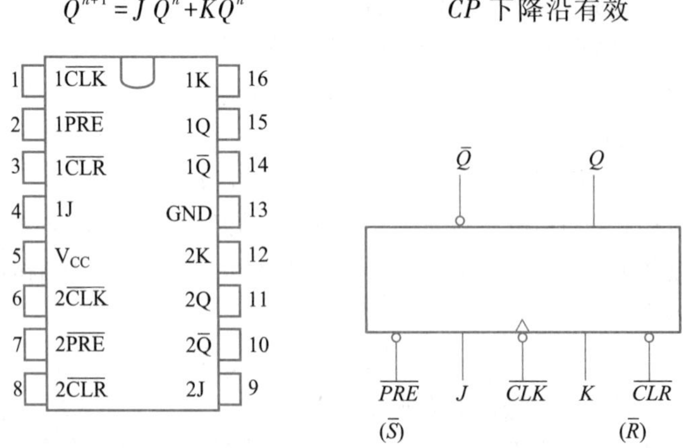

图 5.3　*JK* 触发器 74LS76 的引脚图

四、实验内容与步骤

1. 开放实验室(进入定点实验室前完成)

(1) 打开课程选用的 FPGA 集成开发环境 IDE,并在 IDE 中建立 *RS* 锁存器、*D* 触发器、*JK* 触发器的工程。

(2) 在 IDE 中,分别在 *RS* 锁存器、*D* 触发器、*JK* 触发器新建工程中再新建 Verilog HDL 设计文件,并输入相应设计代码。

(3) 在 IDE 中,分别在 *RS* 锁存器、*D* 触发器、*JK* 触发器新建工程中再新建 Verilog HDL 仿真文件,并输入设计仿真程序代码,修改仿真文件属性、保存,运行仿真工具实现对本工程的仿真并输出波形。

(4) 分别对 *RS* 锁存器、*D*、*JK* 触发器设计文件进行综合并分配引脚,生成输出文件。

(5) 分别将 *RS* 锁存器、*D*、*JK* 触发器输出文件下载至 FPGA 开发板之中。

(6) 操作开发板已分配开关,观察分配的显示器件结果是否满足设计要求。若不满足设计要求则需要调整软件设计。

2. 定点实验室

1) 基本要求

(1) 验证 *RS* 锁存器的逻辑功能。

按图 5.1 用 74LS00 组成 *RS* 锁存器,并在 Q 端和 $\overline{Q}$ 端分别接实验设备上的逻辑显示,输入端 $\overline{S}$ 和 $\overline{R}$ 分别接实验设备逻辑电平输出端。按照表 5.1 的要求改变 $\overline{S}$ 和 $\overline{R}$ 的状态,观察输出端的状态,并将结果填入表 5.1 中。

表 5.1　*RS* 锁存器状态测试

$\overline{R}$	$\overline{S}$	Q/V	$\overline{Q}$/V	锁存器状态
0	1			
1	0			
1	1			
0	0			
1	1			

(2) 验证 *D* 触发器的逻辑功能

① 测试 $\overline{R}_D$、$\overline{S}_D$ 功能

断开电源,将 74LS74 的 $\overline{R}_D$、$\overline{S}_D$、D 端连接到逻辑开关,CP 端输入单次脉冲,Q 端和 $\overline{Q}$ 端分别接逻辑电平显示。接通电源,按照表 5.2 的要求,改变 $\overline{R}_D$、$\overline{S}_D$、D、CP 的状态,观察输出端 Q^{n+1} 的状态,将测试结果填入表 5.2 中。

表 5.2　测试 *D* 触发器置位、复位功能

CP	D	$\overline{R}_D$	$\overline{S}_D$	Q/V	$\overline{Q}$/V	Q^{n+1} 状态
ϕ	ϕ	0	1			
ϕ	ϕ	1	0			

(注:ϕ 代表无关项。)

② 测试 D 触发器逻辑功能

$\overline{R}_D$、$\overline{S}_D$端接高电平，D 端连接到逻辑开关，CP 端接单次脉冲，Q 端和 $\overline{Q}$ 端分别接逻辑电平显示。

接通电源，按表 5.3 分别设置触发器各状态，在 CP 端先后不加单脉冲、加负单脉冲、加正单脉冲；Q 端输入 **1** 或 **0**，观察触发器 Q^{n+1}的状态，将测试结果填入表 5.3 中。

表 5.3　D 触发器同步功能测试

Q^n	0			0			1			1		
D	0			1			0			1		
CP	0	↑	↓	0	↑	↓	0	↑	↓	0	↑	↓
Q^{n+1}												

（注：该表列向填写，CP 为现态、次态分界。）

（3）验证 JK 触发器的逻辑功能

① JK 触发器的 $\overline{R}$、$\overline{S}$ 功能测试同 D 触发器，此处省略。

② 测试 JK 触发器逻辑功能。

将 74LS76 的 J 端和 K 端连接到逻辑开关，Q 端和 $\overline{Q}$ 端分别接发光二极管，CP 端输入单次脉冲。接通电源，按照表 5.4 的要求，设置 J、K、Q^n的状态（Q^n用 $\overline{R}$、$\overline{S}$ 设置，设置后 $\overline{R}$、$\overline{S}$ 接高电平），再按照表 5.4 的要求改变 CP 的状态。观察输出端 Q^{n+1}的状态，并将测试结果填入表 5.4 中。

表 5.4　测试 JK 触发器逻辑功能

CP	↑		↓		↑		↓		↑		↓		↑		↓	
J	0		0		0		0		1		1		1		1	
K	0		0		1		1		0		0		1		1	
Q^n	0	1	0	1	0	1	0	1	0	1	0	1	0	1	0	1
Q^{n+1}																

（注：该表列向填写，CP 为现态、次态分界。）

（4）将 JK 触发器转换成 D 触发器，自行画出转换逻辑图，检验转换后电路是否具有 D 触发器的逻辑功能。

（5）将 D 触发器转换成 JK 触发器，自行画出转换逻辑图，检验其逻辑功能。

2）扩展要求

（1）将 D 触发器转换成 T'触发器

将 D 触发器转换成 T'触发器，如图 5.4 所示。在 CP 端输入正单脉冲，观察 Q 端的变化，分析触发器的翻转次数和输入脉冲个数的关系。CP 端输入 1 kHz 连续脉冲，用双踪示波器观察 Q 端和 CP 端的脉冲波形并绘制波形图，分析它们的频率关系。

（2）将 JK 触发器转换成 T'触发器

将 JK 触发器转换成 T'触发器，在 CP 端输入正单脉冲，用电平显示器观察 Q 端的状态，然后在 CP 端输入连续脉冲，并用双踪示波器观察 CP、Q 和 $\overline{Q}$ 的波形。

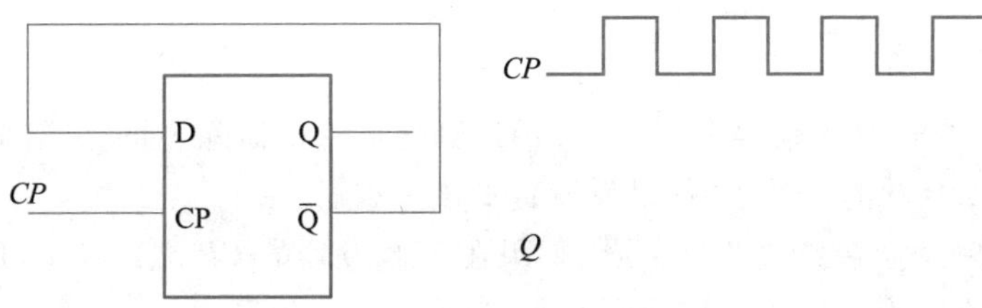

图5.4　T'触发器及输出波形

3）实验步骤

(1) 根据预习要求选择本实验需要的实验室中的仪器、仪表、元件、连接导线,并检查它们的质量。

(2) 参照工程仿真,用专用导线进行电路连接(不能带电操作)。

(3) 检查逻辑电路图连线是否正确。

(4) 连线检查后,通电验证,正常实现电路逻辑功能后,请老师验收。否则,需要排除电路故障(如要移动导线,记住不能带电操作)。

(5) 完成实验后,收拾好实验台,关掉用过的仪器、仪表的电源后,再关插座的电源。

五、线上和线下应交资料及要求

1. 线上应交资料及要求

(1) 本实验线上教学资源成绩截图。

(2) 实验预习报告。

(3) 本实验"原理仿真"所用仿真工具源文件

(4) 本实验"工程仿真"所用仿真工具源文件。

(5) 电子版实验报告(将手写的实验报告拍照,编辑成word文档或扫描成pdf文档)。

(6) 本实验FPGA工程包。

(7) 电子版FPGA实验报告(需按照报告模板完成)。

说明:① 数据分析主要分析锁存器、触发器电路功能与Verilog-HDL仿真波形的关系。

② 进实验室后,以上7种线上资料要按时上交给学习委员。

2. 线下应交资料及要求

(1) 写在指定印刷好的报告纸上,内容主要包括:

① 简写设计过程或实验原理,优先用电路图和公式描述。

② 记录实验结果与数据分析,附上有自己信息的实验结果图片。

③ 回答有关思考题,不少于4题。

④ 记录实验过程中遇到的印象最深刻的问题及解决过程。

(2) 待课程结束后,将线下资料按规定时间统一上交给学习委员。

六、实验设备

请根据实际情况在预习报告和实验报告中如实记录实验中用到的仪器、仪表、实验台及实验板名称、型号、编号和实际元器件名称、型号、数量。

七、思考题

1. 若 D 触发器的 D 端信号在 CP 脉冲前沿到达后立即撤除，对输出信号有无影响？

2. 在 $CP=\mathbf{1}, D=\mathbf{0}$ 的条件下，使触发器置 **1** 该怎么做？

3. 将 JK、D 触发器转换成 T'触发器，如果在 T'触发器的 CP 端加入 1 kHz 的方波信号，输出信号将是什么波形？频率为多少？

4. 本实验所用 JK、D 触发器的触发方式有何不同？总结触发器及功能转换的条件。

5. 仿真 CP 用连续脉冲时，频率为什么是 1～50 Hz？

6. 简述 Verilog 仿真程序中过程描述常用什么结构语句。

7. 简述 Verilog 例化“按端口名顺序连接”的方法。

8. 用 Verilog 语言实现 74LS74 和 74LS76 各需要设置几个端口？其端口的信号的方向在程序中用什么词汇表示。

八、实验体会

谈谈对本实验的感想，并提出改进本实验的建议。

实验 6 用计数器设计简单秒表与 FPGA 实现

一、实验目的

实验 6
PPT

1. 认识同步二进制递增计数器 74LS161 的外特性。

2. 进一步学习 SSI 器件和七段数码管在构成任意模计数器中的作用和方法。

3. 学会使用课程选用的 FPGA 集成开发环境(IDE)实现本实验内容。

4. 学会本实验线上、线下资料的撰写、整理，体会“工程仿真”的作用。

二、预习要求

1. 基本要求

(1) 复习有关内容，完成图 6.1 所示的秒表电路设计(能包括暂停、复位更好)，写出设计思路。

(2) 阅读附录四，熟悉本实验指定的虚、实计数器引脚图，注意二者之间引脚分布与序号上的同异处。

(3) 在线上视频指导下，在仿真软件里对本实验设计电路进行原理仿真。

(4) 在课程提供的虚拟实验设备上，参照原理仿真，进行工程仿真。

(5) 用课程选用的 FPGA 集成开发环境(IDE)完成本实验电路的实现。

2. 必做内容

(1) 设计与原理仿真

① 根据图 6.1 所示电路完成 2 个**与非**门与 74LS161 构成简单秒表的未知接线，写出接线原理，并确定简单秒表的 CLK 频率，对补充完成的完整电路进行原理仿真，观察结果是否符合设计要求。

② 记录各个端口、节点的逻辑状态和电压，供工程仿真参考。

(2) 工程仿真

① 在软件环境里打开课程提供的虚拟实验设备，根据原理仿真，找到相应芯片。

② 对照原理仿真电路，完成工程仿真连线（注意元器件的引脚编号要对应连接），连线不要接在虚拟实验设备引线的端头上（需错过端头少许），以免修正时改变虚拟实验设备的固有布局结构（改变虚拟实验设备布局会被扣分）。

③ 运行虚拟实验设备，观察、记录数码管显示结果，并判断是否正确。

④ 记录各个端口、节点的逻辑状态和电压，供实验室排除故障用。

(3) FPGA集成开发环境设计与实现

用Verilog语言在课程选用的FPGA集成开发环境（IDE）完成简单秒表电路的设计、仿真、下载调试、验证。

3. 选作内容

(1) 设计与原理仿真

① 根据图6.2所示电路构思**与非**门与74LS90的接线方式，并确定*CLK*频率参数，对补充完成的完整电路进行原理仿真。

② 记录各个端口、节点的逻辑状态和电压，供工程仿真参考。

(2) 工程仿真

① 在软件环境里打开课程提供的虚拟实验设备，根据原理仿真，找到相应芯片。

② 对照原理仿真电路，完成工程仿真连线（注意元器件的引脚编号要对应连接），连线不要接在虚拟实验设备引线的端头上（需错过端头少许），以免修正时改变虚拟实验设备的固有布局结构（改变虚拟实验设备布局会被扣分）。

③ 运行虚拟实验设备，观察、记录数码管显示结果，并判断是否正确。

④ 记录各个端口、节点的逻辑状态和电压，供实验室排除故障用。

(3) FPGA集成开发环境设计与实现

用Verilog语言在课程选用的FPGA集成开发环境（IDE）完成简单秒表电路的设计、仿真、下载调试、验证。

三、设计提示

图6.1所示是用74LS161构成的简单秒表（未完成）。图6.2所示是用74LS90构成的带复位、暂停功能的简单秒表（未完成）。构成秒表的一般方法请阅读理论课教材的相关内容。

四、实验内容与步骤

1. 开放实验室（进入定点实验室前完成）

(1) 打开课程选用的FPGA集成开发环境IDE，并在IDE中建立本实验电路的工程。

(2) 在IDE中，分别在新建工程中再新建Verilog HDL设计文件，并输入相应设计代码。

(3) 在IDE中，分别在新建工程中再新建Verilog HDL仿真文件，并输入设计仿真程序代码，修改仿真文件属性、保存，运行仿真工具实现对本工程的仿真并输出波形。

(4) 综合并分配引脚，生成输出文件。

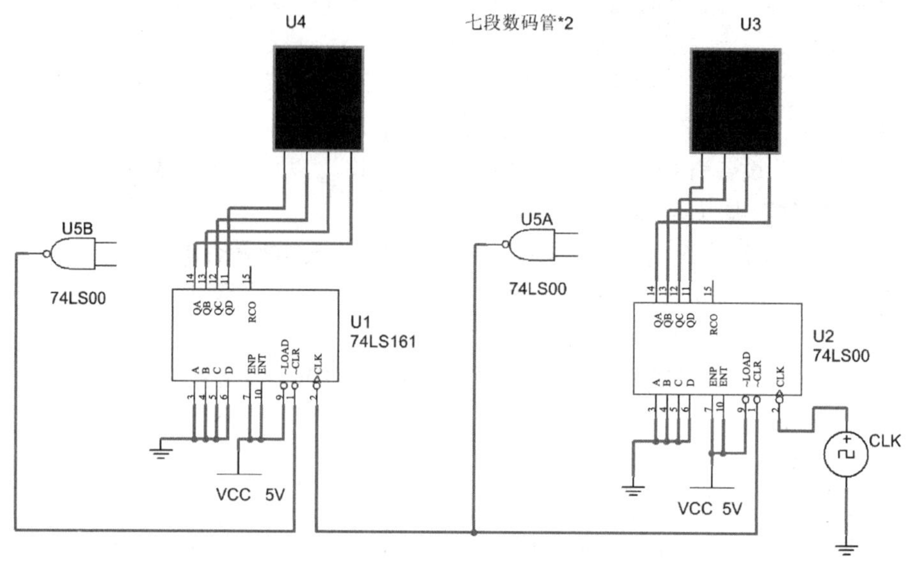

图 6.1　用 74LS161 构成的简单秒表(未完成)

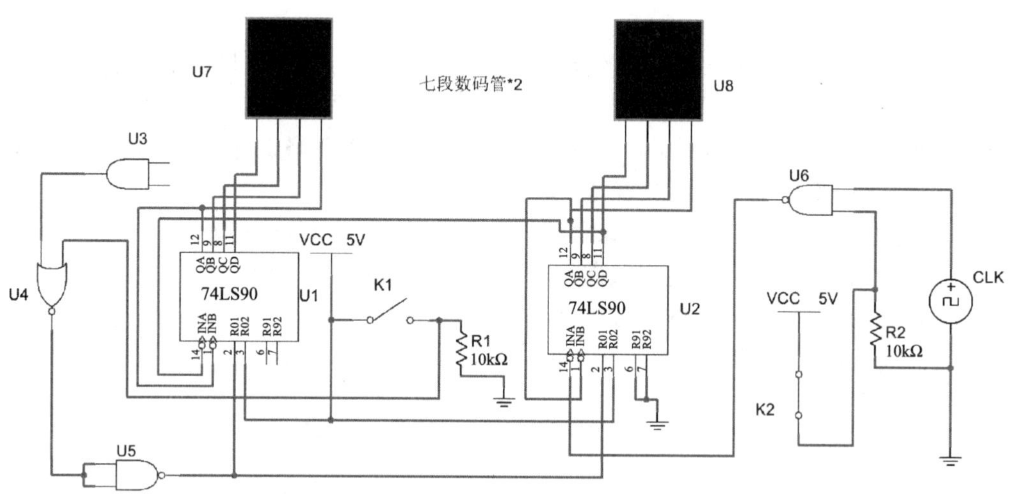

图 6.2　用 74LS90 构成的带复位、暂停功能的简单秒表(未完成)

(5) 将输出文件下载至 FPGA 开发板之中。

(6) 操作开发板已分配开关,观察分配的显示器件结果是否满足设计要求。若不满足设计要求则需要调整软件设计。

2. 定点实验室

(1) 根据预习要求选择本实验需要的实验室中的仪器、仪表、元件、连接导线,并检查它们的质量。

(2) 参照工程仿真,用专用导线进行电路连接(不能带电操作)。

(3) 检查逻辑电路图连线是否正确。

(4) 连线检查后,通电验证,正常实现电路逻辑功能后,请老师验收。否则,需要排除电路故障(如要移动导线,记住不能带电操作)。

(5) 完成实验后,收拾好实验台,关掉用过的仪器、仪表的电源后,再关插座的电源。

五、线上和线下应交资料及要求

1. 线上资料

(1) 本实验线上教学资源成绩截图。

(2) 实验预习报告。

(3) 本实验"原理仿真"所用仿真工具源文件。

(4) 本实验"工程仿真"所用仿真工具源文件。

(5) 电子版实验报告(将手写的实验报告拍照,编辑成 word 文档或扫描成 pdf 文档)。

(6) 本实验 FPGA 工程包。

(7) 电子版 FPGA 实验报告(需按照报告模板完成)。

说明:① 数据分析主要分析时序逻辑电路功能与 Verilog-HDL 仿真波形的关系。

② 进实验室后,以上 7 种线上资料要按时上交给学习委员。

2. 线下资料

(1) 写在指定印刷好的报告纸上,内容主要包括:

① 简写设计过程或实验原理,优先用电路图和公式描述。

② 记录实验结果与数据分析,附上有自己信息的实验结果图片。

③ 回答有关思考题,不少于 4 题。

④ 记录实验过程中遇到的印象最深刻的问题及解决过程。

(2) 待课程结束后,将线下资料按规定时间统一上交给学习委员。

六、实验设备

请根据实际情况在预习报告和实验报告中如实记录实验中用到的仪器、仪表、实验台及实验板名称、型号、编号和实际元器件名称、型号、数量。

七、思考题

1. 从内部电路上看,74LS161 与 74LS90 有没有本质区别?

2. 用 74LS161 置中间任意数,如置 **0010**,实现六进制计数,应该怎样构造电路?

3. 74LS161 秒表除能显示 0~59 这 60 个数之外,还应该具有复位、暂停等功能,应该怎样在电路中进行设计?

4. 在 74LS90 秒表电路中,74LS02、74LS08 及 74LS00 的作用分别是什么?

5. Verilog 语言程序同 C 语言程序在执行上有什么不同?

八、实验体会

谈谈对本实验的感想,并提出改进本实验的建议。

实验 7　移位寄存器的设计与 FPGA 实现

一、实验目的

实验 7 PPT

1. 掌握虚、实 MSI 移位寄存器器件的工作原理。
2. 掌握 MSI 移位寄存器器件的内部结构及构成 7 位移位寄存器的方法。
3. 学会用课程选用的 FPGA 集成开发环境(IDE)实现本实验内容。
4. 学会本实验线上、线下资料的撰写、整理,体会“工程仿真”的作用。

二、预习要求

1. 基本要求

(1) 用 MSI 集成芯片设计一个 7 位右移并行输入、串行输出的移位寄存器,用并行送数法预置寄存器为二进制数 **1010101**,然后进行右移循环,观察寄存器输出状态的变化并记录。

(2) 用 74LS194 分别设计环形计数器和扭环形计数器。

(3) 在线上视频指导下,用仿真软件验证本实验设计的逻辑电路(复习验证相关器件质量的方法)。

(4) 在课程提供的虚拟实验设备上,参照原理仿真,重复验证以上逻辑电路的设计,为进实验室实际操作做足准备。

(5) 用课程选用的 FPGA 集成开发环境(IDE)实现本实验内容。

2. 必做内容

1) 7 位右移移位寄存器的设计与仿真步骤

(1) 设计与原理仿真

① 用附录四中的 MSI 器件根据电路提示完成设计。

② 在虚拟仿真环境中绘出设计电路图,在电路的每个输入引脚放置逻辑开关,在每个输出引脚放入逻辑显示,点击“运行”,拨动逻辑开关,观察逻辑显示屏 LED 的亮、灭是否满足设计要求。

③ 记录各个端口、节点的逻辑状态和电压,供工程仿真参考。

(2) 工程仿真

① 在软件环境里打开课程提供的虚拟实验设备,找到相关芯片。

② 对照原理仿真电路,完成工程仿真连线(注意元器件的引脚编号要对应连接),连线不要接在虚拟实验设备引线的端头上(需错过端头少许),以免修正时改变虚拟实验设备的固有布局结构(改变虚拟实验设备布局会被扣分)。

③ 运行虚拟实验设备,观察、记录逻辑开关结果,并判断是否满足设计要求。

④ 记录各个端口、节点的逻辑状态和电压,供实验室排除故障用。

(3) FPGA 集成开发环境设计与实现

用 Verilog 语言在课程选用的 FPGA 集成开发环境(IDE)完成 7 位右移移位寄存器的设计、仿真、下载调试、验证。

2）环形计数器的设计与仿真步骤

（1）设计与原理仿真

① 用附录四中的 MSI 器件根据电路提示完成电路设计。

② 在虚拟仿真环境中绘出设计电路图，在电路的每个输入引脚放置逻辑开关，在每个输出引脚放入逻辑显示，点击“运行”，拨动逻辑开关，观察逻辑显示屏 LED 的亮、灭是否满足设计要求。

③ 记录各个端口、节点的逻辑状态和电压，供工程仿真参考。

（2）工程仿真

① 在软件环境里打开课程提供的虚拟实验设备，找到相关芯片。

② 对照原理仿真电路，完成工程仿真连线（注意元器件的引脚编号要对应连接），连线不要接在虚拟实验设备引线的端头上（需错过端头少许），以免修正时改变虚拟实验设备的固有布局结构（改变虚拟实验设备布局会被扣分）。

③ 运行虚拟实验设备，观察、记录逻辑开关结果，并判断是否满足设计要求。

④ 记录各个端口、节点的逻辑状态和电压，供实验室排除故障用。

（3）FPGA 集成开发环境设计与实现

用 Verilog 语言在课程选用的 FPGA 集成开发环境（IDE）完成环形计数器的设计、仿真、下载调试、验证。

3）扭环形计数器的设计与仿真步骤

（1）设计与原理仿真

① 用附录四中的 MSI 器件根据电路提示完成设计。

② 在虚拟仿真环境中对设计电路进行原理仿真验证。

③ 记录各个端口、节点的逻辑状态和电压，供工程仿真参考。

（2）工程仿真

① 在软件环境里打开课程提供的虚拟实验设备，找到相关芯片。

② 对照原理仿真电路，完成工程仿真连线（注意元器件的引脚编号要对应连接），连线不要接在虚拟实验设备引线的端头上（需错过端头少许），以免修正时改变虚拟实验设备的固有布局结构（改变虚拟实验设备布局会被扣分）。

③ 运行虚拟实验设备，观察、记录逻辑开关结果，并判断是否满足设计要求。

④ 记录各个端口、节点的逻辑状态和电压，供实验室排除故障用。

（3）FPGA 集成开发环境设计与实现

用 Verilog 语言在课程选用的 FPGA 集成开发环境（IDE）完成扭环形计数器的设计、仿真、下载调试、验证。

三、设计提示

（1）图 7.1 所示是由 D 触发器构成的 4 位循环左移寄存器。

（2）本设计可选用 4 位双向通用移位寄存器，具体型号见本指导书附录。

（3）串行/并行转换器。串行/并行转换是指串行输入的数码经转换电路之后，变成并行输出。图 7.2 所示是用两片 74LS194（4 位双向移位寄存器）组成的 7 位串行/并行转换器。电路中 S_0端接高电平，S_1 受 Q_7 控制，两片寄存器连接成串行输入右移工

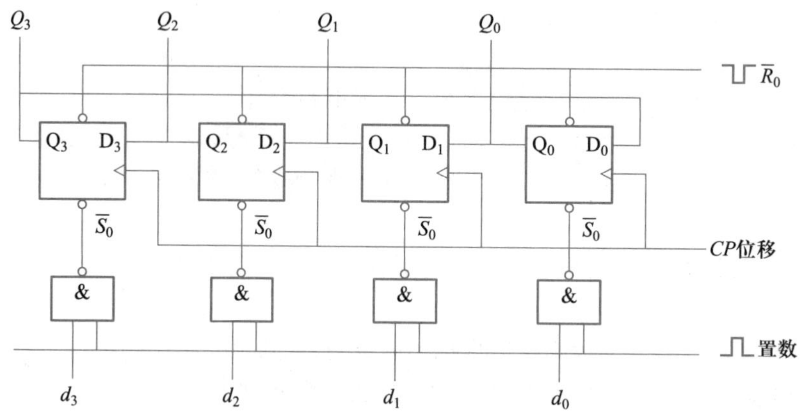

图 7.1　由 D 触发器构成的 4 位循环左移寄存器

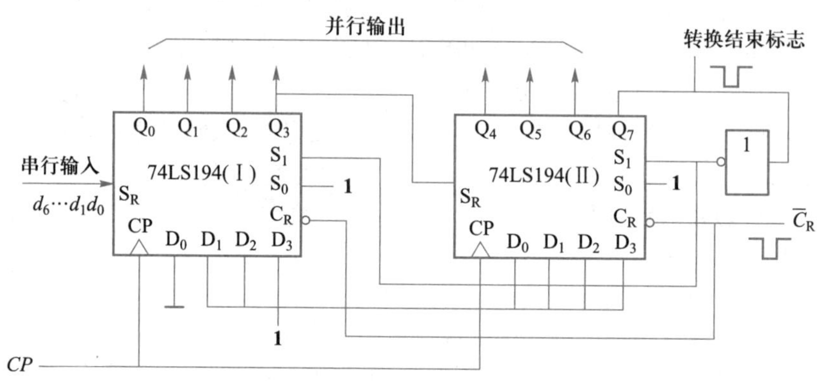

图 7.2　7 位串行/并行转换器

作模式。Q_7 是转换结束标志。当 $Q_7 = \mathbf{1}$ 时，S_1 为 **0**，使之成为 $S_1S_0 = \mathbf{01}$ 的串入右移工作方式；当 $Q_7 = \mathbf{0}$ 时，$S_1 = \mathbf{1}$，$S_1S_0 = \mathbf{10}$，则串行送数结束，标志着串行输入的数据已转换成并行输出了。

串行/并行转换的具体过程如下：

转换前，C_R 端加低电平，使Ⅰ、Ⅱ两片寄存器的内容清零，此时 $S_1S_0 = \mathbf{11}$，寄存器执行并行输入工作方式。当第一个 CP 脉冲到来后，寄存器的输出状态 $Q_0 \sim Q_7$ 为 **01111111**，与此同时 S_1S_0 变为 **01**，转换电路执行串入右移工作方式，串行输入数据由芯片Ⅰ的 S_R 端加入。随着 CP 脉冲的依次加入，输出状态的变化见表 7.1。右移操作 7 次之后，Q_7 变为 **0**，S_1S_0 又变为 **11**，说明串行输入结束。这时，串行输入的数码已经转换成并行输出了。当再来一个 CP 脉冲时，电路又执行一次并行输入，为第二组串行数码转换做好准备。

表 7.1　7 位串行/并行转换器功能表

CP	Q_0	Q_1	Q_2	Q_3	Q_4	Q_5	Q_6	Q_7	说明
0	**0**	**0**	**0**	**0**	**0**	**0**	**0**	**0**	清零
1	**0**	**1**	**1**	**1**	**1**	**1**	**1**	**1**	送数
2	d_0	**0**	**1**	**1**	**1**	**1**	**1**	**1**	右移操作 7 次
3	d_1	d_0	**0**	**1**	**1**	**1**	**1**	**1**	
4	d_2	d_1	d_0	**0**	**1**	**1**	**1**	**1**	
5	d_3	d_2	d_1	d_0	**0**	**1**	**1**	**1**	
6	d_4	d_3	d_2	d_1	d_0	**0**	**1**	**1**	
7	d_5	d_4	d_3	d_2	d_1	d_0	**0**	**1**	
8	d_6	d_5	d_4	d_3	d_2	d_1	d_0	**0**	
9	**0**	**1**	**1**	**1**	**1**	**1**	**1**	**1**	送数

(4) 并行/串行转换器。并行/串行转换是指并行输入的数码经转换电路之后，变成串行输出。图 7.3(a)(b)所示电路是用两片 74LS194 组成的 7 位并行/串行转换器，图 7.3(a)是原理图，图 7.3(b)是仿真参考图，图 7.2 仿真时也可参照图 7.3(b)。图 7.3 比图 7.2 所示电路多了两个**与非**门 G_1 和 G_2，电路工作方式同样为右移。寄存器清零后，加一个转换启动信号(负脉冲或低电平)。此时，由于方式控制 S_1S_0 为 **11**，转换电路执行并行输入操作。当第一个 CP 脉冲到来后，$Q_0Q_1Q_2Q_3Q_4Q_5Q_6Q_7$ 的状态为 $D_0D_1D_2D_3D_4D_5D_6D_7$，并行输入数码存入寄存器。从而使得 G_1 输出为 **1**，G_2 输出为 **0**，S_1S_2 变为 **01**。转换电路随着 CP 脉冲的加入，开始执行右移串行输出。随着 CP 脉冲的依次加入，输出状态依次右移，待右移操作 7 次后，$Q_0 \sim Q_6$ 的状态都为高电平，**与非**门 G_1 输出为低电平，G_2 输出为高电平，S_1S_2 又变为 **11**，表示并行/串行转换结束，且为第二次并行输入创造了条件。转换过程见表 7.2，图 7.3 中遮挡部分需要自主完成设计。

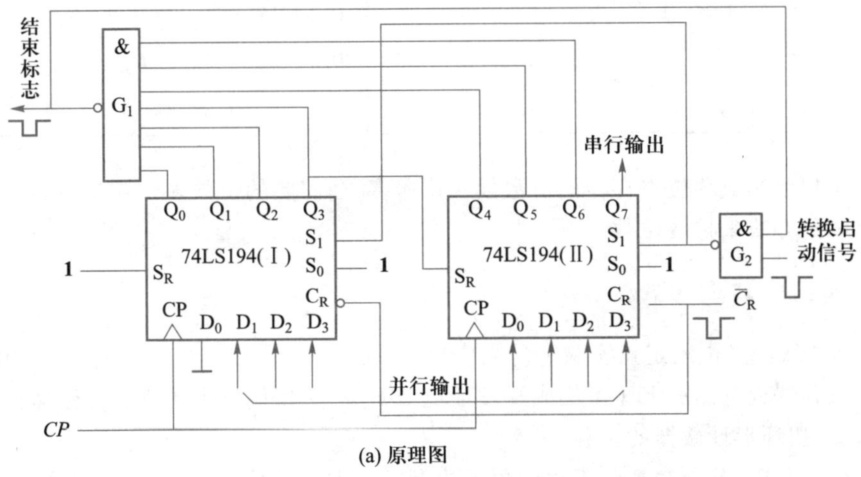

(a) 原理图

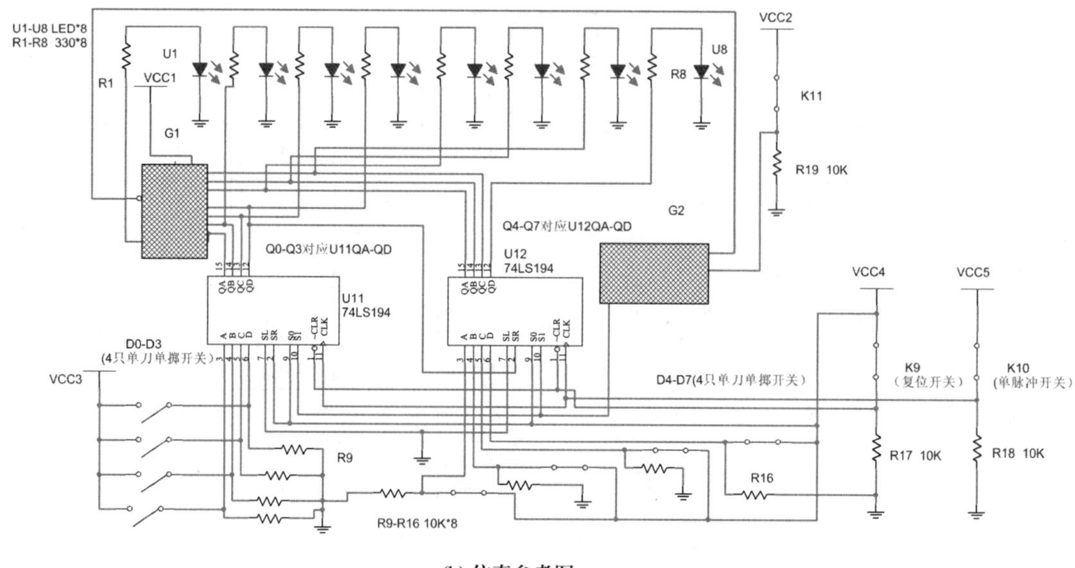

(b) 仿真参考图

图 7.3　7 位并行/串行转换器原理与仿真参考图

表 7.2　7 位并行/串行转换器功能表

CP	Q_0	Q_1	Q_2	Q_3	Q_4	Q_5	Q_6	Q_7	串行输出(Q_0~Q_7 从上至下随 CP 变化)						
0	0	0	0	0	0	0	0	0							
1	0	D_1	D_2	D_3	D_4	D_5	D_6	D_7	1	1	1	1	1	1	1
2	1	0	D_1	D_2	D_3	D_4	D_5	D_6	D_0	1	1	1	1	1	1
3	1	1	0	D_1	D_2	D_3	D_4	D_5	D_1	D_0	1	1	1	1	1
4	1	1	1	0	D_1	D_2	D_3	D_4	D_2	D_1	D_0	1	1	1	1
5	1	1	1	1	0	D_1	D_2	D_3	D_3	D_2	D_1	D_0	1	1	1
6	1	1	1	1	1	0	D_1	D_2	D_4	D_3	D_2	D_1	D_0	1	1
7	1	1	1	1	1	1	0	D_1	D_5	D_4	D_3	D_2	D_1	D_0	1
8	1	1	1	1	1	1	1	0	D_6	D_5	D_4	D_3	D_2	D_1	D_0
9	0	D_1	D_2	D_3	D_4	D_5	D_6	D_7							

(5) 中规模集成移位寄存器的位数以 4 位居多,当需要的位数多于 4 位时,可采用移位寄存器级联的方法来扩展位数。

四、实验内容与步骤

1. 开放实验室(进入定点实验室前完成)

(1) 打开课程选用的 FPGA 集成开发环境 IDE,并在 IDE 中建立 7 位右移移位寄存器、环形计数器、扭环形计数器的工程。

(2) 在 IDE 中,分别在新建工程中再新建 Verilog HDL 设计文件,并输入相应设计代码。

(3) 在 IDE 中,分别在新建工程中再新建 Verilog HDL 仿真文件,并输入设计仿真程序代码,修改仿真文件属性、保存,运行仿真工具实现对本工程的仿真并输出波形。

(4) 综合并分配引脚,生成输出文件。

(5) 将输出文件下载至 FPGA 开发板之中。

(6) 操作开发板已分配开关,观察分配的显示器件输出结果是否满足设计要求。若不满足设计要求则需要调整软件设计。

2. 定点实验室

1) 基本要求

(1) 在实体实验设备上完成 7 位右移移位寄存器的验证操作。

(2) 在实体实验设备上完成环形计数器的验证操作。

2) 扩展要求

在实体实验设备上完成扭环形计数器的验证操作。

3) 实验步骤

(1) 根据预习要求选择本实验需要的实验室中的仪器、仪表、元件、连接导线,并检查它们的质量。

(2) 参照工程仿真,用专用导线进行电路连接(不能带电操作)。

(3) 检查逻辑电路图连线是否正确。

(4) 连线检查后,通电验证,正常实现电路逻辑功能后,请老师验收。否则,需要排除电路故障(如要移动导线,记住不能带电操作)。

(5) 完成实验后,收拾好实验台,关掉用过的仪器、仪表的电源后,再关插座的电源。

五、线上和线下应交资料及要求

1. 线上资料

(1) 本实验线上教学资源成绩截图。

(2) 实验预习报告。

(3) 本实验“原理仿真”所用仿真工具源文件。

(4) 本实验“工程仿真”所用仿真工具源文件。

(5) 电子版实验报告(将手写的实验报告拍照,编辑成 word 文档或扫描成 pdf 文档)。

(6) 本实验 FPGA 工程包。

(7) 电子版 FPGA 实验报告(需按照报告模板完成)。

说明:① 数据分析主要分析时序逻辑电路功能与 Verilog-HDL 仿真波形的关系。

② 进实验室后,以上 7 种线上资料要按时上交给学习委员。

2. 线下资料

(1) 写在指定印刷好的报告纸上,内容主要包括:

① 简写设计过程或实验原理,优先用电路图和公式描述。

② 记录实验结果与数据分析,附上有自己信息的实验结果图片。

③ 回答有关思考题,不少于 4 题。

④ 记录实验过程中遇到的印象最深刻的问题及解决过程。

(2) 待课程结束后,将线下资料按规定时间统一上交给学习委员。

六、实验设备

请根据实际情况在预习报告和实验报告中如实记录实验中用到的仪器、仪表、实验台及实验板名称、型号、编号和实际元器件名称、型号、数量。

七、思考题

1. 在对74LS194进行送数后，若要使输出端变成另外的数码，是否一定要使寄存器清零？

2. 若 C_R 端需要接入高电平，可以采用悬空的方法吗？

3. 使寄存器清零时，除采用输入低电平外，能否采用右移或左移的方法？能否使用并行送数法？若可行，如何进行操作？

4. 若进行循环左移，图7.3中接线应如何改接？

5. Verilog过程化语句initial和always语句在执行时有什么不同？

八、实验体会

谈谈对本实验的感想，并提出改进本实验的建议。

实验8　脉冲分配器的设计与FPGA实现

实验8
PPT

一、设计要求

1. 基本要求

利用译码器、计数器、移位寄存器及**与非**门等单元电路设计能够控制步进电机正转、反转、停止的脉冲控制电路，具体要求如下：

(1) 电机运转规律为：正转30 s→停10 s→反转30 s→停10 s→正转30 s……用发光二极管的亮、灭变化模拟电机的运行状态。

(2) 电机运转规律为：正转50 s→停20 s→反转40 s→停10 s→正转50 s……用发光二极管的亮、灭变化模拟电机的运行状态。

2. 扩展要求

设计一个四相步进电机驱动电路，要求如下：

(1) A、B、C、D 分别表示步进电机的四相绕组，步进电机按四相四拍方式运行。

(2) 如要求电机正转时，控制端 $T=1$，电机的四相绕组的通电顺序为AC—DA—BD—CB—AC……如要求电机反转时，控制端 $T=0$，电机的四相绕组的通电顺序为AC—CB—BD—DA—AC……

二、预习要求

1. 基本要求

(1) 复习关于译码器、计数器、移位寄存器及**与非**门的内容。

(2) 阅读附录四，熟悉本实验设计所需虚、实集成器件的引脚图，注意二者之间引脚分布的差别。

(3) 设计并绘制各实验内容的逻辑电路图和时序状态图。

(4) 绘制各实验内容所需的实验接线图和测试记录表格,并预测出波形图。以便于实验时与示波器显示的实际波形进行比较。

(5) 在线上视频指导下,用仿真软件验证本实验设计的逻辑电路(复习验证相关器件质量的方法)。

(6) 在课程提供的虚拟实验设备上,参照原理仿真,重复验证以上设计逻辑电路,为进实验室实际操作做足准备。

(7) 用课程选用的 FPGA 集成开发环境(IDE)完成本实验内容。

2. 必做内容

(1) 设计与原理仿真

① 根据设计要求在附录四的 SSI、MSI 器件范围内选择器件设计脉冲分配器电路,并在仿真软件里进行原理仿真。

② 记录各个端口、节点的逻辑状态和电压,供工程仿真参考。

(2) 工程仿真

① 在软件环境里打开课程提供的虚拟实验设备,找到设计所需 SSI、MSI 器件。

② 对照原理仿真电路,完成工程仿真连线(注意元器件的引脚编号要对应连接),连线不要接在虚拟实验设备引线的端头上(需错过端头少许),以免修正时改变虚拟实验设备的固有布局结构(改变虚拟实验设备布局会被扣分)。

③ 运行虚拟实验设备,观察、记录数码管显示结果,并判断显示结果是否正确。

④ 记录各个端口、节点的逻辑状态和电压,供实验室排除故障用。

(3) FPGA 集成开发环境设计与实现

用 Verilog 语言在课程选用的 FPGA 集成开发环境(IDE)完成以上设计脉冲分配器的设计、仿真、下载调试、验证。

3. 选作内容

(1) 设计与原理仿真

① 根据设计要求在附录四的 SSI、MSI 器件范围内选择器件设计四相步进电机驱动电路。

② 在仿真软件里找到设计所需虚拟集成器件进行原理仿真。

③ 记录各个端口、节点的逻辑状态和电压,供工程仿真参考。

(2) 工程仿真

① 在软件环境里打开课程提供的虚拟实验设备,找到设计所需 SSI、MSI 器件。

② 对照原理仿真电路,完成工程仿真连线(注意元器件的引脚编号要对应连接),连线不要接在虚拟实验设备引线的端头上(需错过端头少许),以免修正时改变虚拟实验设备的固有布局结构(改变虚拟实验设备布局会被扣分)。

③ 运行虚拟实验设备,观察、记录数码管显示结果,并判断显示结果是否正确 。

④ 记录各个端口、节点的逻辑状态和电压,供实验室排除故障用。

(3) FPGA 集成开发环境设计与实现

用 Verilog 语言在课程选用的 FPGA 集成开发环境(IDE)完成脉冲分配器的设计、仿真、下载调试、验证。

三、设计提示

（1）顺序脉冲发生器也称为脉冲分配器或节拍脉冲发生器。顺序脉冲发生器能够产生一组时间上有先后顺序的脉冲。用这组脉冲可以使控制器形成所需的各种控制信号，以便控制电机按照事先规定的顺序进行一系列动作。顺序脉冲发生器一般由计数器（包括移位寄存器型计数器）和译码器组成，也有不带译码器的顺序脉冲发生器。

（2）74LS194 逻辑功能表见表 8.1，其引脚图见附录四。

表 8.1　74LS194 逻辑功能表

功能	输入										输出			
	CP	C_R	S_1	S_0	S_R	S_L	D_0	D_1	D_2	D_3	Q_0	Q_1	Q_2	Q_3
清零	ϕ	**0**	ϕ	ϕ	ϕ	ϕ	ϕ	ϕ	ϕ	ϕ	0	0	0	0
送数	↑	**1**	**1**	**1**	ϕ	ϕ	a	b	c	d	a	b	c	d
右移	↑	**1**	**0**	**1**	D_{SR}	ϕ	ϕ	ϕ	ϕ	ϕ	D_{SR}	Q_0	Q_1	Q_2
左移	↑	**1**	**1**	**0**	ϕ	D_{SL}	ϕ	ϕ	ϕ	ϕ	Q_1	Q_2	Q_3	D_{SL}
保持	↑	**1**	**0**	**0**	ϕ	ϕ	ϕ	ϕ	ϕ	ϕ	Q_0^n	Q_1^n	Q_2^n	Q_3^n
保持	↓	**1**	ϕ	ϕ	ϕ	ϕ	ϕ	ϕ	ϕ	ϕ	Q_0^n	Q_1^n	Q_2^n	Q_3^n

（3）设计思路与参考电路。参考电路是一个能够控制光点左移、右移、停止移动的控制电路。光点右移表示电机正转，光点左移表示电机反转，光点停止移动表示电机停止转动。电机运转规律为：正转 20 s→停 10 s→反转 20 s→停 10 s→正转 20 s……用发光二极管的亮、灭变化实现光点的移动。电路中采用了 4 个发光二极管，当只有一个发光二极管亮时，光点的移动才会明显。

电机控制电路如图 8.1 所示，被遮挡电路请设计者根据设计要求、提示和图中信息自己设计，遮挡部分均为组合逻辑电路。用 4 位双向移位寄存器来驱动发光二极管。因为 4 位双向移位寄存器具有送数、右移、左移、保持功能，与光点的运行（电机的运行）规律相对应。由电机运行规律可以看出，电路工作一个循环周期需 60 s，通过对控制端 S_1、S_0 的控制，可以实现电机运行规律，具体如表 8.1 所示。M 为启动信号，$M=\mathbf{0}$ 时送数，$M=\mathbf{1}$ 时工作（注意：电路运行时要先送数，后移数）。

为满足电路工作一个循环周期需 60 s 的要求，计数器时钟脉冲周期要合理选取。为使光点移动明显，取移位寄存器时钟周期为 0.1～1 s。

四、实验内容与步骤

1. 开放实验室（进入定点实验室前完成）

（1）打开课程选用的 FPGA 集成开发环境 IDE，并在 IDE 中建立本实验电路工程。

（2）在 IDE 中，分别在新建工程中再新建 Verilog HDL 设计文件，并输入相应设计代码。

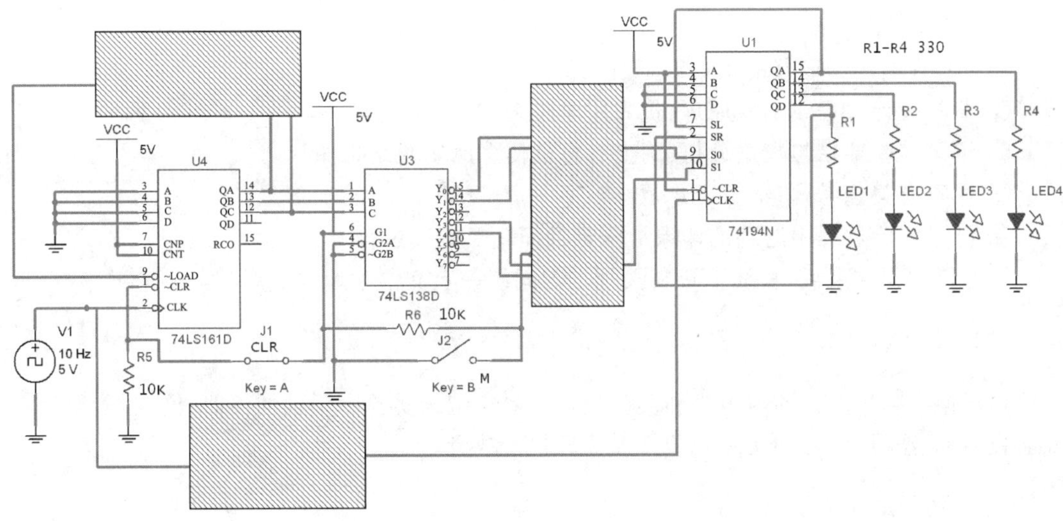

图 8.1　电机控制电路

(3) 在 IDE 中,分别在新建工程中再新建 Verilog HDL 仿真文件,并输入设计仿真程序代码,修改仿真文件属性、保存,运行仿真工具实现对本工程的仿真并输出波形。

(4) 综合并分配引脚,生成输出文件。

(5) 将输出文件,下载至 FPGA 开发板之中。

(6) 操作开发板已分配开关,观察分配的显示器件输出结果是否满足设计要求。

2. 定点实验室

(1) 根据预习要求选择本实验需要的实验室中的仪器、仪表、元件、连接导线,并检查它们的质量。

(2) 参照工程仿真,用专用导线进行电路连接(不能带电操作)。

(3) 检查逻辑电路图连线是否正确。

(4) 连线检查后,通电验证,正常实现电路逻辑功能后,请老师验收。否则,需要排除电路故障(如要移动导线,记住不能带电操作)。

(5) 完成实验后,收拾好实验台,关掉用过的仪器、仪表的电源后,再关插座的电源。

五、线上和线下应交资料及要求

1. 线上资料

(1) 本实验线上教学资源成绩截图。

(2) 实验预习报告。

(3) 本实验"原理仿真"所用仿真工具源文件。

(4) 本实验"工程仿真"所用仿真工具源文件。

(5) 电子版实验报告(将手写的实验报告拍照,编辑成 word 文档或扫描成 pdf 文档)。

(6) 本实验 FPGA 工程包。

(7) 电子版 FPGA 实验报告(需按照报告模板完成)。

说明:① 数据分析主要分析时序逻辑电路功能与 Verilog-HDL 仿真波形的关系。

② 进实验室后,以上 7 种线上资料要按时上交给学习委员。

2. 线下资料

(1) 写在指定印刷好的报告纸上,内容主要包括:

① 简写设计过程或实验原理,优先用电路图和公式描述。

② 记录实验结果与数据分析,附上有自己信息的实验结果图片。

③ 回答有关思考题,不少于 4 题。

④ 记录实验过程中遇到的印象最深刻的问题及解决过程。

(2) 待课程结束后,将线下资料按规定时间统一上交给学习委员。

六、实验设备

请根据实际情况在预习报告和实验报告中如实记录实验中用到的仪器、仪表、实验台及实验板名称、型号、编号和实际元器件名称、型号、数量。

七、思考题

1. 若要对电机的运行时间进行计时显示,电路应添加哪些部分?请进行设计。
2. 能否将二极管直接换成步进电机?为什么?电路是否需要修改?
3. 如何用 Verilog 语言设计 74LS138 三个使能端 G_1、G_{2A}、G_{2B}?能用几种方法实现?
4. 如何用 Verilog 语言设计 74LS161 预置端 A、B、C、D?写出核心语句。
5. Verilog 语言同 C 语言在 if else 中是否一样?

八、实验体会

谈谈对本实验的感想,并提出改进本实验的建议。

实验 9　智力竞赛抢答器的设计与 FPGA 实现

实验 9 PPT

一、设计要求

1. 基本要求

应用 D 触发器、分频电路、多谐振荡器、CP 时钟脉冲源等单元电路设计一个供 4 人用的智力竞赛抢答器。当某一参赛者抢先按下自己的抢答开关(或按钮)时,相应的指示灯亮。此时,智力竞赛抢答器不再接受其他参赛者的抢答信号。主持人有优先控制抢答装置的权利。

2. 扩展要求

对电路进行修改,使抢答器可供 8 人使用,并增加声音提示功能。设计出电路并在课余时间仿真通过。

二、预习要求

1. 基本要求

(1) 复习理论课教材相关内容,参考图 9.1(b)所示智力竞赛抢答器参考仿真图,完成图9.1(a)所示4人用的智力竞赛抢答器原理框图,框图中方块均需用具体电路取代。

(2) 阅读附录四,熟悉本实验所用的虚、实MSI器件引脚图,注意二者之间引脚分布的差别。

(3) 在线上视频指导下,用仿真软件验证本实验设计的逻辑电路。

(4) 在课程提供的虚拟实验设备上,参照原理仿真,进行工程仿真,为进实验室实际操作做足准备。

(5) 用课程选用的FPGA集成开发环境(IDE)完成本实验内容。

2. 必做内容

(1) 设计与原理仿真

① 根据设计要求在附录四的SSI、MSI器件范围内选择器件设计4人抢答器,并进行原理仿真。

② 在虚拟仿真环境中绘出设计电路图,在电路的每个输入引脚放置逻辑开关、脉冲信号源,在每个输出引脚放入逻辑显示,点击"运行",拨动逻辑开关,观察逻辑显示屏LED的亮、灭是否满足设计要求。

③ 记录各个端口、节点的逻辑状态和电压,供工程仿真参考。

(2) 工程仿真

① 对照原理仿真电路,完成工程仿真连线(注意元器件的引脚编号要对应连接),连线不要接在虚拟实验设备引线的端头上(需错过端头少许),以免修正时改变虚拟实验设备的固有布局结构(改变虚拟实验设备布局会被扣分)。

② 运行虚拟实验设备,观察、记录LED显示结果,并判断显示结果是否正确 。

③ 记录各个端口、节点的逻辑状态和电压,供实验室排除故障用。

(3) FPGA集成开发环境设计与实现

用Verilog语言在课程选用的FPGA集成开发环境(IDE)完成4人抢答器的设计、仿真、下载调试、验证。

3. 选作内容

(1) 设计与原理仿真

① 根据设计要求在附录四的SSI、MSI器件范围内设计8人抢答器,并进行原理仿真。

② 设计声音提示电路。

③ 记录各个端口、节点的逻辑状态和电压,供工程仿真参考。

(2) 工程仿真

① 对照原理仿真电路,完成工程仿真连线(注意元器件的引脚编号要对应连接),连线不要接在虚拟实验设备引线的端头上(需错过端头少许),以免修正时改变虚拟实验设备的固有布局结构(改变虚拟实验设备布局会被扣分)。

② 运行虚拟实验设备,观察、记录数码管显示结果,并判断显示结果是否正确 。

③ 记录各个端口、节点的逻辑状态和电压,供实验室排除故障用。

三、设计提示

图9.1(b)为智力竞赛抢答器仿真参考图,被遮挡电路请设计者自己完成,左斜线、双斜线遮盖部分是抢答器控制器,右斜线遮盖部分是分频和多谐振荡器部分。

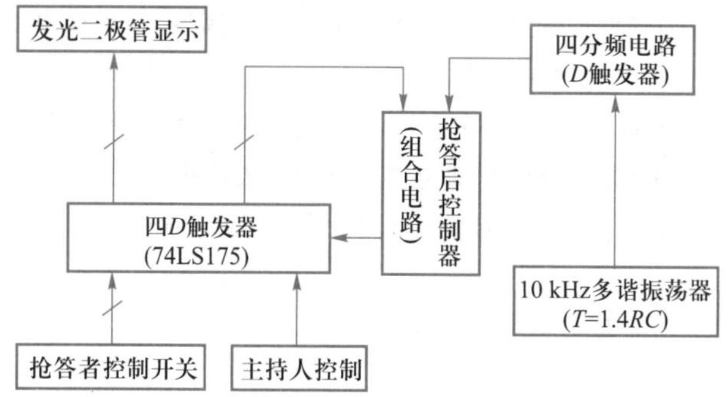

(a) 4人用的智力竞赛抢答器原理框图

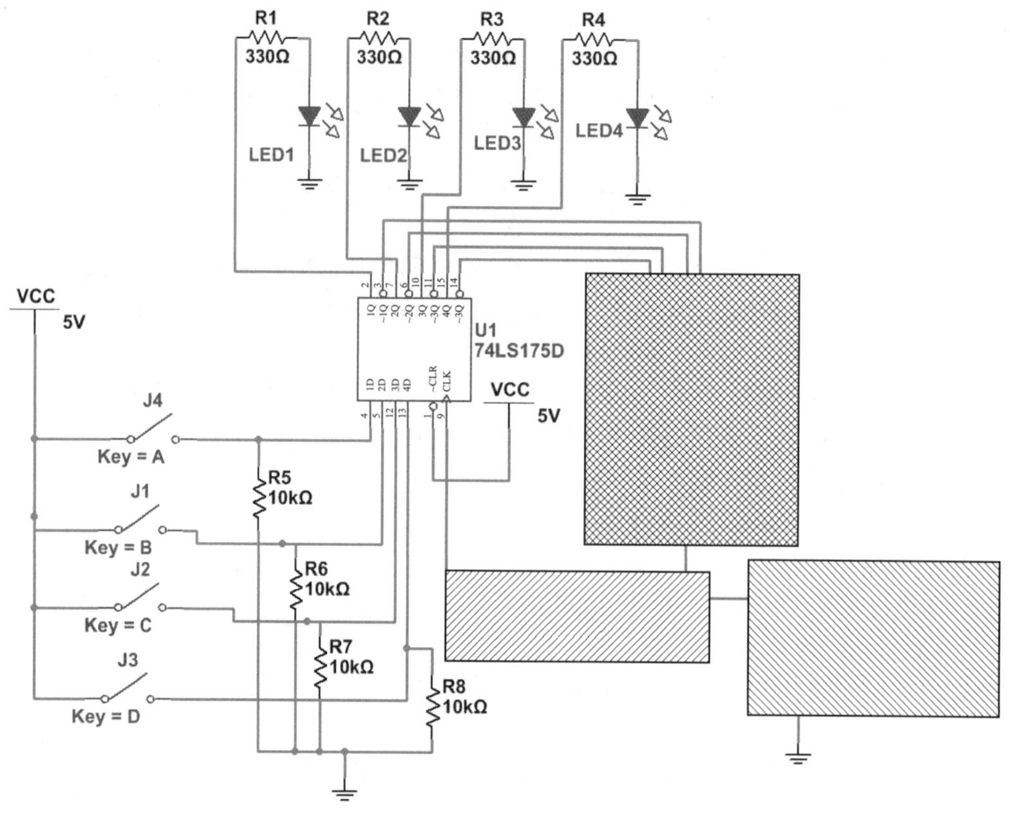

(b) 智力竞赛抢答器仿真参考图

图 9.1　智力竞赛抢答器原理图

图中四 D 触发器可以使用 74LS175，多谐振荡器可按提示的周期算法和参数自行设计，四分频电路可采用 D 触发器。抢答控制电路的输入信号是 74LS175 的输出信号，输出信号用于控制抢答装置的工作状态。

抢答开始时，由主持人按下抢答装置上的允许抢答开关，参赛者开始抢答。当有抢答信号输入抢答装置时，74LS175 的某一个输出端变为高电平，相应的发光二极管亮。此时，抢答装置不再接受其他参赛者的抢答信号，直到主持人清除信号为止。

四、实验内容与步骤

1. 开放实验室(进入定点实验室前完成)

(1) 打开课程选用的 FPGA 集成开发环境 IDE,并在 IDE 中建立本实验电路工程。

(2) 在 IDE 中,分别在新建工程中再新建 Verilog HDL 设计文件,并输入相应设计代码。

(3) 在 IDE 中,分别在新建工程中再新建 Verilog HDL 仿真文件,并输入设计仿真程序代码,修改仿真文件属性、保存,运行仿真工具实现对本工程的仿真并输出波形。

(4) 综合并分配引脚,生成输出文件。

(5) 将输出文件,下载至 FPGA 开发板之中。

(6) 操作开发板已分配开关,观察分配的显示器件输出结果是否满足设计要求。

2. 定点实验室

(1) 根据预习要求选择本实验需要的实验室中的仪器、仪表、元件、连接导线,并检查它们的质量。

(2) 参照工程仿真,用专用导线进行电路连接(不能带电操作)。

(3) 检查逻辑电路图连线是否正确。

(4) 连线检查后,通电验证,正常实现电路逻辑功能后,请老师验收。否则,需要排除电路故障(如要移动导线,记住不能带电操作)。

(5) 完成实验后,收拾好实验台,关掉用过的仪器、仪表的电源后,再关插座的电源。

五、线上和线下应交资料及要求

1. 线上资料

(1) 本实验线上教学资源成绩截图。

(2) 实验预习报告。

(3) 本实验“原理仿真”所用仿真工具源文件。

(4) 本实验“工程仿真”所用仿真工具源文件。

(5) 电子版实验报告(将手写的实验报告拍照,编辑成 word 文档或扫描成 pdf 文档)。

(6) 本实验 FPGA 工程包。

(7) 电子版 FPGA 实验报告(需按照报告模板完成)。

说明:① 数据分析主要分析时序逻辑电路功能与 Verilog-HDL 仿真波形的关系。

② 进实验室后,以上 7 种线上资料要按时上交给学习委员。

2. 线下资料

(1) 写在指定印刷好的报告纸上,内容主要包括:

① 简写设计过程或实验原理,尽可能用电路图和公式描述。

② 记录实验结果与数据分析,附上有自己信息的实验结果图片。

③ 回答有关思考题,不少于 4 题。

④ 记录实验过程中遇到的印象最深刻的问题及解决过程。

(2) 待课程结束后,将线下资料按规定时间统一上交给学习委员。

六、实验设备

请根据实际情况在预习报告和实验报告中如实记录实验中用到的仪器、仪表、实验台及实验板名称、型号、编号和实际元器件名称、型号、数量。

七、思考题

1. 将抢答装置改为可供 8 人使用,电路应做哪些改动? 画出电路图。
2. 该电路中四分频电路的作用是什么?
3. 能够替换 74LS175 的器件有哪些? 替换原则是什么?
4. 画出 Verilog 语言设计 4 人抢答器的软件流程图。
5. 用 Verilog 语言设计 4 人抢答器和 8 人抢答器程序的核心区别是什么? 写出关键程序段落。
6. 写出课程选用的 FPGA 环境的开放板上核心器件的型号。

八、实验体会

谈谈对本实验的感想,并提出改进本实验的建议。

实验 10　4 位串行累加器的设计与 FPGA 实现

实验 10 PPT

一、设计要求

设计一个 4 位串行累加器,其电路原理框图如图 10.1 所示,在开关 S 处设置串行输入数据,在 *CP* 端输入 8 个脉冲,将完成一次两个四位串行数据的相加,结果存到 D~A 中,其激励表见表 10.1。

表 10.1　4 位串行累加器激励表

现态	输入		次态	输出	双稳输入	
Q^n	E	F	Q^{n+1}	S	J	K
0	0	0	0	0	0	×
0	0	1	0	1	0	×
0	1	0	0	1	0	×
0	1	1	1	0	1	×
1	0	0	0	1	×	1
1	0	1	1	0	×	0
1	1	0	1	0	×	0
1	1	1	1	1	×	0

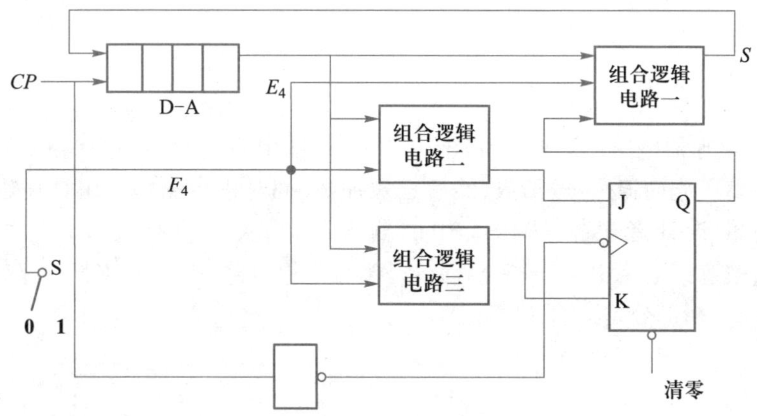

图 10.1 4 位串行累加器电路原理框图

二、预习要求

1. 基本要求

(1) 复习理论课教材中与设计内容相关的章节。

(2) 阅读附录四,熟悉本实验设计所需虚、实集成器件的引脚图,注意二者之间引脚分布的区别。

(3) 在线上视频指导下,用仿真软件验证本实验设计的逻辑电路。

(4) 在课程提供的虚拟实验设备上,参照原理仿真,进行工程仿真,为进实验室实际操作做足准备。

(5) 用课程选用的 FPGA 集成开发环境(IDE)完成本实验内容。

2. 必做内容

1) 设计与原理仿真

(1) 根据设计要求在附录四的 SSI、MSI 器件范围内选择器件设计 4 位串行累加器。

① 根据激励表里 S 和 F、E、Q^n 的真值关系设计出组合逻辑一的电路。

② 根据激励表里 J 和 F、E 的真值关系设计出组合逻辑二的电路。

③ 根据激励表里 K 和 F、E 的真值关系设计出组合逻辑三的电路。

④ 根据设计提示画出右移移位寄存器电路。

(2) 在线上视频指导下,用仿真软件验证本实验设计的逻辑电路(复习验证相关器件质量的方法)。

(3) 记录各个端口、节点的逻辑状态和电压,供工程仿真参考。

2) 工程仿真

(1) 对照原理仿真电路,完成工程仿真连线(注意元器件的引脚编号要对应连接),连线不要接在虚拟实验设备引线的端头上(需错过端头少许),以免修正时改变虚拟实验设备的固有布局结构(改变虚拟实验设备布局会被扣分)。

(2) 运行虚拟实验设备,观察、记录数码管显示结果,并判断显示结果是否正确。

(3) 记录各个端口、节点的逻辑状态和电压,供实验室排除故障用。

3) FPGA 集成开发环境设计与实现

用 Verilog 语言在课程选用的 FPGA 集成开发环境(IDE)完成 4 位串行累加器的设计、

仿真、下载调试、验证。

三、设计提示

1. 此串行累加器电路原理框图如图 10.1 所示，图中 D-A 为 4 个 *D* 触发器组成的 4 位串行右移寄存器。先向 D-A 送加数，然后送被加数，同时进行累加。组合逻辑电路一、二、三的具体电路由设计者根据表 10.1 中的输入、输出关系自行设计，其仿真参考图如图 10.2 所示，被遮挡电路中，方格遮挡部分是组合逻辑电路一，右斜线遮挡部分是组合逻辑电路二，双斜线遮挡部分是组合逻辑电路三。

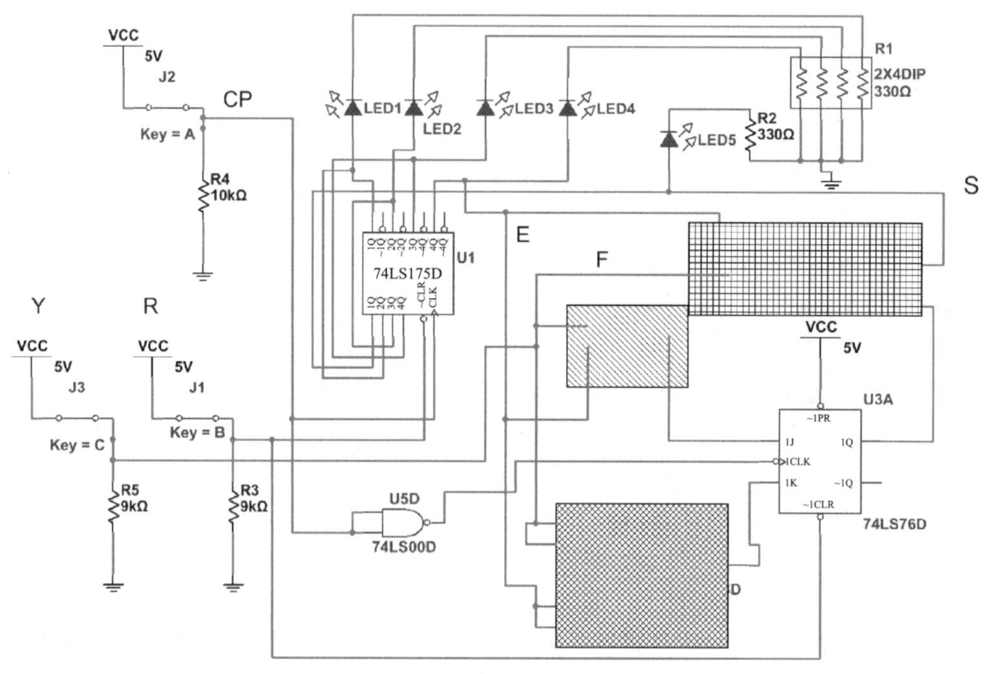

图 10.2　4 位串行累加器仿真参考图

2. 组合逻辑电路一定要化到最简，即最终逻辑方程不含**与**和**或**关系。

3. 相加的过程为：

（1）使 D-A、*JK* 触发器清零。

（2）传送数据 **0101** 到 D-A。方法如下：将开关 S 置 **1**，送第一个 *CP* 脉冲，则 D-A 的左端第一位变为 **1**，其内容为 **1000**，输出为 **0**；再将开关 S 置 **0**，送第二个 *CP* 脉冲，则 D-A 的内容变为 **0100**，其输出仍为 **0**；又将开关 S 置 **1**，送入第三个 *CP* 脉冲，则 D-A 的内容变为 **1010**，输出仍为 **0**；再将开关 S 置 **0**，送入第四个 *CP* 脉冲，则 D-A 的内容变为 **0101**。

（3）把 **0011** 与 D-A 的内容相加，并存入 D-A。方法如下：先将开关 S 置 **1**，送入第五个 *CP* 脉冲后，D-A 的内容变为 **0010**，而 *S* 的值仍为 **0**；将开关 S 保持 **1**，送入第六个 *CP* 脉冲后，D-A 的内容变为 **0001**，而 *S* 的值仍为 **0**；将开关 S 置 **0**，送入第七个 *CP* 脉冲后，D-A 的内容变为 **0000**，而 *S* 的值仍为 **1**；将开关 S 保持 **0**，送入第八个 *CP* 脉冲后，D-A 的内容变为 **1000**，完成累加过程。

注意：图 10.1 中 *JK* 触发器为下降沿触发，移位寄存器（由 *D* 触发器组成）为上升沿触发,故用了一个非门。

(4) 请大家思考一下,能否设计出更为简单的相加过程的验证电路。

四、实验内容与步骤

1. 开放实验室(进入定点实验室前完成)

(1) 打开课程选用的 FPGA 集成开发环境 IDE,并在 IDE 中建立本实验电路工程。

(2) 在 IDE 中,分别在新建工程中再新建 Verilog HDL 设计文件,并输入相应设计代码。

(3) 在 IDE 中,分别在新建工程中再新建 Verilog HDL 仿真文件,并输入仿真程序代码,修改仿真文件属性、保存,运行仿真工具实现对本工程的仿真并输出波形。

(4) 综合并分配引脚,生成输出文件。

(5) 将输出文件,下载至 FPGA 开发板之中。

(6) 操作开发板已分配开关,观察分配的显示器件输出结果是否满足设计要求。

2. 定点实验室

(1) 根据预习要求选择本实验需要的实验室中的仪器、仪表、元件、连接导线,并检查它们的质量。

(2) 参照工程仿真,用专用导线进行电路连接(不能带电操作)。

(3) 检查逻辑电路图连线是否正确。

(4) 连线检查后,通电验证,正常实现电路逻辑功能后,请老师验收。否则,需要排除电路故障(如要移动导线,记住不能带电操作)。

(5) 完成实验后,收拾好实验台,关掉用过的仪器、仪表的电源后,再关插座的电源。

五、线上和线下应交资料及要求

1. 线上资料

(1) 本实验线上教学资源成绩截图。

(2) 实验预习报告。

(3) 本实验"原理仿真"所用仿真工具源文件。

(4) 本实验"工程仿真"所用仿真工具源文件。

(5) 电子版实验报告(将手写的实验报告拍照,编辑成 word 文档或扫描成 pdf 文档)。

(6) 本实验 FPGA 工程包。

(7) 电子版 FPGA 实验报告(需按照报告模板完成)。

说明:① 数据分析主要分析时序逻辑电路功能与 Verilog-HDL 仿真波形的关系。

　　② 进实验室后,以上 7 种线上资料要按时上交给学习委员。

2. 线下资料

(1) 写在指定印刷好的报告纸上,内容主要包括:

① 简写设计过程或实验原理,优先用电路图和公式描述。

② 记录实验结果与数据分析,附上有自己信息的实验结果图片。

③ 回答有关思考题,不少于 4 题。

④ 记录实验过程中遇到的印象最深刻的问题及解决过程。

(2) 待课程结束后,将线下资料按规定时间统一上交给学习委员。

六、实验设备

请根据实际情况在预习报告和实验报告中如实记录实验中用到的仪器、仪表、实验台及实验板名称、型号、编号和实际元器件名称、型号、数量。

七、思考题

1. 分析电路中 *JK* 触发器的作用。
2. 根据自己设计的原理图,画出该电路的状态转换图。
3. 画出 Verilog 语言设计 4 位串行累加器的软件流程图。
4. 将 4 位串行累加器程序改为上升沿触发,要改动哪些语句? 写出所改动语句。
5. 课程选用的 FPGA 开放板上不按轻触按键时,其引脚输出是高电平还是低电平?

八、实验体会

谈谈对本实验的感想,并提出改进本实验的建议。

模块二　自学开放实验

实验 11　二极管、晶体管、场效应管的开关特性及其简单应用

一、实验目的

1. 观察二极管、晶体管的开关特性。
2. 了解外电路参数变化对二极管、晶体管及场效应管的开关特性的影响。
3. 进一步理解二极管、晶体管及场效应管的开关特性的原理。
4. 了解二极管和晶体管的简单应用。

二、预习要求

1. 复习理论课教材中关于晶体管、场效应管开关特性的内容。
2. 在仿真环境中预先做实验内容。

三、实验原理

1. 二极管的开关特性

如图 11.1 所示，二极管的开关特性是指二极管从饱和导通到截止的转换过程中，有一个较大的反相电流，这主要是由二极管结电容造成的。

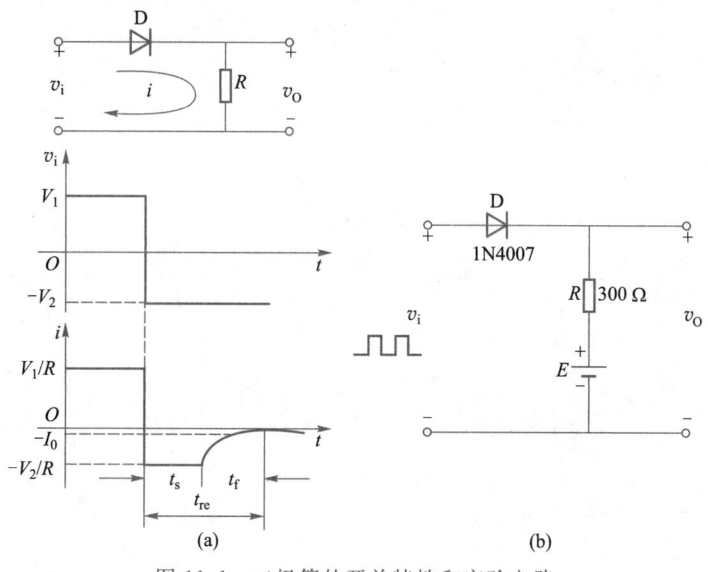

图 11.1　二极管的开关特性和实验电路

2. 晶体管的开关特性

如图 11.2 所示,晶体管的开关特性是指晶体管从截止到饱和导通或从饱和导通到截止的转换过程都需要一定的时间才能完成,这主要是由晶体管结电容造成的。

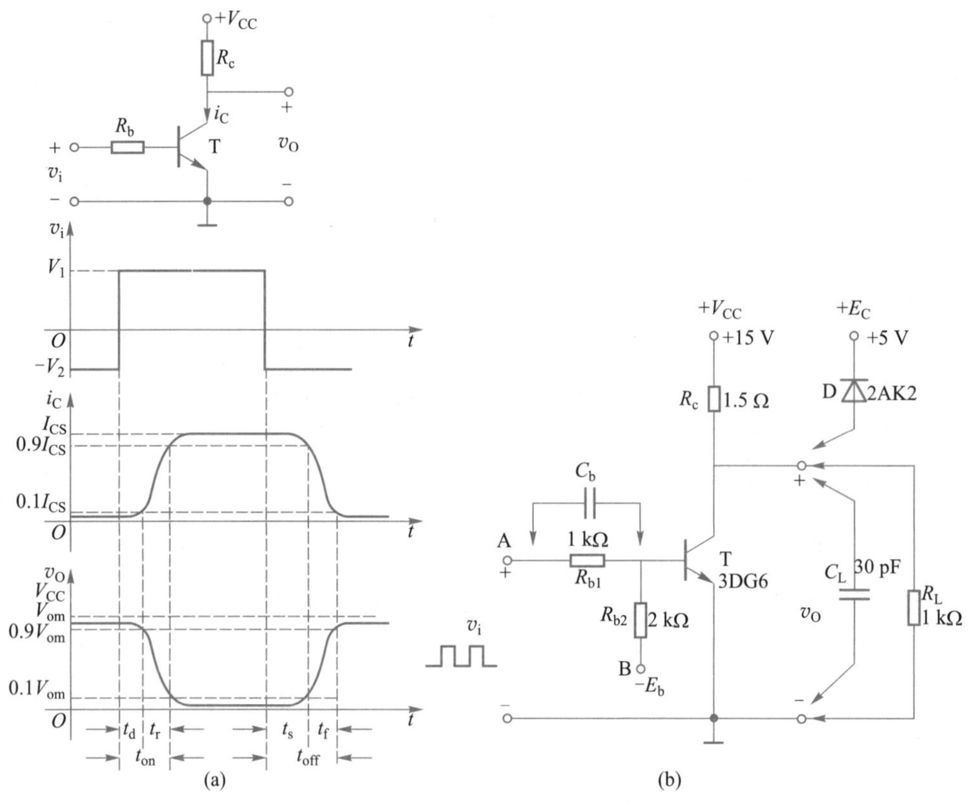

图 11.2　晶体管的开关特性和实验电路

3. 二极管、晶体管限幅和钳位

图 11.3~图 11.5 分别是二极管限幅电路、二极管钳位电路、晶体管限幅电路(原理请参考理论课教材相关内容)。

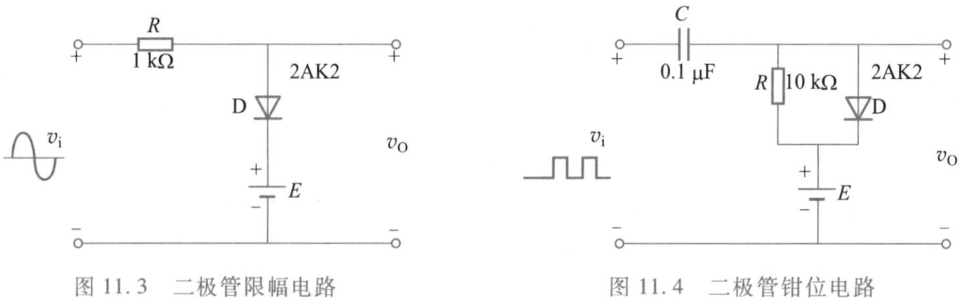

图 11.3　二极管限幅电路　　图 11.4　二极管钳位电路

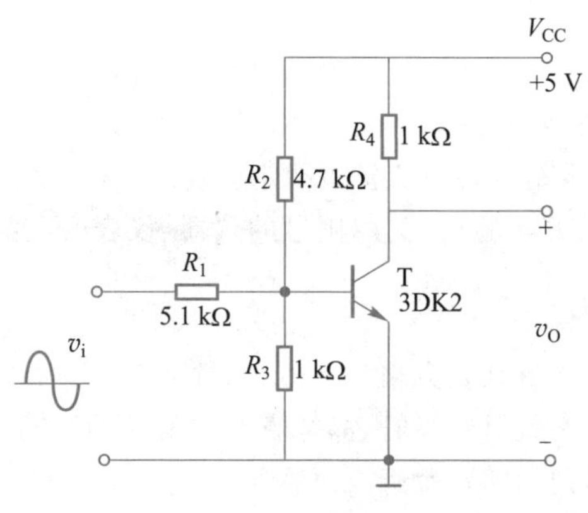

图 11.5 晶体管限幅电路

四、实验内容与步骤

1. 基本要求

(1) 观察二极管的反向恢复时间

① 按图 11.1(b)所示电路接线,二极管选用 1N400 * 系列或 1N4148。E 为偏置电压(0~2 V 可调),输入信号 v_i 为方波,幅值为 3 V,频率 f 为 100 kHz。E 调至 0 V,用双踪示波器观察和记录输入信号 v_i 和输出信号 v_O 的波形,并读出存储时间 t_s 和下降时间 t_f 的值。

② 改变偏置电压 E(由 0 变到 2V),观察输出波形 v_O 的 t_s 和 t_f 的变化规律,记录结果并进行分析。

(2) 观察晶体管的开关特性

① 按图 11.2(b)所示电路接线,晶体管选用 9014 或 3DG6A。输入信号 v_i 为方波信号,幅值为 2 V,频率为 100 kHz。

② 将 B 点接至负电源 $-E_b$,使 $-E_b$ 在 −4~0 V 内变化。观察并记录输出信号 v_O 波形的 t_d、t_r、t_s 和 t_f 的变化规律。

③ 将 B 点换接在接地点,在 R_{b1} 上并联 30 pF 的加速电容 C_b,观察 C_b 对输出波形的影响,然后将 C_b 更换成 300 pF,观察并记录输出波形的变化情况。

2. 扩展要求

(1) 按照图 11.3 所示电路接线,v_i 为正弦波,峰-峰值 $V_{P-P}=4$ V,频率 $f=10$ kHz,E 分别为 2 V、1 V、0 V、−1.5 V,观察并记录输出信号 v_O 的波形。

(2) 按照图 11.4 所示电路接线,v_i 为方波,峰-峰值 $V_{P-P}=4$ V,频率 $f=10$ kHz,E 分别为 2 V、1 V、0 V、−1 V、−1.5 V、−3 V,观察并记录输出信号 v_O 的波形。

(3) 按照图 11.5 所示电路接线,v_i 为正弦波,峰-峰值 V_{P-P} 为 0~5 V 可调,频率 $f=$ 10 kHz,在不同的输入信号 v_i 下,观察并记录输出信号 v_O 的波形。

(4) 选择 3D01DMOS 场效应管或 3DJ2D 结型场效应管,自己设计电路和步骤测试它们的开关特性,并与晶体管的开关特性做比较。

3. 实验步骤

(1) 根据电路图,选择元器件。

(2) 检验导线和所选元器件的好坏。

(3) 按照电路图连线。

(4) 通电自检，若有故障，用常用仪器、仪表检查并排除。

(5) 验证电路功能，请老师检查。

(6) 根据实际情况决定是否要完成扩展要求。

(7) 完成实验后，收拾好实验台，关掉用过的仪器、仪表的电源，将其放回原位。

五、实验报告要求

1. 将实验中观测到的波形画在方格坐标纸上，并对它们进行分析和讨论。
2. 总结外电路元器件参数对二极管、晶体管开关特性的影响。
3. 记录实验过程中遇到的问题及解决过程。
4. 回答思考题。

六、实验设备

请根据实际情况如实记录实验中用到的仪器、仪表、实验台及实验板名称、型号、编号和实际元器件名称、型号、数量。

七、思考题

1. 二极管、晶体管的开关特性的好坏对数字电路的哪些特性影响最大？
2. 限幅和钳位的区别是什么？
3. 场效应管和 BJT 的开关特性哪个更好？
4. 晶体管限幅电路的工作原理是什么？

八、实验体会

谈谈对本实验的感想，并提出改进本实验的建议。

实验 12　TTL、CMOS 集成逻辑门的参数测试及其简单应用

一、实验目的

1. 掌握 TTL、CMOS 集成逻辑门主要参数的测试方法。
2. 掌握 TTL、CMOS 集成逻辑门的使用规则和简单应用。
3. 进一步熟悉数字电路实验装置的结构、基本功能和使用方法。

二、预习要求

1. 复习理论课教材中关于 TTL、CMOS 集成逻辑门参数的内容。
2. 查资料学习 TTL 和 CMOS 集成逻辑门的使用注意事项。

三、实验原理

本实验采用双 4 输入**与非**门 74LS20 或 CD4012，其逻辑符号如图 12.1 所示，引脚图见附录四。

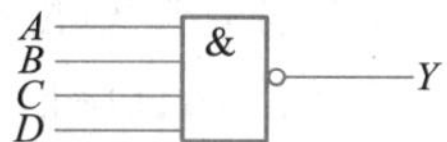

图 12.1　74LS20、CD4012 逻辑符号

与非门的主要参数如下。

(1) 低电平输出电源电流 I_{CCL} 和高电平输出电源电流 I_{CCH}。**与非门**处于不同的工作状态时，电源提供的电流是不同的。I_{CCL} 是指 TTL 逻辑门所有输入端悬空（CMOS 输入端接电源），输出端空载时，电源提供给器件的电流。I_{CCH} 是指输出端空载，每个门各有一个以上的输入端接地，其余输入端悬空时（COMS 逻辑门电源或接地），电源提供给器件的电流。通常 $I_{CCL}>I_{CCH}$，它们的大小标志着器件静态功耗的大小。器件的最大功耗 $P_{CCL}=V_{CC}I_{CCL}$。手册中提供的电源电流和功耗值是指整个器件总的电源电流和总的功耗。TTL 逻辑门电路的 I_{CCL} 和 I_{CCH} 的测试电路如图 12.2(a)(b)所示，CMOS 逻辑门电路的 I_{CCL} 和 I_{CCH} 的测试电路如图 12.2(e)所示。

注意：TTL 电路对电源电压要求较严，电源电压 V_{CC} 只允许为 +5(1±10%)V，超过 5.5 V 将损坏器件，低于 4.5 V 时器件的逻辑功能将不正常。CMOS 器件的工作电压范围为 3~18 V。

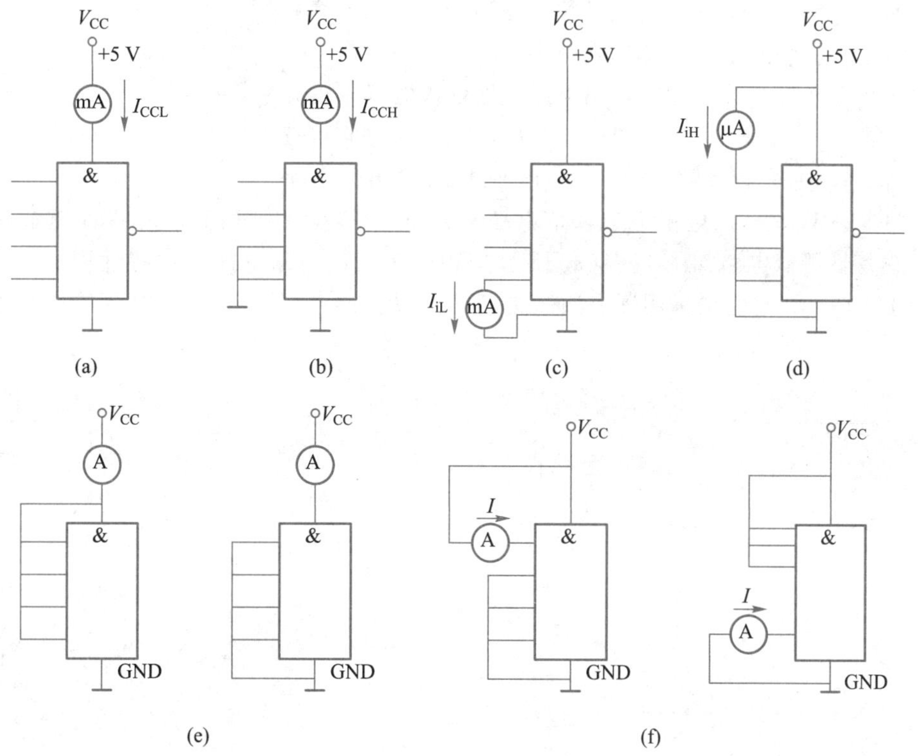

图 12.2　与非门静态参数测试电路图

(2) 低电平输入电流 I_{iL} 和高电平输入电流 I_{iH}。I_{iL} 是指被测输入端接地，其余输入端悬空，输出端空载时，由被测输入端流出的电流值。在多级门电路中，I_{iL} 相当于前级门输出低电平时，后级门向前级门灌入的电流，因此它关系到前级门的灌电流负载能力，即直接影响前级门电路带负载的个数，因此希望 I_{iL} 小些。

I_{iH}是指被测输入端接高电平，其余输入端接地，输出端空载时，流入被测输入端的电流值。在多级门电路中，它相当于前级门输出高电平时，前级门的拉电流负载，其大小关系到前级门的拉电流负载能力，因此希望 I_{iH}小些。由于 I_{iH}较小时难以测量，一般不对其进行测试。

TTL 逻辑门电路 I_{iL}和 I_{iH}的测试电路如图 12.2(c)(d)所示，CMOS 逻辑门电路的 I_{iL}和 I_{iH}的测试电路如图 12.2(f)所示。

(3) 扇出系数 N_O。扇出系数 N_O是指门电路能驱动同类门的个数，它是衡量门电路负载能力的一个参数。TTL **与非**门有两种不同性质的负载，即灌电流负载和拉电流负载，因此有两种扇出系数，即低电平扇出系数 N_{OL}和高电平扇出系数 N_{OH}。通常 $I_{iH}<I_{iL}$，则 $N_{OH}>N_{OL}$，故常以 N_{OL}作为门的扇出系数。

N_{OL}的测试电路如图 12.3 所示。门的输入端全部悬空，输出端接灌电流负载 R_L，调节 R_L 使 I_{OL}增大，V_{OL}随之增高，当 V_{OL}达到 V_{OLm}(手册中规定低电平规范值为 0.4 V)时的 I_{OL}就是允许灌入的最大负载电流，则

$$N_{OL}=\frac{I_{OL}}{I_{iL}}$$

通常 $N_{OL}\geqslant 8$。CMOS 逻辑门的扇出系数和信号的频率相关，随着频率的增加，扇出系数越来越小。

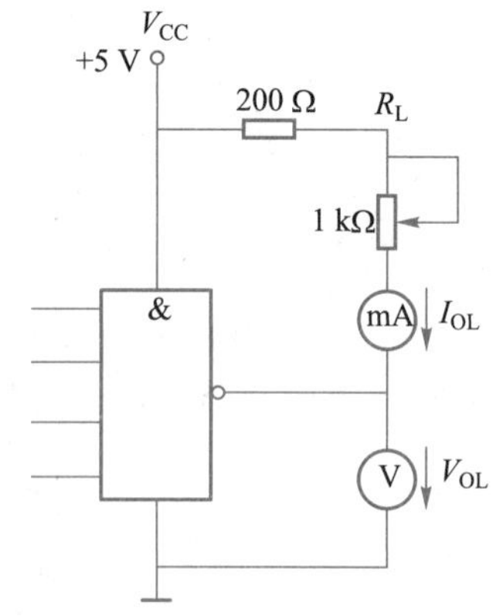

图 12.3 N_{OL}的测试电路

(4) 电压传输特性。门的输出电压 v_o随输入电压 v_i 变化而变化的曲线 $v_o=f(v_i)$称为门的电压传输特性。通过它可读得门电路的一些重要参数，如输出高电平 V_{OH}、输出低电平 V_{OL}、关门电平 V_{OFF}、开门电平 V_{ON}、阈值电平 V_T及抗干扰容限 V_{NL}和 V_{NH}等。TTL 逻辑门电路电压传输特性测试电路如图 12.4(a)所示，CMOS 逻辑门电路电压传输特性测试电路如图 12.4(b)(c)所示，它们均采用逐点测试法，即调节 R_P，逐点测得 v_i 及 v_o，然后绘成曲线。

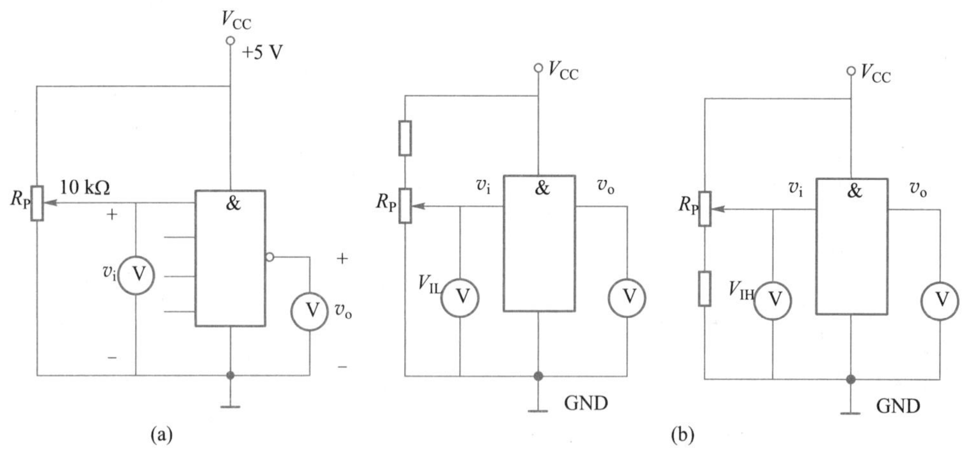

图 12.4 电压传输特性测试电路

(5) 平均传输延迟时间 t_{pd}。t_{pd}是衡量门电路开关速度的参数，它是指输出波形边沿的 $0.5V_m$ 至输入波形对应边沿 $0.5V_m$ 点的时间间隔，如图 12.5 所示。

图 12.5(a)中的 t_{pdL}为导通延迟时间，t_{pdH}为截止延迟时间，平均传输延迟时间为

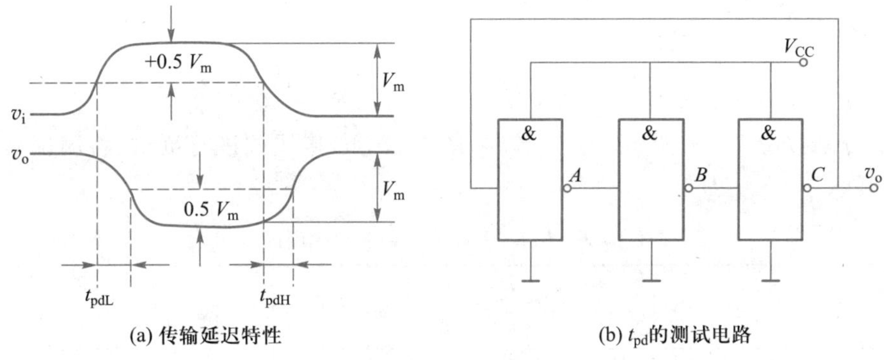

(a) 传输延迟特性　　(b) t_{pd}的测试电路

图 12.5　平均传输延迟时间及测试电路

$$t_{pd}=\frac{1}{2}(t_{pdL}+t_{pdH})$$

t_{pd}的测试电路如图 12.5(b)所示。由于 TTL 门电路的延迟时间较小,直接测量时对信号发生器和示波器的性能要求较高,故实验时通过测量由奇数个**与非**门组成的环形振荡器的振荡周期 T 来求得。其工作原理是:假设电路在接通电源后某一瞬间,电路中的 A 点为逻辑 **1**,经过 3 级门的延迟后,A 点电平由原来的逻辑 **1** 变为逻辑 **0**;再经过 3 级门的延迟后,A 点电平又重新回到逻辑 **1**。电路中其他各点电平也随之变化。这说明使 A 点发生一个周期的振荡,必须经过 6 级门的延迟时间。因此平均传输延迟时间为

$$t_{pd}=\frac{T}{6}$$

TTL 门电路的 t_{pd}一般为 10~40 ns。

(6) 74LS20 主要电参数见表 12.1。

表 12.1　74LS20 主要电参数

参数名称和符号			规范值	测试条件
直流参数	通导电源电流	I_{CCL}	<14 mA	V_{CC} = 5 V,输入端悬空,输出端空载
	截止电源电流	I_{CCH}	<7 mA	V_{CC} = 5 V,输入端接地,输出端空载
	低电平输入电流	I_{iL}	≤1.4 mA	V_{CC} = 5 V,被测输入端接地,其他输入端悬空,输出端空载
	高电平输入电流	I_{iH}	<50 μA	V_{CC} = 5 V,被测输入端 V_{in} = 2.4 V,其他输入端接地,输出端空载
			<1 mA	V_{CC} = 5 V,被测输入端 V_{in} = 5 V,其他输入端接地,输出端空载
	输出高电平	V_{OH}	≥3.4 V	V_{CC} = 5 V,被测输入端 V_{in} = 0.8 V,其他输入端悬空,I_{OH} = 400 μA
	输出低电平	V_{OL}	<0.3 V	V_{CC} = 5 V,输入端 V_{in} = 2.0 V,I_{OL} = 12.8 mA
	扇出系数	N_O	4~10	同 V_{OH}和 V_{OL}的测试条件
交流参数	平均传输延迟时间	t_{pd}	≤20 ns	V_{CC} = 5 V,被测输入端输入信号:V_{in} = 3.0 V,f = 2 MHz

四、实验内容与步骤

1. TTL74LS20 主要参数的测试

(1) 分别按图 12.2、图 12.3、图 12.4、图 12.5(b)接线并进行测试，将测试结果记入表 12.2 中。

表 12.2 TTL 74LS20 主要参数的测试表

I_{CCL}/mA	I_{CCH}/mA	I_{iL}/mA	I_{OL}/mA	$N_O=\frac{I_{OL}}{I_{iL}}$	$t_{pd}=T/6$ ns

(2) 按图 12.4 接线，调节电位器 R_P，使 v_i 从 0 V 向高电平变化，逐点测量 v_i 和 v_o 的对应值，记入表 12.3 中。

表 12.3 电压传输特性测试表

v_i/V	0	0.3	0.5	0.7	0.9	1.0	1.4	2.1	2.5	3.0	3.6	4.5	……
v_o/V													

2. CMOS CD4012 主要参数的测试

分别按图 12.2(e)(f)、图 12.3、图 12.4(b)、图 12.5(b)接线并进行测试，将测试结果记入自己设计的表格中(可参考表 12.2、表 12.3)。

3. 观察**与非**门、**与**门、**或非**门对脉冲的控制作用

选用**与非**门并按图 12.6(a)(b)接线，将一个输入端接连续脉冲源(频率为 20 kHz)，用示波器观察两种电路的输出波形并记录，然后测定**与**门和**或非**门对连续脉冲的控制作用。

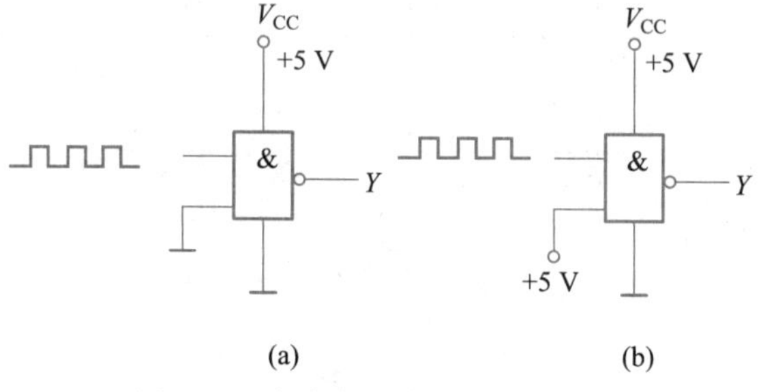

图 12.6 **与非**门对脉冲的控制作用

五、实验报告要求

1. 记录、整理实验结果，并对结果进行分析。
2. 画出实测的电压传输特性曲线，并从中读出各有关参数值。
3. 回答思考题。

六、实验设备

请根据实际情况如实记录实验中用到的仪器、仪表、实验台及实验板名称、型号、编号和

主要元器件名称、型号、数量。

七、思考题

1. TTL 和 CMOS 逻辑门电路各自的优缺点是什么？各自在什么场合最适用？
2. **与**门、**或**门、**非**门的输出端能否并联使用？为什么？
3. 为什么 TTL 逻辑门输入引脚悬空相当于接高电平？在工程中，空脚一般作何处理？
4. **与非**门的扇出系数是由 N_{OL}决定，还是由 N_{OH}决定？为什么？

八、实验体会

谈谈对本实验的感想，并提出改进本实验的建议。

实验 13　TTL 集电极开路门与三态输出门的应用

一、实验目的

1. 进一步认识集电极开路门（OC 门）和 TTL 三态输出门（TSL 门）的特点。
2. 了解集电极上拉电阻对 OC 门电路的影响。
3. 掌握 OC 门和 TSL 门的应用方法。

二、预习要求

1. 复习理论课教材中关于 OC 门和 TSL 门的内容。
2. 复习理论课教材中关于环形计数器的内容。

三、实验原理

数字系统中有时需要把两个或两个以上集成逻辑门的输出端直接并接在一起完成一定的逻辑功能。对于普通的 TTL 门电路，由于输出级采用了推拉式输出电路，故无论输出是高电平还是低电平，输出阻抗都很低。因此，通常不允许将它们的输出端并联在一起使用。

OC 门和 TSL 门是两种特殊的 TTL 门电路，它们允许把输出端直接并联在一起使用。

1. OC 门

本实验所用 OC 门为四 2 输入**与非**门 74LS03，其内部结构与引脚排列如图 13.1(a)(b)所示。OC **与非**门的输出管 T_3 集电极是悬空的。工作时，输出端必须通过一只外接电阻 R_L 和电源 V_{CC}相连接，以保证输出电平符合电路要求。

OC 门的应用主要有以下三个方面。

(1) 利用电路的**线与**特性方便地完成某些特定的逻辑功能。

如图 13.2 所示，将两个 OC **与非**门输出端直接并联在一起，则它们的输出为

$$F=F_A\cdot F_B=\overline{A_1A_2}\cdot\overline{B_1B_2}=\overline{A_1A_2+B_1B_2}$$

即把两个(或两个以上)OC **与非**门**线与**可完成**与或非**的逻辑功能。

(2) 实现多路信息采集，使两路以上的信息共用一个传输通道(总线)。

(3) 实现逻辑电平的转换，以驱动荧光数码管、继电器、MOS 器件等多种数字集成电路。

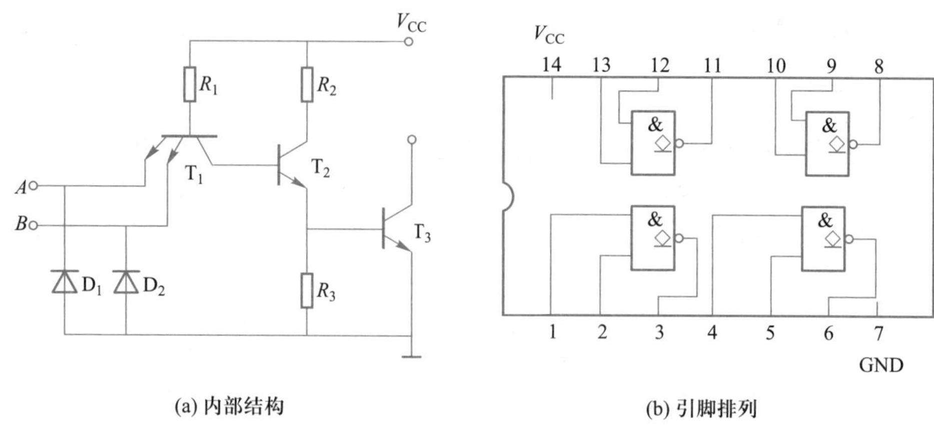

图 13.1　74LS03 内部结构与引脚排列

将 OC 门输出端并联运用时应注意上拉电阻 R_L 的选择。图 13.3 所示电路由 n 个 OC **与非**门**线与**驱动有 m 个输入端的 N 个 TTL **与非**门。为保证 OC **与非**门输出电平符合逻辑要求，上拉电阻 R_L 阻值的选择范围为

$$R_{\text{Lmin}}=\frac{E_C-V_{OL}}{I_{LM}+NI_{iL}}$$

$$R_{\text{Lmax}}=\frac{E_C-V_{OH}}{nI_{OH}+mI_{iH}}$$

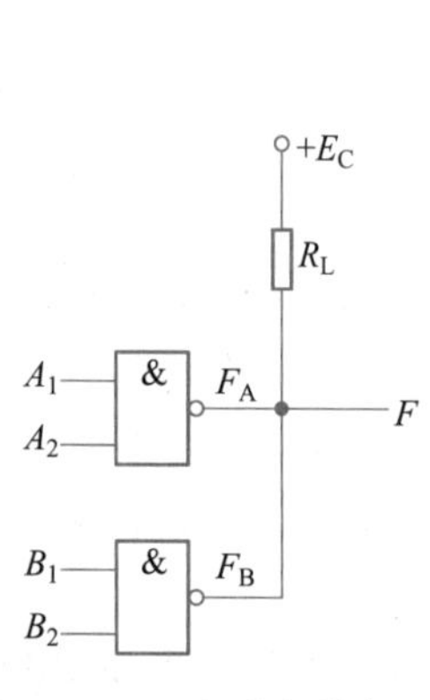

图 13.2　OC **与非**门**线与**电路

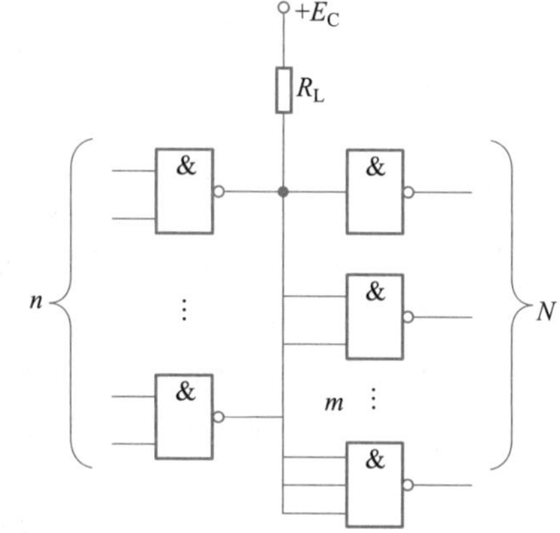

图 13.3　OC **与非**门上拉电阻 R_L 的确定

式中：I_{OH}——OC 门输出管截止时（输出高电平 V_{OH}）的漏电流（约 50 μA）；

I_{LM}——OC 门输出低电平 V_{OL}时允许最大灌入负载电流（约 20 mA）；

I_{iH}——负载门高电平输入电流（<50 μA）；

I_{iL}——负载门低电平输入电流（<1.6 mA）；

E_C——R_L 外接电源电压；

n——OC 门个数；

N——负载门个数；

m——接入电路的负载门输入端总个数。

R_L 值须小于 R_{Lmax}，否则 V_{OH}将下降；R_L 值须大于 R_{Lmin}，否则 V_{OL}将上升。另外，R_L 的大小会影响输出波形的边沿时间，在工作速度较高时，R_L 应尽量选取接近 R_{Lmin}的值。

除了 OC **与非**门外，还有其他类型的 OC 器件，R_L 的选取方法也与此类同。

2. TSL 门

TSL 门是一种特殊的门电路，它与普通的 TTL 门电路结构不同。它的输出端除了通常的高电平、低电平两种状态外（这两种状态均为低阻状态），还有第三种输出状态——高阻状态。处于高阻状态时，电路与负载之间相当于开路。三态输出门按逻辑功能及控制方式可分为多种类型。本实验所用三态门的型号是 74LS125 三态输出四总线缓冲器，其逻辑符号及引脚排列如图 13.4 所示。

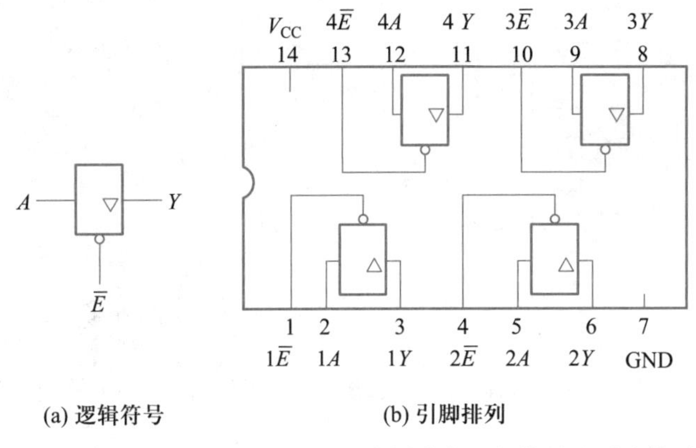

图 13.4　74LS125 三态输出四总线缓冲器逻辑符号及引脚排列

它有一个控制端 $\overline{E}$（又称禁止端或使能端），$\overline{E}=\mathbf{0}$ 为正常工作状态，实现 $Y=A$ 的逻辑功能；$\overline{E}=\mathbf{1}$ 为禁止状态，输出 Y 呈现高阻状态。这种在控制端加低电平时电路才能正常工作的工作方式称为低电平使能。74LS125 功能表如表 13.1 所示。

三态电路主要用途之一是实现总线传输，即用一个传输通道（称总线），以选通方式传送多路信息。图 13.5 所示是三态输出门实现单向总线传输的原理图。电路中把若干个三态 TTL 电路输出端直接连接在一起构成三态门总线。使用时，要求只有需要传输信息的三态控制端处于使能态（$\overline{E}=\mathbf{0}$），其余各门皆处于禁止状态（$\overline{E}=\mathbf{1}$）。由于三态门输出电路结构与普通 TTL 电路相同，显然，若同时有两个或两个以上三态门的控制端处于使能态，将出现与普通 TTL 门**线与**运用时同样的问题，因而是绝对不允许的。

表 13.1　74LS125 功能表

输入		输出 Y
$\overline{E}$	A	
0	**0**	**0**
	1	**1**
1	**0**	高阻态
	1	

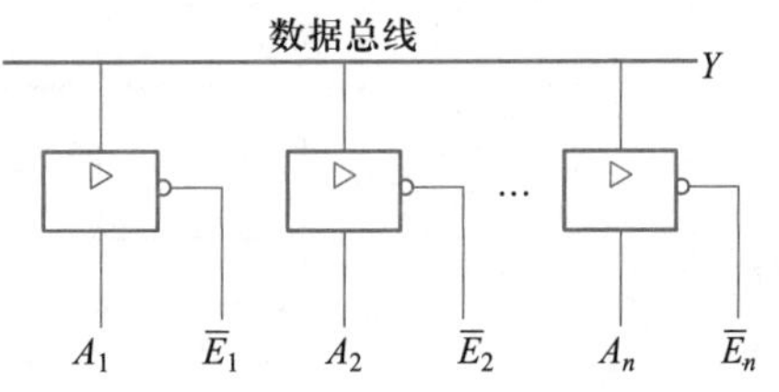

图 13.5　三态输出门实现单向总线传输的原理图

四、实验内容与步骤

1. 基本要求

(1) 关于 OC **与非**门上拉电阻 R_L 的测试

OC **与非**门上拉电阻 R_L 的测试电路如图 13.6 所示。在集电极开路**与非**门 74LS03(四 2 输入**与非**门)中,任选一个**与非**门驱动 TTL 反相器 74LS04 中的一个**与非**门,进行如下测试。

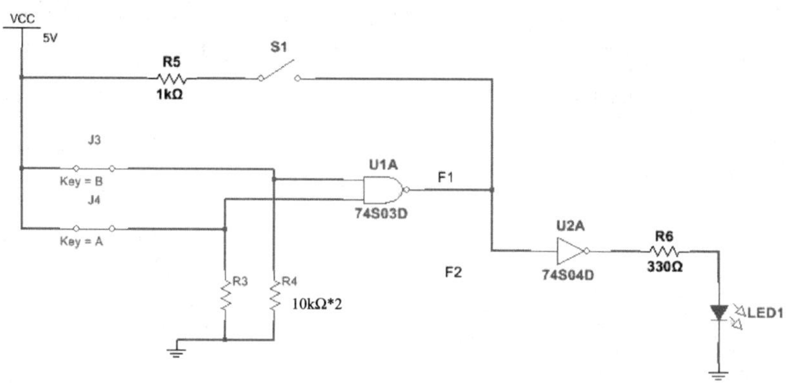

图 13.6　OC **与非**门上拉电阻 R_L 的测试电路

① 不接负载电阻 R_L,OC 门的两个输入端 A、B 接不同逻辑电平,自拟表格记录 A、B、F 端的电平。

② 接负载电阻 $R_L(R_5)$,OC 门的两个输入端 A、B 接不同逻辑电平,自拟表格记录 A、B、F 端的电平。

(2) OC 门的应用

OC 门可以实现**线与**功能,其测试电路如图 13.7 所示。记录 $F=\overline{F_1 \cdot F_2}=\overline{\overline{AB} \cdot \overline{CD}}$的真值表。

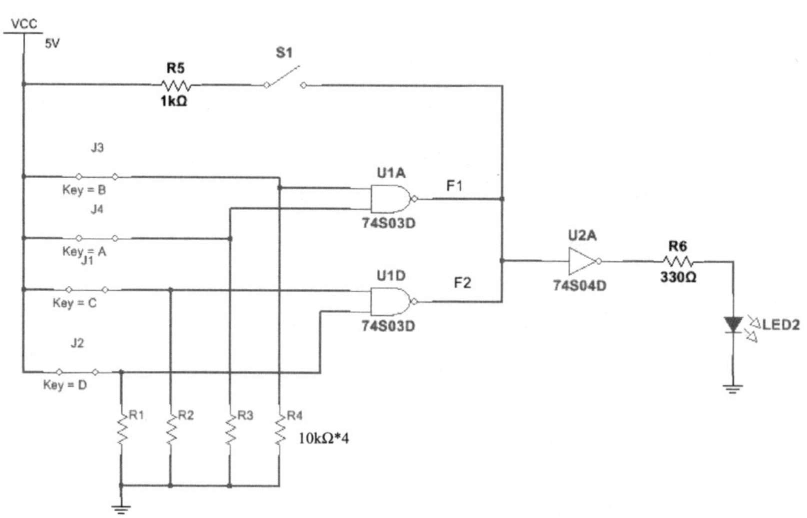

图 13.7　OC **与非**门**线与**功能测试电路

(3) 三态门逻辑功能测试

在三态输出四总线缓冲门 74LS125 中任选一个三态门,用逻辑笔测试其逻辑功能,将测试结果记录在表 13.2 中。

表 13.2 74LS125 功能测试表

输入		输出
$\overline{E}$	A	Y
0	**0**	
	1	
1	**0**	
	1	

(4) 三态门的应用

用三态门可以实现单向总线分时传输,测试电路如图 13.8(a)(b)所示。

图 13.8(a) 是三态门测试电路。三态门测试电路是将三态门输出端分别接在总线上,将使能控制端 1 $\overline{OE}$、2 $\overline{OE}$、3 $\overline{OE}$、4 $\overline{OE}$分别接逻辑开关 A、B、C、D。先使所有使能控制端为逻辑 **1**,然后依次使其中一个控制端为逻辑 **0**,再测试 74LS125 输出状态,观察 LED_1 的亮灭。

图 13.8(b) 是计算机总线分时工作仿真电路,它由环形计数器、模拟数字信号发生电路、逻辑分析仪测试电路构成,环形计数器产生三路分时三态门控制信号,模拟数字信号发生电路产生三路不同频率的数字信号,代表三路支线信号,逻辑分析仪测试用于观察三路支线、三路控制和一路总线的信号变化。由于实验室条件限制,该电路的实际操作有一定困难,故用仿真验证比较合适,详细原理并不难,请学生自行分析。

2. 扩展要求

(1) 用 OC 门完成 TTL 驱动 CMOS 的接口电路,实现电平转换,其实验电路如图 13.9 所示。

① 在电路输入端加不同的逻辑电平值,用直流数字电压表测量集电极开路**与非**门及 CMOS **与非**门的输出电平值。

② J_1 开关打开,在“1”输入端加 1 kHz 方波信号,“2”输入端接高电平(J_2 开关闭合),用示波器观察 1、2、3 各点电压波形幅值的变化。

(2) 用三态门实现双向总线传输,其测试电路如图 13.10 所示。分别设置三态门的输入端信号,改变使能控制端 E 的状态,测试总线输出状态。具体操作如下:E 端设置低电平,S_1 接上触点,S_2 接下触点,观察信号从右到左的变化。E 端设置高电平,S_1 接下触点,S_2 接上触点,观察信号从左到右的变化。

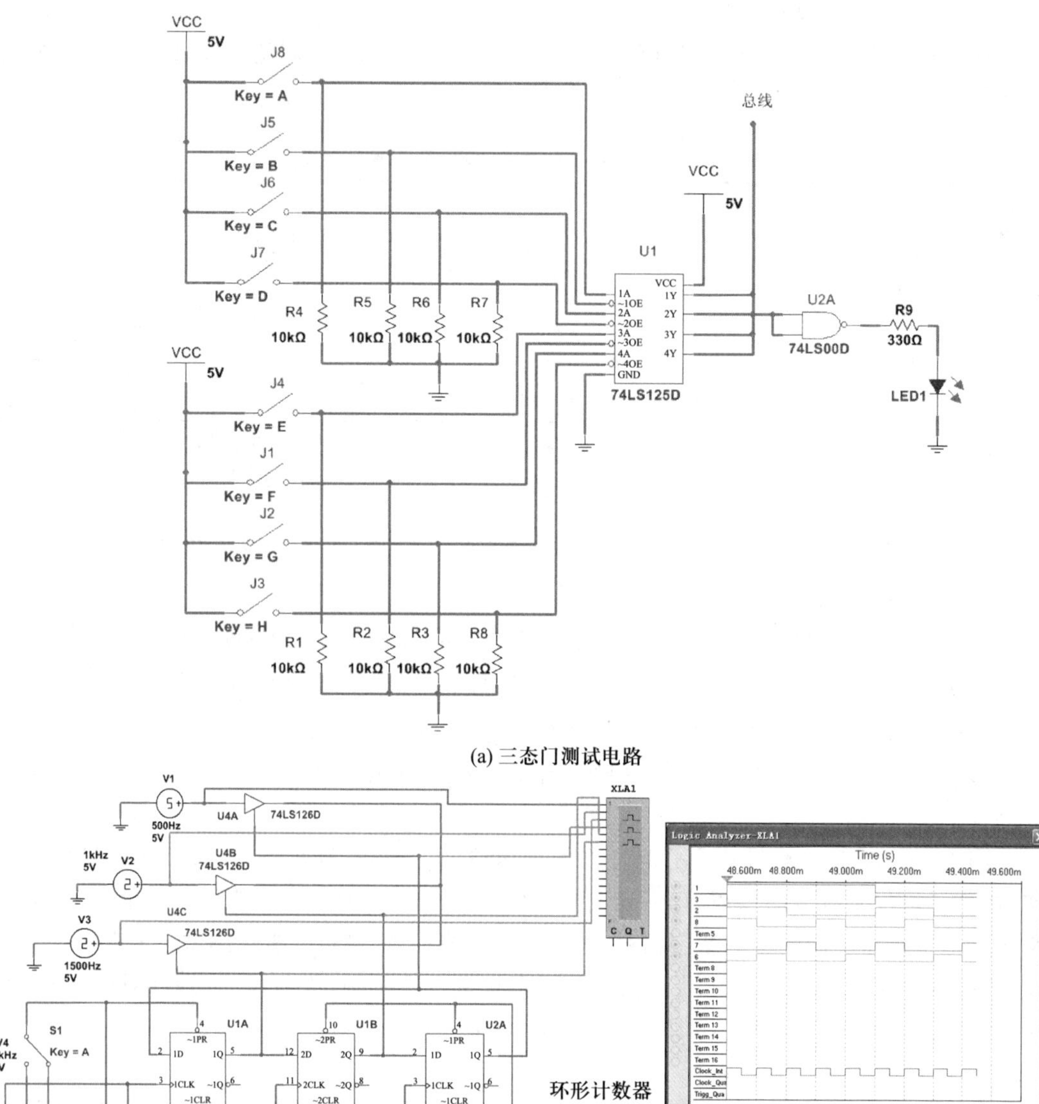

(a) 三态门测试电路

(b) 计算机总线分时工作仿真电路

图 13.8　三态门单向总线分时传输测试与仿真电路

五、实验报告要求

1. 简述检验所用器件好坏的方法。
2. 绘出本实验以 IC 器件为基础的电路连线图。
3. 整理实验结果。
4. 回答思考题。

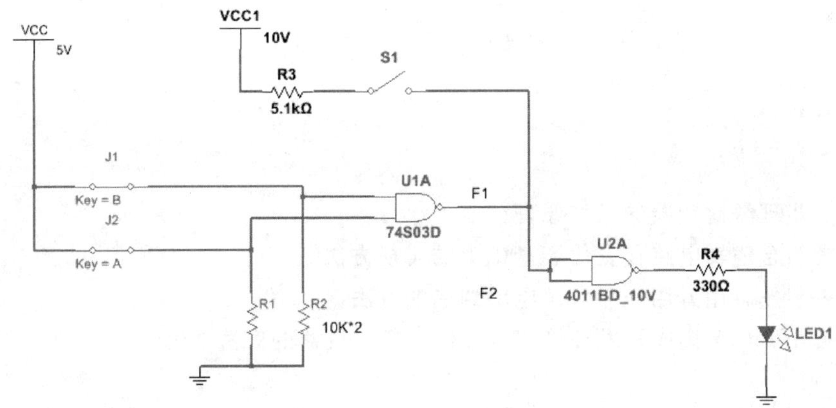

图 13.9　用 OC 门完成 TTL 驱动 CMOS 的实验电路

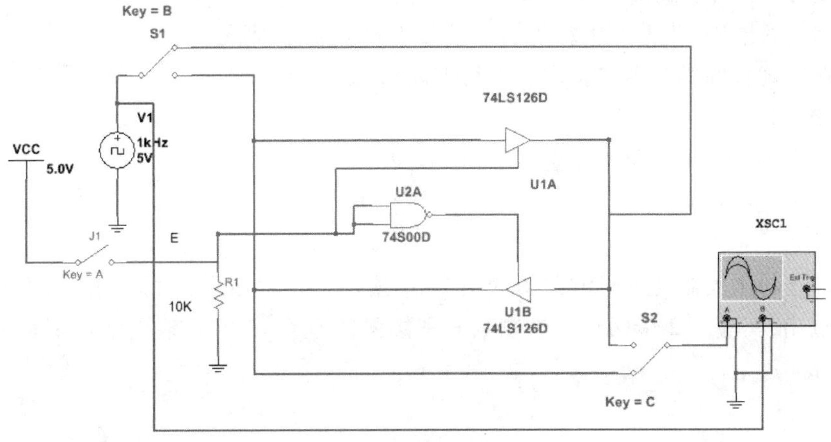

图 13.10　三态门双向总线传输测试电路

六、实验设备

请根据实际情况如实记录实验中用到的仪器、仪表、实验台及实验板名称、型号编号和主要元器件名称、型号、数量。

七、思考题

1. OC 门输出端的上拉电阻 R_L 过大或过小对电路的逻辑功能有什么影响？
2. 三态门的输出在什么条件下可以并联？
3. 总线传输是否可以用 OC 门？
4. OC 门的输出端为什么必须接合适的上拉电阻？

八、实验体会

谈谈对本实验的感想，并提出改进本实验的建议。

实验 14　2 位数值比较器

一、实验目的

1. 进一步理解比较器的工作原理。
2. 掌握组合逻辑电路在真值表基础上的实现方法。
3. 进一步熟悉用万用表对数字电路纠错的方法。
4. 掌握用 FPGA 集成开发环境实现 2 位数值比较器的方法。

二、预习要求

1. 基本要求

(1) 复习理论课教材中关于比较器的内容。

(2) 阅读附录四,熟悉本实验所用集成芯片的型号、引脚图。

(3) 在仿真软件里对本实验内容进行电路仿真。

2. 扩展要求

在自选 FPGA 集成开发环境里实现本实验内容。

三、实验原理

两位二进制比较器的逻辑电路图如图 14.1 所示。比较结果(大于、小于、等于)分别从三个 F 端输出,实验时 2 个两位二进制数分别接逻辑开关,三个 F 输出端接逻辑显示(主要由 LED 构成)。

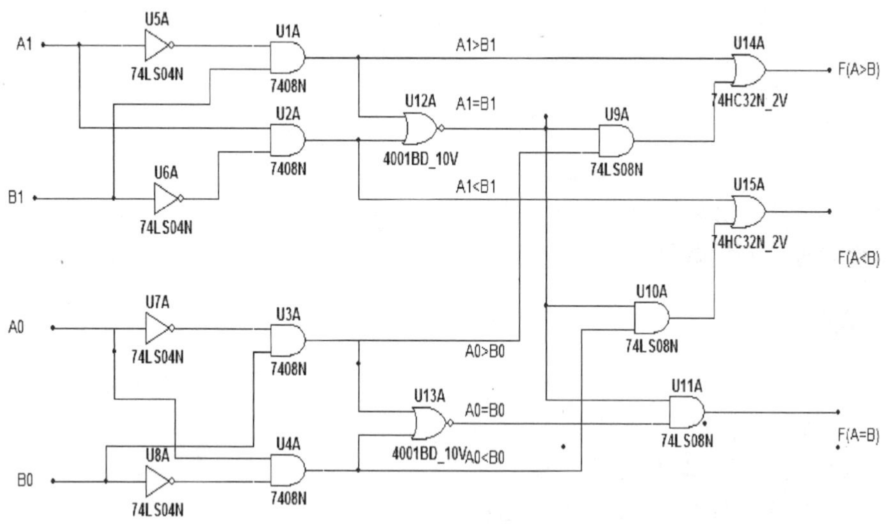

图 14.1　两位二进制比较器的逻辑电路图

四、实验内容与步骤

1. 开放实验室

(1) 打开课程选用的FPGA集成开发环境IDE,并在IDE中建立两位数值比较器FPGA工程。

(2) 在IDE中,分别在新建工程中再新建Verilog HDL设计文件,并输入相应设计代码,再保存、综合验证代码。

(3) 在IDE中,分别在新建工程中再新建Verilog HDL仿真文件,并输入仿真程序代码,修改仿真文件属性、保存,运行modelsim工具实现对本工程的仿真并输出波形。

(4) 综合并分配引脚,生成输出文件。

(5) 将输出文件下载至FPGA开发板中。

(6) 操作开发板已分配开关,观察分配的LED显示器亮、灭是否满足逻辑关系。

2. 定点实验室

1) 基本要求

(1) 正确选择元器件、连接导线,并检查其质量。

(2) 能实现两种逻辑功能(实现大于、小于、等于中任意两个功能)。

2) 扩展要求

(1) 能实现三种逻辑功能(实现大于、小于、等于)。

(2) 设计3位二进制数值比较器。

3) 实验步骤

(1) 根据逻辑电路图选择元器件。

(2) 检测专用导线和所选元器件的质量,按照逻辑电路连线。

(3) 通电自检电路逻辑功能是否满足电路真值表,若不满足,则用仪器仪表检查,排除故障。

(4) 再次自检电路逻辑功能正确后,请老师验收。

(5) 根据实际情况决定是否完成扩展要求。实验后,按要求整理仪器设备,关闭电源。

五、线上和线下应交资料及要求

1. 线上资料

(1) 实验预习报告。

(2) 本实验“原理仿真”源文件(可以在仿真工具中运行)。

(3) 本实验“工程仿真”源文件(可以在仿真工具中运行)。

(4) 电子版实验报告(将手写的实验报告拍照,编辑成word文档或扫描成pdf文档)。

(5) FPGA设计源文件、仿真文件和仿真波形图(可以在IDE中打开、运行)。

(6) 电子版FPGA实验报告(需按照报告模板完成)。

2. 线下资料

(1) 写在指定印刷好的报告纸上,内容主要包括:

① 简写设计过程或实验原理,优先用电路图和公式描述。

② 记录实验结果与数据分析,附上有自己信息的实验结果图片。

③ 回答有关思考题,不少于 4 题。

④ 记录实验过程中遇到的印象最深刻的问题及解决过程。

(2) 待课程结束后,将线下资料按规定时间统一上交给学习委员。

六、实验设备

请根据实际情况在预习报告和实验报告中如实记录实验中用到的仪器、仪表、实验台及实验板名称、型号、编号和实际元器件名称、型号、数量。

七、思考题

1. 该电路中哪几个元器件构成 1 位比较器?
2. 叙述利用常用仪器查错的方法、步骤。
3. 用**与非**门替换**非**门,电路应做什么改动? 画出改动部分的电路原理图。
4. 写出所用集成电路正面标注的全部信息,并解释其含义。

八、实验体会

谈谈对本实验的感想,并提出改进本实验的建议。

实验 15　计数器与触发器

一、实验目的

1. 进一步理解用触发器构成计数器的原理。
2. 掌握由触发器构成的计数器的功能测试方法。
3. 掌握用 FPGA 集成开发环境实现不同模的计数器的方法。

二、预习要求

1. 基本要求

(1) 复习理论课教材中关于触发器和计数器的内容。

(2) 阅读附录四,熟悉本实验所用集成芯片的型号、引脚图。

(3) 在仿真软件里对本实验内容进行电路仿真验证。

2. 扩展要求

在自选 FPGA 集成开发环境里对本实验内容进行仿真分析。

三、实验原理

计数器是触发器的简单应用,是用以实现计数功能的单元电路。它不仅可用来计脉冲数,还常用作数字系统的定时、分频和执行数字运算以及其他特定的逻辑功能(产生地址码)。

用 4 个 D 触发器构成一种异步加法计数器,如图 15.1 所示。它的连接特点是将每个 D 触发器接成 T'触发器,再将低位触发器的 $\overline{Q}$ 端和高一位的 CP 端相连接。请同学们利用教材中时序电路分析方法进行分析、仿真,确定其准确名称。

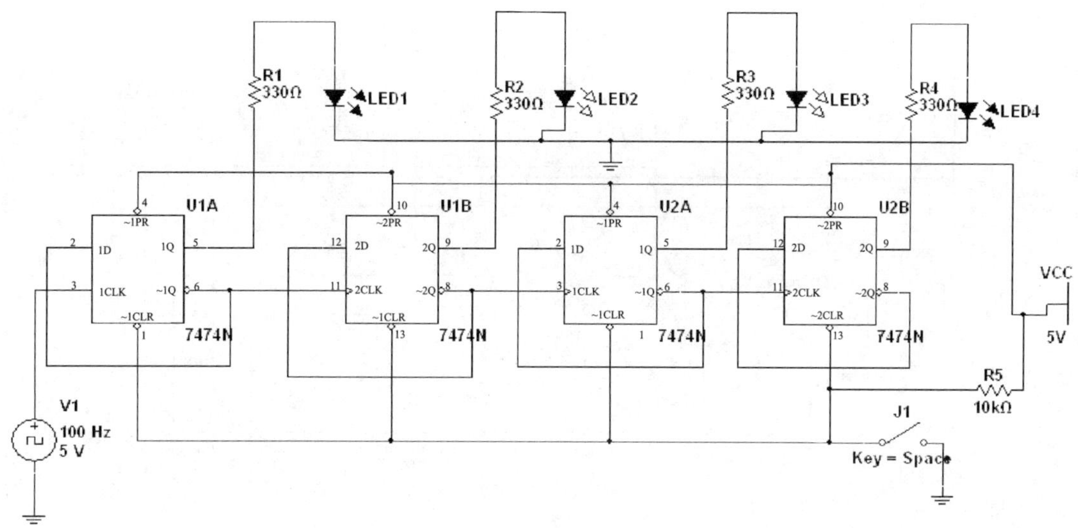

图 15.1　一种异步加法计数器

用 4 个 D 触发器构成一种异步减法计数器，如图 15.2 所示，请分析、仿真，确定其准确名称。

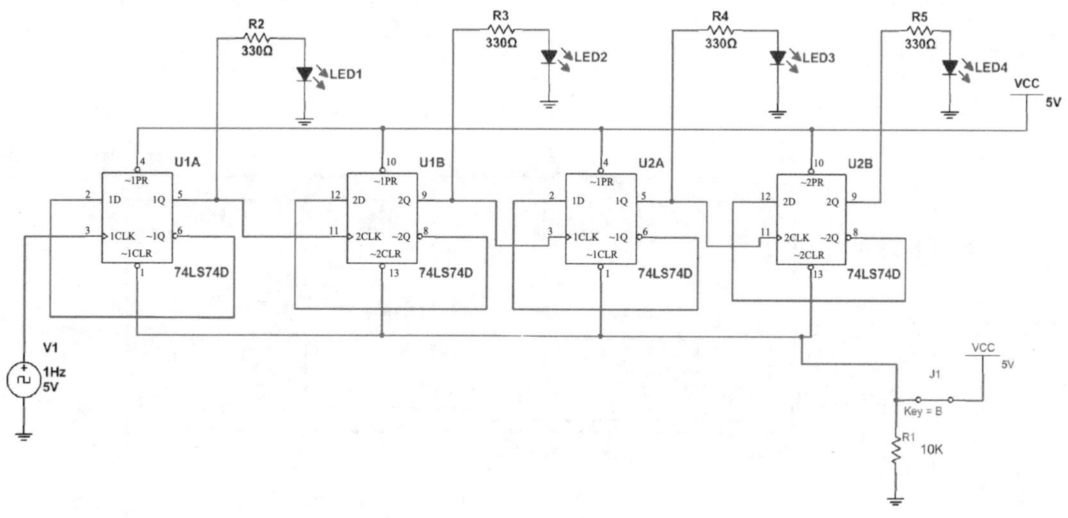

图 15.2　一种异步减法计数器

用 JK 触发器构成一种同步加法计数器，如图 15.3 所示，请同学们利用教材中的时序电路分析方法对其进行分析、仿真，确定其准确名称。

用 D 触发器构成另一种计数器，如图 15.4 所示，请同学们利用教材中的时序电路分析方法对其进行分析、仿真，确定其准确名称（注意：实验室现将 S_1 开关打向 S_{1-1} 对计数器进行 **100** 初始化设置，再将 S_1 开关打向 S_{1-2} 开始环形计数，对 $Q_1 \sim Q_3$ 的时序观察应采用逻辑分析仪，条件不具备时，可用仿真替代观察）。

四、实验内容与步骤

1. 开放实验室

（1）打开课程选用的 FPGA 集成开发环境 IDE，并在 IDE 中分别建立 4 种计数器的

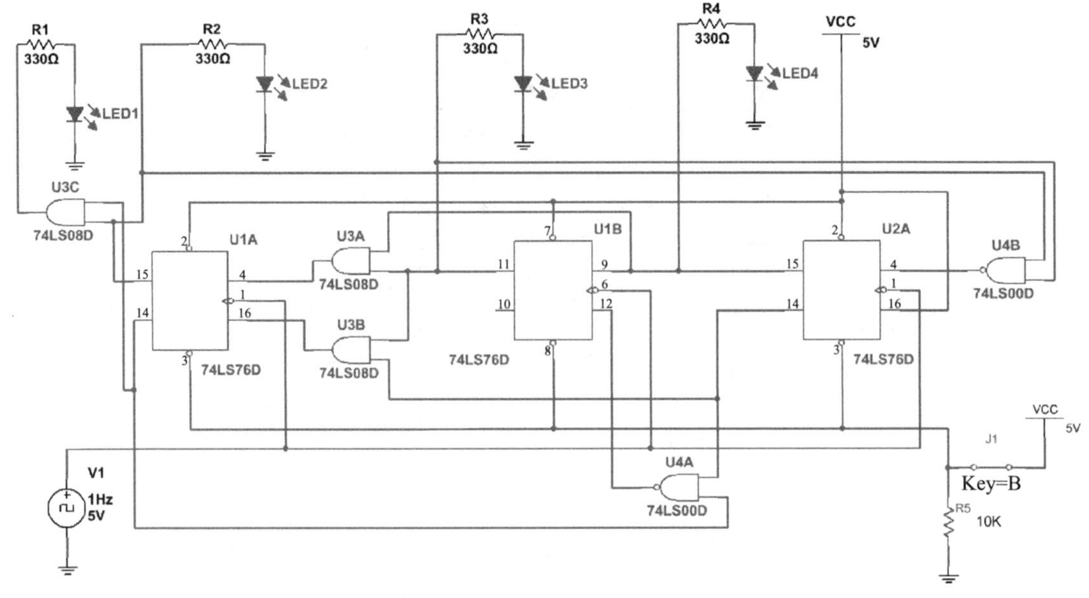

图 15.3 一种同步加法计数器

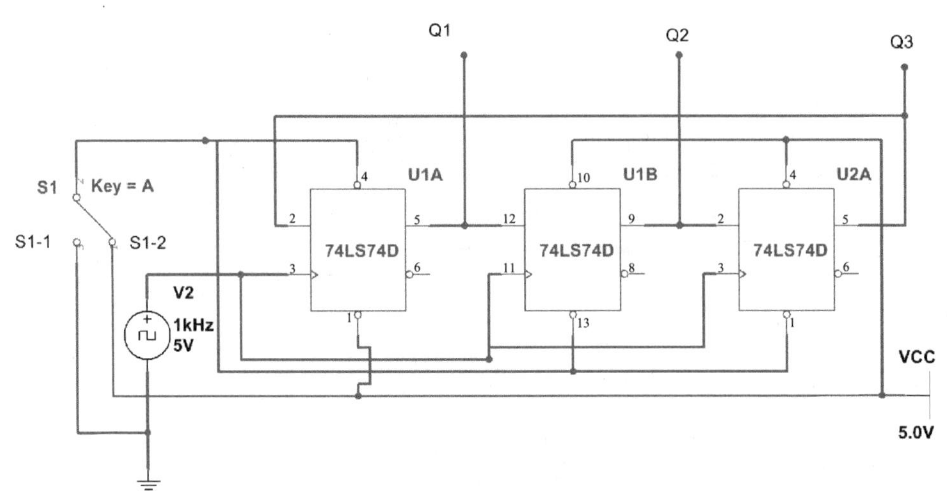

图 15.4 另一种计数器

FPGA工程。

（2）在 IDE 中，分别在新建工程中再新建 Verilog HDL 设计文件，并输入相应设计代码，再保存、综合验证代码。

（3）在 IDE 中，分别在新建工程中再新建 Verilog HDL 仿真文件，并输入仿真程序代码，修改仿真文件属性、保存，运行 modelsim 工具实现对本工程的仿真并输出波形。

（4）综合并分配引脚，生成输出文件。

（5）将输出文件下载至 FPGA 开发板中。

（6）操作开发板已分配开关，观察分配的 LED 显示器亮、灭是否满足逻辑关系。

2. 定点实验室

(1) 基本要求

① 正确选择元器件、连接导线,并检查其质量。

② 根据图 15.1、图 15.4 所示电路图连接电路,并判断电路的逻辑功能。

(2) 扩展要求

① 根据图 15.2 所示电路图连接电路,并判断电路的逻辑功能。

② 根据图 15.3 所示电路图连接电路,并判断电路的逻辑功能。

(3) 实验步骤

① 根据逻辑电路图选择元器件。

② 检测专用导线和所选元器件的质量,按照逻辑电路连线。

③ 通电自检电路逻辑功能是否满足电路真值表,若不满足,则用仪器、仪表检查,排除故障。

④ 再次自检电路逻辑功能正确后,请老师验收。

⑤ 根据实际情况决定是否完成扩展要求。实验后,按要求整理仪器设备,关闭电源。

五、线上和线下应交资料及要求

1. 线上资料

(1) 实验预习报告。

(2) 本实验"原理仿真"源文件(可以在仿真工具中运行的)。

(3) 本实验"工程仿真"源文件(可以在仿真工具中运行的)。

(4) 电子版实验报告(将手写的实验报告拍照,编辑成 word 文档或扫描成 pdf 文档)。

(5) FPGA 设计源文件、仿真文件和仿真波形图(可以在 IDE 中打开、运行)。

(6) 电子版 FPGA 实验报告(需按照报告模板完成)。

2. 线下资料

(1) 写在指定印刷好的报告纸上,内容主要包括:

① 简写设计过程或实验原理,优先用电路图和公式描述。

② 记录实验结果与数据分析,附上有自己信息的实验结果图片。

③ 回答有关思考题,不少于 4 题。

④ 记录实验过程中遇到的印象最深刻的问题及解决过程。

(2) 待课程结束后,将线下资料按规定时间统一上交给学习委员。

六、实验设备

请根据实际情况在预习报告和实验报告中如实记录实验中用到的仪器、仪表、实验台及实验板名称、型号、编号和实际元器件名称、型号、数量。

七、思考题

1. 用 D 触发器构成的异步二进制加法计数器电路和减法计数器电路的区别在哪里?为什么如此改动就能将加法计数变为减法计数?

2. 如果用 JK 触发器替换 D 触发器,电路应作怎样改动?画出电路图。

3. 图 15.3 所示电路中 LED_4 的作用是什么？

4. 同步计数器与异步计数器的本质区别是什么？

5. 设计一个 3 位二进制同步计数器，写出设计过程，画出电路图，并仿真验证。

6. 将图 15.4 所示电路的 3 位环形计数器改成 4 位环形计数器，请画出仿真通过的电路图。

八、实验体会

谈谈对本实验的感想，并提出改进本实验的建议。

实验 16　基本逻辑门的简单应用

一、实验目的

1. 掌握基本逻辑门的简单应用。
2. 了解应用基本逻辑门时需要具备的基本外部条件。
3. 了解应用门电路的注意事项。
4. 掌握用 FPGA 集成开发环境实现简单逻辑门应用电路的方法。

二、预习要求

1. 基本要求

(1) 复习理论课教材中关于基本逻辑门的内容。

(2) 阅读附录四，熟悉本实验所用集成芯片的型号、引脚图。

(3) 在仿真软件里对本实验内容进行仿真(包括原理仿真、工程仿真)。

2. 扩展要求

在自选 FPGA 集成开发环境里对本实验内容进行仿真分析。

三、实验原理

图 16.1 所示是由基本逻辑门组成的定时灯光提醒器，由**与非**门 74LS00 和电阻、电容、电源等组成。此电路可以在 1~25 min 内预定提醒时间。使用时，利用时间标尺预定时间。打开电源开关，定时器绿灯亮，表示开始计时；到达预定时间，绿灯灭，红灯亮。

当开关 J_1 接通 5 V 电压，J_2 打开时，C_1 上的电压由 0 V 逐渐上升，上升的速度由 R_3、R_4 和 C_1 决定。由**与非**门 U_{1B}构成的反相器的输入端的电位由电容 C_1 的电压决定。当 C_1 上的电压比较低时，第一个**与非**门 U_{1B} 的输入为低电平，U_{1B} 的输出为高电平，绿灯亮，第二个**与非**门 U_{1A}的输出为低电平，红灯不亮。当 C_1 上的电压逐渐上升到高电平时，U_{1B}的输出为低电平，绿灯灭，U_{1A}的输出为高电平，红灯亮。使用时，提醒时间的长短是通过调整可变电阻 R_4 的阻值来设置的，R_4 越大，C_1 上的电压上升速度越慢，等待的时间越长。理论上，提醒时间为 $0.69(R_3+R_4)C_1$。由于采用普通大容量的电解电容，误差较大。根据实践经验，当 $R_4=20\ \text{k}\Omega$ 时，等待的时间约为 1 min；当 $R_4=1\ \text{M}\Omega$ 时，等待的时间约为 40 min。

图 16.2 所示是由四 2 输入**与非**门 74LS00 构成的定时声音提醒器。74LS00 的 4 个**与**

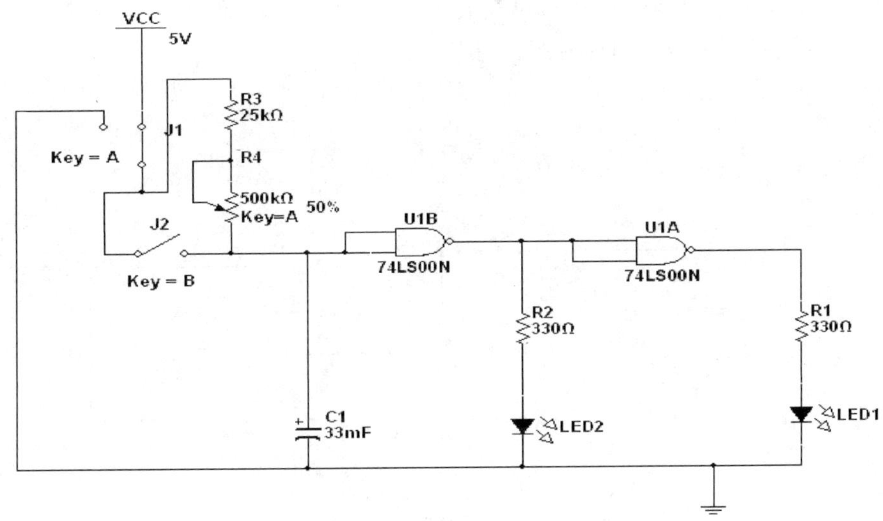

图 16.1　由基本逻辑门组成的定时灯光提醒器

非门分别用 U_{1A}、U_{1B}、U_{1C}、U_{1D}表示。U_{1A}、R_1、C_1、R_2 组成定时器电路；U_{1B}、U_{1C}、R_3、C_2 组成音频振荡器，U_{1D}起隔离缓冲、反相作用，S_2 为定时开关，S_1 为电源开关。

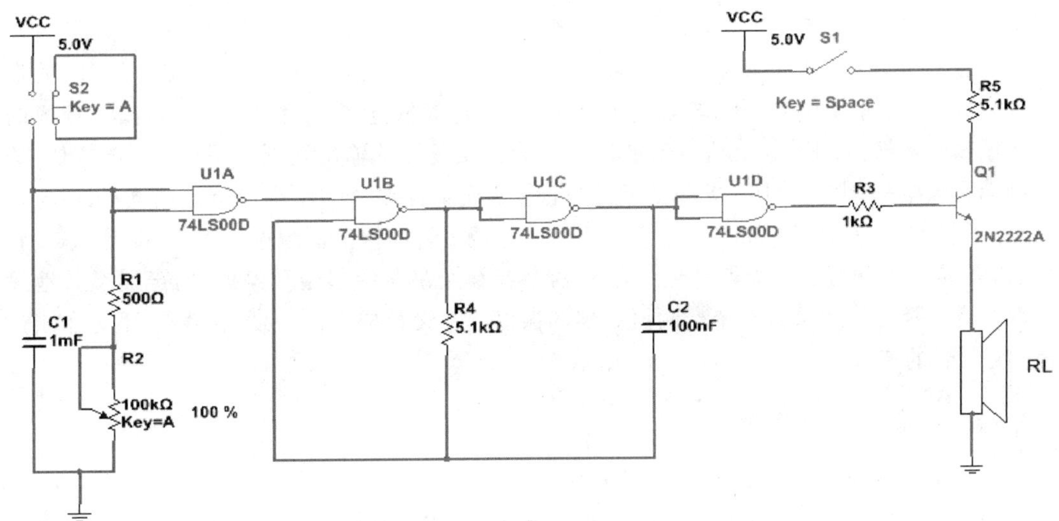

图 16.2　由四 2 输入与非门 74LS00 组成的定时声音提醒器

当按下电源开关 S_1 后，因 U_{1A}输入端接低电平，其输出为高电平，故使 U_{1B}的控制端接高电平，U_{1B}、U_{1C}、R_4、C_2 组成的音频振荡器工作，扬声器发声。当按下定时开关 S_2 后（自恢复开关），电容 C_2 被迅速充电，U_{1A}输入端接高电平，其输出为低电平，故使 U_{1B}的控制端接低电平，U_{1B}、U_{1C}、R_4、C_2 组成的音频振荡器停振，扬声器不发声，定时开始。随着电容 C_1 逐渐放电，U_{1A}的输入电压逐渐下降，当电压下降到电源电压的一半以下时，U_{1A}输入端接低电平，其输出为高电平，故使 U_{1B}的控制端接高电平，U_{1B}、U_{1C}、R_4、C_2 组成的音频振荡器工作，扬声器发声，以提醒定时时间已到。调整 R_2，可改变定时时间。

图 16.3 所示是由 74LS00 构成的双音门铃电路。该电路也可用六非门 CD4069、CD4011 等其他满足逻辑要求的单元逻辑门 IC 组成。

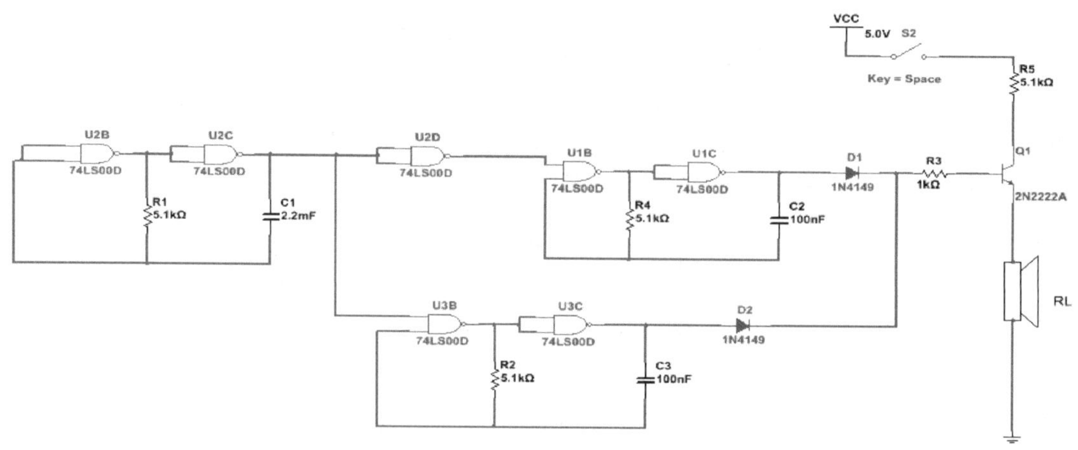

图 16.3　由 74LS00 构成的双音门铃电路

电路中 U_{1B}、U_{1C}、R_4、C_2 组成音频振荡器，U_{3B}、U_{3C}、R_2、C_3 组成另一个音频振荡器，这两个音频振荡器由 U_{2B}、U_{2C}和 R_1、C_1 组成的低频振荡器控制。低频振荡器的输出是矩形波，当输出为高电平时，**与非**门 U_{2D}的控制端为高电平，由 U_{3B}、U_{3C}、R_2、C_3 组成的音频振荡器起振，音频信号经 D_2 加到 Q_1 管基极，经放大后推动扬声器 R_L 发声。此时，由于**与非**门 U_{2C}的输入端为高电平，输出为低电平，**与非**门 U_{1B}的控制端即为低电平，导致 U_{1B}、U_{1C}、R_4、C_2 组成的音频振荡器停振，且 U_{1C}输出端是低电平。当低频振荡器的输出是低电平时，**与非**门 U_{2C}的控制端为低电平，由 U_{3B}、U_{3C}、R_2、C_3 组成的音频振荡器停振，且 U_{3C}输出端是低电平，而**与非**门 U_{1B}的控制端为高电平，导致 U_{1B}、U_{1C}、R_4、C_2 组成的音频振荡器起振。因此，由 U_{2B}、U_{2C}和 R_1、C_1 组成的低频振荡器周期性地控制着两个音频振荡器的起振和停振，扬声器交替地发出两个音频信号。如果将两个音频振荡器的振荡频率设计成一高一低，扬声器可发出“嘀-嘟-嘀-嘟”的声音。

四、实验内容与步骤

1. 开放实验室

（1）打开课程选用的 FPGA 集成开发环境 IDE，并在 IDE 中分别建立实验原理所涉及的几种应用电路的 FPGA 工程。

（2）在 IDE 中，分别在新建工程中再新建 Verilog HDL 设计文件，并输入设计代码，再保存、综合验证代码。

（3）在 IDE 中，分别在新建工程中再新建 Verilog HDL 仿真文件，并输入仿真程序代码，修改仿真文件属性、保存，运行 modelsim 工具实现对本工程的仿真并输出波形。

（4）综合并分配引脚，生成输出文件。

（5）将输出文件下载至 FPGA 开发板中。

（6）操作开发板已分配开关，观察分配的 LED 显示器亮、灭是否满足逻辑关系。

2. 定点实验室

(1) 基本要求

① 正确选择元器件、连接导线，并检查其质量。

② 根据图 16.1 所示电路图连接电路，并判断电路的逻辑功能。

(2) 扩展要求

① 根据图 16.2 所示电路图连接电路，并判断电路的逻辑功能。

② 根据图 16.3 所示电路图连接电路，并判断电路的逻辑功能。

③ 对双音门铃增加灯光提醒功能，请同学自己设计电路并进行验证。

(3) 实验步骤

① 根据逻辑电路图选择元器件。

② 检测专用导线和所选元器件的质量，按照逻辑电路连线。

③ 通电自检电路逻辑功能是否满足电路真值表，若不满足，则用仪器、仪表检查，排除故障。

④ 再次自检电路逻辑功能正确后，请老师验收。

⑤ 根据实际情况决定是否完成扩展要求。实验后，按要求整理仪器设备，关闭电源。

五、线上和线下应交资料及要求

1. 线上资料

(1) 实验预习报告。

(2) 本实验“原理仿真”源文件(可以在仿真工具中运行)。

(3) 本实验“工程仿真”源文件(可以在仿真工具中运行)。

(4) 电子版实验报告(将手写的实验报告拍照，编辑成 word 文档或扫描成 pdf 文档)。

(5) FPGA 设计源文件、仿真文件和仿真波形图(可以在 IDE 中打开、运行)。

(6) 电子版 FPGA 实验报告(需按照报告模板完成)。

2. 线下资料

(1) 写在指定印刷好的报告纸上，内容主要包括：

① 简写设计过程或实验原理，优先用电路图和公式描述。

② 记录实验结果与数据分析，附上有自己信息的实验结果图片。

③ 回答有关思考题，不少于 4 题。

④ 记录实验过程中遇到的印象最深刻的问题及解决过程。

(2) 待课程结束后，将线下资料按规定时间统一上交给学习委员。

六、实验设备

请根据实际情况在预习报告和实验报告中如实记录实验中用到的仪器、仪表、实验台及实验板名称、型号、编号和实际元器件名称、型号、数量。

七、思考题

1. 通过逻辑门的简单应用实验，你对逻辑门又有哪些新的认识？

2. 用逻辑门组成的振荡电路与以晶体管为主组成的振荡电路有什么本质区别？

3. 通过实验，你认为电子电路的原理电路和应用电路的关系是什么？

八、实验体会

谈谈对本实验的感想，并提出改进本实验的建议。

实验 17　编码器设计与验证

一、实验目的

1. 进一步熟练掌握 SSI 组合逻辑电路的设计方法。
2. 掌握 MSI 器件编码器的验证原理和方法。
3. 进一步熟悉常用仿真软件的使用方法。
4. 掌握用 FPGA 集成开发环境实现编码器电路的方法。

二、预习要求

1. 基本要求

(1) 复习理论课教材中关于编码器的内容。

(2) 查阅相关资料，熟悉本实验所用集成芯片的型号、引脚图。

(3) 在仿真软件里对本实验内容进行硬件电路仿真(包括原理仿真、工程仿真)。

2. 扩展要求

在自选 FPGA 集成开发环境里对本实验内容进行仿真分析。

三、实验原理

(1) 基本逻辑门组成的 4 线-2 线编码器真值表见表 17.1。

表 17.1　基本逻辑门组成的 4 线-2 线编码器真值表

输入				输出	
S_1	S_2	S_3	S_4	Q_1	Q_2
1	0	0	0	0	0
0	1	0	0	0	1
0	0	1	0	1	0
0	0	0	1	1	1

(2) MSI 器件 74LS148 引脚图和编码器验证原理图如图 17.1(a)(b)所示。

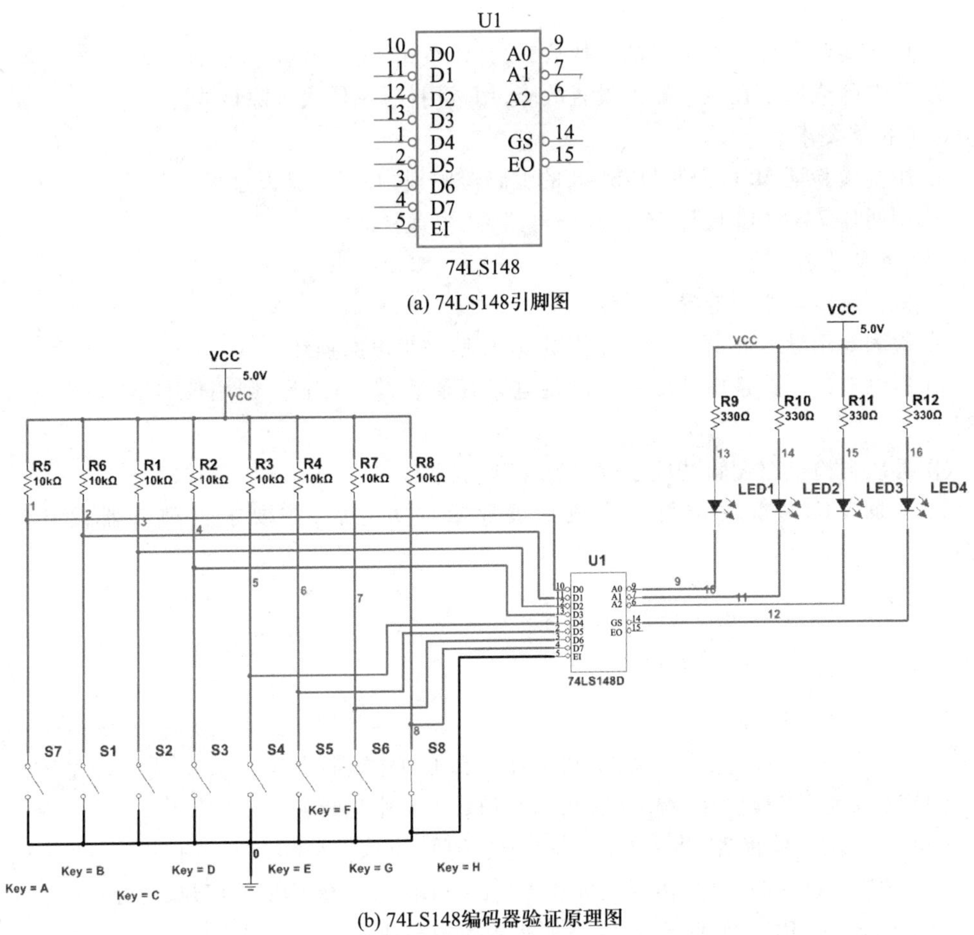

(a) 74LS148引脚图

(b) 74LS148编码器验证原理图

图 17.1　MSI 器件 74LS148 引脚图和编码器验证原理图

四、实验内容与步骤

1. 开放实验室

(1) 打开课程选用的 FPGA 集成开发环境 IDE,并在 IDE 中建立所涉及编码器的 FPGA 工程。

(2) 在 IDE 中,分别在新建工程中再新建 Verilog HDL 设计文件,并输入相应设计代码,再保存、综合验证代码。

(3) 在 IDE 中,分别在新建工程中再新建 Verilog HDL 仿真文件,并输入仿真程序代码,修改仿真文件属性、保存,运行 modelsim 工具实现对本工程的仿真并输出波形。

(4) 综合并分配引脚,生成输出文件。

(5) 将输出文件下载至 FPGA 开发板中。

(6) 操作开发板已分配开关,观察分配的 LED 显示器亮、灭是否满足逻辑关系。

2. 定点实验室

(1) 基本要求

① 根据实验原理部分提供的真值表,设计 4 线-2 线编码器,并验证。

② 请老师或同学在该电路上设置故障,用常用仪器、仪表排除该故障。

(2) 扩展要求

① 用实验验证 MSI 器件 74LS148 的编码器原理,并记录验证过程。

② 用两片 74LS148 设计 16 位编码电路,并仿真验证。

(3) 实验步骤

① 根据逻辑电路图选择元器件。

② 检测专用导线和所选元器件的质量,按照逻辑电路连线。

③ 通电自检电路逻辑功能是否满足电路真值表,若不满足,则用仪器、仪表检查,排除故障。

④ 再次自检电路逻辑功能正确后,请老师验收。

⑤ 根据实际情况决定是否完成扩展要求。实验后,按要求整理仪器设备,关闭电源。

五、线上和线下应交资料及要求

1. 线上资料

(1) 实验预习报告。

(2) 本实验“原理仿真”源文件(可以在仿真工具中运行)。

(3) 本实验“工程仿真”源文件(可以在仿真工具中运行)。

(4) 电子版实验报告(将手写的实验报告拍照,编辑成 word 文档或扫描成 pdf 文档)。

(5) FPGA 设计源文件、仿真文件和仿真波形图(可以在 IDE 中打开、运行)。

(6) 电子版 FPGA 实验报告(需按照报告模板完成)。

2. 线下资料

(1) 写在指定印刷好的报告纸上,内容主要包括:

① 简写设计过程或实验原理,优先用电路图和公式描述。

② 记录实验结果与数据分析,附上有自己信息的实验结果图片。

③ 回答有关思考题,不少于 4 题。

④ 记录实验过程中遇到的印象最深刻的问题及解决过程。

(2) 待课程结束后,将线下资料按规定时间统一上交给学习委员。

六、实验设备

请根据实际情况在预习报告和实验报告中如实记录实验中用到的仪器、仪表、实验台及实验板名称、型号、编号和实际元器件名称、型号、数量。

七、思考题

1. 思考基本逻辑门实验和集成电路实验的学习意义。

2. 找一个可以替代 74LS148 的集成 IC,画出由它构成的编码器的电路图。

3. 举例说明编码器的用途。
4. 查找 74LS148 的文档,并设计出内部电路图。

八、实验体会

谈谈对本实验的感想,并提出改进本实验的建议。

实验 18 译 码 器

一、实验目的

1. 进一步熟练掌握 SSI 组合逻辑电路的设计方法。
2. 掌握 MSI 器件译码器的验证原理和方法。
3. 进一步熟悉常用仿真软件的使用方法。
4. 掌握用 FPGA 集成开发环境实现译码器电路的方法。

二、预习要求

1. 基本要求
(1) 复习理论课教材中关于译码器的内容。
(2) 查阅相关资料,熟悉本实验所用集成芯片的型号、引脚图。
(3) 在仿真软件里对本实验内容进行仿真。
2. 扩展要求
在自选 FPGA 集成开发环境里对本实验内容进行仿真分析。

三、实验原理

1. 基本逻辑门组成的 2 线-4 线译码器真值表见表 18.1。

表 18.1 基本逻辑门组成的 2 线-4 线译码器真值表

输入		输出			
S_1	S_2	Q_1	Q_2	Q_3	Q_4
0	0	1	0	0	0
0	1	0	1	0	0
1	0	0	0	1	0
1	1	0	0	0	1

2. MSI 器件 74LS138 译码器原理仿真参考图如图 18.1 所示。

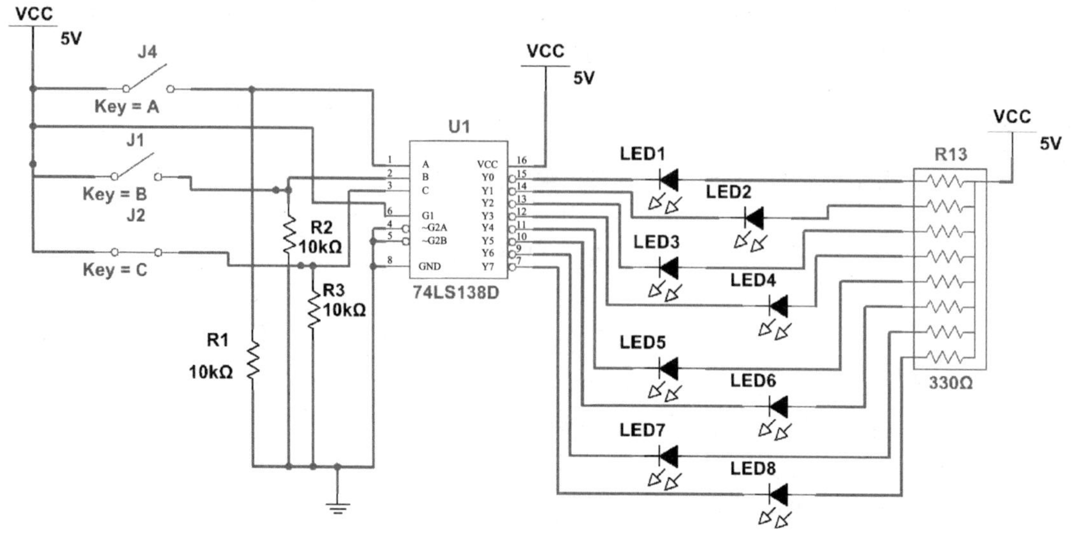

图 18.1　MSI 器件 74LS138 译码器原理仿真参考图

四、实验内容与步骤

1. 开放实验室

（1）打开课程选用的 FPGA 集成开发环境 IDE，并在 IDE 中建立所涉及译码器的 FPGA 工程。

（2）在 IDE 中，分别在新建工程中再新建 Verilog HDL 设计文件，并输入相应设计代码，再保存、综合验证代码。

（3）在 IDE 中，分别在新建工程中再新建 Verilog HDL 仿真文件，并输入仿真程序代码，修改仿真文件属性、保存，运行 modelsim 工具实现对本工程的仿真并输出波形。

（4）综合并分配引脚，生成输出文件。

（5）将输出文件下载至 FPGA 开发板中。

（6）操作开发板已分配开关，观察分配的 LED 显示器亮、灭是否满足逻辑关系。

2. 定点实验室

（1）基本要求

① 根据实验原理部分提供的真值表，设计 2 线-4 线译码器，并验证。

② 请老师或同学在该电路上设置故障，用常用仪器、仪表排除该故障。

（2）扩展要求

① 用实验验证 MSI 器件 74LS138 的译码器原理，并记录验证过程。

② 用 SSI 基本逻辑门设计一个七段译码电路，并仿真验证。

（3）实验步骤

① 根据逻辑电路图选择元器件。

② 检测专用导线和所选元器件的质量，按照逻辑电路连线。

③ 通电自检电路逻辑功能是否满足电路真值表，若不满足，则用仪器、仪表检查，排除故障。

④ 再次自检电路逻辑功能正确后，请老师验收。

⑤ 根据实际情况决定是否完成扩展要求。实验后，按要求整理仪器设备，关闭电源。

五、线上和线下应交资料及要求

1. 线上资料

(1) 实验预习报告。

(2) 本实验“原理仿真”源文件(可以在仿真工具中运行)。

(3) 本实验“工程仿真”源文件(可以在仿真工具中运行)。

(4) 电子版实验报告(将手写的实验报告拍照，编辑成 word 文档或扫描成 pdf 文档)。

(5) FPGA 设计源文件、仿真文件和仿真波形图(可以在 IDE 中打开、运行)。

(6) 电子版 FPGA 实验报告(需按照报告模板完成)。

2. 线下资料

(1) 写在指定印刷好的报告纸上，内容主要包括：

① 简写设计过程或实验原理，优先用电路图和公式描述。

② 记录实验结果与数据分析，附上有自己信息的实验结果图片。

③ 回答有关思考题，不少于 4 题。

④ 记录实验过程中遇到的印象最深刻的问题及解决过程。

(2) 待课程结束后，将线下资料按规定时间统一上交给学习委员。

六、实验设备

请根据实际情况在预习报告和实验报告中如实记录实验中用到的仪器、仪表、实验台及实验板名称、型号、编号和实际元器件名称、型号、数量。

七、思考题

1. 试述实验和仿真对你的学习有什么不同的意义。
2. 查阅 74LS138 的文档，分析其内部电路与设计的 2 线-4 线译码器电路有什么不同。
3. 举例说明译码器的用途。
4. 试用“**与**”“**或**”“**非**”等单元门设计一个 3 线-8 线译码器。

八、实验体会

谈谈对本实验的感想，并提出改进本实验的建议。

实验 19　555 集成定时器的应用

一、实验目的

1. 熟悉 555 集成定时器的工作原理及功能特点。
2. 掌握 555 集成定时器的典型应用。
3. 复习用示波器观测脉冲波形以及确定设计参数的方法。

二、预习要求

1. 复习理论课教材中关于 555 集成定时器的内容。
2. 预测实验内容的结果。
3. 在仿真工具里仿真实验内容,验证预测结果。

三、实验原理

1. 555 集成定时器组成单稳态触发器

所谓单稳态触发器,即触发器只有一个稳定状态和一个瞬态过程。其原理图及波形如图 19.1 所示。瞬态时间为

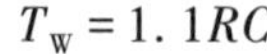

$$T_W = 1.1RC$$

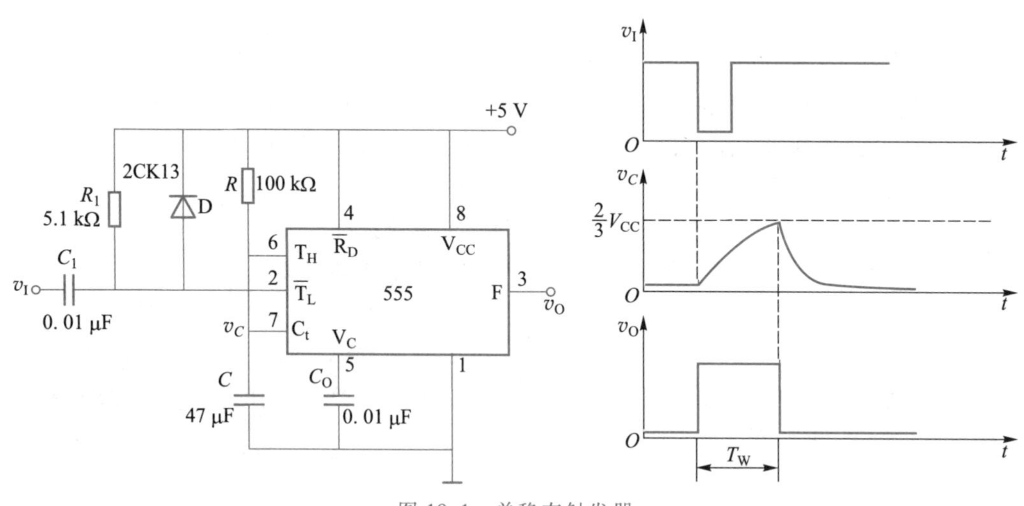

图 19.1　单稳态触发器

2. 555 集成定时器组成多谐振荡器

如图 19.2(a)所示为由 555 集成定时器和外接元件 R_1、R_2、C 构成的多谐振荡器。其波形图如图 19.2(b)所示。

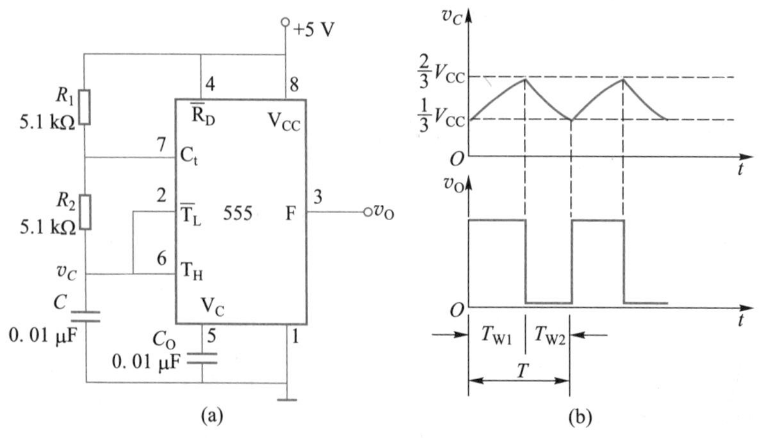

图 19.2　多谐振荡器

振荡周期为

$$T_{W1}=0.7(R_1+R_2)C$$

$$T_{W2}=0.7R_2C$$

$$T=T_{W1}+T_{W2}=0.7(R_1+2R_2)C$$

占空比为

$$D=\frac{T_{W1}}{T}=\frac{R_1+R_2}{R_1+2R_2}$$

本实验中 $R_1=R_2$，故输出的方波信号占空比大于 50%。

3. 555 集成定时器组成施密特触发器

如图 19.3 所示，只要将引脚 2 和引脚 6 连在一起作为信号输入端，即得到施密特触发器。如图 19.4 所示为 v_s、v_I 和 v_O 的波形变化和传输特性。电路的回差电压为

$$\Delta V=\frac{2}{3}V_{CC}-\frac{1}{3}V_{CC}=\frac{1}{3}V_{CC}$$

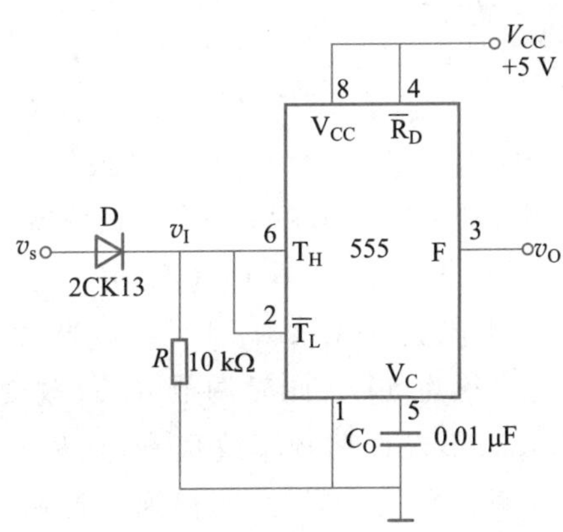

图 19.3　555 定时器组成的施密特触发器

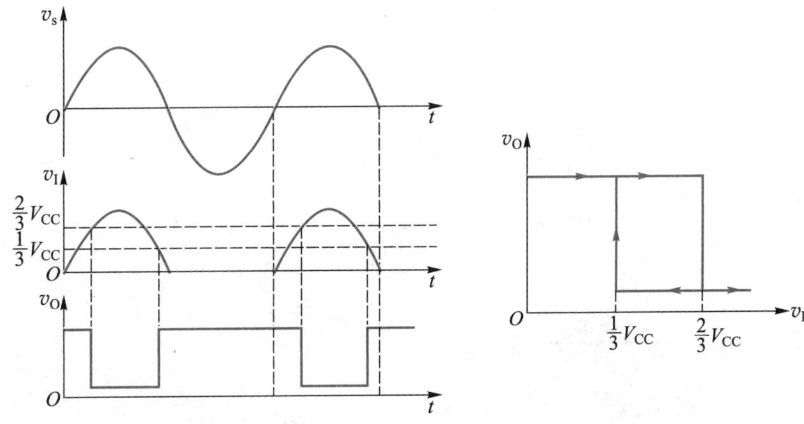

图 19.4　555 定时器组成施密特触发器的波形变化和传输特性

四、实验内容与步骤

1. 基本要求

（1）按图 19.1 接线，取 $R=100\ \text{k}\Omega$，$C=47\ \mu\text{F}$，输入信号 v_I 由单次脉冲源提供，用双踪示波器观测 v_I、v_C、v_O 的波形，测定幅度与瞬态、稳态时间，并与预测值对比。

（2）按图 19.2 接线，用双踪示波器观测 v_C 与 v_O 的波形，测定频率，并与预测值对比。

（3）按图 19.3 接线，输入信号由音频信号源提供，预先调好 v_s 的频率为 1 kHz，接通电源，逐渐加大 v_s 幅度，观测输出波形，测绘电压传输特性，测算出回差电压 ΔV，并与预测值对比。

2. 扩展要求

（1）组成占空比可调的多谐振荡器

占空比可调的多谐振荡器如图 19.5 所示，它比图 19.2 所示电路增加了一个电位器和两个二极管。D_1、D_2 用来决定电容充、放电电流流经电阻的途径（充电时 D_1 导通，D_2 截止；放电时 D_2 导通，D_1 截止）。占空比为

$$D=\frac{T_{W1}}{T_{W1}+T_{W2}}\approx\frac{0.7R_AC}{0.7C(R_A+R_B)}=\frac{R_A}{R_A+R_B}$$

可见，若取 $R_A=R_B$，电路即可输出占空比为 50%的方波信号。

（2）组成占空比连续可调并能调节振荡频率的多谐振荡器

占空比与频率均可调的多谐振荡器如图 19.6 所示。对 C_1 充电时，充电电流通过 R_1、D_1、R_{P2}和 R_{P1}；放电时，放电电流通过 R_{P1}、R_{P2}、D_2、R_2。当 $R_1=R_2$，R_{P2}调至中心点时，因充放电时间基本相等，其占空比约为 50%，此时调节 R_{P1}仅改变频率，占空比不变。如果 R_{P2}调至偏离中心点，再调节 R_{P1}，不仅振荡频率改变，而且对占空比也有影响。R_{P1}不变，调节 R_{P2}，仅改变占空比，对频率无影响。因此，当接通电源后，应首先调节 R_{P1}使频率至规定值，再调节 R_{P2}，以获得需要的占空比。若频率调节的范围比较大，还可以用波段开关改变 C_1 的值。

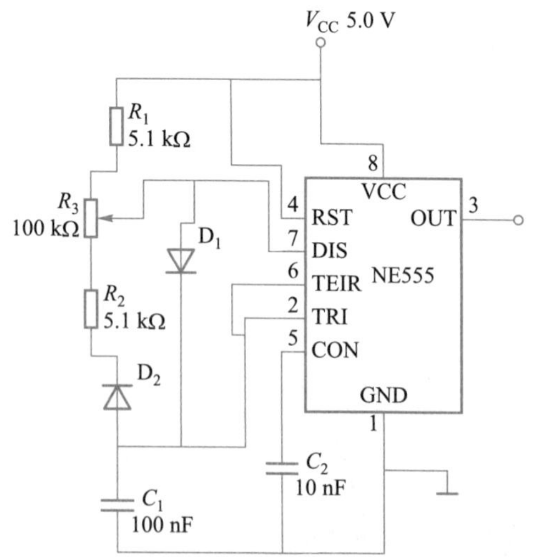

图 19.5 占空比可调的多谐振荡器

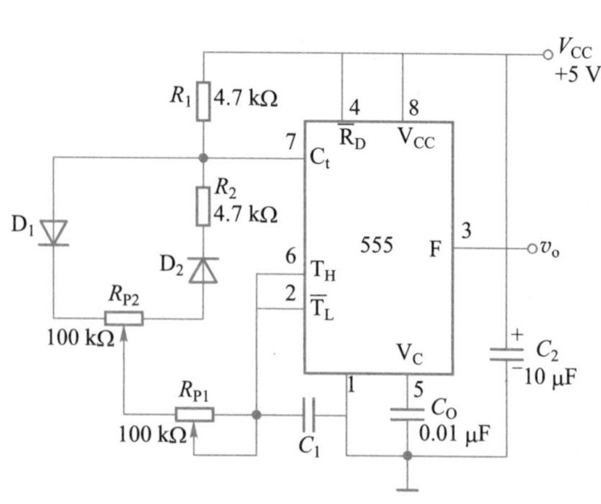

图 19.6 占空比与频率均可调的多谐振荡器

五、实验报告要求

1. 整理实验结果,并与计算得出的理论值进行比较。
2. 绘出图 19.2 所示多谐振荡器 v_C 与 v_O 的波形,测定频率,并与计算得出的理论值进行比较。
3. 绘出施密特触发器电压传输特性曲线,绘出观测到的波形。
4. 回答思考题。

六、实验设备

请根据实际情况如实记录实验中用到的仪器、仪表、实验台及实验板名称、型号、编号和实际元器件名称、型号、数量。

七、思考题

1. 用 555 集成定时器设计单稳态触发器的触发信号是否需要微分？为什么？
2. 555 集成定时器制作的多谐振荡器的频率上限是多少？
3. 555 集成定时器制作的多谐振荡器输出端能否接扬声器？为什么？
4. 施密特触发器与由运放组成的滞回比较器有本质区别吗？能否替换使用？

八、实验体会

谈谈对本实验的感想,并提出改进本实验的建议。

实验 20　分立器件和运放组成的 D/A 电路

一、实验目的

1. 进一步理解倒 T 形电阻网络 D/A 转换器的工作原理。
2. 掌握用分立元件组成 D/A 转换电路的方法。
3. 了解 D/A 转换器输出负电压的原理。

二、预习要求

1. 基本要求

(1) 复习理论课教材中所学过的相关理论知识,预估该实验结果。

(2) 查阅相关资料,熟悉本实验所用集成芯片的型号、引脚图。

(3) 在仿真工具里仿真图 20.1 所示电路。

2. 扩展要求

(1) 在仿真工具里将图 20.1 所示电路改为 20 位 D/A,并验证。

(2) 总结以上几种 D/A 结果的变化,并设计一种新的 D/A 电路。

三、实验原理

1. 理论原理

由电路定理知

$$I_0=\frac{I}{2}=\frac{V_{\text{REF}}}{2R}=\frac{V_{\text{REF}}}{2^8R}2^7$$

$$I_1=\frac{I}{4}=\frac{V_{\text{REF}}}{4R}=\frac{V_{\text{REF}}}{2^8R}2^6$$

$$\cdots\cdots$$

$$I_7=\frac{I}{2^8}=\frac{V_{\text{REF}}}{2^8R}=\frac{V_{\text{REF}}}{2^8R}2^0$$

总电流为

$$I_{\Sigma}=D_0I_0+D_1I_1+D_2I_2+\cdots+D_7I_7=\frac{V_{\text{REF}}}{2^8R}\sum_{n=0}^{7}2^nD_n$$

输出电压为

$$V_{\text{O}}=-I_{\Sigma}R_{\text{F}}=-\frac{R_{\text{F}}}{R}\frac{V_{\text{REF}}}{2^8}\sum_{n=0}^{7}2^nD_n$$

2. 实验原理图

倒 T 形电阻网络 D/A 转换器原理仿真参考图如图 20.1 所示。

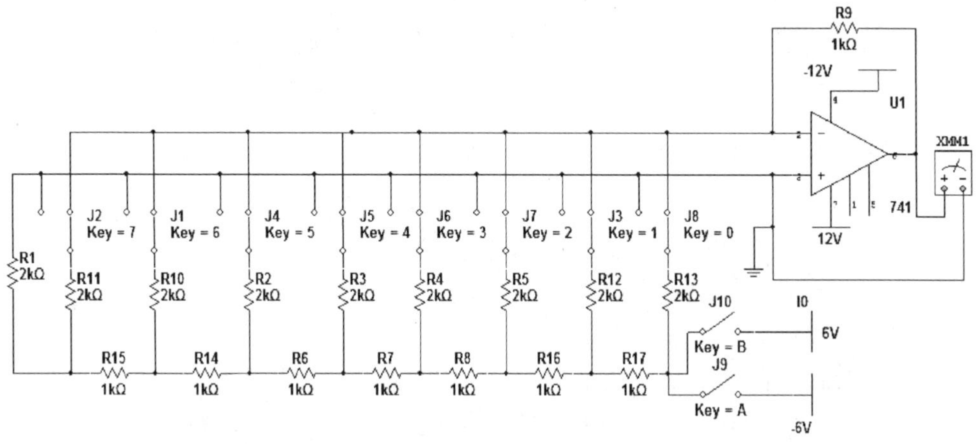

图 20.1　倒 T 形电阻网络 D/A 转换器原理仿真参考图

四、实验内容与步骤

1. 基本要求

（1）按照图 20.1 用专用导线接好电路。

（2）接通 6 V 电源，调节开关 J_5、J_4、J_1、J_2 使数字电路部分的输出从 **0000** 到 **1111** 变化，并分别用万用表测出运算放大器输出电压，填入表 20.1 中。

表 20.1　运算放大器输出电压（接 6 V 电源）

开关编号	$J_5J_4J_1J_2$	$J_5J_4J_1J_2$	$J_5J_4J_1J_2$	$J_5J_4J_1J_2$	$J_5J_4J_1J_2$	$J_5J_4J_1J_2$	$J_5J_4J_1J_2$	$J_5J_4J_1J_2$
数字电路	**0000**	**0001**	**0010**	**0011**	**0100**	**0101**	**0110**	**0111**
电压/V								
开关编号	$J_5J_4J_1J_2$	$J_5J_4J_1J_2$	$J_5J_4J_1J_2$	$J_5J_4J_1J_2$	$J_5J_4J_1J_2$	$J_5J_4J_1J_2$	$J_5J_4J_1J_2$	$J_5J_4J_1J_2$
数字电路	**1000**	**1001**	**1010**	**1011**	**1100**	**1101**	**1110**	**1111**
电压/V								

(3) 断开 6 V 电源,接通 -6 V 电源,调节开关 J_5、J_4、J_1、J_2 使数字电路部分的输出从 **0000** 到 **1111** 变化,分别用万用表测出运算放大器输出电压,填入表 20.2 中,并与表 20.1 中的结果进行比较。

表 20.2 运算放大器输出电压(接 -6 V 电源)

开关编号	$J_5J_4J_1J_2$	$J_5J_4J_1J_2$	$J_5J_4J_1J_2$	$J_5J_4J_1J_2$	$J_5J_4J_1J_2$	$J_5J_4J_1J_2$	$J_5J_4J_1J_2$	$J_5J_4J_1J_2$
数字电路	**0000**	**0001**	**0010**	**0011**	**0100**	**0101**	**0110**	**0111**
电压/V								
开关编号	$J_5J_4J_1J_2$	$J_5J_4J_1J_2$	$J_5J_4J_1J_2$	$J_5J_4J_1J_2$	$J_5J_4J_1J_2$	$J_5J_4J_1J_2$	$J_5J_4J_1J_2$	$J_5J_4J_1J_2$
数字电路	**1000**	**1001**	**1010**	**1011**	**1100**	**1101**	**1110**	**1111**
电压/V								

2. 扩展要求

(1) 接通 6 V 电源,调节开关(J_8 是最高位,J_2 是最低位)使数字电路部分的输出从 **00000000** 到 **11111111** 变化,并分别用万用表测出运算放大器输出电压,将结果填入自己设计的表格中。

(2) 断开 6 V 电源,接通 -6 V 电源,调节开关使数字电路部分的输出从 **00000000** 到 **11111111** 变化,并分别用万用表测出运算放大器输出电压,将结果填入自己设计的表格中。

五、实验报告要求

1. 认真记录实验中获得的数据。
2. 记录本次实验使用过的仪器、仪表的使用注意事项。
3. 完成扩展要求的同学请将相关内容写在报告纸上。

六、实验设备

请根据实际情况如实记录实验中用到的仪器、仪表、实验台及实验板名称、型号、编号和实际元器件名称、型号、数量。

七、思考题

1. 本实验采用倒 T 形电阻网络 D/A 转换器,还有没有其他用分立元件来实现 D/A 转换的方法?

2. 本实验数字电路采用八位开关电路来实现,如果采用十六位开关电路,该如何实现?

3. 数字电路采用的行数越多,模拟电路将越精确,这种说法对吗?为什么?

4. 在扩展实验中,电压变成了 -6 V,这样做的意义何在?

八、实验体会

谈谈对本实验的感想,并提出改进本实验的建议。

实验 21　分立器件和运放组成的 A/D 电路

一、实验目的

1. 进一步理解并行比较型 A/D 转换器的工作原理。
2. 掌握并行比较型 A/D 转换器的实验验证方法。
3. 了解 74LS148 优先编码器的使用方法。

二、预习要求

1. 基本要求
(1) 复习或学习 74LS148 优先编码器的使用方法。
(2) 查阅相关资料,熟悉本实验所用集成芯片的型号、引脚图。
(3) 在仿真工具里仿真图 21.1 所示电路。
2. 扩展要求
(1) 在可编程器件开发环境里用硬件描述语言仿真验证图 21.1 所示电路的数字部分。
(2) 在可编程器件开发环境用硬件描述语言仿真验证本实验扩展要求的内容中的数字部分。

三、实验原理

1. 理论原理
3 位并行比较型 A/D 转换器输入与输出关系见表 21.1。

表 21.1　3 位并行比较型 A/D 转换器输入与输出关系

模拟输入	比较器输出状态							数字输出		
	C_{O1}	C_{O2}	C_{O3}	C_{O4}	C_{O5}	C_{O6}	C_{O7}	D_2	D_1	D_0
$0\leqslant v_1<\frac{1}{15}V_{REF}$	**0**	**0**	**0**	**0**	**0**	**0**	**0**	**0**	**0**	**0**
$\frac{1}{15}V_{REF}\leqslant v_1<\frac{3}{15}V_{REF}$	**0**	**0**	**0**	**0**	**0**	**0**	**1**	**0**	**0**	**1**
$\frac{3}{15}V_{REF}\leqslant v_1<\frac{5}{15}V_{REF}$	**0**	**0**	**0**	**0**	**0**	**1**	**1**	**0**	**1**	**0**
$\frac{5}{15}V_{REF}\leqslant v_1<\frac{7}{15}V_{REF}$	**0**	**0**	**0**	**0**	**1**	**1**	**1**	**0**	**1**	**1**
$\frac{7}{15}V_{REF}\leqslant v_1<\frac{9}{15}V_{REF}$	**0**	**0**	**0**	**1**	**1**	**1**	**1**	**1**	**0**	**0**
$\frac{9}{15}V_{REF}\leqslant v_1<\frac{11}{15}V_{REF}$	**0**	**0**	**1**	**1**	**1**	**1**	**1**	**1**	**0**	**1**
$\frac{11}{15}V_{REF}\leqslant v_1<\frac{13}{15}V_{REF}$	**0**	**1**	**1**	**1**	**1**	**1**	**1**	**1**	**1**	**0**
$\frac{13}{15}V_{REF}\leqslant v_1<V_{REF}$	**1**	**1**	**1**	**1**	**1**	**1**	**1**	**1**	**1**	**1**

2. 实验原理图

3 位并行比较型 A/D 转换器实验原理仿真参考图如图 21.1 所示。74LS175 是 4 位 D 触发器。运放可用 LM324。模拟信号从 U_I 输入。$D_0 \sim D_2$ 是 A/D 转换后的结果显示。

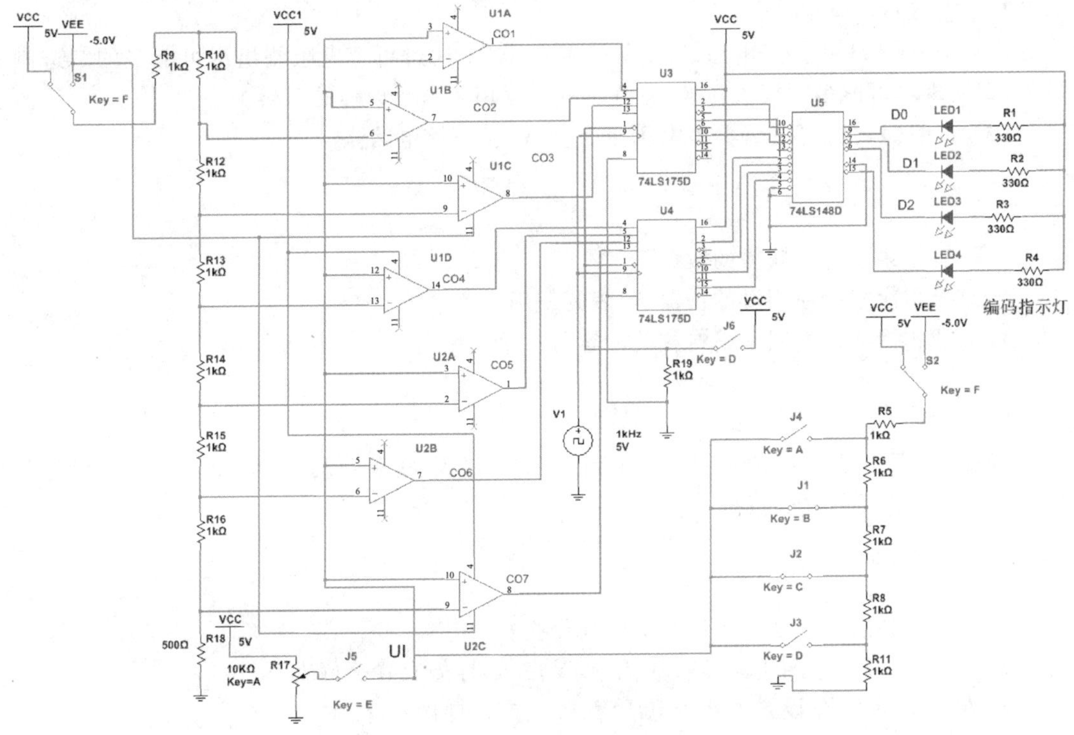

图 21.1　3 位并行比较型 A/D 转换器实验原理仿真参考图

并行比较型 A/D 转换器由电阻分压器、电压比较器、数码寄存器及编码器等组成。图中的电阻分压器将输入参考电压量化为 7 个比较电平。

四、实验内容与步骤

1. 基本要求

(1) 按照图 21.1 所示电路接好电路，V_{REF}和 V_1 接+5 V 的电压，通过按下不同的开关($J_1 \sim J_4$)来变换 V_3 的值，观察并记录优先编码器后的发光二极管的变化，填入下表中。

开关	J_1	J_2	J_3	J_4
$D_0 \sim D_2$ 对应数值				

(2) 按照图 21.1 所示电路接好电路，V_{REF}和 V_1 接−5 V 的电压，通过按下不同的开关($J_1 \sim J_4$)来变换 V_3 的值，观察并记录优先编码器后的发光二极管的变化，填入下表中。

开关	J_1	J_2	J_3	J_4
$D_0 \sim D_2$ 对应数值				

2. 扩展要求

(1) 按照图 21.1 接好电路，V_{REF}接+5 V 的电压，通过可变电阻测出尽可能多的二进制数值，即实现尽可能多的模数转换，将测出的数据填入自己设计的表格中。

(2) 按照(1)的思路，将参考电压变为-5 V，验证该电路。

五、实验报告要求

1. 认真记录实验中获得的数据。
2. 记录本次实验使用过的仪器、仪表的使用注意事项。
3. 完成扩展要求的同学请将相关内容写在报告纸上。

六、实验设备

请根据实际情况如实记录实验中用到的仪器、仪表、实验台及实验板名称、型号、编号和实际元器件名称、型号、数量。

七、思考题

1. 本实验还有哪些地方可以改进？为什么？
2. V_{REF}为什么有两个电压(+5 V 和-5 V)？这样做有什么好处？
3. 在本实验中 V_1 设置了 4 个电压，为什么要这样做？
4. 如果在实验中运算放大器没有接±12 V 的电源，实验结果会有变化吗？

八、实验体会

谈谈对本实验的感想，并提出改进本实验的建议。

实验 22　8 位 V 型虚拟集成电路 D/A 转换实验

一、实验目的

1. 学习仿真环境下 V 型 D/A 电路的构建和运行，进一步理解 V 型 D/A 电路的转换原理。
2. 学习虚拟字符发生器的设置和应用。

二、预习要求

1. 复习理论课教材中 V 型 D/A 电路的转换原理。
2. 复习虚拟字符发生器和逻辑分析仪的设置和使用。

三、实验原理

按照图 22.1 所示电路在软件里找到相关元器件并连接好线路。

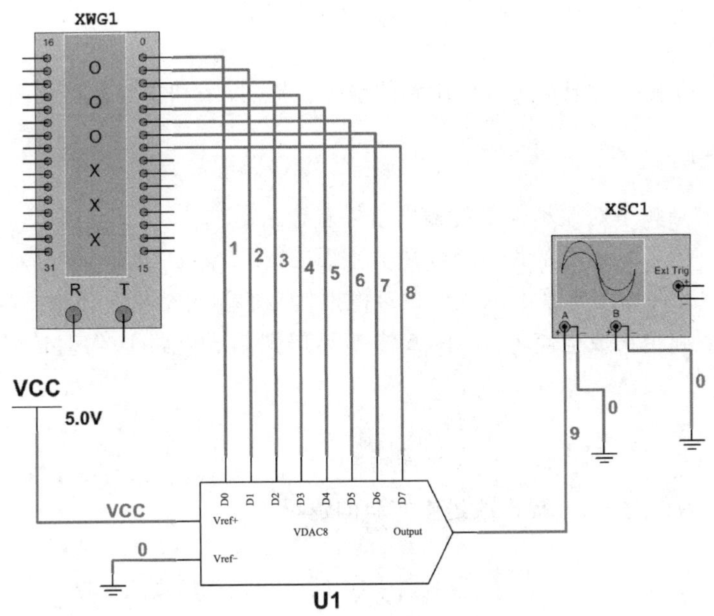

图 22.1 虚拟 D/A 转换器工作原理图

四、实验内容与步骤

1. 基本要求

(1) 按图 22.1 所示电路接线。

(2) 设置好字符信号发生器,16 进制,1 000 Hz,范围 00000000~000000FF,运行模式设置为单步,逐次点击 step,观察示波器里波形变化,并记录。(字符信号发生器的使用见实验 23 中"九、虚拟字符信号发生器使用方法"。)

(3) 其他不变,运行模式设置为单帧,点击 Cycle,观察示波器里波形变化,并记录。

(4) 其他不变,运行模式设置为循环,点击 Burst,观察示波器里波形变化,并记录。

(5) 调节频率由 1 kHz 变为 5 kHz,再变为 10 kHz,比较波形的变化。

(6) 在 Burst 模式下,将数据编辑为先大后小并运行,观察示波器里波形变化,写出原因。

2. 扩展要求

(1) 自主设置字符信号发生器新的运行模式,对 8 位 V 型虚拟集成电路 D/A 进行实验,观察示波器里波形变化,写出原因。

(2) 将 8 位 V 型虚拟集成电路 D/A 换成 16 位 V 型虚拟集成电路 D/A,重复该实验。

五、实验报告要求

1. 认真记录实验中获得的数据。

2. 记录本次实验使用过的仪器、仪表的使用注意事项。

3. 完成扩展要求的同学请将相关内容写在报告纸上。

六、实验设备

请根据仿真情况如实记录实验中用到的虚拟仪器、仪表和主要元器件的名称。

七、思考题

1. 该数字信号频率对模拟信号的输出结果有什么影响?
2. 简述字符信号发生器的设置及使用方法。
3. V_{REF}引脚有何作用? 基准电压变化对模拟信号的输出结果有什么影响?
4. 8 位 V 型虚拟集成电路 D/A 和 16 位 V 型虚拟集成电路 D/A 对信号处理效果的本质区别是什么?

八、实验体会

谈谈对本实验的感想,并提出改进本实验的建议。

实验 23　8 位 I 型虚拟集成电路 D/A 转换实验

一、实验目的

1. 学习仿真环境下 I 型虚拟集成电路 D/A 的构建和运行,进一步理解 I 型 D/A 转换原理。
2. 学习虚拟字符发生器和逻辑分析仪的应用。

二、预习要求

1. 复习理论课教材中 I 型 D/A 转换原理。
2. 复习虚拟字符发生器和逻辑分析仪的设置和使用。

三、实验原理

按照图 23.1 所示电路在软件里找到相关元器件并连接好线路。

四、实验内容与步骤

1. 基本要求

(1) 按图 23.1 所示电路接线。

(2) 设置好字符信号发生器,16 进制,1 000 Hz,范围 00000000~000000FF,运行模式设置为单步,逐次点击 step,观察示波器里波形变化,并记录。

(3) 其他不变,运行模式设置为单帧,点击 Cycle,观察示波器里波形变化,并记录。

(4) 其他不变,运行模式设置为循环,点击 Burst,观察示波器里波形变化,并记录。

(5) 将频率由 1 kHz 变为 5 kHz,再变为 10 kHz,比较波形的变化。

(6) 在 Burst 模式下,将数据编辑为先大后小,并运行,观察示波器里波形变化,写出原因。

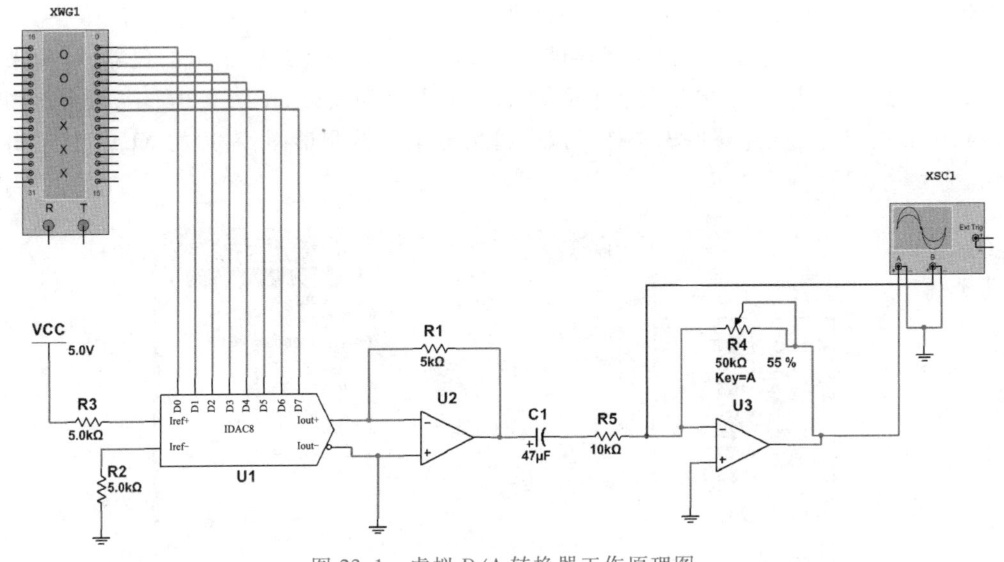

图 23.1　虚拟 D/A 转换器工作原理图

2. 扩展要求

(1) 自主设置字符信号发生器新的运行模式，对 I 型 8 位 D/A 进行实验，观察示波器里波形的变化，写出原因。

(2) 将 8 位 I 型虚拟集成电路 D/A 换成 16 位 I 型虚拟集成电路 D/A，重复该实验。

五、实验报告要求

1. 认真记录实验中获得的数据。
2. 记录本次实验使用过的仪器、仪表的使用注意事项。
3. 完成扩展要求的同学请将相关内容写在报告纸上。

六、实验设备

请根据仿真情况如实记录实验中用到的虚拟仪器、仪表和主要元器件的名称。

七、思考题

1. 该数字信号的频率对模拟信号的输出结果有什么影响？
2. 电流型 D/A 外接的第一个运放电路的作用是什么？
3. 电流型 D/A 外接的第二个运放电路的作用是什么？
4. 8 位 I 型虚拟集成电路 D/A 和 16 位 I 型虚拟集成电路 D/A 对信号处理效果的本质区别是什么？

八、实验体会

谈谈对本实验的感想，并提出改进本实验的建议。

九、虚拟字符信号发生器使用方法

（由于以上两个实验均用到虚拟字符发生器，在测试虚拟字符发生器仪器时，又要用到虚拟逻辑分析仪,故此,为了读者方便,在此进行说明。)

虚拟字符信号发生器是一个最多能够产生 32 路(位)同步逻辑信号的仪器,可用来对数字逻辑电路进行测试,也称为数字逻辑信号源,其图标和面板如图 23.2 所示,其中右图是左图双击后的操作界面。图 23.3 是虚拟字符信号发生器测试图,右边的 XLA1 是逻辑分析仪。

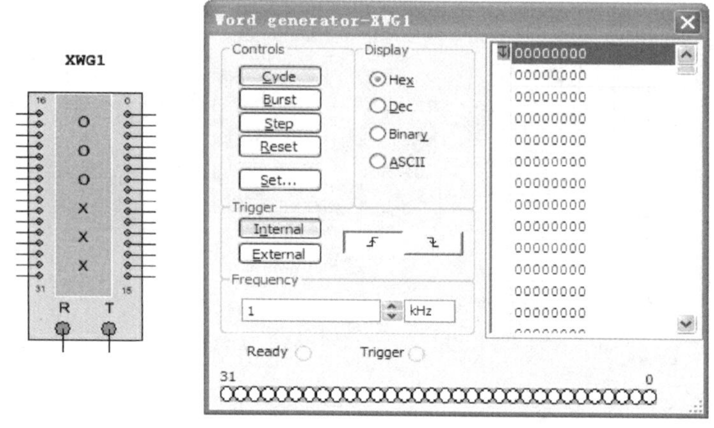

图 23.2　虚拟字符信号发生器图标和面板

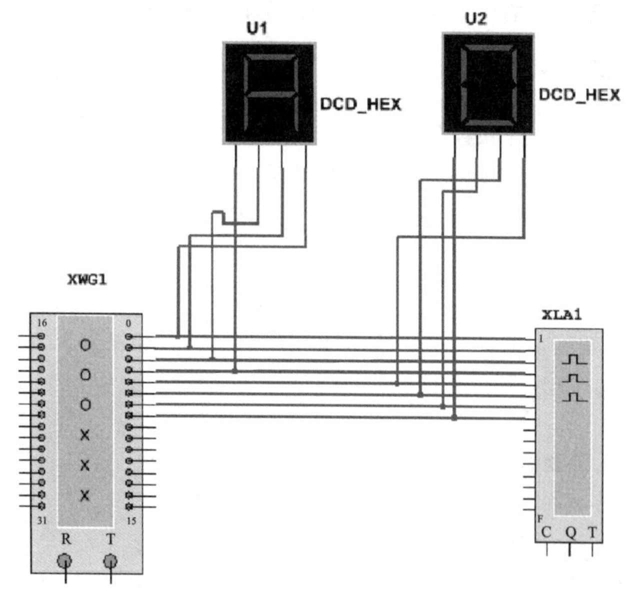

图 23.3　虚拟字符信号发生器测试图

接线

在虚拟字符信号发生器右边有 0~15 共 16 个端子,左边有 16~31 共 16 个端子,这 32 个端子是该虚拟字符信号发生器所产生的信号输出端,其中每一个端子都可以接入数字电路的输入端,下面还有 R 和 T 两个端子,R 为数据备用信号端,T 为外触发信号端。

操作界面功能介绍

从图 23.2 右图来看,虚拟字符信号发生器操作界面共分 5 个区,分别为:Controls 区、Display 区、Trigger 区、Frequency 区、字符信号编辑区。

(1) Controls 区为字符信号发生器输出方式设置区,包括 5 个选择按钮:

Cycle(循环)表示字符信号在设置地址初始值到最终值之间周而复始地以设定频率输出。

Burst(单帧)表示字符信号在设置地址初始值逐条输出,直到最终值时自动停止。

Step(单步)表示每点击鼠标一次输出一条字符信号。

Cycle 和 Burst 输出信号的快慢可通过 Frequency(输出频率)对话框的数据变化来调整。

Reset(复位)点击字符信号输出回到字符信号编辑对话框顶端。

Settings(设置)点击打开后包括 4 个区,如图 23.4 所示。Preset patterns(预设模式)区包括以下字符输出性质内容:No change(不变)、Load(加载)、Save(保存)、Clear buffer(清除缓存)、Up counter(递增计数)、Down counter(递减计数)、Shift right(右循环)、Shift left(左循环)。Display type 区包括 16 进制和 10 进制。Buffer size 区为缓存量设置(左边递增计数、递减计数时设置才有效,尤其左边是 No change 时,设置后点击 OK 是不能改变字符信号编辑对话框的字符范围的)。Output voltage level 区包括输出字符高低电平设置。

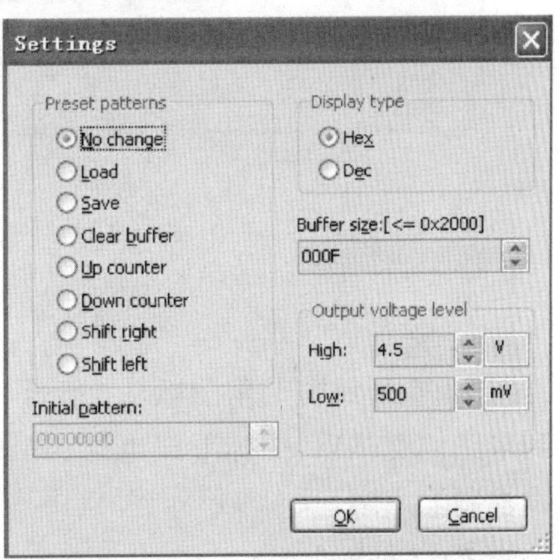

图 23.4　Settings(设置)对话框

(2) Display 区用于字符信号编辑对话框中的字符进制转换。

(3) Trigger 区是触发源设置(机内/外触发)。

(4) Frequency 区用于输出频率设置。

(5) 字符信号编辑区是字符信号编辑对话框。

测试方法

首先设置好图 23.2 中右图里的信号输出方式,在 Controls 区设置。

点击 Settings 按钮,在弹出的对话框中的 preset patterns 区设置信号输出方式。

在弹出的对话框里的 Buffer size 区,设置数值输出范围。

在 Initial pattern 区设置数值起始值。

在 Display type 区设置二进制数制。

在 Output voltage level 区设置高低电平。

最后点击 OK 按钮完成设置,开始测试。测试正常后,方可接入电路使用。

十、虚拟逻辑分析仪使用方法

虚拟逻辑分析仪可以同步记录和显示 16 路逻辑信号,可用于对数字逻辑信号的高速采集和时序进行分析,虚拟逻辑分析仪的使用界面如图 23.5 所示。

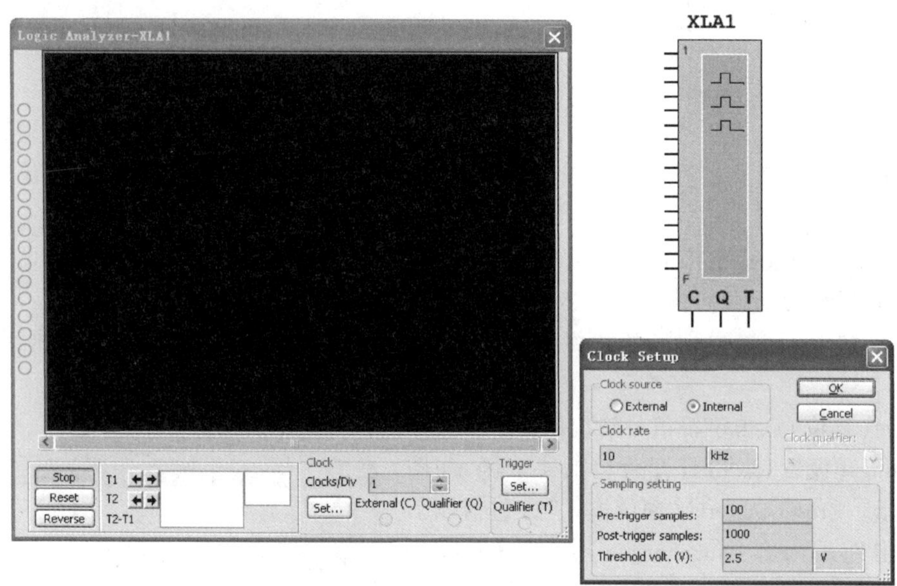

图 23.5　虚拟逻辑分析仪的使用界面

1. 连接

图 23.5 所示右上角图标从上至下 16 个端口是逻辑分析仪的输入信号端口，使用时连接到电路的测试点，图标下部也有 3 个端子，C 是外时钟输入端，Q 是时钟控制输入端，T 是触发控制输入端。

2. 操作面板介绍

操作面板是图 23.5 右上角图标双击后出现的操作面板对话框，简介如下。

（1）对话框最左面 16 个小圆圈代表 16 个输入端，如果某个连接端接有被测信号，则该小圆圈内将变黑。采集到 16 路输入信号以方波形式显示。当信号连接导线颜色改变时，显示波形的颜色也随之改变。

（2）左下角有三个按钮，分别是 Stop（停止仿真）、Reset（清除显示波形）、Reverse（显示背景反向）。

（3）紧挨着三个按钮的区域是移动读数指针所指的波形处的时间和状态值，其中 T_1、T_2 分别表示指针 1 和指针 2 距时间 0 点的差值。T_2-T_1 表示两指针之间的时间差值。

（4）Clock 区有 Clocks/Div 设置和 Set...按钮，Clocks/Div 用于设置显示屏水平方向每格显示的时钟脉冲数。Set...按钮设置时钟脉冲，单击该按钮将出现图 23.5 右下角的对话框，其中，Clock source 区的功能是选择时钟脉冲的来源，分内部时钟和外部时钟。Clock rate 区的功能是选取时钟频率（时钟频率需符合采样定理）。Sampling setting 区是取样方式，分前沿取样数（Pre-trigger samples）和后沿取样数（Post-trigger samples）。Threshold volt 栏设置门限电压。

（5）Trigger 区是设置触发方式，点击 Trigger 区中的 Set...按键，将出现设置触发方式对话框，如图 23.6 所示，触发方式分上升沿触发和下降沿触发。Trigger clock edge 设置上升沿、下降沿和双沿触发。Trigger qualifier 栏的功能是选定触发限定字，包括 **0**、**1** 和 x 可选，

Trigger patterns 区是设置触发样本，可以在 Pattern A、Pattern B、Pattern C 选择触发样本，也可在 Trigger combinations 里选择组合触发样本，当所有项目选定后点击 OK 即可。

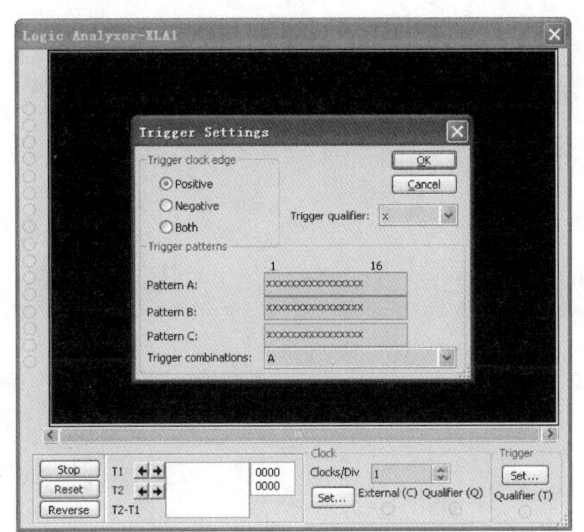

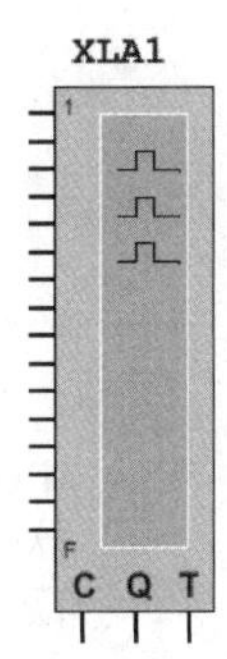

图 23.6　设置触发方式对话框

以上只是虚拟逻辑分析仪简介，电子技术基础实验室一般没有这种物理实体设备，但它对学习数字电路确实是一个可以提高学习效率的设备，用好虚拟设备也可达到深入理解理论知识点的作用。只要多使用，一定会熟能生巧，为将来真正使用物理实体设备打下良好基础。

实验 24　8 位 I 型物理集成电路 D/A 转换实验

一、实验目的

1. 学习大规模集成电路的使用方法，了解 D/A 转换原理。
2. 了解用 D/A 转换器构成函数发生器的连线方法。

二、预习要求

1. 在实验前了解 DAC0832 芯片的功能和使用方法。
2. 在实验前复习 74LS161 芯片的功能和使用方法。

三、实验原理

将 DAC0832 接成直通型，如图 24.1(a)(b)所示，图(a)为 DAC0832 内部原理框图，图(b)为DAC0832 工作接线图。在图(b)中 WR_1、WR_2 为写入信号，*CS* 为片选信号。*CS*、WR_1、WR_2 均接地，*ILE* 为允许输入锁存信号，接高电平。两片 M74HC161BIR 为 16 进制计数器，能输出 0~255 二进制循环数，这些数作为 DAC0832 的数字信号输入。

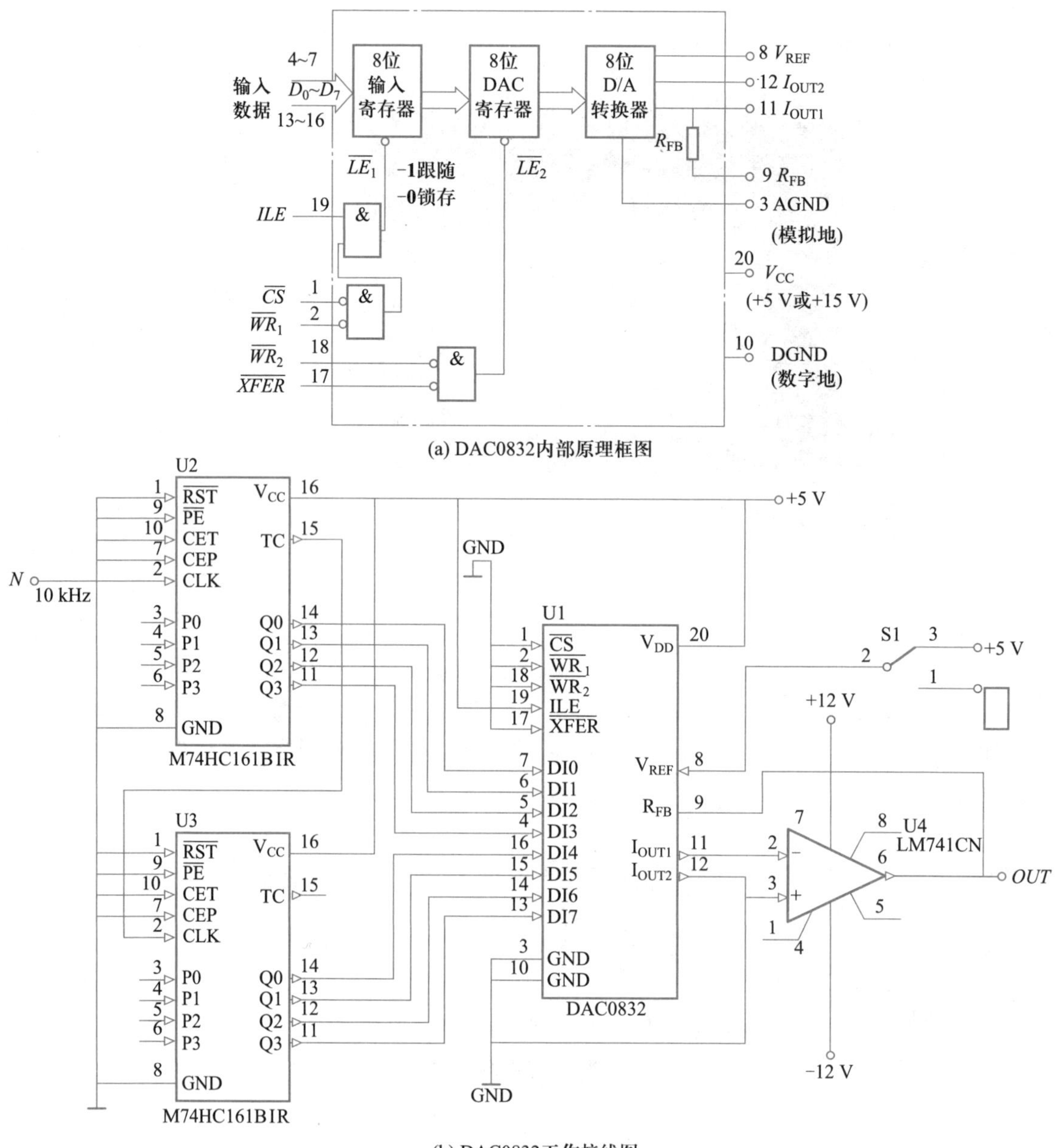

(a) DAC0832内部原理框图

(b) DAC0832工作接线图

图 24.1　DAC0832 接成直通型 D/A 转换器工作原理图

四、实验内容与步骤

1. 基本要求

（1）按照图 24.1(b)所示电路接线，并认真检查。

（2）将 N 接 100 kHz 方波，用示波器观察输出波形。

（3）将 DAC0832 的 4、5、6、7 引脚均接地（注意：与它原来相连的计数器的输出 Q_0、Q_1、Q_2、Q_3 必须悬空），用示波器观察输出波形。

2. 扩展要求

(1) 将 S_1 开关接 1 柱头,该柱头接到调整原理图的 A 点,如图 24.2 所示,调节可变电阻,用示波器观察输出波形变化情况。[提示:$V_{OUT}=-(V_{REF}\times D)$。]

(2) 对电路进行改动,使电路输出负电压。画出电路图,并验证。

(3) 对 DAC0832 内部原理框图进行具体设计并仿真。

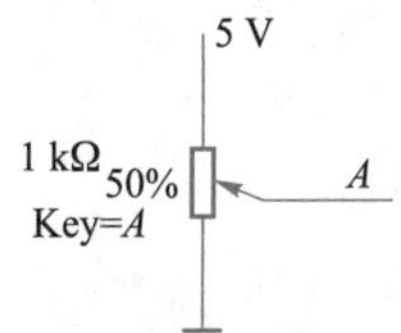

图 24.2　基准电压 V_{REF} 调整原理图

五、实验报告要求

1. 认真记录实验中获得的数据。
2. 记录本次实验使用过的仪器、仪表的使用注意事项。
3. 完成扩展要求的同学请将相关内容写在报告纸上。

六、实验设备

请根据实际情况如实记录实验中用到的仪器及仪表、实验台及实验板名称、型号、编号和实际元器件名称、型号、数量。

七、思考题

1. 分析实验中观察到的三种波形,思考为什么会产生这种结果。
2. 本实验是用芯片 74LS161 和 DAC0832 来实现的,有没有运用其他芯片的实现方法?如果有,请写出实验方案。

八、实验体会

谈谈对本实验的感想,并提出改进本实验的建议。

实验 25　8 位虚拟集成电路 A/D 转换实验

一、实验目的

1. 学习仿真环境下 A/D 转换器的性能和使用方法。
2. 进一步理解 A/D 转换原理。

二、预习要求

1. 复习图 25.1 所用到的 U1 以外的元器件、仪器的使用方法。
2. 复习理论课教材中 A/D 转换的基本原理。

三、实验原理

如图 25.1 所示,ADC 芯片被接成连续转换方式,即启动转换信号 *SOC*。*EOC* 为转换结束信号,低电平有效,LED 为转换结束信号显示,V_1 是转换速度控制信号,U_2、U_3 是 A/D 转换结果显示,A/D 转换原理可参考相关理论课教材。

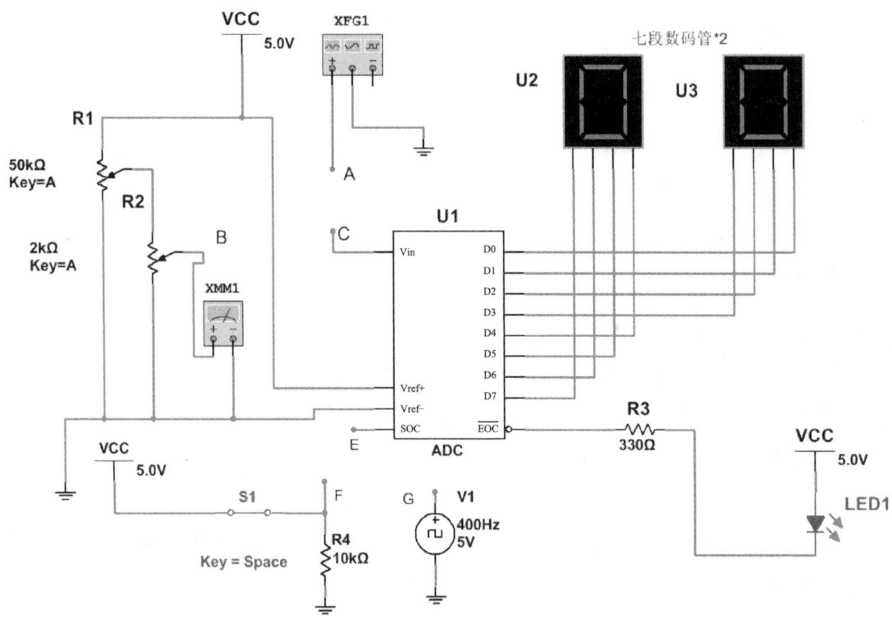

图 25.1　ADC 接成连续转换方式实验仿真电路

四、实验内容与步骤

1. 基本要求

(1) 模拟信号为正,V_{in}接手动变化模拟信号,*SOC* 接连续脉冲信号,观察数码管显示结果。

(2) 模拟信号为正,V_{in}接连续变化模拟信号,*SOC* 接连续脉冲信号,观察数码管显示结果。

2. 扩展要求

(1) 模拟信号为正,V_{in}接手动变化模拟信号。*SOC* 接手动开关信号,观察数码管显示结果。

(2) 模拟信号为正,V_{in}接连续变化模拟信号。*SOC* 接手动开关信号,点击运行,再点击 S_1,观察数码管显示结果。

3. 实验步骤

按照图 25.1 画好电路图($R_1=50\ \text{k}\Omega$,$R_2=2\ \text{k}\Omega$,$R_3=330\ \Omega$,$R_4=10\ \text{k}\Omega$),完成以下步骤。

(1) 模拟信号为正,*C* 与 *B* 相连。调整 R_1、R_2 改变模拟信号电压。*SOC* 输入端 *E* 接 *G* 连续脉冲。信号调到 5 V,100 Hz,点击运行,观察数码管显示结果,填入表 25.1 中。

表 25.1　数码管显示结果

V_{in}/V	数码管显示结果	结果说明	备注
0.5			
1			
1.3			
1.7			
4			
5.1			

（2）模拟信号为正，*C* 与 *A* 相连。函数发生器调整三角波，50 Hz，脉宽 50%，输出幅度 300 mV，*E* 接 *G*，连续脉冲信号调到 5 V，频率分别调到100 Hz、200 Hz、400 Hz、800 Hz，点击运行，观察数码管显示结果并总结。

（3）模拟信号为正，*C* 与 *B* 相连。调整 R_1、R_2 使模拟信号电压分别为 1 V、2 V、4 V。*E* 接 *F*，点击运行，再点击开关 S_1，观察数码管显示结果。

（4）模拟信号为正，*C* 与 *A* 相连。函数发生器调整三角波，50 Hz，脉宽 50%，输出幅度 300 mV，*E* 接 *F*，点击运行，再点击 S_1，观察数码管显示结果。

五、实验报告要求

1. 记录以上实验步骤的实验结果。
2. 按要求分析、总结实验结果。
3. 记录本次实验使用过的虚拟仪器、仪表的使用注意事项。
4. 完成扩展要求的同学请将相关内容写在报告纸上。

六、实验设备

请根据仿真情况如实记录实验中用到的虚拟仪器、仪表和主要元器件的名称。

七、思考题

1. A/D 转换时 *SOC* 的作用是什么？
2. 采样定理在该实验中是通过什么方式实现的？
3. V_{REF}引脚有何作用？
4. 基准电压变化对 A/D 转换的输入、输出有什么影响？

八、实验体会

谈谈对本实验的感想，并提出改进本实验的建议。

实验 26　8 位物理集成电路 A/D 转换实验

一、实验目的

1. 复习 A/D 转换器 ADC0809 的功能和使用方法。
2. 学习 ADC0809 的使用注意事项。

二、预习要求

1. 在仿真环境中仿真 8 位 A/D 芯片构成 A/D 电路。
2. 在实验前复习 ADC0809 调整范围及基准电压的作用。

三、实验原理

ADC0809 工作原理如图 26.1(a)(b)所示，图(a)为 ADC0809 内部电路原理框图，图(b)为 ADC0809 连续转换模式外部接线图(启动转换信号 *SC*，允许地址锁存信号 *ALE* 与转换结束信号 *EOC* 相连)。这样可以根据采样频率，连续自动进行 A/D 转换。

四、实验内容与步骤

1. 基本要求

(1) 模拟信号为正，输入接口选 IN_0 时，ADC0809 接成连续转换工作方式。

(2) 模拟信号为正，输入接口选 IN_1 和 IN_7 时，ADC0809 接成连续转换工作方式。

2. 扩展要求

(1) 模拟信号为正，输入接口选 IN_0 时，ADC0809 接成单缓冲工作方式。

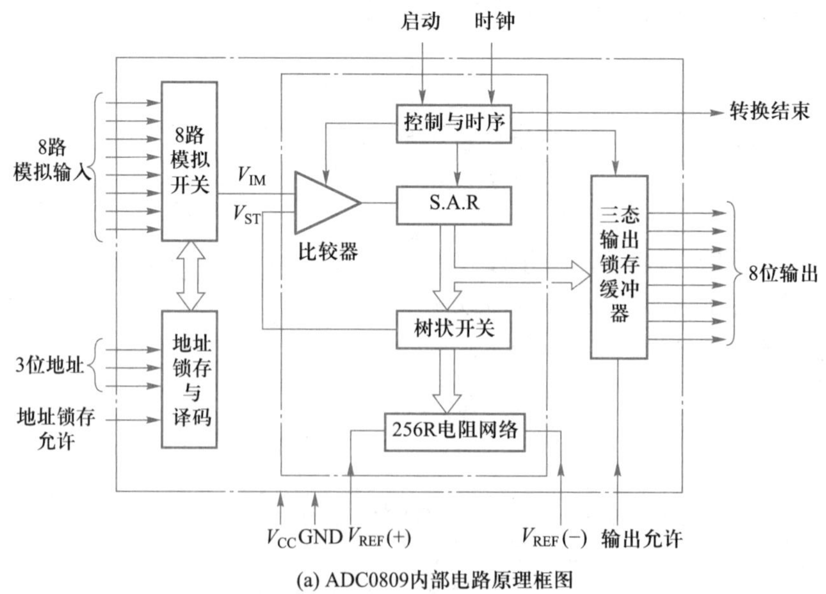

(a) ADC0809内部电路原理框图

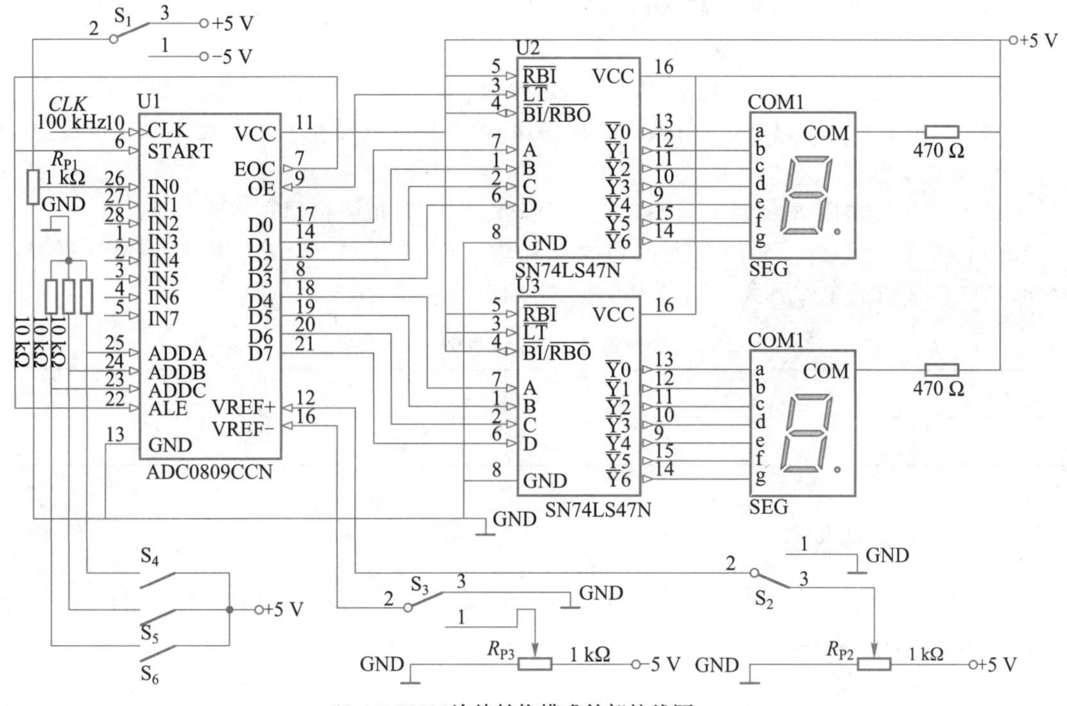

(b) ADC0809连续转换模式外部接线图

图 26.1　ADC0809 接成连续转换方式工作原理图

（2）模拟信号为正，输入接口选 IN_0 时，ADC0809 接成双缓冲工作方式。

（3）模拟信号为负，如何改变电路才能在输入接口选 IN_2 和 IN_6 时进行 A/D 转换，ADC0809 接成直通工作方式。

3. 实验步骤

（1）模拟信号为正，输入接口选 IN_0 时，ADC0809 接成直通工作方式。

① 按图 26.1 所示电路接线，并仔细检查。

② $V_{REF}=5$ V，调节可变电阻 R_{P1}，改变 v_i，记录 D 的值，将结果填入表 26.1。

表 26.1　ADC0809 IN_0 端口 A/D 转换测试表

v_i/V	0.0	0.5	1.0	1.5	2.0	2.5	3.0	3.5	4.0	4.5	5.0
D											

（2）模拟信号为正，输入接口选 IN_1 和 IN_7 时，ADC0809 接成直通工作方式。记录 DIN_1 和 DIN_7 的值，将结果填入表 26.2 中。

表 26.2　ADC0809 IN_1、IN_7 端口 A/D 转换测试表

v_i/V	0.0	0.5	1.0	1.5	2.0	2.5	3.0	3.5	4.0	4.5	5.0
DIN_1											
DIN_7											

(3) 模拟信号为正,输入接口选 IN_0 时,ADC0809 接成单缓冲工作方式。

① 重复步骤(1)。

② 调节可变电阻 R_{P2},使 $V_{REF}=4$ V,重复步骤(1)。自拟表格填写实验数据。

(4) 模拟信号为正,输入接口选 IN_0 时,ADC0809 接成双缓冲工作方式。

① 重复步骤(1)。

② 调节可变电阻 R_{P2},使 $V_{REF}=4$ V,重复步骤(1)。自拟表格填写实验数据。

(5) 模拟信号为负,如何改变电路才能在输入端口为 IN_2 和 IN_6 时进行 A/D 转换,ADC0832 接成直通工作方式。记录 D 的值,将结果填入表 26.3 中。

表 26.3　模拟信号为负,AD0809 A/D 转换表

v_i/V											
D											

五、实验报告要求

(1) 利用公式 $D=(256/V_{REF})v_i$(ADC 可以实现模拟量的除法运算),求出对应于各 v_i 的数值 D,并与实验观测到的数据进行比较。(注意:实验观测到的数为十六进制,可转换为十进制。)

(2) 以 v_i 为横轴,D 为纵轴,绘制 v_i-D 曲线。

(3) 记录本次实验使用过的仪器、仪表的使用注意事项。

(4) 完成扩展要求的同学请将相关内容写在报告纸上。

六、实验设备

请根据实际情况如实记录实验中用到的仪器及仪表、实验台及实验板名称、型号、编号和实际元器件名称、型号、数量。

七、思考题

1. 通过本实验,说明 A/D 转换有何用处,并举出实例。

2. 本实验是运用芯片 ADC0809 来实现的,有没有其他运用模块的实现方法?如果有,请写出实验方案。

3. ADC0809 的 V_{REF}引脚有何作用?什么情况下基准电压才由此引脚输入?

八、实验体会

谈谈对本实验的感想,并提出改进本实验的建议。

实验 27　16 位虚拟集成电路 A/D 转换实验

一、实验目的

1. 进一步学习仿真环境下 A/D 转换器的性能和使用方法。

2. 进一步理解 A/D 转换位数指标的意义。

二、预习要求

1. 复习图 27.1 所用到的 U1 以外的元器件、仪器的使用方法。
2. 复习本实验所运用的理论课教材中的 A/D 转换的基本原理。

三、实验原理

实验原理图如图 27.1 所示，ADC 芯片被接成连续转换方式，即启动转换信号 *SOC*。*EOC* 为转换结束信号，低电平有效，LED 为转换结束信号显示，V_1 是转换速度控制信号，U2、U3、U4、U5 是 A/D 转换结果显示，A/D 转换原理可参考相关理论课教材。

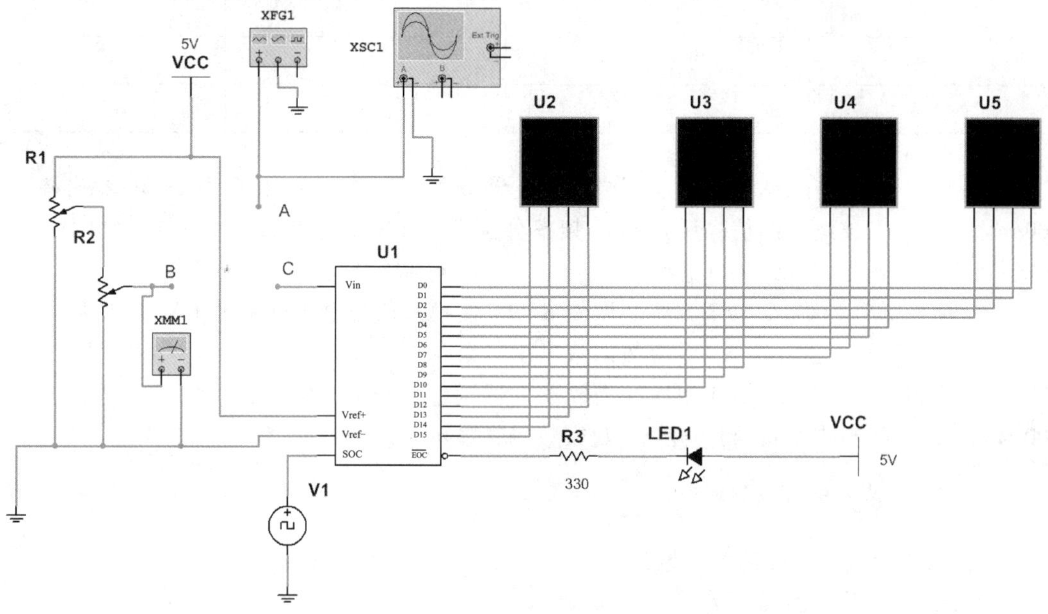

图 27.1　16 位 ADC 接成连续转换方式实验仿真电路

四、实验内容与步骤

1. 基本要求

（1）模拟信号为正，V_{in} 接手动变化模拟信号，*SOC* 接连续脉冲信号，观察数码管显示结果。

（2）模拟信号为正，V_{in} 接连续变化模拟信号，*SOC* 接连续脉冲信号，观察数码管显示结果。

2. 扩展要求

（1）模拟信号为正，V_{in} 接手动变化模拟信号。*SOC* 接手动开关信号，观察数码管显示结果。

（2）模拟信号为正，V_{in} 接连续变化模拟信号。*SOC* 接手动开关信号，点击运行，再点击 S_1，观察数码管显示结果。

3. 实验步骤

按照图 27.1 接好电路图（R_1 = 50 kΩ，R_2 = 2 kΩ，R_3 = 330 Ω，R_4 = 10 kΩ），完成以下步骤。

（1）模拟信号为正，*C* 与 *B* 相连。调整 R_1、R_2 改变模拟信号电压。*SOC* 输入端 *E* 接 *G* 连续脉冲。信号调到 5 V，100 Hz，点击运行，观察数码管显示结果，填入下表。

V_{in}/V	数码管显示结果	结果说明	备注
0.5			
1			
1.3			
1.7			
4			
5.1			

（2）模拟信号为正，*C* 与 *A* 相连。函数发生器调整三角波，50 Hz，脉宽 50%，输出幅度 300 mV。*E* 接 *G*，连续脉冲信号调到 5 V，频率分别调到 100 Hz、200 Hz、400 Hz、800 Hz，点击运行，观察数码管显示结果并总结。

（3）模拟信号为正，*C* 与 *B* 相连。调整 R_1、R_2 使模拟信号电压分别为 1 V、2 V、4 V。*E* 接 *F*，点击运行，再点击开关 S_1，观察数码管显示结果。

（4）模拟信号为正，*C* 与 *A* 相连。函数发生器调整三角波，50 Hz，脉宽 50%，输出幅度 300 mV。*E* 接 *F*，点击运行，再点击 S_1，观察数码管显示结果。

五、实验报告要求

1. 记录以上实验步骤的实验结果。
2. 按要求分析、总结实验结果。
3. 记录本次实验使用过的虚拟仪器、仪表的使用注意事项。
4. 完成扩展要求的同学请将相关内容写在报告纸上。

六、实验设备

请根据仿真情况如实记录实验中用到的虚拟仪器、仪表和主要元器件的名称。

七、思考题

1. 16 位 A/D 与 8 位 A/D 转换时的本质区别是什么？
2. 查找一款 16 位 A/D 物理芯片，比较其与虚拟芯片的主要区别是什么。
3. EOC 引脚有何作用？
4. V_{REF}变化对 A/D 转换的输入有什么影响？

八、实验体会

谈谈对本实验的感想，并提出改进本实验的建议。

实验 28　8 位 A/D-D/A 转换综合仿真验证

一、实验目的

1. 进一步学习仿真环境下 A/D、D/A 转换器的性能和使用方法。
2. 进一步深入理解 A/D、D/A 转换原理。

二、预习要求

1. 复习图 28.1 所用到的 U1、U4 以外的元器件、仪器的使用方法。
2. 复习本实验所使用的理论课教材中的 A/D、D/A 转换的基本原理。

三、实验原理

如图 28.1 所示，U1 的 ADC 虚拟芯片被接成连续转换方式，即启动转换信号 *SOC* 接连续脉冲信号源，*EOC* 为转换结束信号，低电平有效，LED 为转换结束信号显示，V_1 是转换速度控制信号源，U2、U3 是 A/D 转换结果显示，U4 是 VDAC 虚拟芯片。

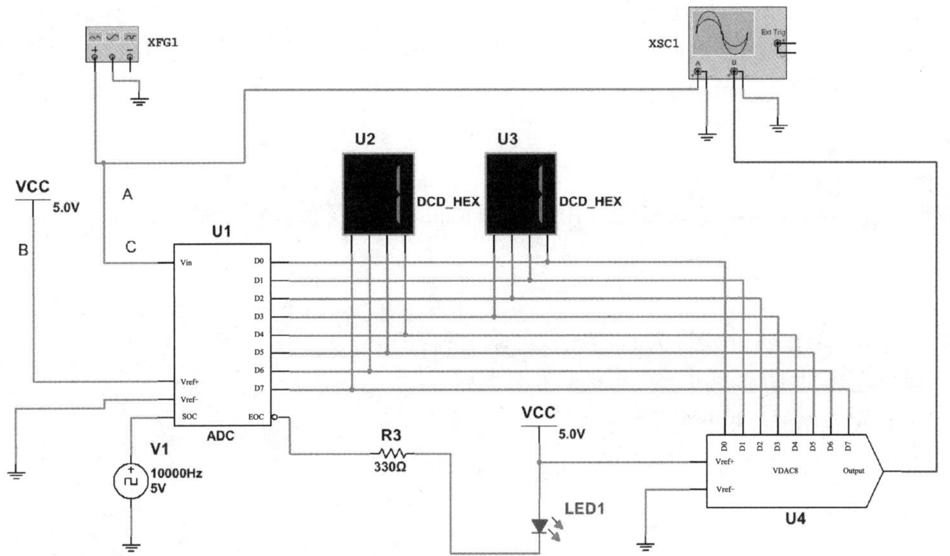

图 28.1　A/D-D/A 转换方式实验仿真电路

四、实验内容与步骤

1. 基本要求

(1) 模拟信号为正，V_{in} 接函数信号发生器，函数信号发生器输出锯齿波。

(2) 模拟信号为正，V_{in} 接函数信号发生器，函数信号发生器输出正弦波。

2. 扩展要求

(1) D/A 换成电流型虚拟芯片，实验电路和步骤自主完成。

（2）A/D、D/A 均换成 16 位虚拟芯片，实验电路和步骤自主完成。

3. 实验步骤

按照图画好电路图，完成以下步骤。

（1）模拟信号为正，函数发生器调整三角波，20～50 Hz，脉宽 50%，输出幅度 300 mV。*SOC* 连续脉冲信号调到 5 V，频率分别调到 100 Hz、400 Hz、1 000 Hz、10 kHz，点击运行，观察示波器显示结果并总结。

（2）模拟信号为正，函数发生器调整正弦波，20～50 Hz，脉宽 50%，输出幅度 300 mV。*SOC* 连续脉冲信号调到 5 V，频率分别调到 100 Hz、400 Hz、1 000 Hz、10 kHz，点击运行，观察示波器显示结果并总结。

（3）模拟信号为正，函数发生器调整正弦波，50 Hz，脉宽 50%，输出幅度 300 mV，A/D 换电流型虚拟芯片，实验电路和步骤自主完成。（扩展要求）

（4）模拟信号为正，A/D、D/A 均换成 16 位虚拟芯片（D/A 用电压还是电流型芯片由实验者定），实验电路和步骤请自主完成。（扩展要求）

五、实验报告要求

1. 记录以上实验步骤的实验结果。
2. 按要求分析、总结实验结果。
3. 记录本次实验使用过的虚拟仪器、仪表的使用注意事项。
4. 完成扩展要求的同学请将相关内容写在报告纸上。

六、实验设备

请根据仿真情况如实记录实验中用到的虚拟仪器、仪表和主要元器件的名称。

七、思考题

1. A/D、D/A 转换时波形失真的关键因素有哪些？
2. 画出电压型 D/A 和电流型 D/A 内部电路。
3. *SOC* 决定 A/D 的什么参数？
4. 基准电压变化对 A/D 转换的输入、输出有什么影响？

八、实验体会

谈谈对本实验的感想，并提出改进本实验的建议。

模块三　自主开放实验

实验 29　半导体存储电路实验

一、实验目的

1. 了解 RAM 6116 的工作原理、功能及使用方法。
2. 学习使用模拟开关，了解其工作原理及功能。

二、预习要求

1. 复习理论课教材中有关半导体存储器（RAM）存储原理的内容。
2. 复习 RAM 6116 外围芯片的功能和使用方法。

三、实验原理

RAM 6116 的存储原理仿真参考图如图 29.1 所示。图中，RAM 6116 是 2 K×8 的静态 RAM 寄存器；74LS193 是地址脉冲发生器；74LS00 构成的 *RS* 触发器是存储转换电路；4066 是双向模拟开关，它与发光二极管等构成 6116 的数据输入输出判别电路；A_4、A_5、A_6、A_7、A_8、A_9、A_{10}均接地，A_0、A_1、A_2、A_3 分别与计数器 Q_A、Q_B、Q_C、Q_D 相连。由此可见，本电路只用了 000～00F 的储存空间。4066 是双向模拟开关，当 *IN* 端为高电平时，模拟开关闭合。$\overline{WE}$为 6116 的读/写控制端，$\overline{WE}=\mathbf{1}$ 时允许读，$\overline{WE}=\mathbf{0}$ 时允许写。$\overline{CS}$为片选端，低电平有效。$\overline{OE}$是使能端，低电平有效。

四、实验步骤

1. 根据自己设计并仿真过的逻辑电路图，选择元器件。
2. 检验导线和所选元器件的好坏。
3. 按照图 29.1 连线。
4. 通电，按照表 29.1 半导体存储器 RAM 6116 实验表的要求，写入数据（打开 4066），记录读出数据（关掉 4066），将具体方法写入报告中。若电路有故障，用常用仪器、仪表检查并排除。
5. 验证电路逻辑功能，请老师验收。
6. 完成实验后，收拾好实验台，关掉用过的仪器、仪表的电源，将仪器、仪表放回原位。

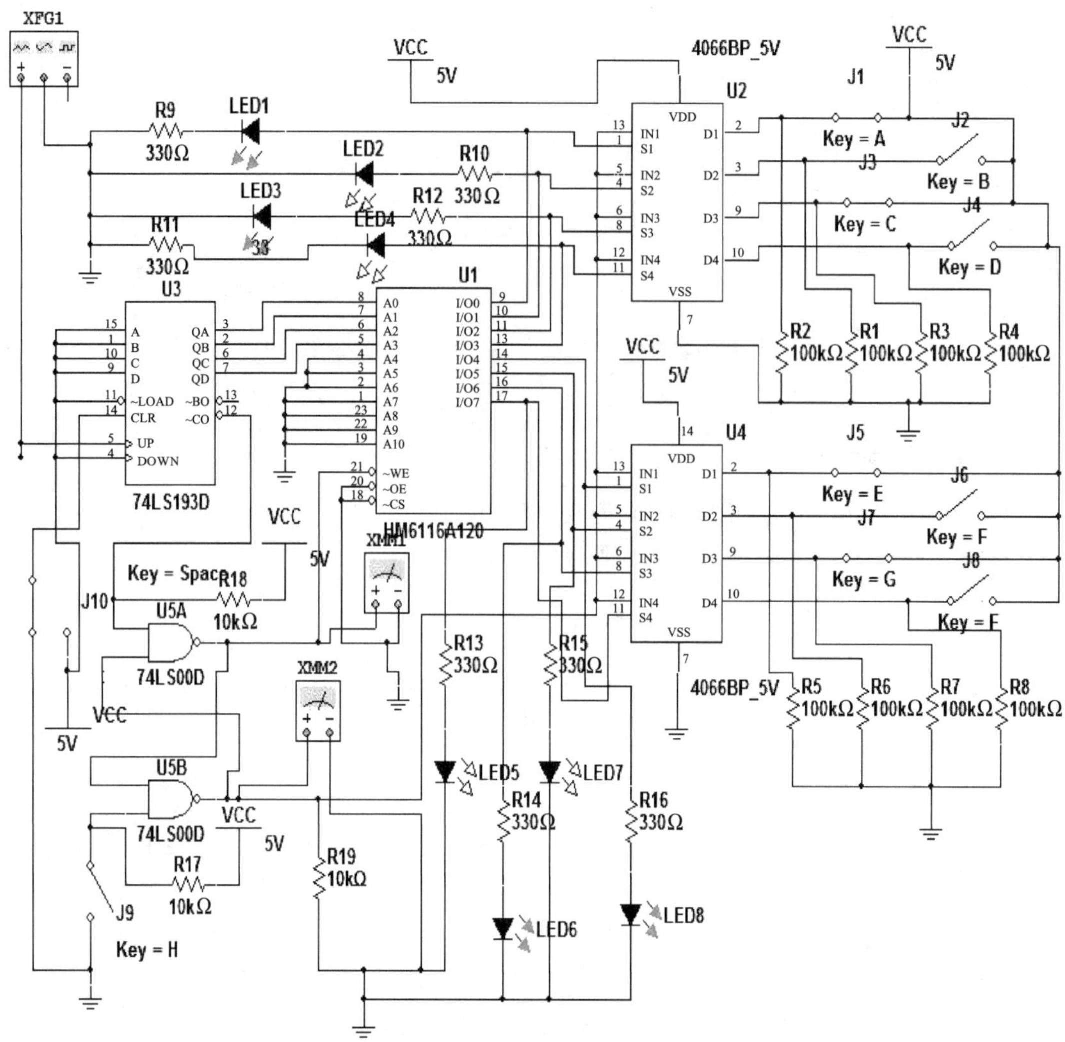

图 29.1　RAM 6116 的存储原理仿真参考图

表 29.1　半导体存储器 RAM 6116 实验表

	N	0	1	2	3	4	5	6	7	8	9	10	11	12	13	14	15
写入	D_1	1	0	1	0	1	0	1	0	1	0	1	0	1	0	1	0
	D_2	1	1	0	0	1	1	0	0	1	1	0	0	1	1	0	0
	D_3	1	1	1	1	0	0	0	0	1	1	1	1	0	0	0	0
	D_4	1	1	1	1	1	1	1	1	0	0	0	0	0	0	0	0
读出	D_1																
	D_2																
	D_3																
	D_4																

五、实验报告要求

1. 详细记录自己的实验结果。
2. 画出所用器件的逻辑功能引脚图，并列表说明。
3. 记录调试电路过程中所遇到的问题及解决办法。

六、实验设备

请根据实际情况如实记录实验中用到的仪器及仪表、实验台及实验板名称、型号、编号和实际元器件名称、型号、数量。

七、思考题

1. 存储器与寄存器有哪些区别?
2. 查询 4066 的替代器件型号，设计出替代器件的 6116 存储实验电路。
3. 地址发生器的计数器还可以用哪些器件代替? 设计出基于该器件的 6116 存储实验电路。

八、实验体会

谈谈对本实验的感想，并提出改进本实验的建议。

实验 30　设计数字电容测试仪

一、设计要求

1. 数码管可显示 0~99，即最少有两个数码管。
2. 测量范围为 0.01~0.99 μF。
3. 实验或仿真时可手动或自动控制采样时间。

二、预习要求

1. 复习理论课教材中关于电容的章节。
2. 复习 555、数码管和寄存器电路。

三、设计提示

1. 数字电容测试仪原理框图如图 30.1 所示。
2. 数字电容测试仪设计方案仿真参考图如图 30.2 所示（该电路图不保证电气特性完全正确）。

四、实验步骤

1. 根据自己设计并仿真过的逻辑电路图选择元器件。
2. 检验导线和所选元器件的好坏。

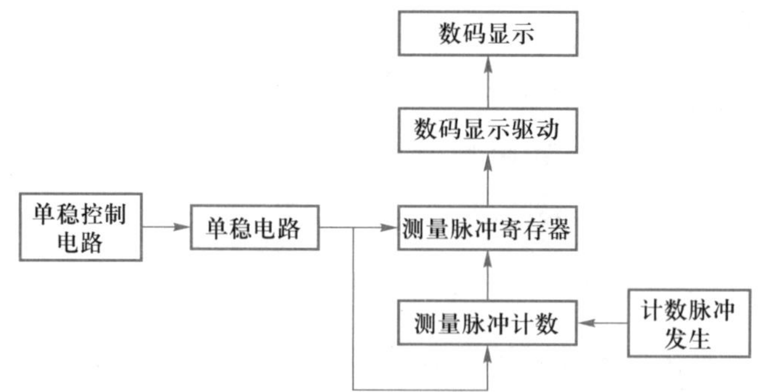

图 30.1　数字电容测试仪原理框图

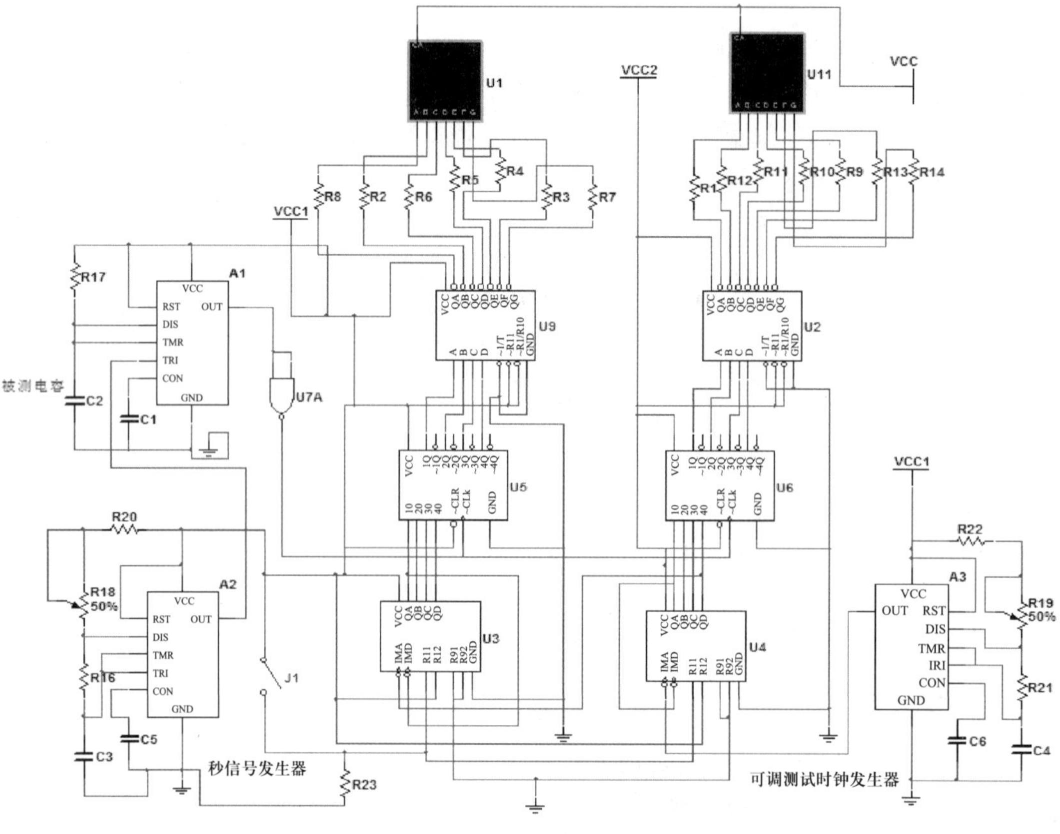

图 30.2　数字电容测试仪设计方案仿真参考图

（注意：具体型号请根据图中所提供的信息确定）

3. 按照设计好的逻辑电路图连线。

4. 通电自检电路逻辑功能，若有故障，用常用仪器、仪表检查并排除。

5. 验证电路逻辑功能，请老师验收。

6. 完成实验后，收拾好实验台，关掉用过的仪器、仪表的电源，将仪器、仪表放回原位。

五、实验报告要求

1. 详细记录设计过程。
2. 画出工程型逻辑电路图。
3. 画出所用器件的逻辑功能引脚图。
4. 记录调试电路过程中所遇到的问题。

六、实验设备

请根据实际情况如实记录实验中用到的仪器及仪表、实验台及实验板名称、型号、编号和实际元器件名称、型号、数量。

七、思考题

1. 说明电路中寄存器的作用。
2. 单脉冲电路能否用双稳态电路代替？为什么？
3. 若要显示 3 位数字，电路应怎样改动？画出仿真通过的电路图。
4. 用该数字系统测量电容有什么弊端？目前产品化仪表用的什么方案？

八、实验体会

谈谈对本实验的感想，并提出改进本实验的建议。

实验 31　设计数字频率计

一、设计要求

1. 数码管可显示 0~999，即最少有三个数码管。
2. 进一步理解频率计的工作原理。
3. 学习调试系统电路的方法。

二、预习要求

1. 复习理论课教材中时钟产生、单稳态电路的相关章节。
2. 复习 555、数码管和寄存器电路。

三、设计提示

1. 数字频率计原理框图如图 31.1 所示。

2. 数字频率计设计方案仿真参考图如图 31.2 所示（该电路图不保证电气特性完全正确）。

3. 当采样脉冲上升沿到来时，控制电路被打开，计数器开始计数。当脉冲下降沿到来时，计数停止，同时单稳电路发一个锁存信号将计数结果保存，保存后单稳电路发一个清零信号将计数器清零，方便下一次的计数。

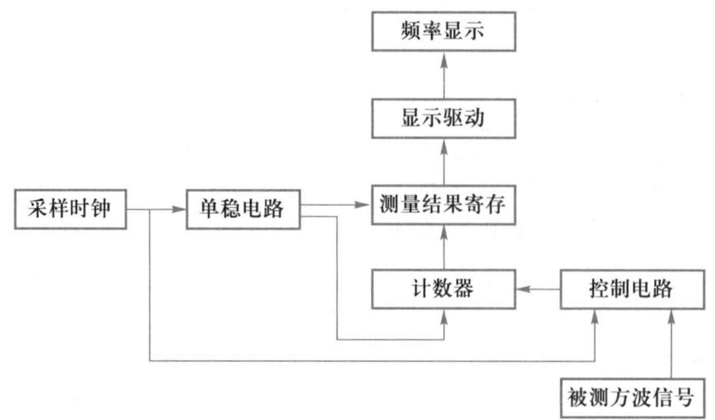

图 31.1　数字频率计原理框图

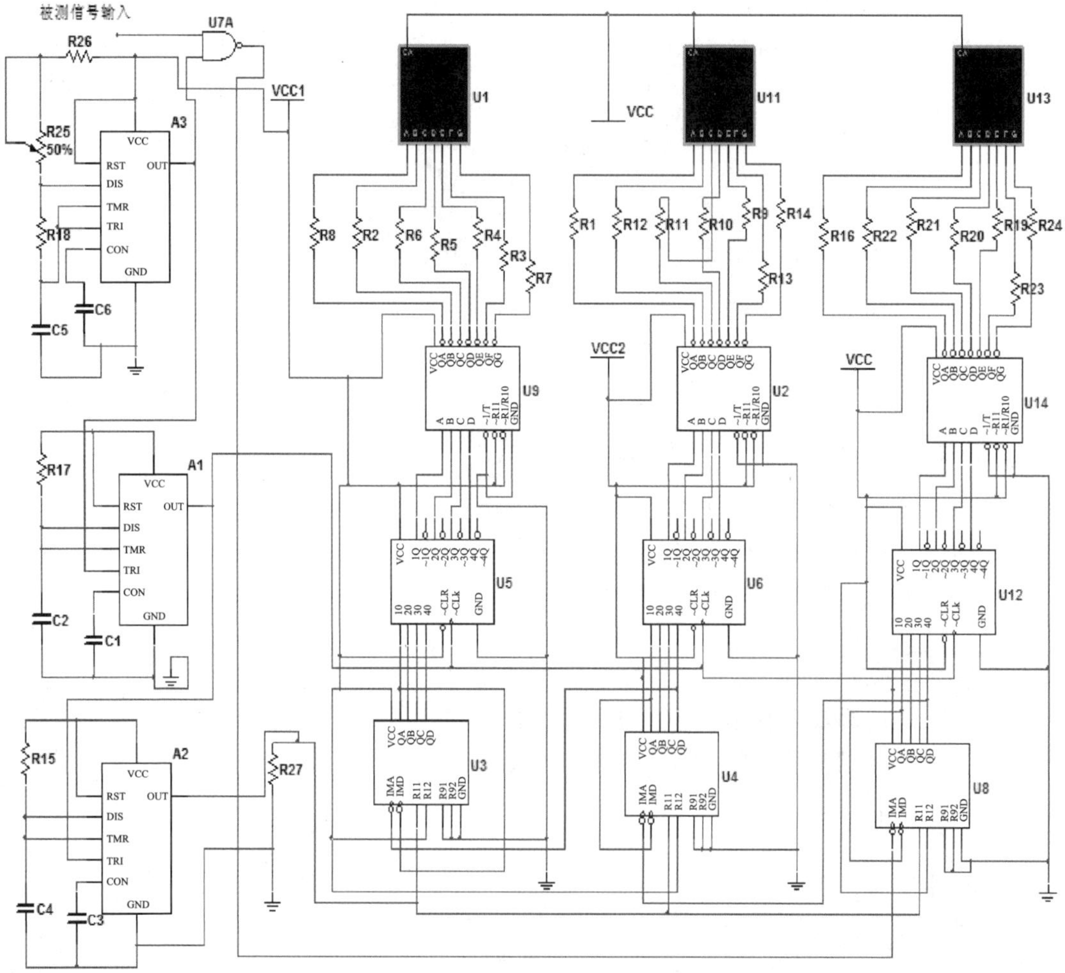

图 31.2　数字频率计设计方案仿真参考图

（注意：具体型号请根据图中所提供的信息确定）

四、实验步骤

1. 根据自己设计并仿真过的逻辑电路图,选择元器件。
2. 检验导线和所选元器件的好坏。
3. 按照设计好的逻辑电路图连线。
4. 通电自检电路逻辑功能,若有故障,用常用仪器、仪表检查并排除。
5. 验证电路逻辑功能,请老师验收。
6. 完成实验后,收拾好实验台,关掉用过的仪器、仪表的电源,将仪器、仪表放回原位。

五、实验报告要求

1. 详细记录设计过程。
2. 画出工程型逻辑电路图。
3. 画出所用器件的逻辑功能引脚图。
4. 记录调试电路过程中所遇到的问题。

六、实验设备

请根据实际情况如实记录实验中用到的仪器及仪表、实验台及实验板名称、型号、编号和实际元器件名称、型号、数量。

七、思考题

1. 被测信号如果是幅值为 5 V 的正弦信号,电路应做哪些改动?画出电路图,写出该部分电路的工作原理。
2. 画出用基本逻辑单元门和分立器件组成的单脉冲电路。
3. 若要显示 4 位数字,电路应怎样改动?画出仿真通过的电路图。
4. 目前产品化的频率计采用哪些方案?该实验方案同产品化方案比较有哪些不足?

八、实验体会

谈谈对本实验的感想,并提出改进本实验的建议。

实验 32　设计数字电子琴

一、设计要求

1. 数码管最少显示两位。
2. 脉冲发生器频率为 12 kHz。
3. 学习调试系统电路的方法。

二、预习要求

1. 复习理论课教材中关于放大器、分频器、电子开关的相关章节。

2. 复习 555、数码管和寄存器电路。

三、设计提示

1. 数字电子琴原理框图如图 32.1 所示。

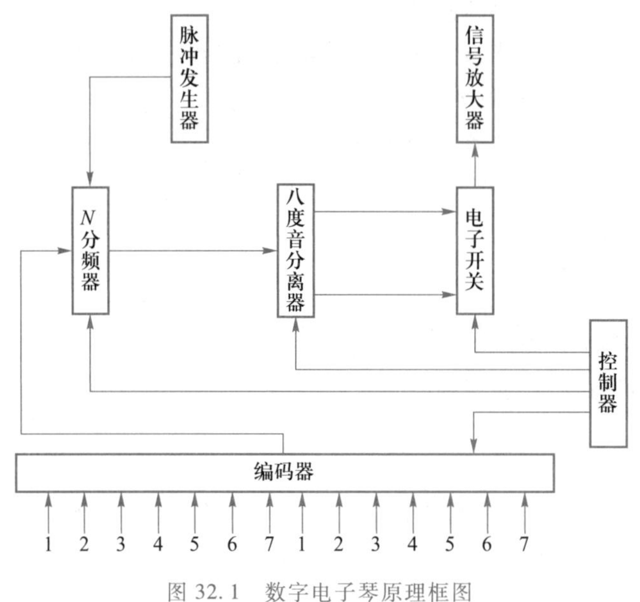

图 32.1　数字电子琴原理框图

2. 数字电子琴设计方案结构仿真参考图如图 32.2 所示(该电路图不保证电气特性完全正确)。

3. 该电路的编码器既可用通用器件构成,也可用基本逻辑门构成。*N* 分频器和八度音分离器均用可预置、带加减转换的 4 位计数器构成,如 74LS139。该计数器设计成减法计数还是加法计数是设计的关键。脉冲发生器可用 555 集成电路构成,也可用其他器件构成。电子开关用基本逻辑门构成。放大器用双极性晶体管或 MOS 管构成。

4. 本设计的核心思想是用计数器的预置分频功能来完成 7 个音阶的生成,中音、高音(八度音分离器)是用另一计数器的 2 分频和 4 分频来生成。必要时可对这部分电路进行单独仿真或实验,以便真正理解核心原理。

四、实验步骤

1. 根据自己设计并仿真过的逻辑电路图选择元器件。
2. 检验导线和所选元器件的好坏。
3. 按照设计的逻辑电路图连线。
4. 通电自检电路逻辑功能,若有故障,用常用仪器、仪表检查并排除。
5. 验证电路逻辑功能,请老师验收。
6. 完成实验后,收拾好实验台,关掉用过的仪器、仪表的电源,将仪器、仪表放回原位。

五、实验报告要求

1. 详细记录设计过程。

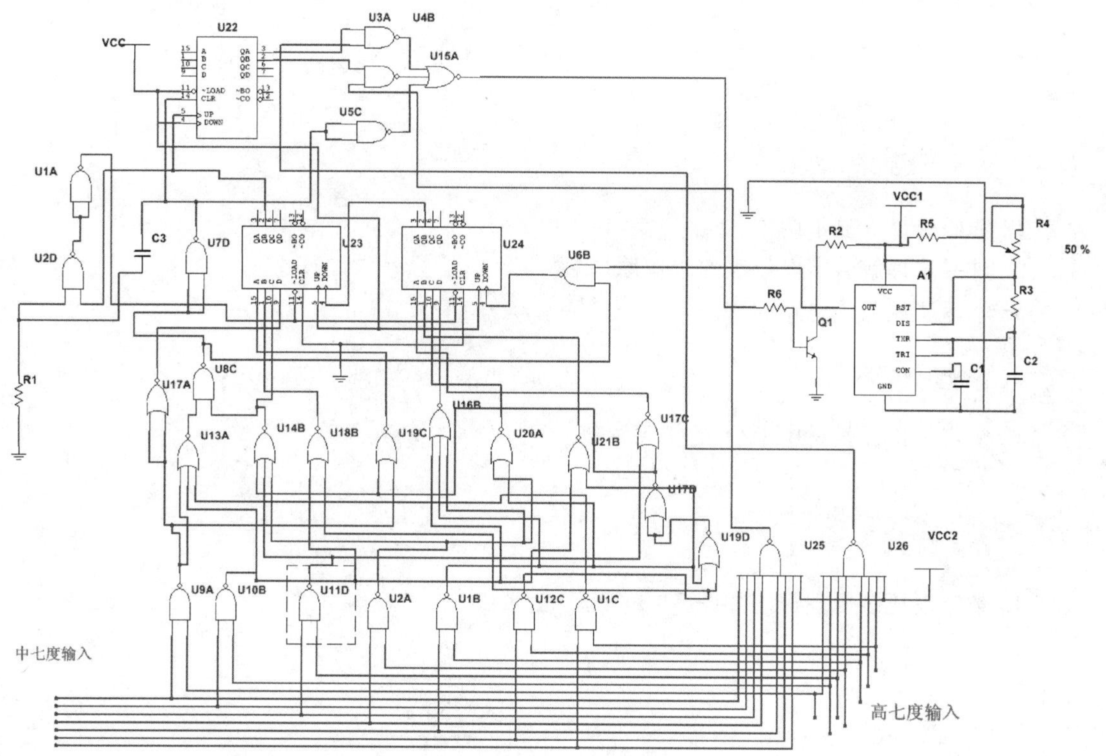

图 32.2　数字电子琴设计方案结构仿真参考图

（注意：具体型号请根据图中所提供的信息确定）

2. 画出工程型逻辑电路图。
3. 画出所用器件的逻辑功能引脚图。
4. 记录调试电路过程中所遇到的问题。

六、实验设备

请根据实际情况如实记录实验中用到的仪器及仪表、实验台及实验板名称、型号、编号和实际元器件名称、型号、数量。

七、思考题

1. 可预置计数器的预置分频有什么作用？
2. 叙述 555 集成电路的内部结构及工作原理。
3. 如果想在该电子琴电路基础上增加低音部分，电路应做哪些改变？画出设计电路图。
4. 你认为本实验电路还有哪些值得改进的地方？

八、实验体会

谈谈对本实验的感想，并提出改进本实验的建议。

实验 33　设计数字电压表

一、设计要求

1. 数码管最少显示两位。
2. 进一步理解数字电压表的工作原理。
3. 学习调试系统电路的方法。

二、预习要求

1. 复习理论课教材中 D/A 的相关章节。
2. 复习 555、数码管和寄存器电路。

三、设计提示

1. 数字电压表原理框图如图 33.1 所示。

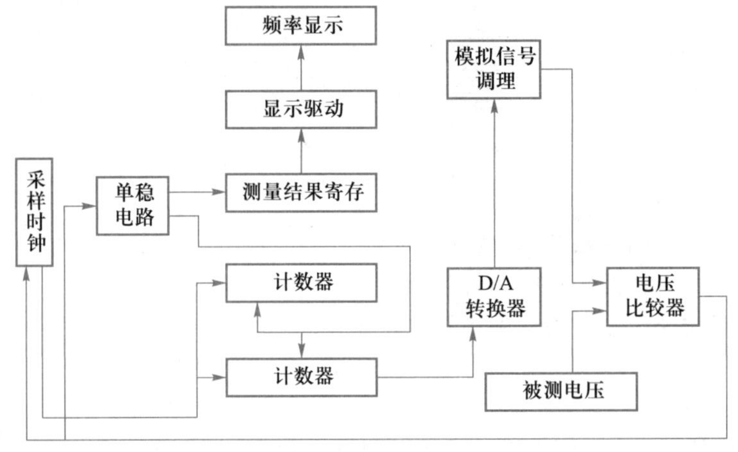

图 33.1　数字电压表原理框图

2. 当被测电压输入到电压比较器时，比较器输出高电平，计数器开始计数，同时 D/A 转换器将计数器的数值转换成模拟电压，该电压在比较器上与被测电压比较。计数器的数值不断增大，当其值稍大于被测电压时，比较器的输出跳到低电平，此时计数停止，且单稳电路产生一个锁存信号对结果进行锁存，锁存完成后单稳电路产生一个清零信号将计数器清零，比较器又输出低电平，同时测量结果经过译码和驱动电路显示在数码管上。

当新的被测电压加入后，比较器输出高电平，计数器又重新计数，新的一次测量开始。

3. 注意设计好电路以后，要在仿真无误后才可进行实验调试。

四、实验步骤

1. 根据自己设计并仿真过的逻辑电路图，选择元器件。
2. 检验导线和所选元器件的好坏。

3. 按照设计的逻辑电路图连线。
4. 通电自检电路逻辑功能，若有故障，用常用仪器、仪表检查并排除。
5. 验证电路逻辑功能，请老师验收。
6. 完成实验后，收拾好实验台，关掉用过的仪器、仪表的电源，将仪器、仪表放回原位。

五、实验报告要求

1. 详细记录设计过程。
2. 画出工程型逻辑电路图。
3. 画出所用器件的逻辑功能引脚图。
4. 记录调试电路过程中所遇到的问题。

六、实验设备

请根据实际情况如实记录实验中用到的仪器及仪表、实验台及实验板名称、型号、编号和实际元器件名称、型号、数量。

七、思考题

1. 原理框图中使用了两个计数器，如果只用一个计数器可不可以？如果可以，画出新的原理框图。
2. 模拟信号调理电路的作用是什么？
3. 若要显示 3 位数据，电路应怎样改动？画出仿真通过的电路图。
4. 用该实验方案测电压有哪些不足之处？

八、实验体会

谈谈对本实验的感想，并提出改进本实验的建议。

实验 34　设计数据采集系统

一、设计要求

1. A/D 转换、D/A 转换位数要一致，都为 4 位或 8 位。
2. 进一步理解数据采集系统的本质工作原理。

二、预习要求

1. 复习理论课教材中 A/D 转换、D/A 转换的相关章节。
2. 复习三态缓冲器、寄存器、电子开关等内容。

三、设计提示

1. 数据采集系统原理框图如图 34.1 所示。

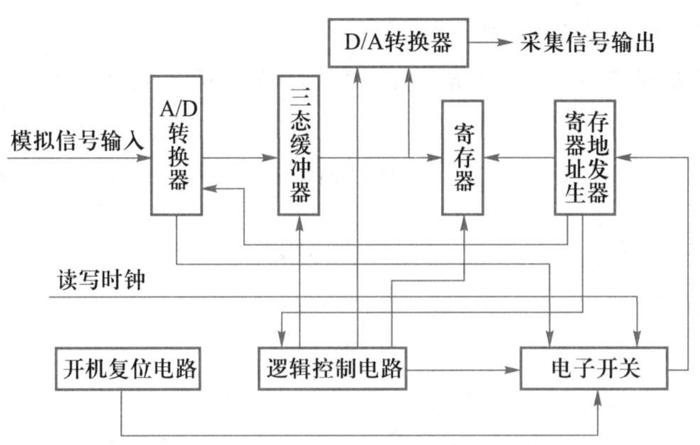

图 34.1　数据采集系统原理框图

2. 如设计者打算做 8 位数据采集,则 A/D、D/A 转换器可选用 8 位 ADC、DAC 集成电路。如设计者打算做 4 位数据采集,则 A/D、D/A 转换器可用分立器件、运放和通用逻辑集成电路构成,具体方案见理论课教材或其他相关资料。电子开关(电子锁)用基本单元逻辑门构成。存储器在做 4 位数据采集时可用 2114,在做 8 位数据采集时可用 6116 或两片 2114。地址发生器用计数器构成。开机复位电路用一个电阻加一个电容构成。

3. 若 A/D 转换器选 0809,D/A 转换器选 0832,三态缓冲器选 74LS244,地址发生器选 74LS193,电子开关选 7451,逻辑控制电路选 74LS00,寄存器选两片 2114,开机复位电路由 470 kΩ 电阻和 100nF 电容构成,则此 8 位数据采集器的工作原理如下。

从 74LS00 中任选两只**与非**门(A_1、A_2)构成基本 *RS* 触发器,系统启动默认采集存储状态。A_1 输出高电平到 0832 的 *CS* 片选端,该端是低电平有效,故 0832 处于等待工作状态。同时三态缓冲器 74LS244 的控制端也受 A_1 输出控制开始工作。地址码发生器的输入端与 0809 的 *EOC* 端相连,等待 0809 转换完毕发出地址启动信号,同时启动地址码发生器计数器计数。此时,A_2 的输出端低电平控制两片 2114 的读写端,使寄存器处于写状态。74LS00 中的 A_3、A_4 **与非**门可当作普通逻辑门使用,A_3 的一个输入端接开机复位电路的输出,另一端接 A_4 的输出,A_4 变为**非**门,输入接计数器空余输出端,开机时为低电平。A_3 的输出端接计数器清零端。该方案中的单元电路的具体形式请参阅相关资料。

四、实验步骤

1. 根据自己设计并仿真过的逻辑电路图选择元器件。
2. 检验导线和所选元器件的好坏。
3. 按照设计的逻辑电路图连线。
4. 通电自检电路逻辑功能,若有故障,用常用仪器、仪表检查并排除。
5. 验证电路逻辑功能,请老师验收。
6. 完成实验后,收拾好实验台,关掉用过的仪器、仪表的电源,将仪器、仪表放回原位。

五、实验报告要求

1. 详细记录设计过程。
2. 画出工程型逻辑电路图。

3. 画出所用器件的逻辑功能引脚图。

4. 记录调试电路过程中所遇到的问题。

六、实验设备

请根据实际情况如实记录实验中用到的仪器及仪表、实验台及实验板名称、型号、编号和实际元器件名称、型号、数量。

七、思考题

1. 详细叙述开机复位电路的工作原理。

2. 缓冲电路的作用是什么？

3. 数据采集器输入端输入 1 kHz 正弦信号，用双踪示波器观察输入、输出信号，分析二者的不同之处。

4. 如想提高该数据采集器性能，有哪些改进办法？

八、实验体会

谈谈对本实验的感想，并提出改进本实验的建议。

实验 35　设计数字钟

一、设计要求

利用中、小规模集成电路设计一个数码管显示的数字钟电路，其功能要求如下：

1. 正常的时、分、秒计时显示。

2. 手动校时。

3. 定时报时。报时声响为四低一高，最后一响正好在整点（本实验要求在 24 点）。

二、预习要求

1. 复习二-五-十进制计数器、七段译码驱动器的逻辑功能及使用方法，了解七段数码管的使用方法。

2. 复习理论课教材中秒脉冲通过分频产生的工作原理。

3. 复习多谐振荡器的工作原理。

4. 根据实验要求设计出数字钟各部分原理电路图，并仿真。

三、设计提示

1. 原理提示

（1）数字钟是目前应用最为普遍的一种计时器，它是数字电路中计数器的具体应用。本实验采用数码管、计数器、译码器等器件来模拟数字钟的原理，实现正常计时及手动校时的功能。其原理框图如图 35.1 所示，数字钟电路由秒脉冲发生电路、秒、分、时计数显示电路、时间校准电路及定时报时电路组成。

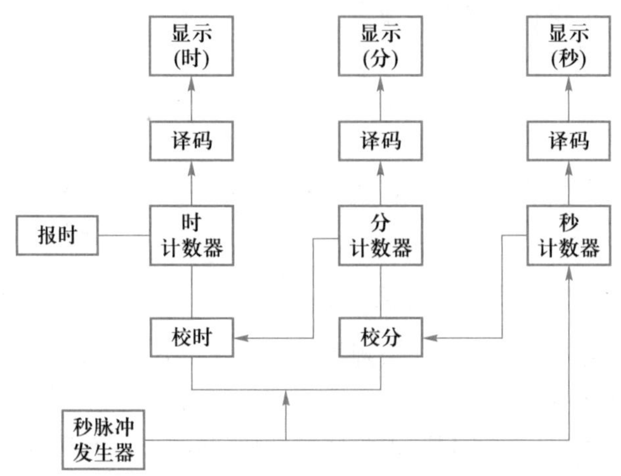

图 35.1　数字钟原理框图

(2) 秒脉冲发生电路产生的秒脉冲信号送入秒计数器电路,秒计数器电路计数满 60 后触发分计数器电路,分计数器电路计数满 60 后触发时计数器电路,当时计数电路计数满 24 后又开始下一轮的计数。通过校时电路可以对分和时进行校正。

2. 器件提示

本设计用到的器件有:74LS390、74LS290、74LS247、74LS157、CD4017、NE555、CD4060、CD4511、74LS51、74LS39、74LS00、74LS85、CD4093、2SS9013、32.786 kHz 晶振、蜂鸣器、单刀双掷开关、数码管、电阻、电容。

3. 具体电路设计提示

秒脉冲发生器可用 NE555 (或 CD4060、74LS00、CD4017)加单元逻辑门与分立元件构成;校时(校分)电路可用 74LS00、74LS51、单刀双掷开关和分立元件构成,也可用 74LS175 加单刀双掷开关构成;计数电路可用 74LS390、74LS290 和 74LS00 构成;数码管驱动电路用 74LS247 或 CD4511 均可;整点报时电路可由 2SS9013 和蜂鸣器构成。

四、实验步骤

1. 根据自己设计并仿真过的逻辑电路图选择元器件。
2. 检验导线和所选元器件的好坏。
3. 按照设计好的逻辑电路图连线。
4. 通电自检电路逻辑功能,若有故障,用常用仪器、仪表检查并排除。
5. 验证电路逻辑功能,请老师验收。
6. 完成实验后,收拾好实验台,关掉用过的仪器、仪表的电源,将仪器、仪表放回原位。

五、实验报告要求

1. 详细记录设计过程。
2. 画出工程型逻辑电路图。
3. 记录调试电路过程中所遇到的问题。

六、实验设备

请根据实际情况如实记录实验中用到的仪器及仪表、实验台及实验板名称、型号、编号和实际元器件名称、型号、数量。

七、思考题

1. 叙述校时电路的工作原理。
2. 如果增加秒校时功能,电路应做哪些改动?叙述改动原理。
3. 比较设计提示中提到的几种脉冲发生器电路的优缺点。
4. 目前商品化的数字钟采用什么方案?该实验对它的意义是什么?

八、实验体会

谈谈对本实验的感想,并提出改进本实验的建议。

实验 36　读图分析电路训练一

一、实验目的

1. 进一步学会分析实际电路工作原理的方法。
2. 学会如何将所学基础知识应用于实际逆向工程实践中。

二、实验步骤

1. 分析图 36.1 所示电路的工作原理。
2. 用硬件实验法或仿真实验法验证分析结论。

三、实验报告要求

1. 详细写出电路中各个单元电路的工作原理及分析思路。
2. 写出总电路中的工作原理。

四、实验设备

请根据实际情况如实记录实验中用到的仪器及仪表、实验台及实验板名称、型号、编号和实际元器件名称、型号、数量。

五、思考题

1. 该电路中包括的基本单元电路有几个?分别画出电路图。
2. 该电路中的**与非**门与计数器选什么型号的器件才能将工作电压提高到 15 V?

六、实验体会

谈谈对本实验的感想,并提出改进本实验的建议。

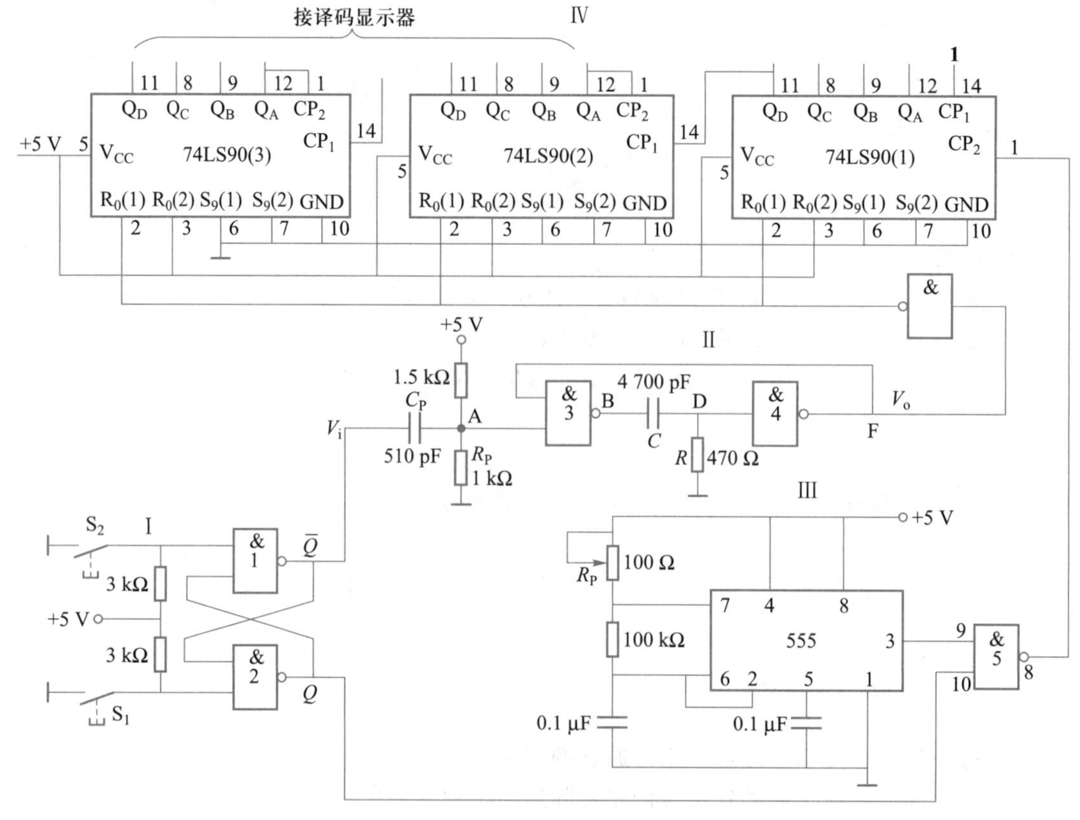

图 36.1　待分析电路

实验 37　读图分析电路训练二

一、实验目的

1. 进一步学会分析实际电路工作原理的方法。
2. 学会如何将所学基础知识应用于实际逆向工程实践中。

二、实验步骤

1. 分析图 37.1 所示电路的工作原理。
2. 用硬件实验法或仿真实验法验证分析结论。

三、实验报告要求

1. 详细写出电路中各个单元电路的工作原理及分析思路。
2. 写出总电路中的工作原理。

四、实验设备

请根据实际情况如实记录实验中用到的仪器及仪表、实验台及实验板名称、型号、编号

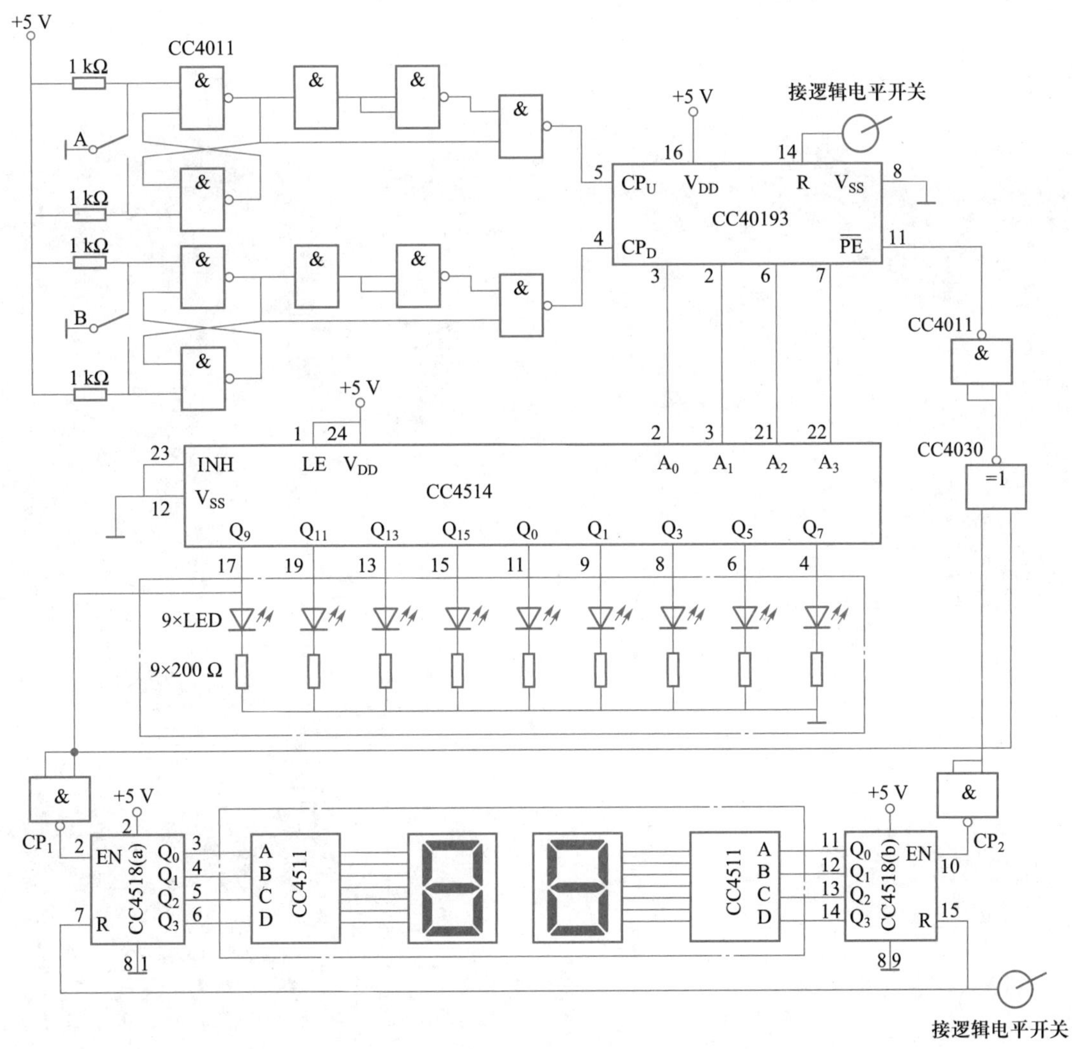

图 37.1　待分析电路

和实际元器件名称、型号、数量。

五、思考题

1. 该电路中包括的基本单元电路有几个？分别画出电路图。
2. 该电路能否将工作电压提高到 12 V？

六、实验体会

谈谈对本实验的感想，并提出改进本实验的建议。

模块四　附录

附录一　数字集成电路基本知识

一、数字集成电路的封装

中、小规模数字集成电路中最常用的是 TTL 电路和 CMOS 电路。TTL 器件型号以 74(或 54)为前缀,称为 74/54 系列,如 74LS10、74F181、54S86 等。中、小规模 CMOS 数字集成电路主要有4×××/45××(×代表 0~9 的数字)系列、高速 CMOS 电路 HC(74HC 系列),以及与 TTL 兼容的高速 CMOS 电路 HCT(74HCT 系列)。TTL 电路与 CMOS 电路各有优缺点,TTL 速度高,CMOS 电路功耗小、电源范围大、抗干扰能力强。由于 TTL 器件在世界范围内应用极广,故在数字电子技术教学实验中,主要使用 TTL74 系列器件作为实验用器件,采用单一+5 V 电源作为供电电源。

数字集成电路器件有多种封装形式。为了教学及实验方便,实验中所用的 74 系列器件封装选用双列直插式。附图 1.1 所示是双列直插式封装的正面示意图。双列直插式封装有以下特点:

(1) 从正面看,器件一端有一个半圆的缺口,这是正方向的标志。缺口左边的引脚号为 1,引脚号按逆时针方向增大。图中的数字表示引脚号。双列直插式封装集成电路的引脚数有 14、16、20、24、28 等若干种。

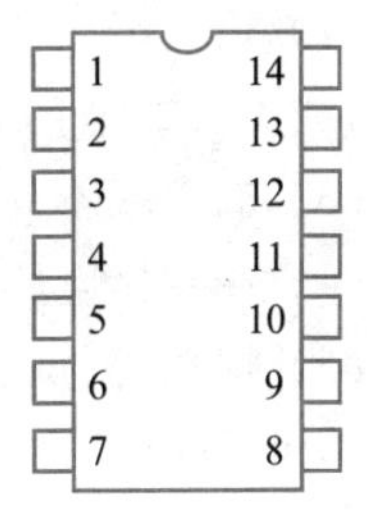

附图 1.1　双列直插式封装的正面示意图

(2) 双列直插式器件有两列引脚,引脚之间的中心距离是 2.54 mm。两列引脚之间的距离有宽(15.24 mm)、窄(7.62 mm)两种。两列引脚之间的距离能够稍做改变,引脚间距不能改变。将器件插入实验台上的插座中或者从插座中拔出器件时要小心,不要将器件引脚弄弯或折断。

(3) 通常 74 系列器件左下角的最后一个引脚是 GND,右上角的引脚是 V_{CC}。例如,14 引脚器件的引脚 7 是 GND,引脚 14 是 V_{CC};20 引脚器件的引脚 10 是 GND,引脚 20 是 V_{CC}。但也有一些例外,例如 16 引脚的双 *JK* 触发器 74LS76,其引脚 13(不是引脚 8)是 GND,引脚 5(不是引脚 16)是 V_{CC}。所以使用集成电路器件时要先看清它的引脚图,找对 V_{CC}和 GND,避免因接线错误造成器件损坏。

二、TTL 集成电路的使用规则

(1) 接插集成块时,要认清定位标记,不能插反。

（2）电源电压范围为+4.5～+5.5 V，实验中要求 V_{CC}=+5 V。电源极性绝对不允许接错。

（3）闲置输入端处理方法为：

① 悬空，相当于正逻辑 **1**。对于一般小规模集成电路的数据输入端，实验时允许悬空处理，但易受外界干扰，从而导致电路的逻辑功能不正常。因此，对于接有长线的输入端，中规模以上的集成电路和使用集成电路较多的复杂电路，所有控制输入端必须按逻辑要求接入电路，不允许悬空。

② 直接接电源电压 V_{CC}（也可以串入一只 1～10 kΩ 的固定电阻）或接至某一固定电压（+2.4 V≤V≤+4.5 V）的电源上，或与输入端为接地的多余**与非**门的输出端相接。

③ 若前级驱动能力允许，可以与使用的输入端并联。

（4）输入端通过电阻接地，电阻值的大小将直接影响电路所处的状态。当 R≤680 Ω 时，输入端相当于逻辑 **0**；当 R≥4.7 kΩ 时，输入端相当于逻辑 **1**。对于不同系列的器件，要求的阻值不同。

（5）输出端不允许并联使用［集电极开路门（OC）和三态输出门电路（TSL）除外］，否则不仅会使电路逻辑功能混乱，还会导致器件损坏。

（6）输出端不允许直接接地或直接接+5 V 电源，否则将损坏器件。有时为了使后级电路获得较高的输出电平，允许输出端通过电阻 R 接至 V_{CC}，一般取 R=3～5.1 kΩ。

三、CMOS 电路的使用规则

CMOS 电路有很高的输入阻抗，这给使用者带来一定的麻烦，即外来的干扰信号很容易在一些悬空的输入端上感应出很高的电压，从而损坏器件。CMOS 电路的使用规则如下：

（1）V_{DD}接电源正极，V_{SS}接电源负极（通常接地），不得接反。CC4000 系列允许电源电压范围为+3～+18 V，实验中一般要求为+5～+15 V。

（2）输入端一律不准悬空，闲置输入端的处理方法有：① 按照逻辑要求，直接接 V_{DD}（**与非**门）或 V_{SS}（**或非**门）；② 在工作频率不高的电路中，允许输入端并联使用。

（3）输出端不允许直接与 V_{DD}或 V_{SS}连接，否则将导致器件损坏。

（4）在装接电路、改变电路连接或插、拔器件时，均应切断电源，严禁带电操作。

（5）焊接、测试和储存时的注意事项如下：

① 电路应存放在导电的容器内，该容器应有良好的静电屏蔽性能；

② 焊接时必须切断电源，电烙铁外壳必须接地良好，或仅依靠电烙铁余热焊接；

③ 所有的测试仪器必须接地良好。

附录二　常用电子仪器、仪表简介

电子技术在 20 世纪和 21 世纪之所以能突飞猛进地发展，主要得益于电信号可视化技术和电子技术的计算机仿真技术，尤其随着计算机在速度、体积、便携上的发展，计算机仿真技术更是在普及和使用上达到了新的高度。那么如何能更快、更好地掌握物理式常用电子仪器、仪表呢？就目前的学习条件来讲，同学们应首先掌握仿真环境中的常用电子仪器、仪表的使用，才能在最短的时间里掌握物理式常用电子仪器、仪表，因为它们确实有非常多相似之处，下面将分别介绍它们。

一、万用表

万用表又叫多用表、三用表、复用表，是一种多功能、多量程的测量仪表。一般万用表可测量直流电流、直流电压、交流电压、电阻和音频电平等，有的还可以测量交流电流、电容量、电感量及半导体的一些参数。常见仿真环境的虚拟万用表外形图如附图 2.1 所示。物理式万用表外形图如附图 2.2 所示。

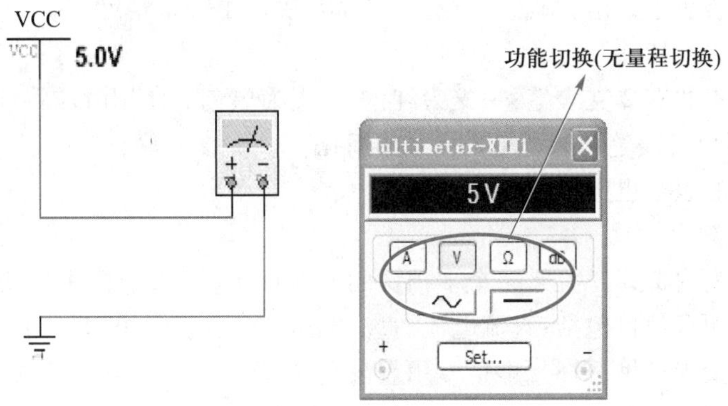

附图 2.1　常见仿真环境的虚拟万用表外形图

附图 2.2　物理式万用表外形图

1. 万用表的结构

物理式万用表由表头、测量电路、功能和量程转换开关三个主要部分组成，但虚拟万用表没有量程转换开关（量程可以任意设定）。

（1）表头

物理式万用表的表头分为模拟式和数字式两种。模拟式表头是灵敏电流计，表头的表盘上印有多种符号、刻度线和数值。符号 A-V-Ω 表示这只电表是可以测量电流、电压和电阻的多用表。表盘上印有多条刻度线，其中右端标有“Ω”的是电阻刻度线，其右端为零，左端为∞，刻度值分布是不均匀的。符号“-”或“DC”表示直流，“~”或“AC”表示交流，标有“≂”的刻度线是交流和直流共用的刻度线。刻度线下的几行数字是与选择开关的不同挡位相对应的刻度值。表头上还设有机械零位调整旋钮，用以校正指针在左端的指零位。

数字式表头由数码管构成，其位数决定了测量精度。

虚拟万用表表头也是由数码管构成的，其位数决定了测量精度。

(2) 表笔和表笔插孔

物理式万用表共有 2 支表笔，一支为红色，一支为黑色。使用时应将红色表笔插入标有“+”号的插孔，将黑色表笔插入标有“-”号的插孔。

虚拟万用表的表笔也类似。

(3) 选择开关

物理式万用表的选择开关是一个多挡位的旋转开关，用来选择测量功能和量程。一般物理式万用表的测量项目包括：直流电流、直流电压、交流电压、电阻。对应于每个测量项目又有几个不同的量程可供选择。虚拟万用表没有量程转换开关，功能靠按键转换。

2. 万用表的使用方法

请同学们利用非可编程仿真环境里的虚拟万用表进行学习，物理式万用表的学习可以到实验室后再进行。

二、函数信号发生器

物理式函数信号发生器是使用最广泛的通用信号发生器，一般产生正弦波、锯齿波、方波、脉冲波等波形，有些还具有调制和扫描功能。任意信号发生器是一种特殊信号源，除了具有一般函数信号器的波形生成能力外，还可以生成实际电路测试需要的任意波形。函数信号发生器从电路原理上又分为模拟式和数字合成式。常见物理式函数信号发生器外形图如附图 2.3 所示。

数字合成式函数信号发生器无论是频率、幅度还是信号的信噪比(S/N)均优于模拟式函数信号发生器，其锁相环(PLL)的设计让输出信号不仅频率精准，而且相位抖动(phase jitter)及频率漂移均能达到相当稳定的状态。数字合成式函数信号发生器的缺点是数字电路与模拟电路之间的干扰始终难以有效克服，造成在小信号的输出上不如模拟式函数信号发生器。通用模拟式函数信号发生器是以三角波产生电路为基础，由二极管所构成的正弦波整形电路产生正弦波，同时经比较器产生方波。换句话说，如果以恒流源对电容充电，即可产生正斜率的斜波。同理，恒流源将储存在电容上的电荷放电即产生负斜率的斜波。

一台功能较强的函数信号发生器还有扫频、VCG、TTL、TRIG、GATE 及频率计等功能。

虚拟函数信号发生器也分为模拟式和数字合成式，常见虚拟函数信号发生器外形图如附图 2.4 所示。

1. 函数信号发生器的结构

物理式函数信号发生器由显示、测量电路、波形转换开关、频率粗调、频率微调、幅度粗调、幅度微调和多个输出端口等组成，但虚拟函数信号发生器的频率和幅度调整不分粗调和微调，波形转换使用按键切换(量程可以任意设定)。

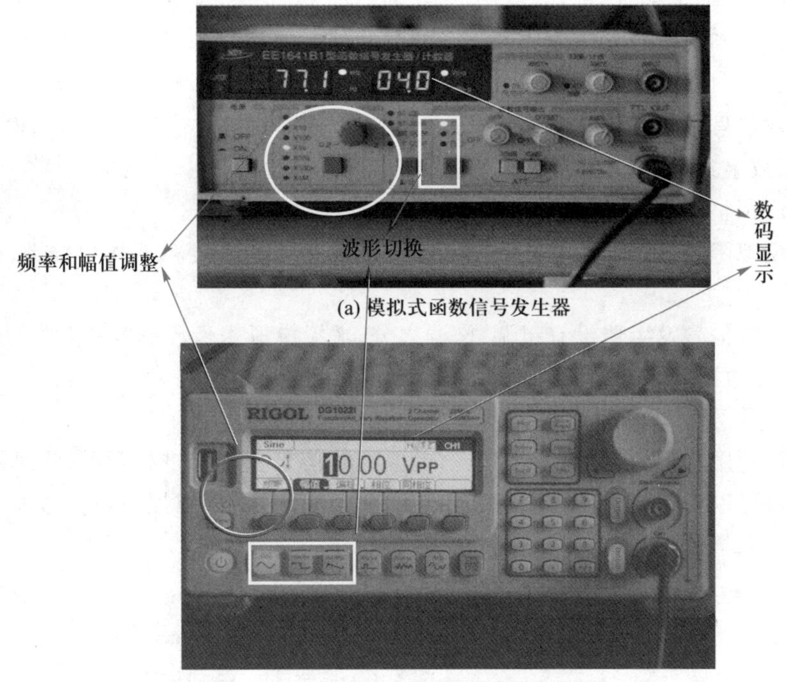

(a) 模拟式函数信号发生器

(b) 数字合成式函数信号发生器

附图 2.3　常见物理式函数信号发生器外形图

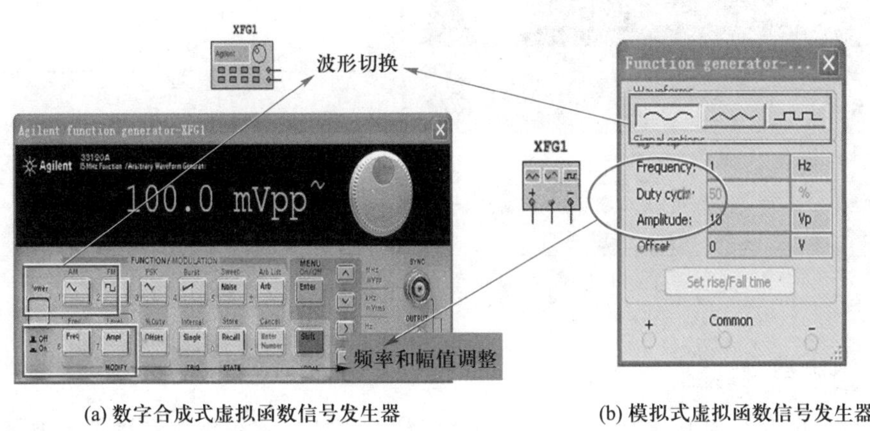

(a) 数字合成式虚拟函数信号发生器　　(b) 模拟式虚拟函数信号发生器

附图 2.4　常见虚拟函数信号发生器外形图

(1) 显示

物理式函数信号发生器分为模拟式和数字合成式两种。模拟式函数信号发生器和数字合成式函数信号发生器均由数码显示。

虚拟数字合成式函数信号发生器由数码显示。虚拟模拟式函数信号发生器由字符显示。

(2) 波形转换开关

物理式函数信号发生器和虚拟函数信号发生器均用按键来转换波形。

（3）频率调整

物理式模拟函数信号发生器和数字函数信号发生器的频率粗调均用按键，微调均用可变电阻。

虚拟函数信号发生器没有粗调、微调之分，虚拟模拟式函数信号发生器的输出频率用手动输入，虚拟数字式函数信号发生器的输出频率用按键输入。

（4）幅度调整

物理式模拟函数信号发生器和数字函数信号发生器的幅度粗调均用按键，微调均用可变电阻。

虚拟式函数信号发生器没有粗调、微调之分，虚拟模拟式函数信号发生器的输出幅度用手动输入，虚拟数字式函数信号发生器的输出频率用按键输入。

2. 函数信号发生器的使用方法

请同学们利用非可编程仿真环境里的虚拟函数信号发生器进行学习，物理式函数信号发生器的学习可以到实验室后再进行。如附图 2.5 所示，要将虚拟函数信号发生器和虚拟示波器结合起来学。

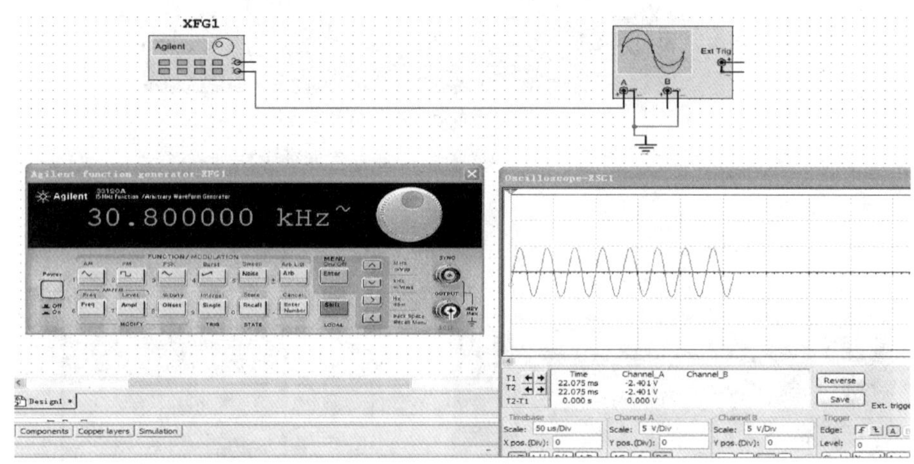

附图 2.5　虚拟函数信号发生器和虚拟示波器

三、示波器

示波器从电路结构上分为物理式模拟示波器、物理式数字示波器和虚拟示波器。本指导书对物理式模拟示波器和虚拟示波器进行对比，介绍其功能以及物理式模拟示波器的工作原理。

1. 物理式模拟示波器的工作原理和功能介绍

物理式模拟示波器是利用电子示波管的特性，将人眼无法直接观测的交变电信号转换成图像并显示在荧光屏上以便测量的电子测量仪器。它是观察数字电路实验现象、分析实验中的问题、测量实验结果必不可少的仪器。物理式模拟示波器由示波管和电源系统、同步系统、X 轴偏转系统、Y 轴偏转系统、延迟扫描系统、标准信号源组成。物理式模拟示波器面板如附图 2.6 所示，物理式模拟示波器和虚拟示波器功能对比图如附图 2.7 所示。

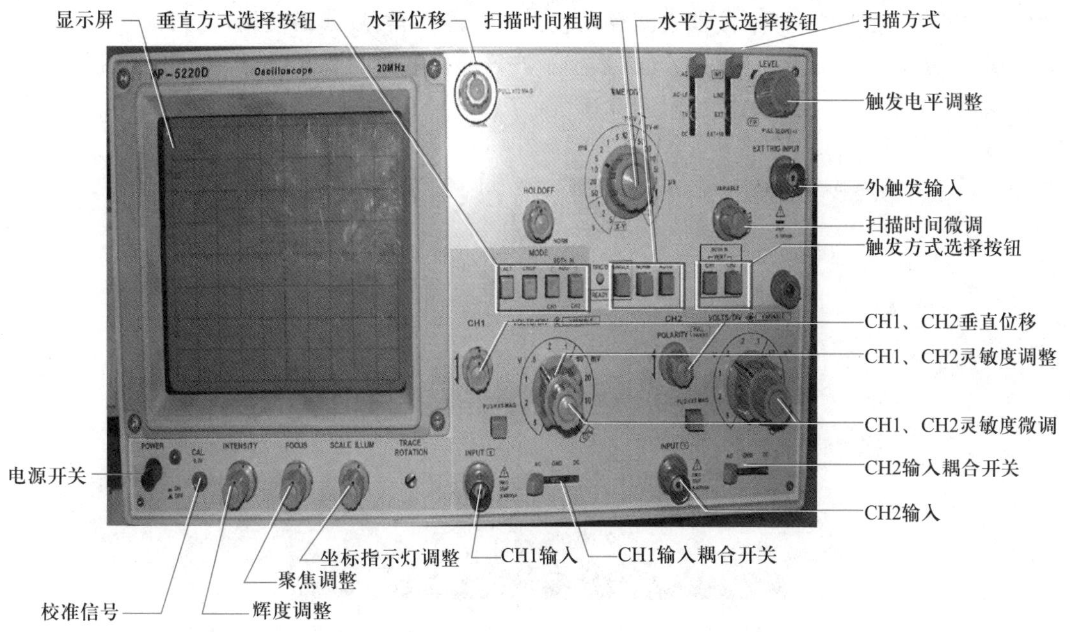

附图 2.6　物理式模拟示波器面板

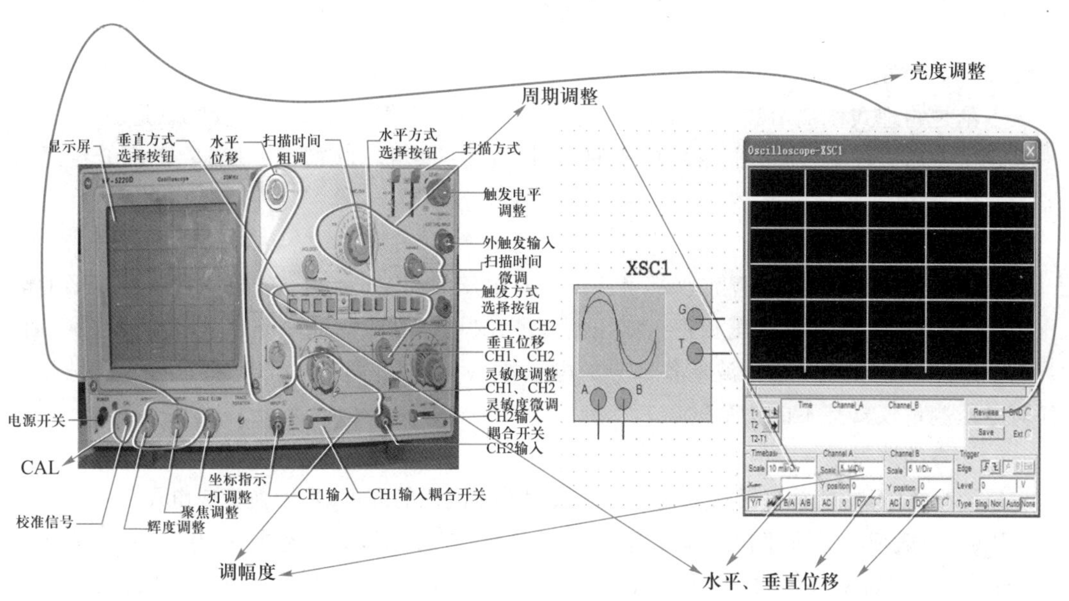

附图 2.7　物理式模拟示波器和虚拟示波器功能对比图

2. 物理式数字示波器的工作原理和功能介绍

物理式数字示波器是数据采集、A/D 转换、软件编程等一系列技术制造出来的高性能示波器。物理式数字示波器一般支持多级菜单，能给用户提供多种选择和多种分析功能。还有一些物理式数字示波器可以提供存储，实现对波形的保存和处理。物理式数字示波器因具有波形触发、存储、显示、测量、波形数据分析处理等独特优点而日益普及。由于物理式数字示波器与物理式模拟示波器之间存在较大的性能差异，故如果使用不当，会产生较大的测量误差，从而影响测量任务。物理式数字示波器面板如附图 2.8 所示，物理式数字示波器和虚拟数字示波器功能对比图如附图 2.9 所示。

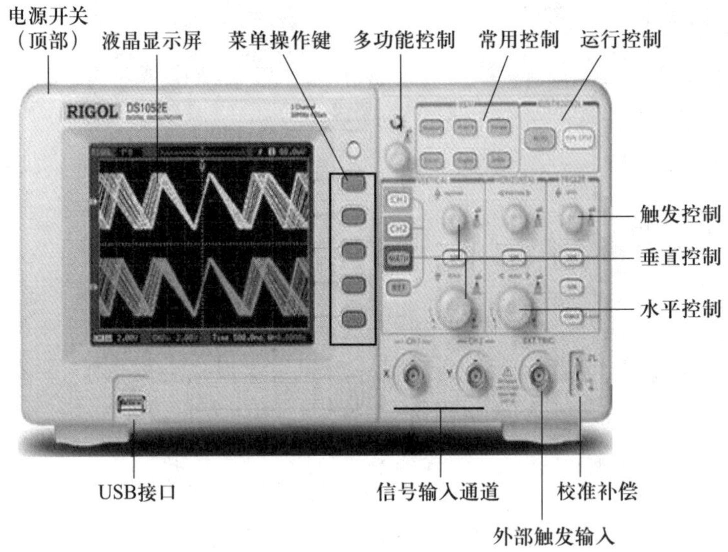

附图 2.8　物理式数字示波器面板

3. 示波器的使用方法

不论是物理式模拟示波器还是物理式数字示波器，它们的作用和测量对象是一样的，区别只在于使用方法上（主要是控制功能的旋钮、按钮的形状、位置不一样）。下面介绍示波器的使用方法。

1）电压的测量

利用示波器所作的任何测量，都可归结为对电压的测量，示波器可以测量各种波形的电压幅度，既可以测量直流电压和正弦电压的幅度，又可以测量脉冲或非正弦电压的幅度。它甚至可以测量一个脉冲电压波形各部分的电压幅值，如上冲量或顶部下降量等。这是其他任何电压测量仪器都不能比拟的。

（1）直接测量法

所谓直接测量，就是直接从屏幕上读出被测电压波形的高度，然后换算成电压值。定量测量电压时，一般把 Y 轴灵敏度开关的微调旋钮旋至“校准”位置上，这样就可以利用“V/div”（方格垂直方向每格数值）的指示值和被测信号波形的高度（方格垂直方向格数）直接计算被测电压值。所以，直接测量法又称为标尺法。

① 交流电压的测量。

将 Y 轴输入耦合开关置于“AC”位置，以便显示出输入波形的交流成分。当交流信号的频率很低时，应将 Y 轴输入耦合开关置于“DC”位置。

将被测波形移至示波器屏幕的中心位置，用“V/div”（方格垂直方向每格数值）开关将被测波形控制在屏幕有效工作面积的范围内，按坐标刻度片的分度读取整个波形在 Y 轴方向的高度 H（方格垂直方向格数），则被测电压的峰-峰值可等于“V/div”开关指示值与 H 的

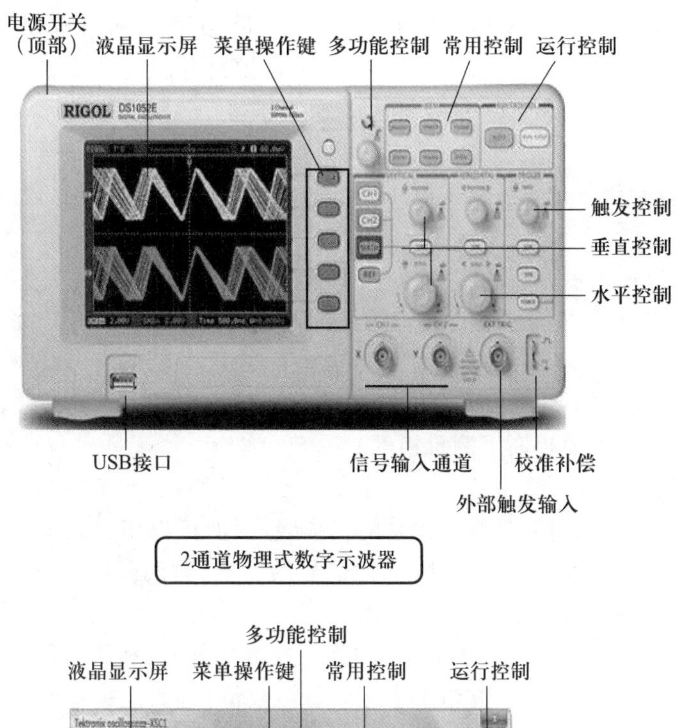

多功能控制
液晶显示屏
菜单操作键
常用控制
运行控制
Tektronix
触发控制
垂直控制
水平控制
电源开关
信号输入4个通道
外部触发输入
4通道虚拟数字示波器

附图 2.9　物理式数字示波器和虚拟数字示波器功能对比图

乘积。如果测量信号经探头衰减，则应把探头的衰减量计算在内，即将上述计算数值乘以衰减量。

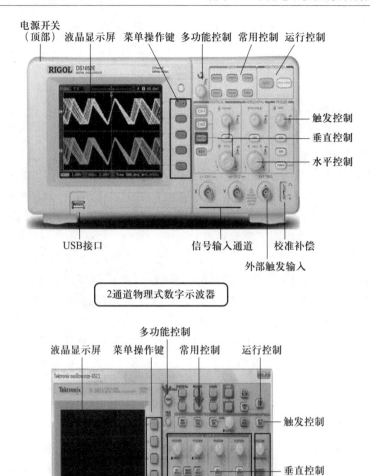

例如：示波器的 Y 轴灵敏度开关“V/div”（方格垂直方向每格数值）位于 0.2 挡，被测波形在 Y 轴方向的高度 H 为 5 div，则此信号电压的峰-峰值为 1 V。如果测量信号经探头衰减，衰减比例为 10∶1，仍指示上述数值，则被测信号电压的峰-峰值就为 10 V。

② 直流电压的测量。

将 Y 轴输入耦合开关置于“地”位置，触发方式开关置“自动”位置，使屏幕显示一水平扫描线，此扫描线便为零电平线。

将 Y 轴输入耦合开关置于“DC”位置，加入被测电压，此时，扫描线在 Y 轴方向产生跳变

位移 H,被测电压即为“V/div”(方格垂直方向每格数值)开关指示值与 H 的乘积。

直接测量法简单易行,但误差较大。产生误差的因素有读数误差、视差和示波器的系统误差(衰减器误差、偏转系统误差、示波管边缘效应)等。

(2) 比较测量法

比较测量法就是用一已知的标准电压波形与被测电压波形进行比较,从而求得被测电压值。

将被测电压 V_x 输入示波器的 Y 轴通道,调节 Y 轴灵敏度选择开关“V/div”及其微调旋钮,使被测电压波形高度 H_x 便于测量,记录下此高度。保持“V/div”开关及微调旋钮位置不变,去掉被测电压,将一个已知的可调标准电压 V_s 输入 Y 轴通道,调节标准电压值,使它显示与被测电压相同的幅度。此时,标准电压值等于被测电压值。比较法测量电压可避免垂直系统引起的误差,因而提高了测量精度。

2) 时间的测量

示波器时基能产生与时间呈线性关系的扫描线,因而可以用荧光屏的水平刻度来测量波形的时间参数,如周期性信号的周期,脉冲信号的宽度、时间间隔、上升时间(前沿)和下降时间(后沿),以及两个信号的时间差等。

将示波器的扫速开关“t/div”的微调旋钮旋至校准位置时,利用波形在水平方向的宽度(方格水平方向格数)和“t/div”(方格水平方向每格数值)开关的指示值可较准确地求出被测信号的时间参数。

3) 相位的测量

利用示波器测量相位的方法很多,下面仅介绍常用的双踪法。

双踪法是用双踪示波器在荧光屏上直接比较两个被测电压的波形来测量其相位关系。测量时,将相位超前的信号接入 CH2 通道,另一个信号接入 CH1 通道。选用 CH2 触发,调节“t/div”开关,使被测波形的一个周期在水平标尺上准确地占满 8 div,这样,一个周期的相角 360°被分为 8 等份,每 1 div 相当于 45°。读出超前波与滞后波在水平轴的位置之差 ΔT,则相位差 φ 为

$$\varphi = 45°/\text{div} \times \Delta T(\text{div})$$

如 $\Delta T = 1.5\ \text{div}$,则

$$\varphi = 45°/\text{div} \times 1.5\ \text{div} = 67.5°$$

4) 频率的测量

用示波器测量频率的方法很多,下面仅介绍常用的周期法。

对于任何周期信号,可用前述的时间间隔的测量方法,先测定信号的周期 T,再用下式求出频率 f

$$f = 1/T$$

例如:示波器上显示的被测波形一个周期的宽度为 8 div,“t/div”开关置于“1 μs”位置,“微调”旋钮置于“校准”位置,则其周期和频率计算如下

$$T = 1\ \mu\text{s/div} \times 8\ \text{div} = 8\ \mu\text{s}$$

$$f = 1/8\ \mu\text{s} = 125\ \text{kHz}$$

4. 注意事项

(1) 仪器应在安全范围内工作,以保证测量波形准确、数据可靠以及降低外界噪声干扰;通用示波器通过亮度调节和聚焦旋钮使光点直径最小,以使波形清晰,测试误差减小;不

要使光点停留在一点不动,否则电子束轰击一点会在荧光屏上形成暗斑,损坏荧光屏。

(2) 测量系统与被测电子设备接地线必须与公共地(大地)相连。

(3) 绝对不能测量市电(AC 220 V)或与市电(AC 220 V)不能隔离的电子设备的浮地信号。浮地是不能接大地的,否则会造成仪器损坏。

(4) 通用示波器的外壳、信号输入端 BNC 插座金属外圈、探头接地线、AC 220 V 电源插座接地线端都是相通的,若使用示波器时不接大地线,直接用探头对浮地信号进行测量,则仪器相对大地会产生电位差,电压值等于探头接地线接触被测设备点与大地之间的电位差。这将对仪器操作人员、示波器、被测电子设备带来严重安全危害。

(5) 用户如需对开关电源、UPS(不间断电源)、电子整流器、节能灯、变频器等与市电 AC 220 V 不能隔离的电子设备进行浮地信号测试,则必须使用 DP100 高压隔离差分探头或在这些设备的 AC 220 V 输入端加隔离变压器。

(6) 使用示波器的其他注意事项。

① 热电子仪器一般要避免频繁开机、关机,示波器也是这样。

② 如果发现波形受外界干扰,可将示波器外壳接地。

③ “Y 输入”的电压不可太高,以免损坏仪器,在最大衰减时也不能超过 400 V。“Y 输入”导线悬空时,受外界电磁干扰会出现干扰波形,应避免出现这种现象。

④ 关机前先将辉度调节旋钮沿逆时针方向旋到底,使亮度减到最小,然后再断开电源开关。

⑤ 在观察荧光屏上的亮斑并进行调节时,亮斑的亮度要适中,不能过亮。

5. 数字示波器使用时需要注意的两点

(1) 实时带宽

带宽是示波器最重要的指标之一。物理式模拟示波器的带宽是一个固定的值,而物理式数字示波器的带宽有模拟带宽和数字实时带宽两种。物理式数字示波器对重复信号采用顺序采样或随机采样技术所能达到的最高带宽为数字实时带宽,数字实时带宽与最高数字化频率和波形重建技术因子 K 相关(数字实时带宽=最高数字化速率/K),一般并不作为一项指标直接给出。从两种带宽的定义可以看出,模拟带宽只适合重复周期信号的测量,而数字实时带宽则同时适合重复信号和单次信号的测量。厂家声称示波器的带宽能达到多少兆,实际上指的是模拟带宽,数字实时带宽是要低于这个值的。例如 TEK 公司的 TES520B 的带宽为 500 MHz,实际上是指其模拟带宽为 500 MHz,而最高数字实时带宽只能达到 400 MHz,远低于模拟带宽。所以在测量单次信号时,一定要参考数字实时带宽,否则会给测量带来意想不到的误差。

(2) 采样速率

采样速率也称为数字化速率,是指单位时间内对模拟输入信号的采样次数,常以 MS/s 表示。采样速率是数字示波器的一项重要指标。

① 如果采样速率不够,容易出现混叠现象。如果示波器的输入信号为一个 100 kHz 的正弦信号,但示波器显示的信号频率却是 50 kHz,则是因为示波器的采样速率太慢,产生了混叠现象。混叠就是屏幕上显示的波形频率低于信号的实际频率,或者即使示波器上的触发指示灯已经亮了,但显示的波形仍不稳定。那么,对于一个未知频率的波形,如何判断所显示的波形是否已经产生混叠呢? 可以通过将扫速开关“t/div”改变到较快的时基挡,来观

察波形的频率参数是否急剧改变。如果急剧改变，说明波形混叠已经发生，或者晃动的波形在某个较快的时基挡稳定下来，也说明波形混叠已经发生。根据奈奎斯特定理，采样速率至少应高于信号高频成分的 2 倍才不会发生混叠，如一个 500 MHz 的信号，至少需要 1 GS/s 的采样速率。有如下几种方法可以简单地防止混叠发生：调整扫速；采用自动设置（autoset）；试着将收集方式切换到包络方式或峰值检测方式，因为包络方式是在多个收集记录中寻找极值，而峰值检测方式则是在单个收集记录中寻找最大、最小值，这两种方法都能检测到较快的信号变化；如果示波器有 Insta Vu 采集方式，则可以选用该方式，因为这种方式采集波形的速度快，用这种方式显示的波形类似于用模拟示波器显示的波形。

② 采样速率与 t/div 的关系。每台物理式数字示波器的最大采样速率是一个定值。但是，在任意一个扫描时间 t/div，采样速率 f_s 由下式给出

$$f_s = N/(t/\text{div}) \qquad N \text{ 为每格采样点}$$

当采样点数 N 为一定值时，f_s 与 t/div 成反比，扫速越大，采样速率越低。

使用数字示波器时，为了避免混叠，扫速挡最好置于扫速较快的位置。如果想要捕捉到瞬息即逝的毛刺，则扫速挡最好置于主扫速较慢的位置。

综上所述，示波器是电子信息技术领域重要的仪器，就像人的“眼睛”一样，学会使用示波器就可以帮助我们看到“电”，从而使我们在研究、分析电子技术遇到问题时，不再是“盲人”了。

以上只从物理式仪器、仪表和虚拟仪器、仪表对比学习的角度，介绍了几个常用电子仪器、仪表，其他仪器、仪表的学习也可以采用这个方法，这将大大提高学习者的学习效率。

附录三　数字电路测试及故障查找与排除

设计好一个数字电路后，要对其进行调试、测量，以验证设计是否正确。调试、测量过程中，发现问题要分析其原因，找出故障所在，并排除它。

一、数字电路测试

数字电路测试大体上分为静态测试和动态测试。静态测试是给定数字电路若干组静态输入值，测试数字电路的输出值是否正确。设计好数字电路以后，要在实验台上连接成一个完整的线路，将线路的输入接电平开关输出，线路的输出接电平指示灯，按功能表或状态表的要求，改变输入状态，观察输入和输出之间的关系是否符合设计要求。静态测试是检查设计是否正确、接线是否无误的重要一步。

在静态测试基础上，按设计要求在输入端加动态脉冲信号，观察输出端波形是否符合设计要求，这就是动态测试。有些数字电路只需进行静态测试即可，有些数字电路则必须进行动态测试。一般来说，时序电路应进行动态测试。

二、数字电路故障查找与排除

在数字电路实验中，出现故障是难免的。一般来说，出现故障有四个方面的原因：器件故障、接线错误、设计错误和测试方法不正确。在查找故障过程中，首先要查找经常发生的典型故障。

1. 器件故障

器件故障是器件失效或器件接插问题引起的故障,表现为器件工作不正常。不言而喻,器件失效肯定会引起工作不正常,这时需要更换一个好的器件。器件接插问题,如管脚折断或者器件的某个(或某些)引脚没插到插座中等,也会使器件工作不正常。器件接插错误有时不易发现,需仔细检查。判断器件失效的方法是用集成电路测试仪测试器件。需要指出的是,一般的集成电路测试仪只能检测器件的某些静态特性,对负载能力等静态特性和上升沿、下降沿、延迟时间等动态特性,一般的集成电路测试仪是不能测试的。测试器件的这些参数,必须使用专门的集成电路测试仪。

2. 接线错误

接线错误是最常见的错误。据统计,在教学实验中,70%以上的故障是由接线错误引起的。常见的接线错误包括:忘记接器件的电源和地;连线与插孔接触不良;连线经多次使用后,有可能外面塑料包皮完好,但内部金属线已断;连线多接、漏接、错接;连线过长、过乱造成干扰。接线错误造成的现象多种多样,例如器件的某个功能块不工作或工作不正常,器件不工作或发热,一部分电路工作状态不稳定等。解决这类问题的方法大致包括:熟悉所用器件的功能及其引脚号,知道器件每个引脚的功能;器件的电源和地一定要接对、接好;检查连线和插孔接触是否良好;检查连线有无错接、多接、漏接;检查连线中有无断线。最重要的是接线前要画出接线图,按图接线,不要凭记忆随想随接;接线要规范、整齐,尽量走直线、短线,以免引起干扰。

3. 设计错误

设计错误自然会造成实验结果与预想的结果不一致。其原因是对实验要求没有理解,或者是对所用器件的原理没有掌握。因此,实验前一定要理解实验要求,掌握实验线路原理,精心设计。初始设计完成后一般应对设计进行优化,最后画出逻辑图及接线图。

4. 测试方法不正确

如果不发生前述三种错误,实验一般会成功。但有时测试方法不正确也会引起观测错误。例如,一个稳定的波形,如果用示波器观测,而示波器没有同步,则会造成波形不稳定的假象,因此要学会正确使用仪器、仪表。在数字电路实验中,尤其要学会正确使用示波器。在对数字电路进行测试的过程中,测试仪器、仪表加到被测电路上后,对于被测电路相当于一个负载,也有可能引起电路本身工作状态的改变,这点应引起足够重视。不过,在数字电路实验中,这种现象很少发生。

当实验中发现结果与预期不一致时,千万不要慌乱,应仔细观察现象,冷静思考问题所在。首先检查仪器、仪表的使用是否正确。在正确使用仪器、仪表的前提下,按逻辑图和接线图逐级查找问题。通常从发现问题的地方,一级一级向前测试,直到找出故障的初始发生位置。在故障的初始位置处,首先检查连线是否正确。前面已说过,实验故障绝大部分是由接线错误引起的,因此检查一定要认真、仔细。确认接线无误后,应检查器件引脚是否全部正确插进插座,有无引脚折断、弯曲、错插问题。确认无上述问题后,取下器件进行测试,以检查器件的好坏。如果器件和接线都正确,则需考虑设备问题。

附录四 基础实验所用集成电路引脚图

一、仿真软件中实验用集成器件引脚图

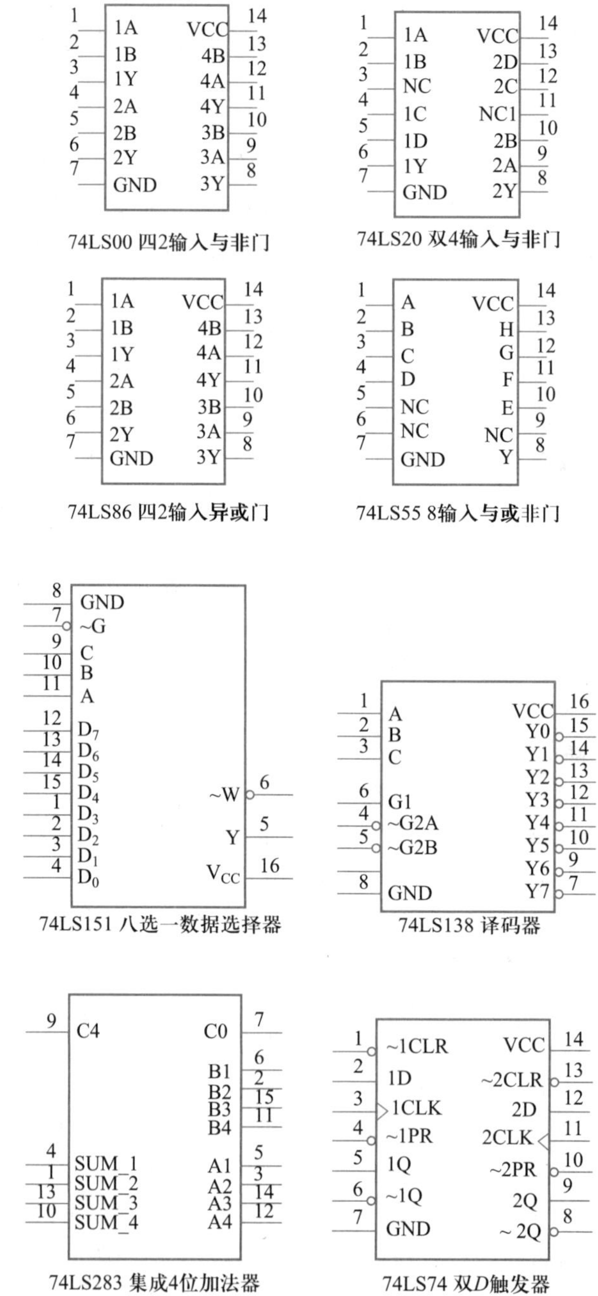

74LS00 四2输入与非门

74LS20 双4输入与非门

74LS86 四2输入异或门

74LS55 8输入与或非门

74LS151 八选一数据选择器

74LS138 译码器

74LS283 集成4位加法器

74LS74 双*D*触发器

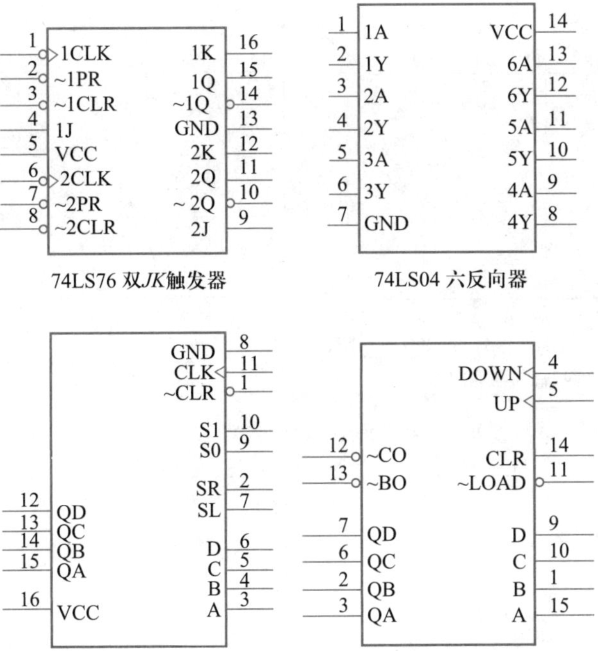

74LS76 双*JK*触发器　　74LS04 六反向器

74LS194 4位双向移位寄存器　40193 双时钟4位二进制加/减计数器

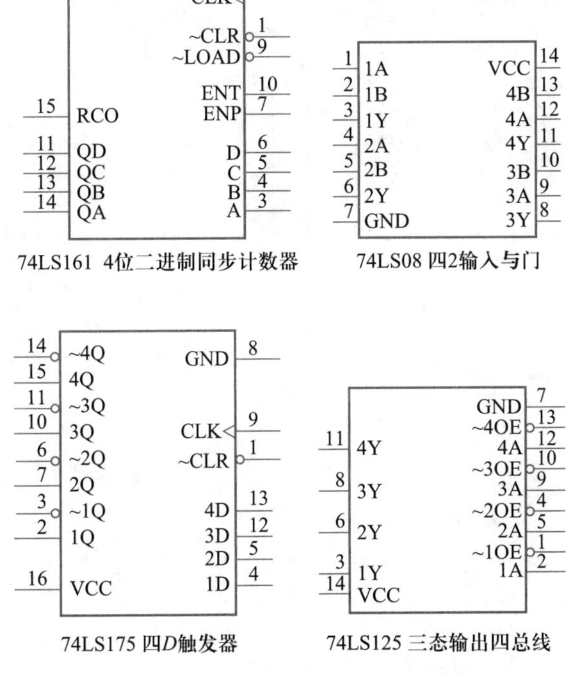

74LS161 4位二进制同步计数器　　74LS08 四2输入与门

74LS175 四*D*触发器　　74LS125 三态输出四总线

二、实验用物理集成器件引脚图

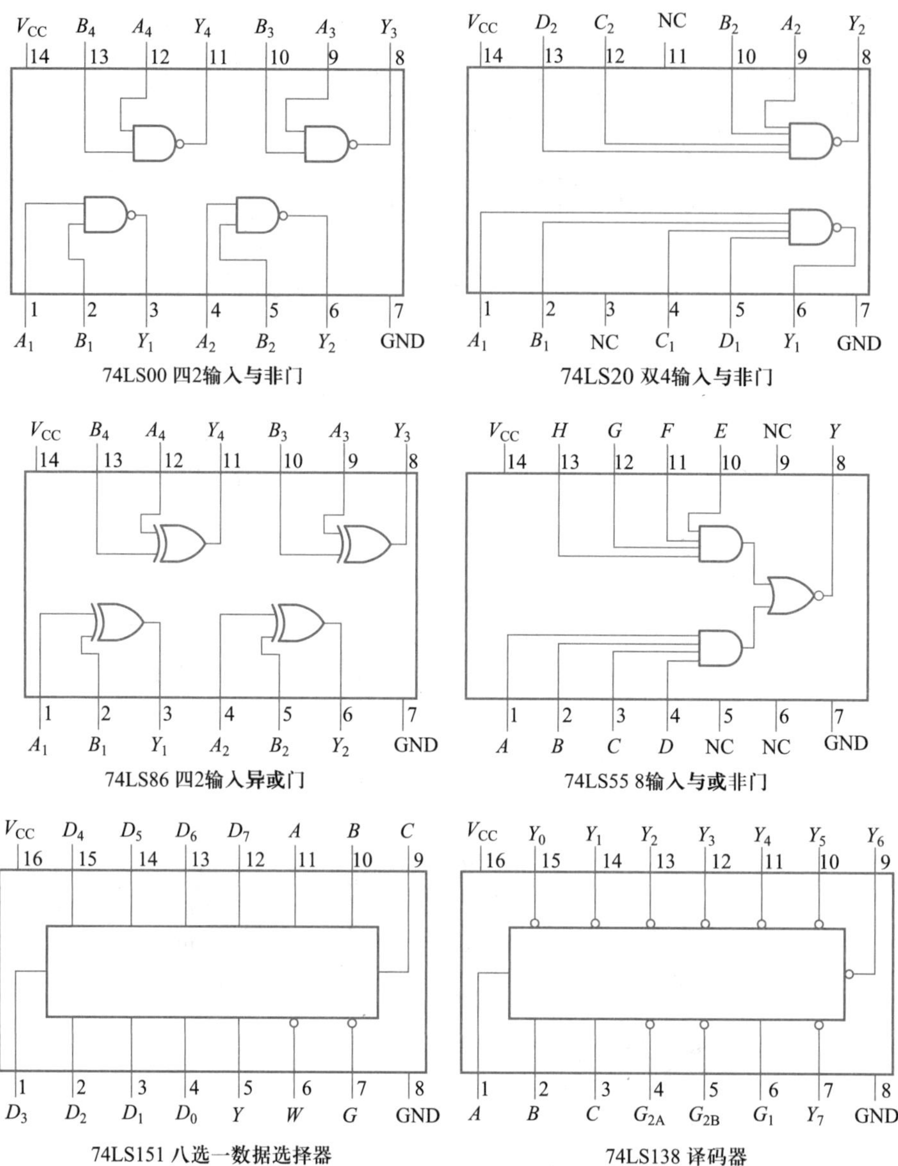

74LS00 四2输入与非门

74LS20 双4输入与非门

74LS86 四2输入异或门

74LS55 8输入与或非门

74LS151 八选一数据选择器

74LS138 译码器

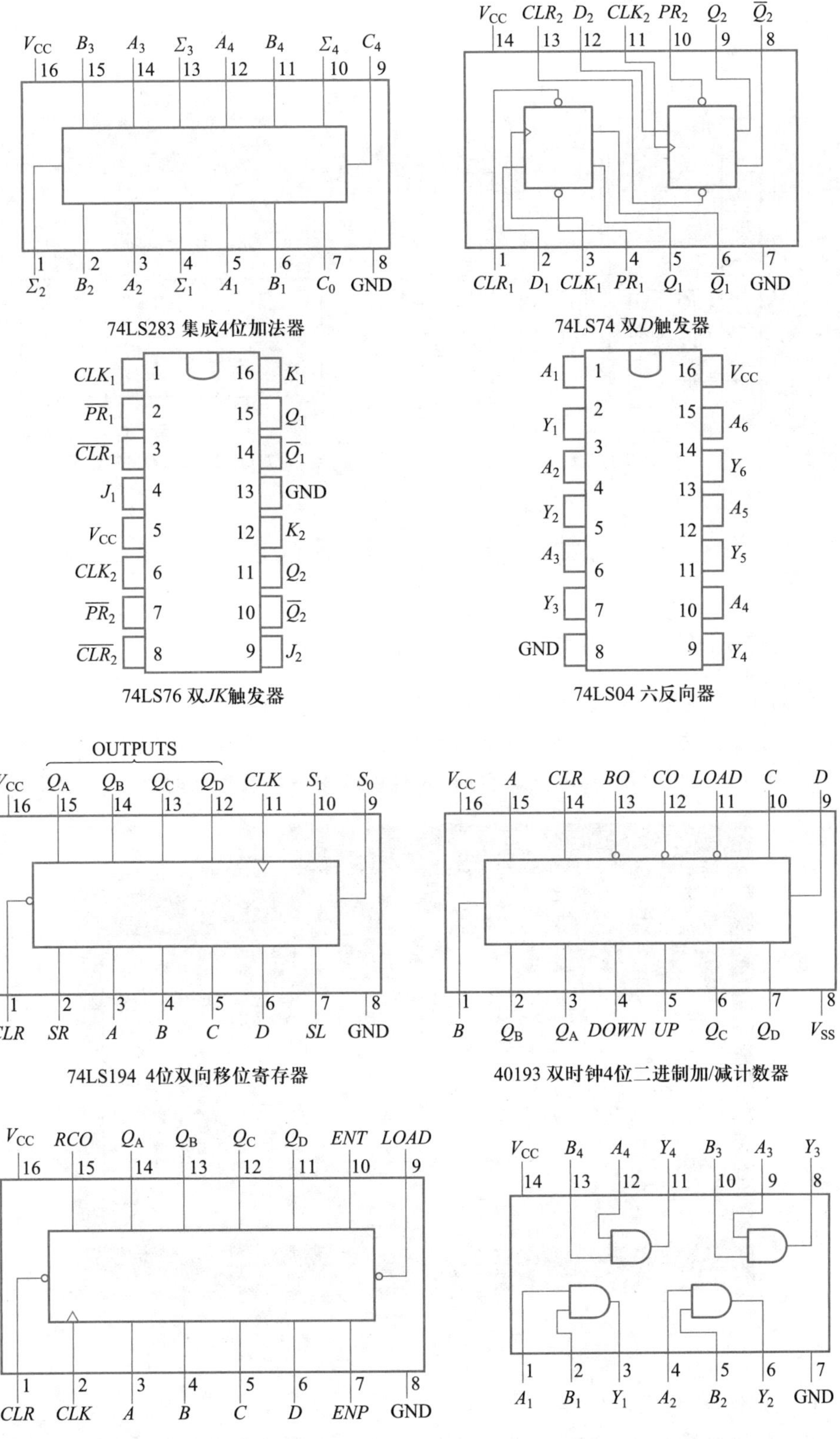

74LS283 集成4位加法器

74LS74 双*D*触发器

74LS76 双*JK*触发器

74LS04 六反向器

74LS194 4位双向移位寄存器

40193 双时钟4位二进制加/减计数器

74LS161 4位二进制同步计数器

74LS08 四2输入与门

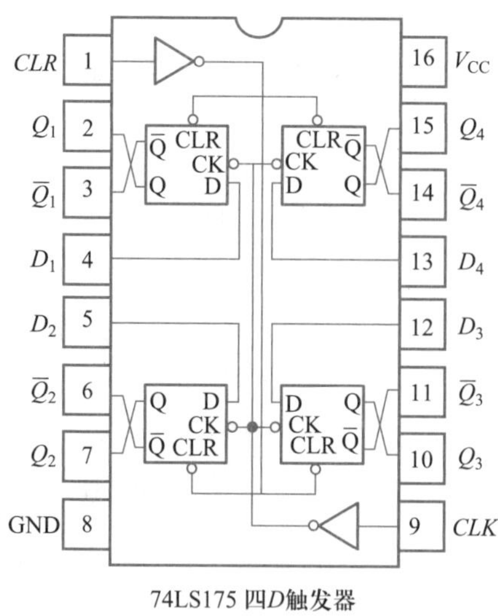

74LS175 四D触发器

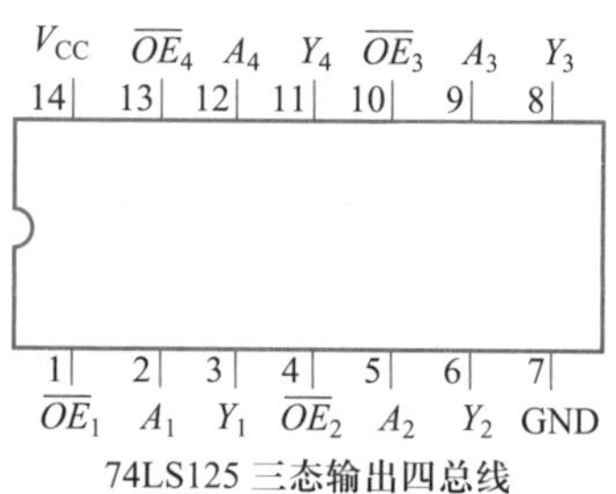

74LS125 三态输出四总线

附录五　实验设备简介

一、天煌 KHD-2 型数字电路实验装置

天煌 KHD-2 型数字电路实验装置如附图 5.1 所示。本实验装置由控制屏与实验桌组成。控制屏主要由两块单面敷铜印制电路板及相应电源、仪器仪表等组成。实验桌左、右两侧均设有一块用来放置示波器的附加台面，并且可以用一套装置同时进行两组实验。

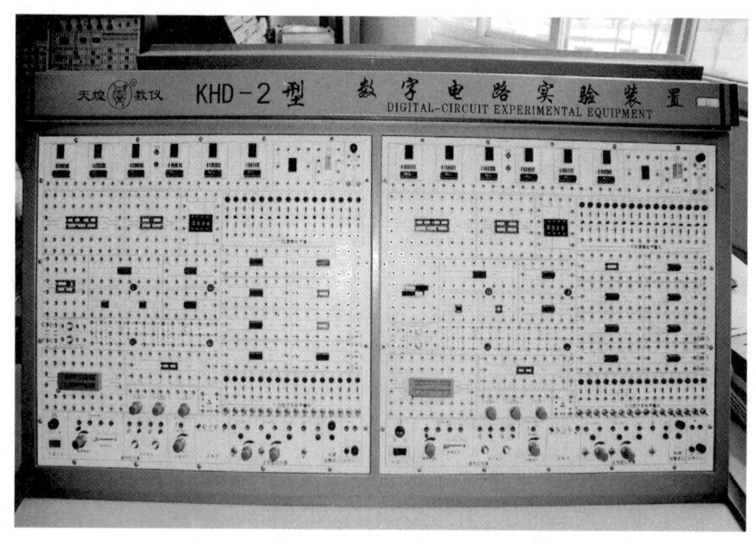

附图 5.1　天煌 KHD-2 型数字电路实验装置

1. 控制屏简介

本实验装置的控制屏由实验辅助电路组成。控制屏两侧均装有交流 220 V 的单相三芯电源插座。

1）实验辅助电路

（1）两块实验板上均装有一只电源总开关及一只用作短路保护的熔断器(1 A)。

（2）两块实验板上各装有直流稳压电源(+/-5 V/1 A 及两路 0~18 V/0.75 A 可调的直流稳压电源)。开启直流电源处各分开关,+/-5 V 输出指示灯亮,表示+/-5 V 的插孔处有电压输出。若两路 0~18 V 电源输出正常,则其相应指示灯的亮度会随输出电压的升高而由暗渐趋明亮。这四路输出均具有短路软截止自动恢复保护功能,其中+/-5 V 具有短路告警指示功能。两路 0~18 V 直流稳压电源为连续可调电源,若将两路 0~18 V 电源串联,并成公共点接地,可获得 0~+/-18 V 的可调电源;若串联一端接地,可获得 0~36 V 可调电源。用户可用模拟电路控制屏上的数字直流电压表测试稳压电源的输出及其调节性能。数电实验板上标有“+/-5”处,是指实验时需用导线将直流电源+/-5 V 引入该处,是+/-5 V电源的输入插口。

（3）两块实验板上均设有四只可装卸固定线路实验小板的蓝色固定插座。

2）数字电子技术部分

（1）高性能双列直插式圆角集成电路插座有 17 只,包括:40P(1 只),28P(1 只),24P(1 只),20P(1 只),16P(5 只),14P(6 只),8P(2 只)。此外,有 40P 锁紧插座 1 只。

（2）6 位十六进制七段编译码器与 LED 数码显示器。每一位译码器均可采用可编程器件 GAL 设计而成,具有十六进制全译码功能。显示器采用 LED 共阴极红色数码管(与译码器在反面已连接好),可显示 4 位 BCD 码十六进制的全部译码代号:0、1、2、3、4、5、6、7、8、9、A、B、C、D、E、F。使用时,只要用实验专用导线将+/-5 V 电源接入电源插孔“+5 V”处即可工作,在没有 BCD 码输入时,6 位译码器均显示“F”。

（3）4 位 BCD 码十进制拨码开关组。每一位的显示窗指示出 0~9 中的一个十进制数字。在 A、B、C、D 四个输出插口处输入相对应的 BCD 码。每按动一次“+”或“-”键,将顺序地进行加 1 计数或减 1 计数。若将某位拨码开关的输出口 A、B、C、D 与数码管的输入端相连,当接通+5 V 电压时,数码管将被点亮显示出与拨码开关指示一致的数字。

（4）6 位逻辑电平输入。在接通+5 V 电源后,当输入口接高电平时,所对应的 LED 发光二极管点亮;当输入口接低电平时,所对应的 LED 发光二极管熄灭。

（5）16 位开关电平输入。提供 16 只单刀双掷开关及与之对应的开关电平输出插口,并有 LED 发光二极管予以显示。当开关向上拨(即拨向“高”)时,与之相对应的输出插口输出高电平,且其对应的 LED 发光二极管点亮;当开关向下拨(即拨向“低”)时,相对应的输出口为低电平,则其所对应的 LED 发光二极管熄灭。使用时,只要开启+5 V 稳压电源处的分开关,便能正常工作。

（6）脉冲信号源提供两路单次脉冲源,还提供频率在 1 Hz、1 kHz、20 kHz 附近连续可调的脉冲信号源,以及频率为 0.5 Hz~300 kHz 连续可调的脉冲信号源。使用时,只要开启+5 V直流稳压电源开关,各个输出插口即可输出相应的连续脉冲信号。

① 两路单次脉冲信号源

每按一次单次脉冲按键,在其输出口“⎍”和“⎏”分别送出一个正、负单次脉冲信号。四个输出口均有 LED 发光二极管予以显示。

② 频率在 1 Hz、1 kHz、20 kHz 附近连续可调的脉冲信号源

输出四路 BCD 码的基频、二分频、四分频、八分频。基频输出频率分 1 Hz、1 kHz、20 kHz三挡,每挡附近又可进行细调。接通电源后,其输出口将输出连续的幅度为 3.5 V 的

方波脉冲信号。其输出频率由“频率范围”波段开关的位置 1 Hz、1 kHz、20 kHz 决定，并通过“频率调节”多圈可变电阻对输出频率进行细调，并有 LED 发光二极管指示有无脉冲信号输出。当频率范围开关置于 1 Hz 挡时，LED 发光指示灯闪烁频率为 1 Hz 左右。

③ 频率可调的脉冲信号源

本脉冲信号源可在很宽的范围内（0.5 Hz～300 kHz）调节输出信号频率。该脉冲信号源可以用作连续可调的方波激励源。

（7）五功能逻辑笔。这是一支新型的逻辑笔，是利用可编程逻辑器件 GAL 设计而成的，具有显示五种功能的特点。只要开启+5 V 直流稳压电源开关，用锁紧线从“输入”口接出，锁紧线的另一端可视为逻辑笔的“笔尖”。当笔尖点在电路中的某个测试点时，面板上的四个指示灯即可显示出该点的逻辑状态：高电平（“HL”）、低电平（“LL”）、中间电平（“ML”）或高阻态（“HR”）；若该点有脉冲信号输出，则四个指示灯将同时点亮，故有五功能逻辑笔之称，也称为“智能型逻辑笔”。

（8）该实验板上还设有两路报警指示电路（LED 发光二极管指示与声响电路指示各一路），包括两只按钮，一只 10 kΩ 多圈精密可变电阻，两只碳膜可变电阻（100 kΩ 与 1 MΩ 各一只），两只晶振（32 768 Hz、12 MHz 各一只），两只电容（0.1 μF、0.01 μF 各一只）及音乐片、片扬声器、继电器等。

2. 注意事项

（1）使用前应先检查各电源是否正常。

（2）接线前务必熟悉两块实验板上各单元、元器件的功能及其接线位置，特别要熟知各集成块插脚引线的排列方式及接线位置。

（3）实验接线前必须先断开总电源，严禁带电接线。

（4）接线完毕，检查无误后再插入相应的集成电路芯片后方可通电；只有在断电后方可拔下集成芯片，严禁带电插拔集成芯片。

（5）实验过程中，实验板上要保持整洁，不可随意放置杂物，特别是不可放置导电的工具和导线等，以免发生短路等故障。

（6）本实验装置上的直流电源及各信号源仅供实验使用，一般不外接其他负载或电路。如作他用，则要注意使用的负载不能超出本电源或信号源的范围。

（7）实验完毕，应及时关闭电源开关，清理实验板并将其放置于规定的位置。

（8）实验中需要用外部交流供电的仪器如示波器等的外壳应接地。

二、DAM－Ⅱ数字模拟多功能实验箱

DAM－Ⅱ数字模拟多功能实验箱根据目前数字电子技术课程教学大纲的要求，广泛听取大家的建议而设计的开放性实验平台，其性能优良可靠，操作方便，外形整洁美观，管理方便，为用户提供了一个既可用于教学实验，又可用于开发的工作台。DAM－Ⅱ数字模拟多功能实验箱如附图 5.2 所示。附图 5.3 是它的虚拟版，二者功能是一样的。虚拟 DAM－Ⅱ数字模拟多功能实验箱可以在仿真环境中运行，可以给学生用于实验操作预习，它的应用极大地提高了实验教学的质量和效率。

本实验箱由实验辅助电路和实验板组成。实验辅助电路主要由一块单面敷铜印制电路板及多路常用直流电源、多路常用信号源、常用可调电子元器件等组成，实验板是与实验箱

进行电气连接的实验电路平台。实验箱和实验板良好的电气连接再加上方便可靠的专用导线,将为用户创造出一个舒适、宽敞、良好的实验环境。

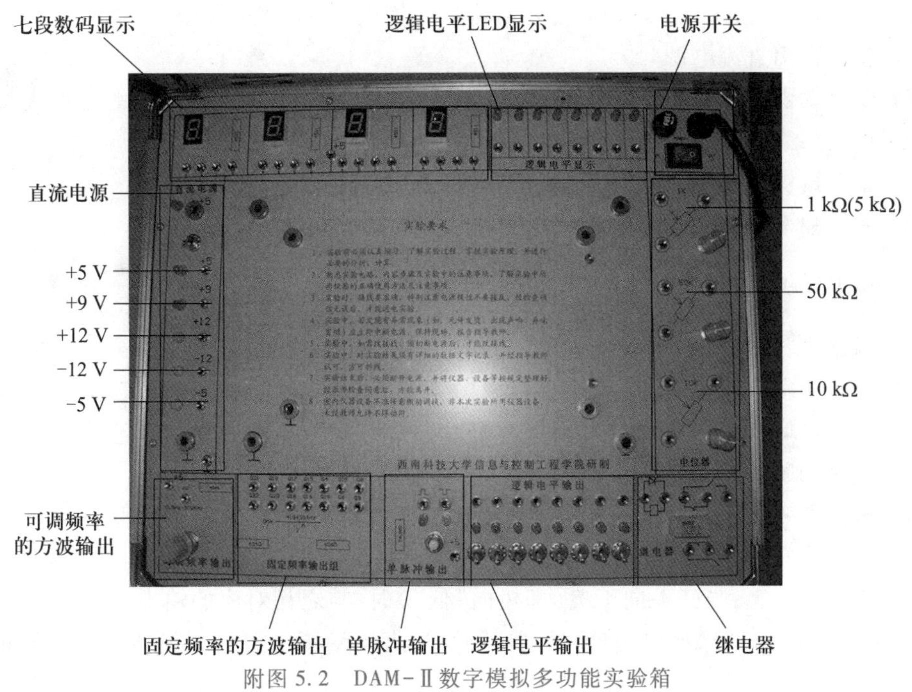

附图 5.2 DAM-Ⅱ数字模拟多功能实验箱

附图 5.3 虚拟 DAM-Ⅱ数字模拟多功能实验箱

1. 实验辅助电路简介

本实验箱的实验辅助电路由多路常用直流电源、多路常用信号源、逻辑电平显示、逻辑电平输出、逻辑电平 LED 显示、数码显示和常用可调电子元器件等组成。

(1) 多路常用直流电源

实验箱上提供 5 种常用直流电源，分别是±5 V，±12 V，+9 V。

(2) 可调频率的方波输出

实验箱上提供频率范围为 0. 5 Hz~500 kHz 的可调方波信号。

(3) 固定频率的方波输出

实验箱上提供 14 路频率不同的方波信号，各路信号频率满足 $f_n=\frac{4\ 194\ 304}{2^n}$ Hz。

(4) 两路单脉冲输出

每按一次单次脉冲按键，在其输出口“⊓”和“⊔”分别送出一个正、负单次脉冲信号。四个输出口均有 LED 发光二极管予以显示。

(5) 8 路逻辑电平输出

实验箱提供 8 只单刀双掷开关及与之对应的开关电平输出口，并有 LED 发光二极管予以显示。当开关向上拨（即拨向“高”）时，与之相对应的输出口输出高电平，且其对应的 LED 发光二极管点亮；当开关向下拨（即拨向“低”）时，与之相对应的输出口为低电平，且其对应的 LED 发光二极管熄灭。使用时，要从+5 V 直流稳压电源处引电压到该电路的电源接入口。

(6) 8 路逻辑电平 LED 显示

实验箱提供 8 路逻辑电平 LED 显示，用于显示 8 路逻辑电平输出，利用它们可以进行专用实验导线的质量检测。

(7) 常用可变电阻

实验箱提供 3 只常用可变电阻，阻值分别为 1 kΩ、10 kΩ、50 kΩ。

(8) 七段数码显示

实验箱提供 4 只七段数码显示。该显示电路自带七段显示译码器，只需在输入端 A、B、C、D 依次输入四位二进制 5V 逻辑信号，即可显示。其中 A 是高位，D 是最低位。

2. 注意事项

(1) 使用前应先检查各电源是否正常。

(2) 接线前务必熟悉实验箱上各辅助电路、元器件的功能，熟悉实验板与实验箱的连接方法。

(3) 实验接线前必须断开总电源，严禁带电接线。

(4) 接线完毕，检查无误后，方可通电；只有在断电后方可拔下集成芯片，严禁带电拔插集成芯片和接线。

(5) 实验过程中，实验板上要保持整洁，不可随意放置杂物，特别是不可放置导电的工具和导线等，以免发生短路等故障。

(6) 本实验箱上的直流电源及各信号源仅供实验使用，一般不外接其他负载或电路。如作他用，则要注意使用的负载不能超出本电源或信号源的范围。

(7) 实验完毕，应及时关闭电源开关，清理实验板并将其放置于规定的位置。

(8) 实验中需要用外部交流供电的仪器如示波器等的外壳应接地。

(9) 实验中需了解集成电路芯片的引脚功能及其排列方式时,可查阅本指导书附录四或自行查找相关资料。

三、数字电路实验板

该数字电路实验板与 DAM-Ⅱ数字模拟多功能实验箱配合使用,其背面装有 18 片常用的通用数字电路集成块。根据通用数字电路集成块的外引脚相同点较多的特点,这些数字电路集成块的型号可以根据实验需要方便地更换,所以实验板正面所印型号只能作为参考型号,实际使用时要翻过来进行对照。物理数字电路实验板,如附图 5.4 所示。虚拟数字电路实验板如附图 5.5 所示。该虚拟数字电路实验板可以在仿真环境中运行,同样可以用于实验操作的预习和复习。

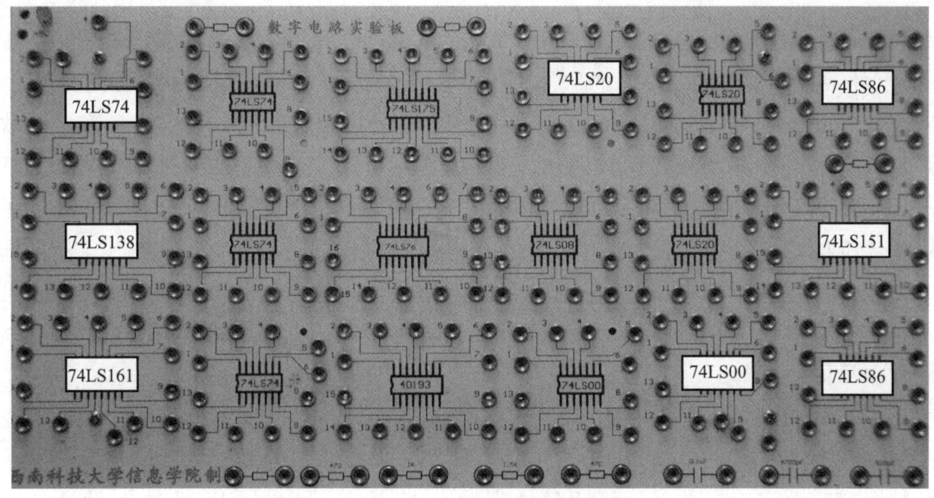

附图 5.4　物理数字电路实验板

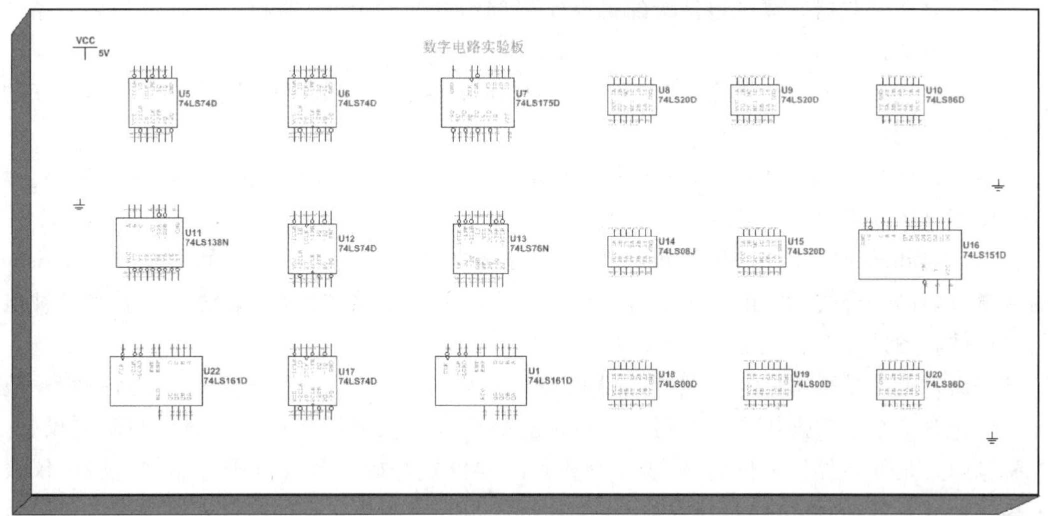

附图 5.5　虚拟数字电路实验板

附录六 常用电子技术仿真软件简介

众所周知,20 世纪和 21 世纪电子技术的快速发展主要靠两个重要技术,一个是电信号显示技术,另一个是电路设计仿真技术。电路设计仿真技术的发展是计算机发展、普及和应用的结果,电路设计仿真技术可归入电子设计自动化(electronics design automation, EDA)技术。掌握和应用电路设计仿真技术,已经成为每位电子技术工程技术人员需要具备的一种技能。

EDA 的工具软件种类繁多,常见的有 Multisim、Proteus、Pspice、orCAD、Protel、ISE、Vivado、Quatues 等,鉴于本课程是基础课程,故选择两款积木式不用编程的软件 Multisim、Proteue 做一简介,学会它就可以把实验室的电子技术物理设备、仪表以虚拟形式搬回宿舍。

一、Multisim 简介

Multisim 是加拿大原 Interactive Image Technologies 公司(该公司目前已被美国 NI 公司收购)推出的一款仿真软件,较早的版本是 EWB(Electronics Workbench),目前推出的仿真软件名均是 Multisim,版本有 7.0、8.0、9.0、10.1、11.0、12.0、13.0、14.0、14.3 等。该软件采用所见即所得的设计环境和互动式的仿真界面,是一个完整的电路系统设计、仿真工具。

Multisim 可以用于设计、测试和演示各种电子电路,包括模拟电路、数字电路、射频电路及部分单片机接口电路等;可以对被仿真电路中的元器件进行设置,如开路、短路、不同程度漏电等故障,从而观察不同故障情况下电路的工作状况。在进行仿真的同时,软件还可以存储测试点的所有数据,列出被仿真电路的所有元器件清单,以及存储测试仪器的工作状态、显示波形和具体数据等。

Multisim 最突出的特点之一是用户界面友好,图形输入易学易用,具有虚拟仪表的功能,既适合专业开发使用,也适合 EDA 初学者使用。其专业特色为:

(1) 模拟和数字应用的系统级闭环仿真配合 Multisim 和 LabVIEW,能在设计过程中有效节省时间;

(2) 全新的数据库改进包括新的机电模型、AC/DC 电源转换器和用于设计功率应用的开关模式电源;

(3) 超过 2 000 个来自亚诺德半导体、美国国家半导体、NXP 和飞利浦等半导体厂商的全新数据库元器件;

(4) 超过 90 个全新的引脚精确的连接器,使得 NI 硬件的自定制附件设计更加容易。

1. Multisim 主窗口

运行 Multisim 软件,出现 Multisim 主窗口,如附图 6.1 所示。从该图可以看出,Multisim 的主窗口如同一个实际的电子实验台。屏幕中央区域就是绘图区,在绘图区上可将各种电子元器件和测试仪器、仪表连接成实验电路。

主窗口上方是菜单栏和工具栏。从菜单栏可以选择连接电路、仿真所需的各种命令。工具栏包含了常用的操作命令按钮。通过鼠标操作即可快捷地使用各种命令和实验设备。主窗口两边是元器件栏和仪器、仪表工具栏。元器件栏存放着各种电子元器件,仪器、仪表工具栏存放着各种测试仪器、仪表,操作鼠标可以很方便地从元器件和仪表库中提取实验所需的各种元器件及仪表到绘图区中,从而连接成实验电路。

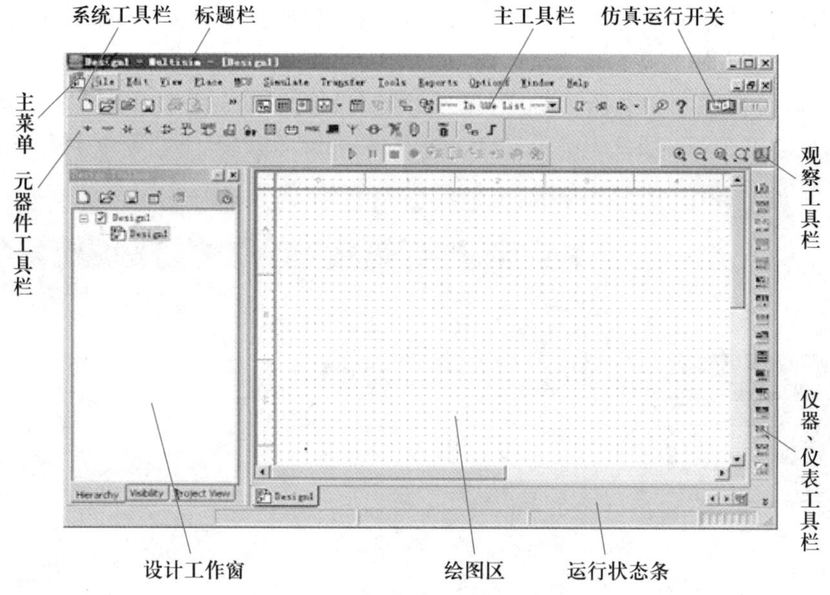

附图 6.1　Multisim 主窗口

2. 元器件查找与取用举例

查找元器件有三种常用方法：一是菜单法；二是快击图标法；三是 Search…法。下面以几个常用元器件为例分别介绍这三种方法。

（1）菜单法

① 电阻

点击“place”菜单栏的“component”（元器件）选项，弹出如附图 6.2 所示的“Select a Component”（选择元器件）对话框。该对话框有六部分：Database（元器件库选择），Group（元

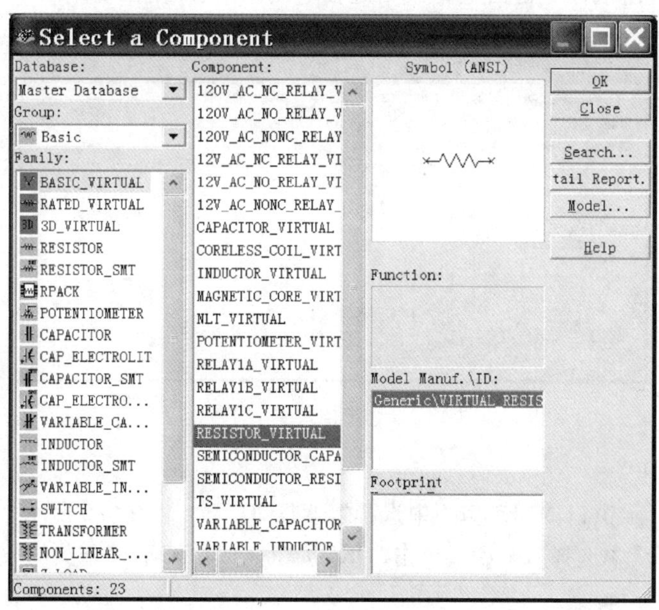

附图 6.2　“Select a Component”（选择元器件）对话框

器件分组群),Family(同类元器件家族),Component(具体元器件库),Symbol(ANSI),工具键(查找元器件最方便的是 Search…键)。

在“Group”下拉菜单中选择“Basic”(基本)选项,如附图 6.3 所示。也可以直接点击工具栏中的 ,也会出现如附图 6.3 所示窗口。选中“Family”(家族)下拉菜单中的“RESISTOR”选项,如附图 6.4 所示。

附图 6.3　Group/Basic 对话框

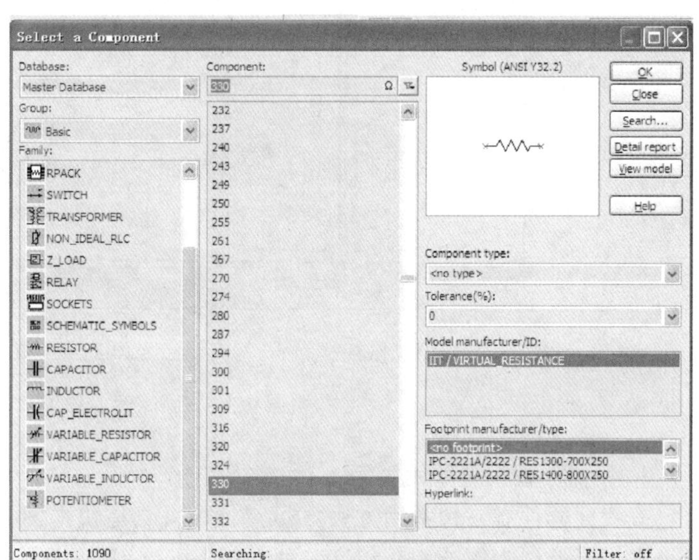

附图 6.4　Family/RESISTOR 对话框

在“Component”下拉菜单中选择任一电阻,此时在右边的“Symbol(ANSI)”框中出现电阻的外形,单击“OK”按钮,此时一个虚拟电阻(阻值可调)将随鼠标一起在绘图区移动,在绘图区适当位置点击鼠标左键后电阻被固定在电路图上,如附图 6.5 所示。

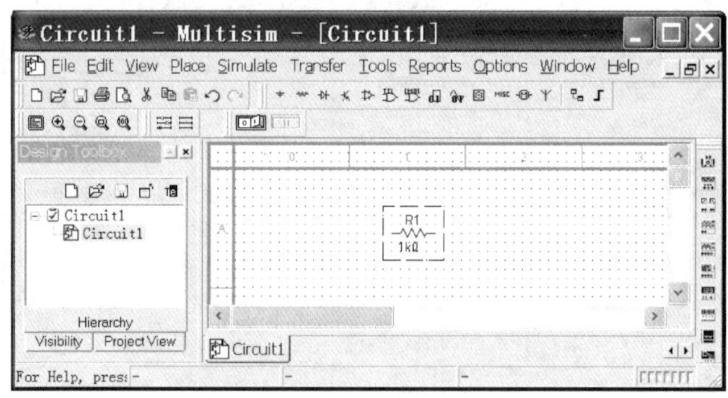

附图 6.5　电阻放置对话框

② 单刀单掷开关

在附图 6.4 所示窗口的“Family”中选择“SWITCH”,如附图 6.6 所示。

在“Component”中选择“SPST”,单击“OK”按钮完成单刀单掷开关的放置。

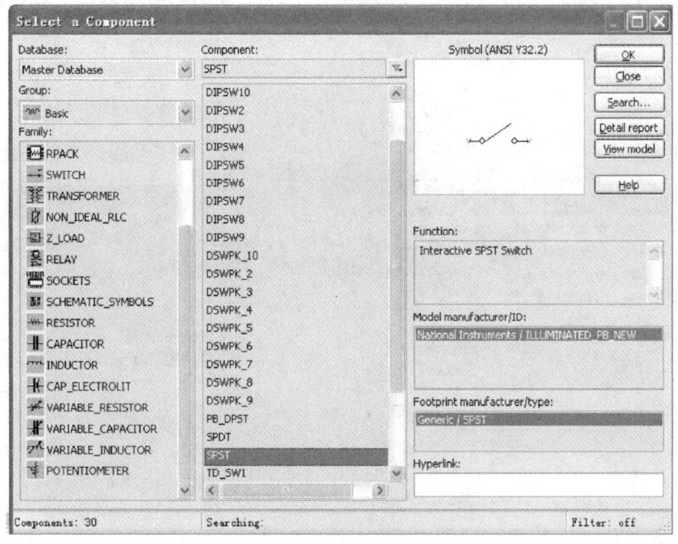

附图 6.6　Family/SWITCH 对话框

③ 电源与公共端

如附图 6.7 所示，在“Group”下拉菜单中选择“Sources”，在“Family”下拉菜单中选择“POWER_SOURCES”，在“Component”下拉菜单中选择“GROUND”后，单击“OK”按钮可在绘图区放置电源地（仿真参考点）。在“Component”下拉框中选择“DC_POWER”后，单击“OK”按钮可在绘图区放置直流电源。

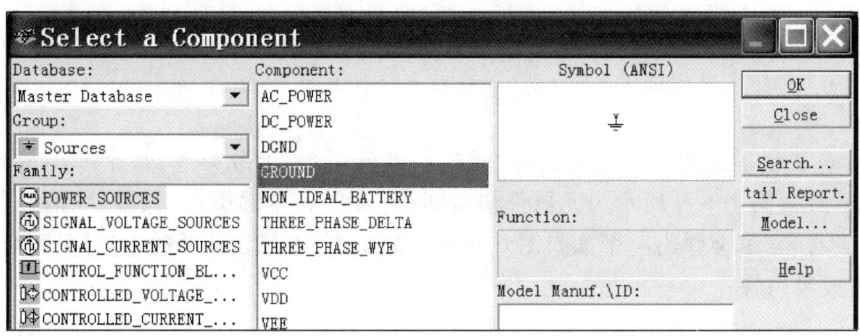

附图 6.7　Component/GROUND 对话框

④ 方波信号源、示波器

如附图 6.8 所示，在“Family”下拉菜单中选择“SIGNAL_VOLTAGE_SOURCES”，在“Component”下拉菜单中选择“CLOCK_VOLTAGE”，单击“OK”按钮可在绘图区放置方波信号源。

也可用鼠标单击快击栏中的快击符号放置。

示波器需用鼠标单击工作窗口右边的仪器、仪表符号，将其放置在绘图区。

(2) 快击图标法

主菜单下有以下快击图标，如附图 6.9 所示。

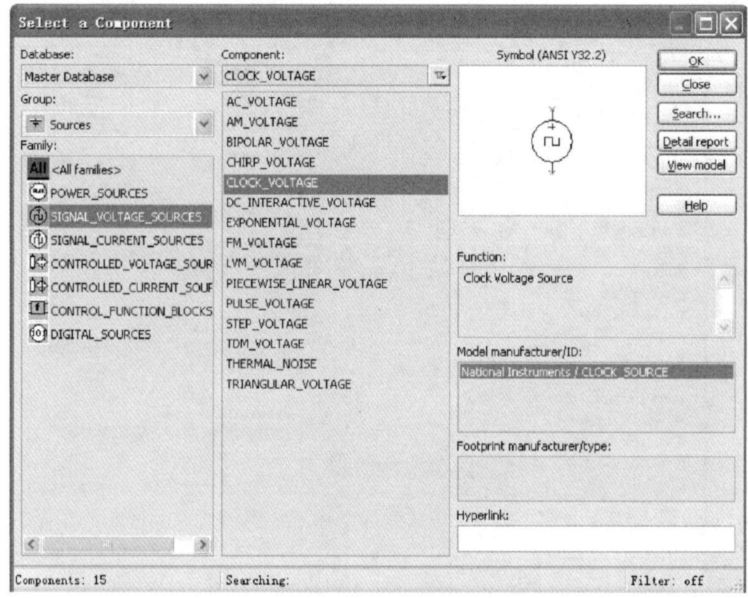

附图 6.8　Component/CLOCK_VOLTAGE 对话框

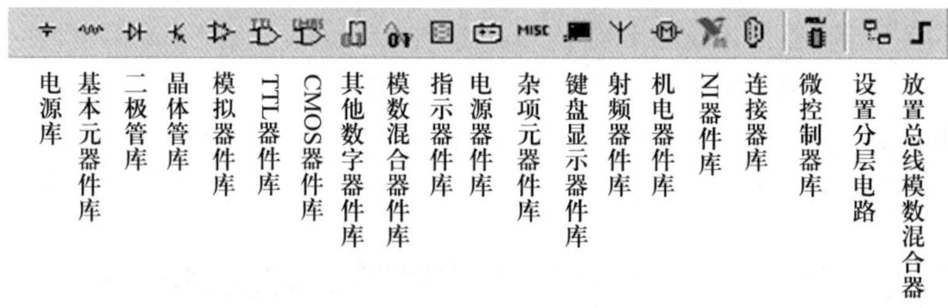

附图 6.9　元器件快击图标（元器件分类家族库）

Multisim 提供了元器件分类家族库，元器件被分为 18 个分类库，每个库中放置着同一类型的元器件。附图 6.9 所示为元器件快击图标，用鼠标左键单击工具栏中的任何一个家族分类库的按钮，都会弹出一个如附图 6.6 所示的窗口，查找元器件的方法同菜单法一样。

① 七段数码管

点击快击图标，出现如附图 6.10 所示对话框，在“Component”下拉框中寻找七段数码管的名称“DCD_HEX”，点击后在“Symbol（ANSI Y32.2）”中会出现该元器件的外观图，点击“OK”，即可在绘图区放置。“DCD_HEX”里有“红”“绿”“黄”等颜色，颜色在软件里均用英文表示。

② 发光二极管 LED

点击快击图标，出现如附图 6.11 所示对话框，在“Family”下拉框中寻找发光二极管名称 LED 和图形，点击后在“Symbol（ANSI Y32.2）”中会出现该元器件的外观图，点击“OK”，即可在绘图区放置。

（3）Search…法查找

该方法只要知道元器件英文名称就可以查找了，下面以 74LS00 为例说明。

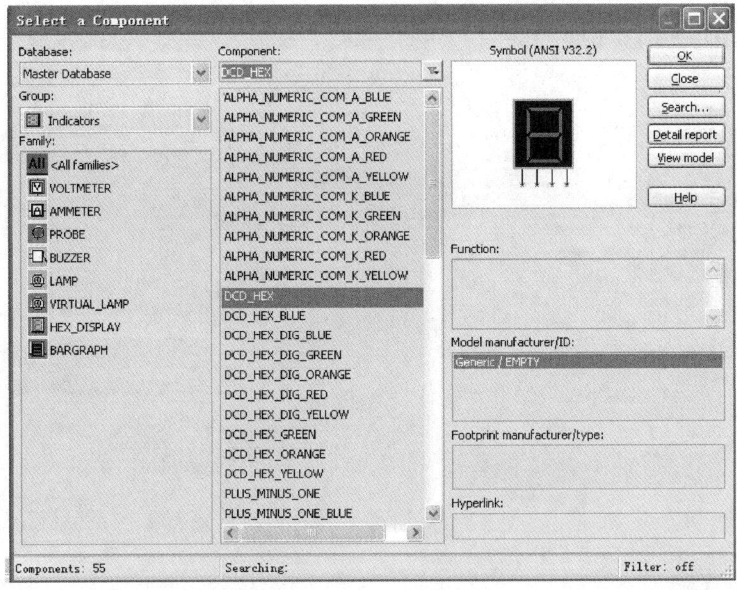

附图 6.10　七段数码管选择图

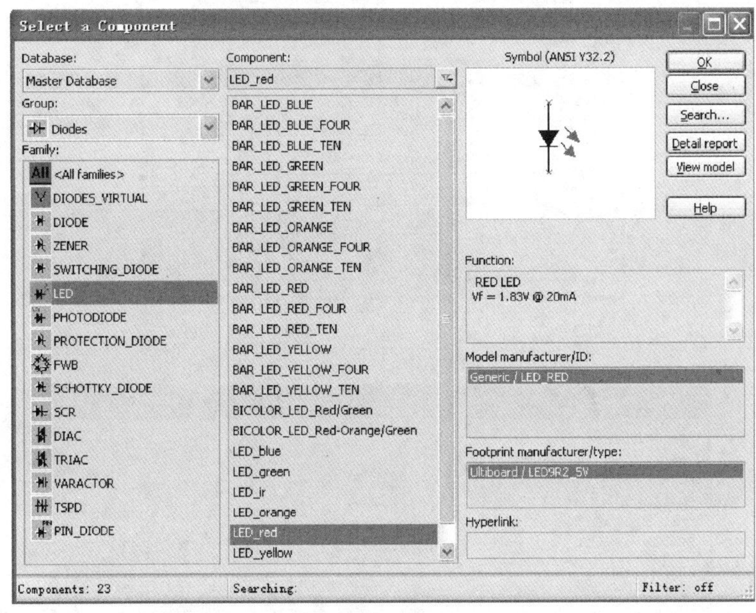

附图 6.11　发光二极管 LED 选择图

点击快击图标中任意图标，出现显示图，如附图 6.12 所示，点击右上角"Search..."按钮，出现附图 6.13 所示显示图。

在附图 6.13 中的"Component"栏输入元器件名称或型号，点击右上角"Search"按钮，将出现元器件名称或型号显示如附图 6.14 所示，在图中看到左边"Component"栏下有名称或型号时，先选择原理性元器件或工程性元器件(尾部带_IC)，再点击右边 OK 按钮，则显示和附图 6.10类似的元器件查找结果，如附图 6.15 所示，不同的是在"Symbol"栏中显示的是你选中的元器件图形，再点击右边"OK"按钮，所需元器件将出现在 Multisim 的主窗口中(原理图编辑窗口)。

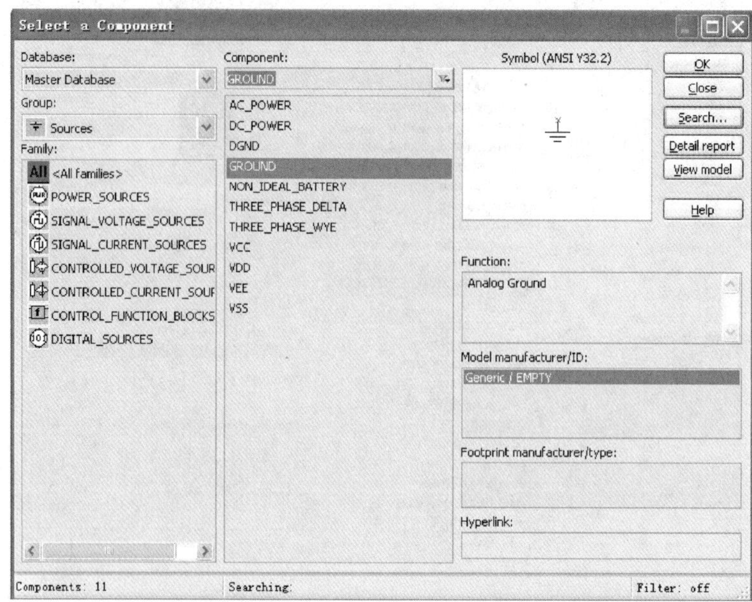

附图 6.12　快击元器件图标后显示图

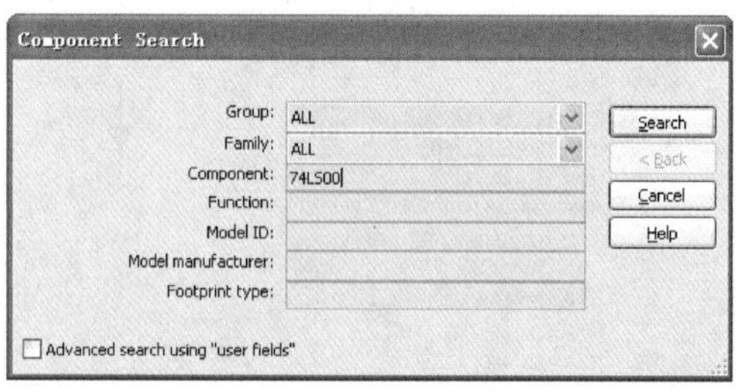

附图 6.13　点击“Search...”按钮后显示图

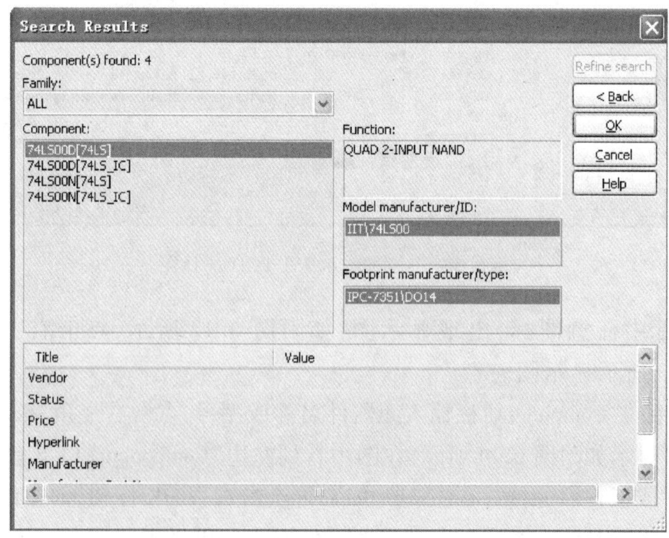

附图 6.14　元器件名称或型号显示图

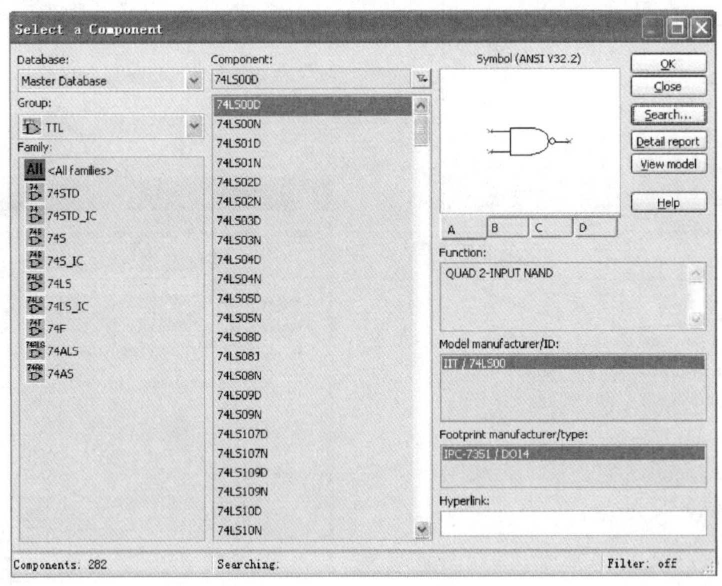

附图 6.15　元器件查找结果图

3. 元器件的编辑与替换

在对已放置元器件进行移动、旋转、删除、替换等操作时，可使用鼠标的左键单击该元器件进行选中操作，被选中的元器件由一个虚线框包围。

用鼠标的左键拖曳被选中元器件即可在绘图区自由移动该元器件。

用鼠标右键单击被选中元器件，出现快捷菜单，如附图 6.16 所示。选择菜单中的“Flip Horizontal”（左右旋转选中元器件）“Flip Vertically”（上下旋转选中元器件）“Rotate 90° Clockwise”（顺时针 90°旋转选中元器件）“Rotate 90° Counter clockwise”（逆时针 90°旋转选中元器件）等命令即可对元器件进行各种方向的旋转或反转操作。

在选中元器件后，双击该元器件则会弹出该元器件属性对话框，如附图 6.17 所示。

在附图 6.17 所示窗口的“Label”页面中可修改元器件的序号、标志；在“Display”页面中可设置元器件标志是否显示；在“Pins”页面中可看元器件引脚名称及功能；在“Value”页面中可设定元器件参数、温度范围等。其他元器件的放置、移动、修改方法类似，不再赘述。

4. 电气连线方法

放置好所有元器件并完成参数修改后，就可进行电气连线操作。

首先将鼠标指向一个元器件的端点使其出现一个小圆点，按下鼠标左键并拖曳出一根导线，拉住导线并指向另一个元器件的端点使其出现小圆点，释放鼠标左键，则导线连接完成。

连接完成后，导线将自动选择合适的走向，不会与其他元器件或仪器发生交叉。

将鼠标指向元器件与导线的连接点使其出现一个斜十字交叉线，按下左键拖曳该交叉线使导线离开元器件端点，释放左键，导线自动消失，完成连线的删除。也可以将拖曳移开的导线连至另一个接点，实现连线的改动。

将仪器图标上的连接端（接线柱）与相应电路的被测点和公共端分别相连，连线过程类似元器件的连线。

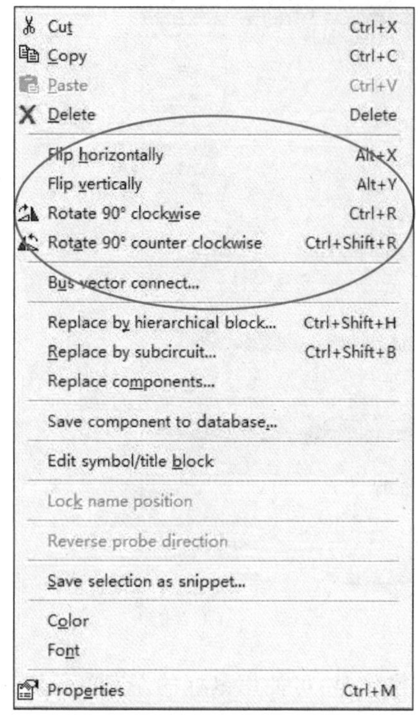

附图 6.16　元器件移动对话框

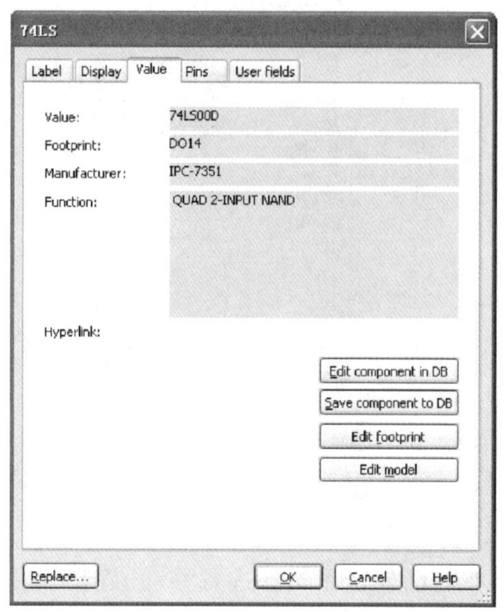

附图 6.17　元器件属性对话框

按照上述方法放置元器件并连线，可得到一个如附图 6.18 所示的六进制加减计数器。

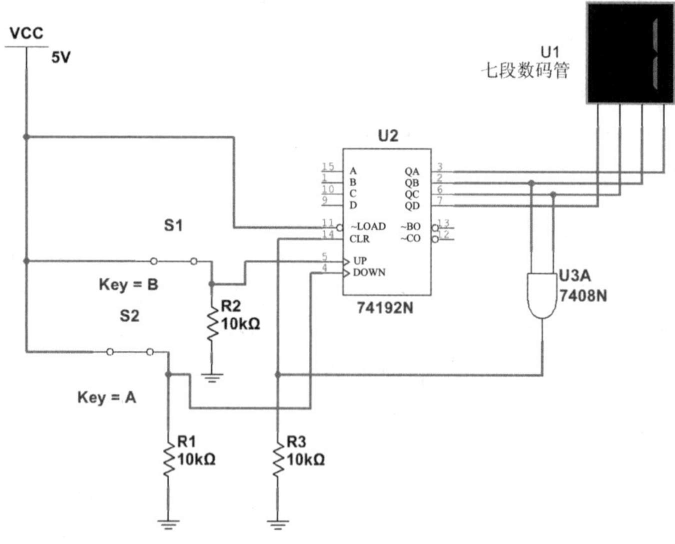

附图 6.18　六进制加减计数器

5. 用 Multisim 进行电路仿真

(1) 运行六进制加计数仿真

用鼠标单击菜单栏"Simulate",选中"RUN"选项,或者直接按下快捷键"F5",Multisim 开始对电路进行仿真。运行后,将键盘输入设置为英文模式,点击 J1 逻辑开关(一开一合)1 次,电路将进行加 1 计数,附图 6.19 是点击 J1 逻辑开关(一开一合)2 次的结果。

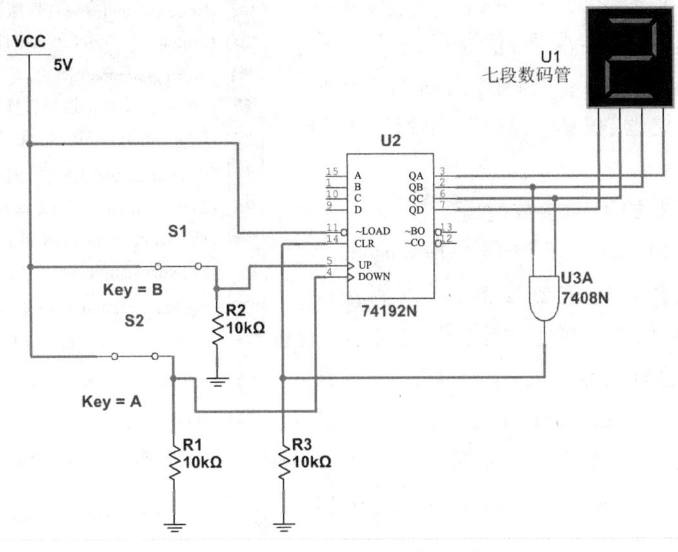

附图 6.19 六进制加计数 2 次图

(2) 运行六进制减计数仿真

用鼠标单击菜单栏"Simulate",选中"RUN"选项,或者直接按下快捷键"F5",Multisim 开始对电路进行仿真。运行后,将键盘输入设置为英文模式,数码管显示数在 5 以内,J1 闭合,点击 J2 逻辑开关(一开一合)1 次,电路将进行减 1 计数,附图 6.20 是从显示 5 开始进行减计数,点击 J2 逻辑开关(一开一合)1 次的结果。

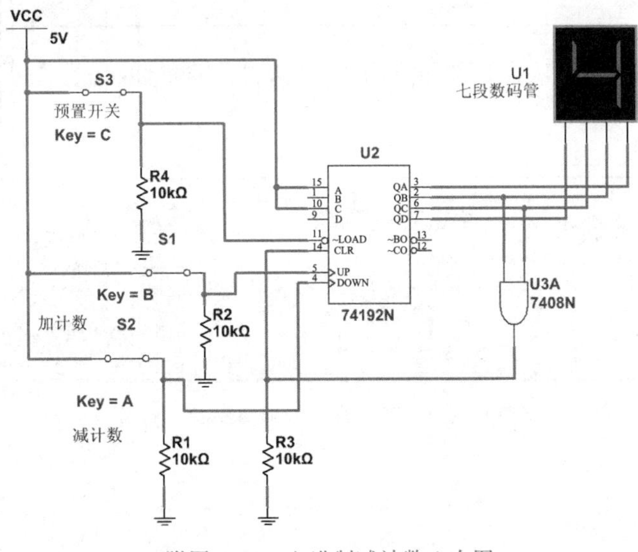

附图 6.20 六进制减计数 1 次图

6. Multisim 仪器、仪表工具栏简介

Multisim 提供了 22 种仪器、仪表，可以通过调用它们进行电路工作状态的测量，这些仪器、仪表的使用方法和外观与真实仪器、仪表类似。仪器、仪表工具栏是进行虚拟电子实验和电子设计仿真最快捷而又形象的特殊窗口，是 Multisim 最具特色的地方。一般情况下，仪器、仪表工具栏放在电路窗口的右侧，也可以将其拖动到工作窗口的任何地方。仪器、仪表工具栏，如附图 6.21 所示。

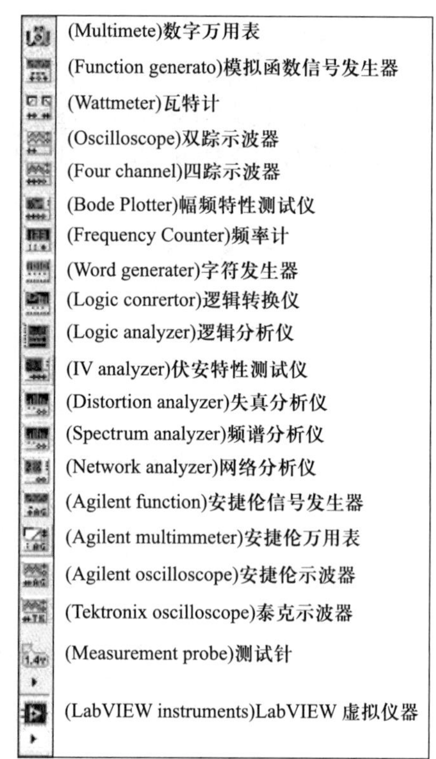

附图 6.21　仪器、仪表工具栏

7. 虚拟示波器的工作参数设置

Multisim 提供的虚拟示波器（Oscilloscope）是一种显示电路信号的重要仪器，可以测量高达 1 GHz 的频率信号，并且如同真实仪表一般，可接受外部的触发信号。示波器面板各按键的作用、调整方法及参数的设置与实际示波器非常类似，调整参数均在附图 6.22 下方“Timebase”“Channel A”“ Channel B”三个区域进行。

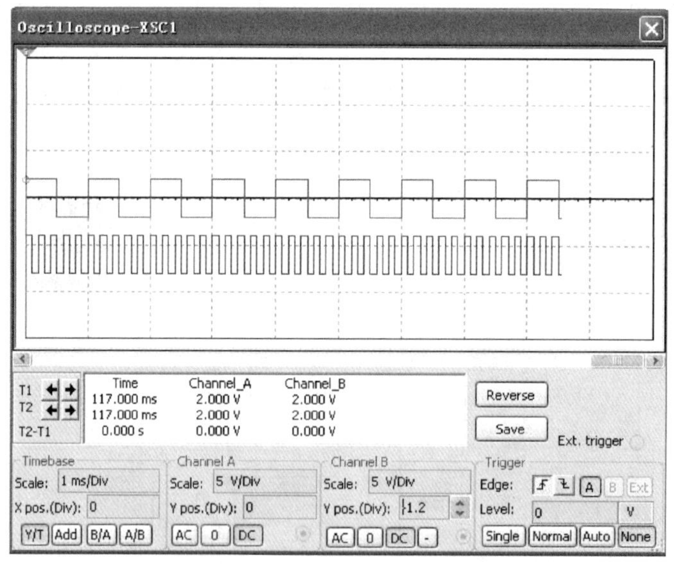

附图 6.22　虚拟示波器双通道同时工作图

（1）时基（Timebase）控制部分的调整

X 轴刻度（Scale）显示示波器时间基准，其范围很宽，一般选择 0.1 ns/Div～10 s/Div 之间的某个值。

X 轴位置（X position）控制 X 轴的起始点。当 X 的位置调到 0 时，信号从显示器的左边缘开始显示，正值使起始点右移，负值使起始点左移。

显示方式决定示波器的显示状态，包括“Y/T（幅度/时间）”方式、“A/B（A 通道/B 通道）”方式、“B/A（B 通道/A 通道）”方式、“Add（加法）”方式。

- Y/T 方式：X 轴显示时间，Y 轴显示电压值。
- A/B、B/A 方式：X 轴与 Y 轴都显示电压值。
- Add 方式：X 轴显示时间，Y 轴显示 A 通道、B 通道的输入电压之和。

（2）示波器输入通道（Channel A/B）的设置

Y 轴电压刻度（Scale）范围为 10 μV/Div～5 kV/Div，可以根据输入信号大小来选择 Y 轴刻度值的大小，使信号波形在示波器显示屏上显示出合适的幅度。

Y 轴位置（Y position）控制 Y 轴的起始点。当 Y 轴的位置调到 0 时，Y 轴的起始点与 X 轴重合，如果将 Y 轴位置增加到 1.00，则 Y 轴原点位置从 X 轴向上移一大格，如果将 Y 轴位置减小到-1.00，则 Y 轴原点位置从 X 轴向下移一大格。Y 轴位置的调节范围为-3.00～+3.00。改变 A、B 通道的 Y 轴位置有助于比较或分辨两通道的波形。

Y 轴信号的耦合方式：当用 AC 耦合时，示波器显示信号的交流分量；当用 DC 耦合时，示波器显示的是信号的交流和直流分量之和；当用 0 耦合时，在 Y 轴设置的原点位置显示一条水平直线。

（3）触发方式（Trigger）调整

触发方式一般选择自动触发（Auto）。选择“A”或“B”，则用相应通道的信号作为触发信号。选择“EXT”，则由外部输入信号触发。选择“Single”，则为单脉冲触发。选择“Normal”，则为一般脉冲触发。

触发沿（Edge）可选择上升沿或下降沿。

触发电平（Level）表示触发电平的范围。

（4）示波器显示波形读数

要显示波形读数的精确值时，可用鼠标将垂直光标拖到需要读取数据的位置。显示屏幕下方的方框内显示光标与波形垂直相交点处的时间和电压值，以及两光标位置之间的时间、电压的差值。

用鼠标单击“Reverse”按钮可改变示波器屏幕的背景颜色。用鼠标单击“Save”按钮可以 ASCII 码格式存储波形读数。

8. 信号源参数设置

双击信号源，在弹出窗口中可对信号源的波形、频率、幅度进行调整。

9. 仿真文件的保存及关闭

完成电路的设计与仿真后，可以用鼠标单击“File”菜单的“Save”选项（也可使用快击图标保存），以电路文件形式保存当前电路工作窗口中的电路。对新电路文件进行保存时，会弹出一个标准的保存文件对话框，选择保存当前电路文件的路径，输入文件名，按下保存按钮即可将该电路文件保存。保存设计文件后，用鼠标单击“File”菜单的“Close”选项，即可关闭电路工作区内的文件。

10. 绘图功能和文字放置功能

通过以上学习已基本了解了软件的主要功能,下面介绍软件另外两个实用功能:绘图功能和文字放置功能。绘图功能所画的线、框、圆均不具有电气特性,文字放置功能主要是对电路端口、元器件、设备、仪表等做特殊说明。

(1) 绘图功能操作,如附图 6.23 所示。该功能在构建“虚拟实验室”时可以画设备边框线(无电气性能)。

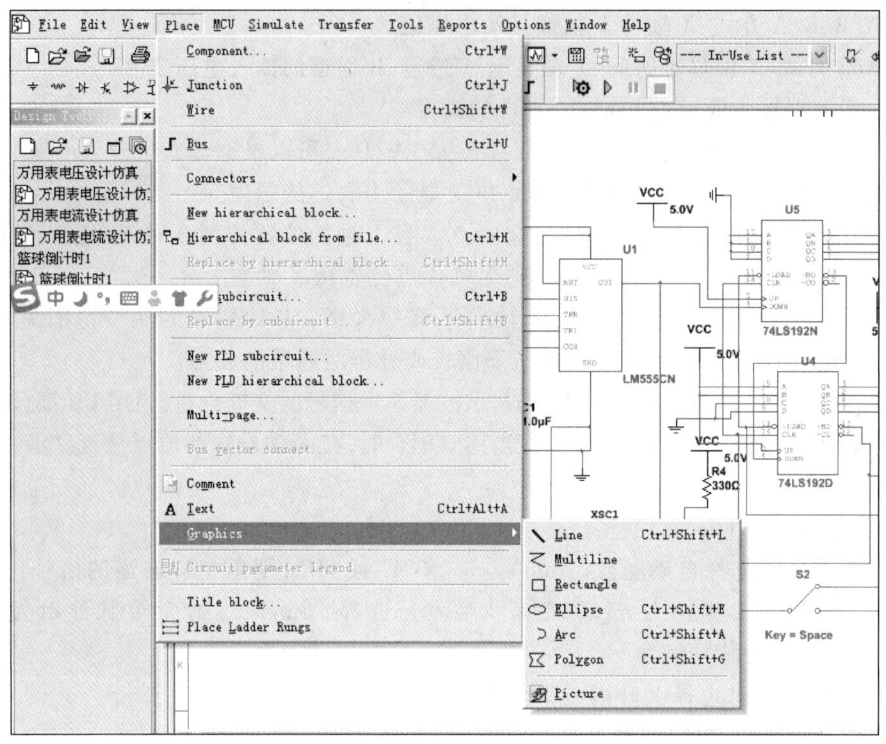

附图 6.23　绘图功能操作

(2) 文字放置功能操作,如附图 6.24 所示。

11. 常用图面和元器件标示调整功能

初学 Multism 遇到的常见问题有:图纸大小怎么调、背景网点怎么去除、元器件怎么没有引脚编号、导线粗细怎么调等,这些实际上都在“Options”主菜单下的“Sheet properties”子菜单里,单击“Sheet properties”将出现“Sheet properties”调整窗口,下面通过几个图示说明。

(1) 属性主菜单

属性主菜单操作如附图 6.25 所示。

(2) “Sheet properties”调整窗口

点击“Sheet properties”,出现附图 6.26 所示对话框,该窗口第一项包括元器件编号调整、引脚编号隐藏调整等功能。

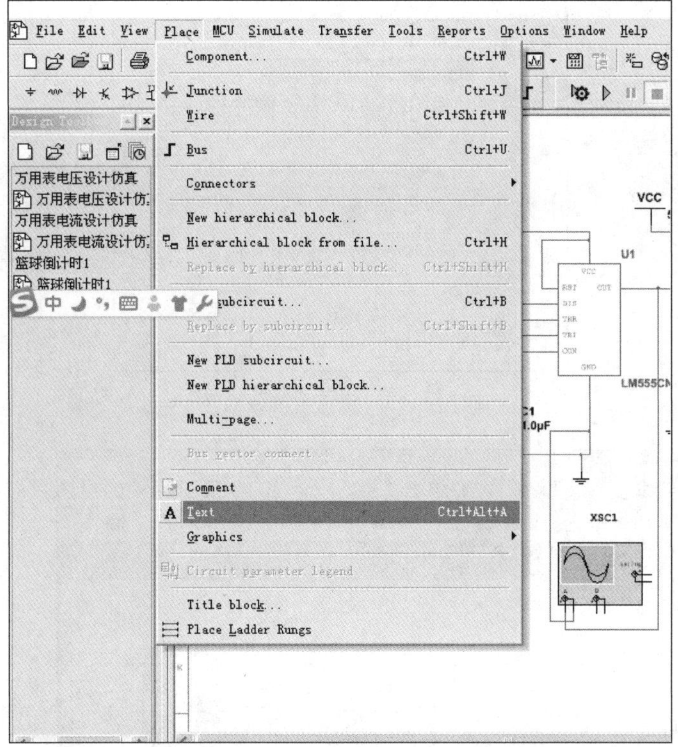

(a) 选择Text

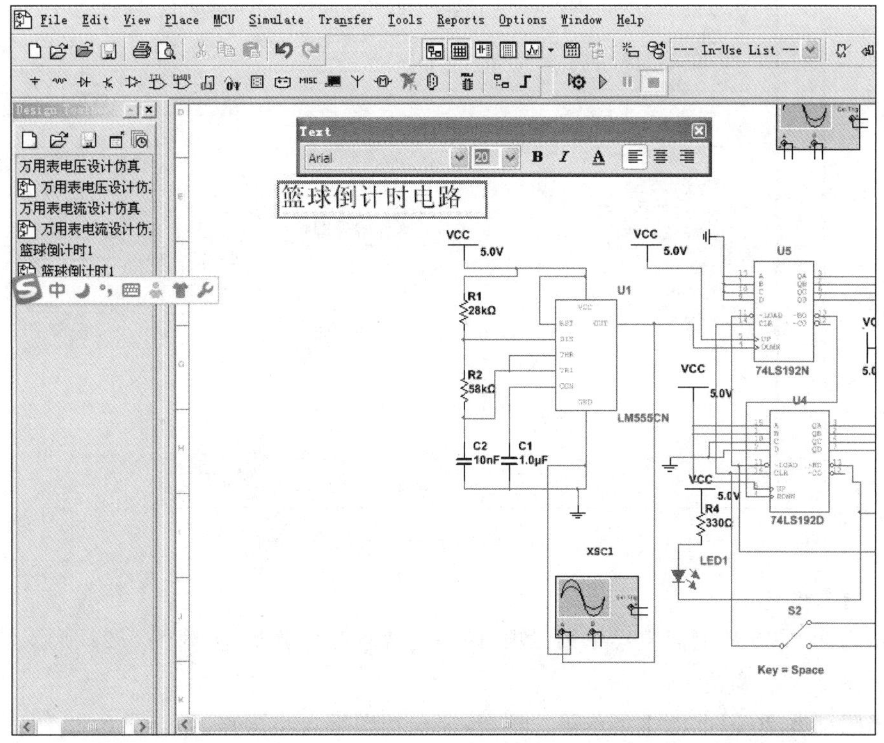

(b) 点击Text放置文字

附图 6.24　文字放置功能操作

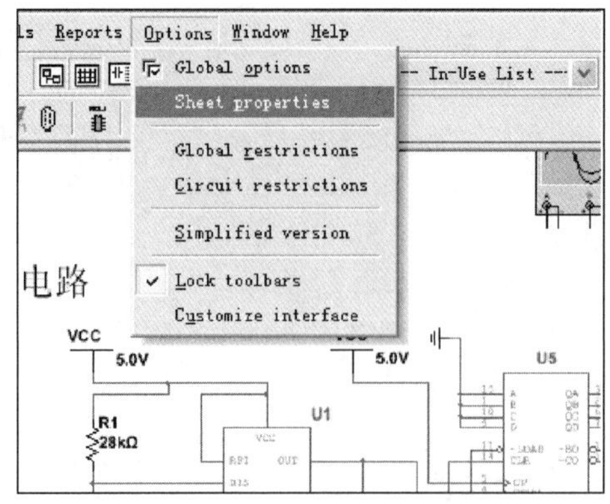

附图 6.25　属性主菜单操作

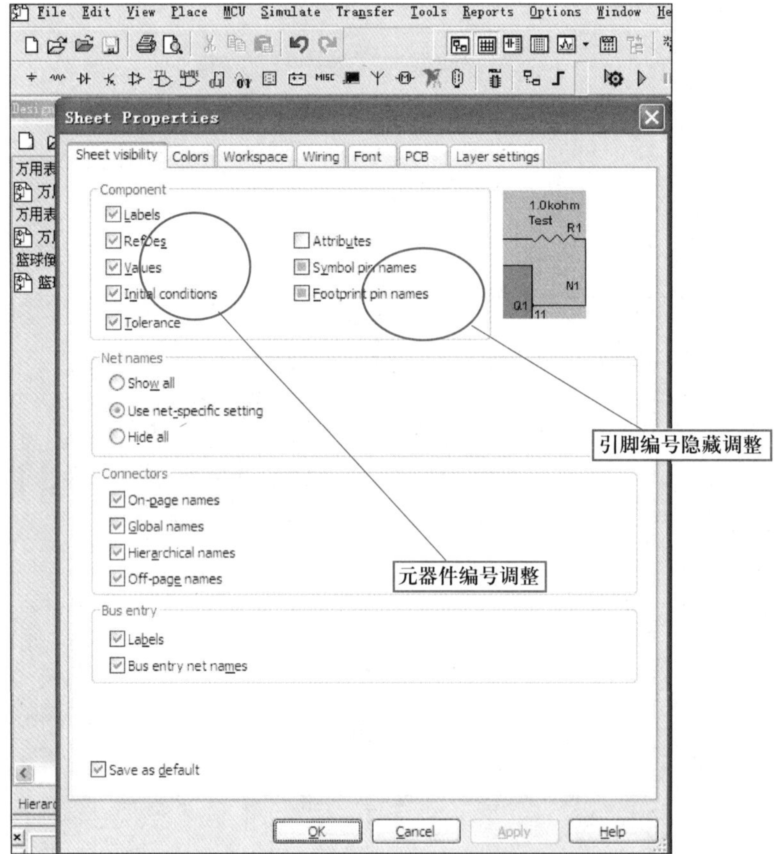

附图 6.26　"Sheet properties"菜单操作

（3）背景颜色调整

点击附图 6.26 最上面主菜单第二项，该项是背景颜色调整，如附图 6.27 所示。

（4）图纸大小调整

点击附图 6.26 最上面主菜单第三项，该项包括图纸大小调整，如附图 6.28 所示。

（5）导线粗细调整

点击附图 6.26 最上面主菜单第四项，该项包括导线粗细调整，如附图 6.29 所示。

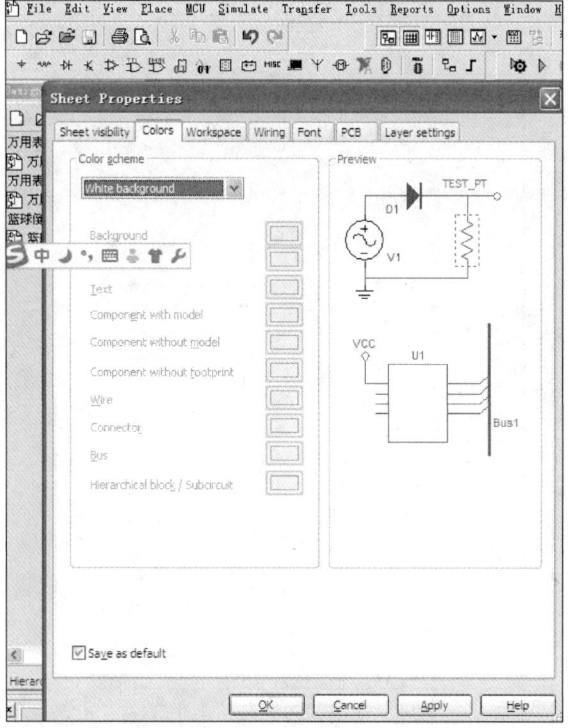

附图 6.27　背景颜色调整

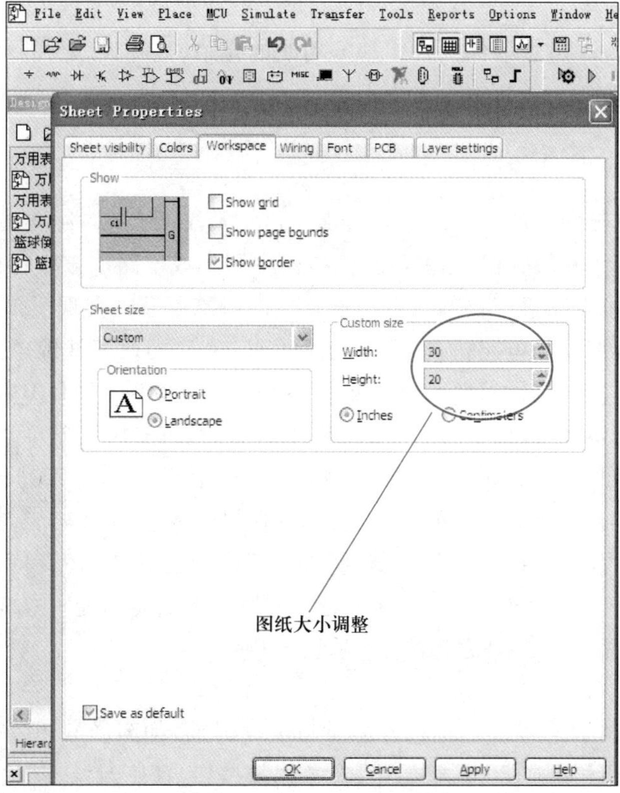

附图 6.28　图纸大小调整

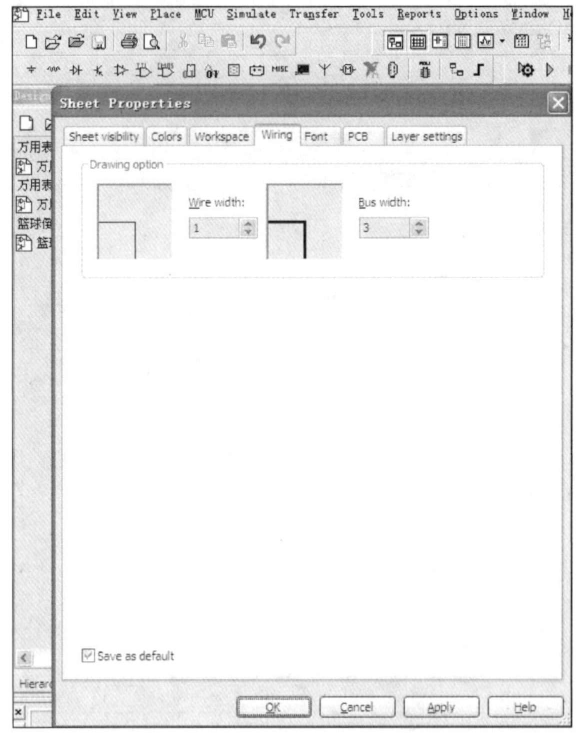

附图 6.29　导线粗细调整

以上只是 Multisim 仿真软件的一些基本功能的介绍，其实该软件的功能十分强大，有兴趣的同学可以自主查阅相关资料深入学习。

二、Proteus ISIS 简介

Proteus ISIS 是英国 Labcenter 公司开发的电路分析与实物仿真软件。它运行于 Windows 操作系统上，可以仿真、分析各种模拟器件和集成电路。该软件能对电子技术基础原理中的大部分电子电路进行实验仿真。该软件的特点是：① 实现了单片机仿真和 SPICE 电路仿真相结合，具有模拟电路仿真、数字电路仿真、单片机及其外围电路组成的系统的仿真、RS232 动态仿真、I^2C 调试器仿真、SPI 调试器仿真、键盘仿真和 LCD 系统仿真的功能，有各种虚拟仪器，如示波器、逻辑分析仪、信号发生器等。② 支持主流单片机系统的仿真，目前支持的单片机类型有：68000 系列、8051 系列、AVR 系列、PIC12 系列、PIC16 系列、PIC18 系列、Z80 系列、HC11 系列以及各种外围芯片。③ 提供软件调试功能，具有全速、单步、设置断点等调试功能，同时可以观察各个变量、寄存器的当前状态，还支持第三方软件编译和调试环境，如 Keil uVision 等软件。④ 具有强大的原理图绘制功能。总之，该软件是一款集单片机和 SPICE 分析于一身的仿真软件，功能极其强大。

1. 工作界面

Proteus ISIS 的工作界面是一种标准的 Windows 界面，如附图 6.30 所示，包括：标题栏、菜单栏、标准工具栏、绘图工具栏、状态栏、对象选择按钮、预览对象方位控制按钮、仿真进程控制按钮、预览窗口、对象选择器窗口、原理图编辑窗口等。

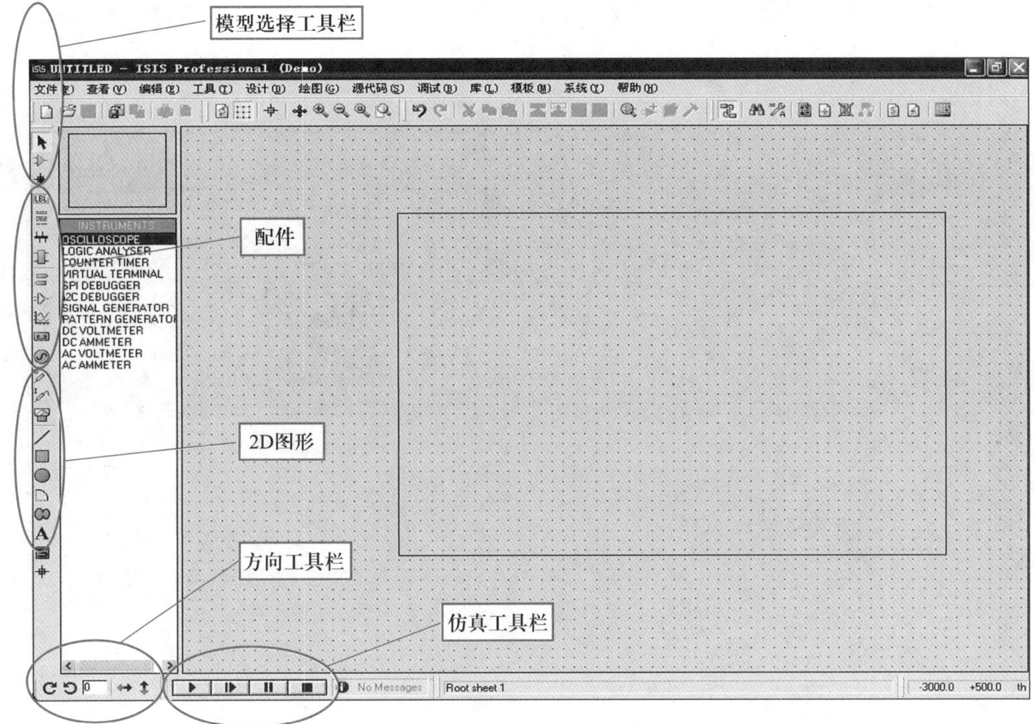

附图 6.30　工作界面

下面简单介绍各部分的功能。

(1) 原理图编辑窗口

顾名思义,该窗口是用来绘制原理图的。方框内为可编辑区,元器件要放到方框内。注意:这个窗口是没有滚动条的,可用预览窗口来改变原理图的可视范围,如附图 6.31 所示。

(2) 模型选择工具栏(Mode Selector Toolbar)

——用于选择元器件(components),默认为选中的

——用于放置连接点

——用于放置标签(有总线时会用到)

——用于放置文本

——用于绘制总线

——用于放置子电路

——用于即时编辑元器件参数(先单击该图标再单击要修改的元器件)

——终端接口(terminals),有 VCC、地、输出、输入等接口

——元器件引脚,用于绘制各种引脚

——仿真图表(graph),用于各种分析,如 Noise Analysis

——录音机

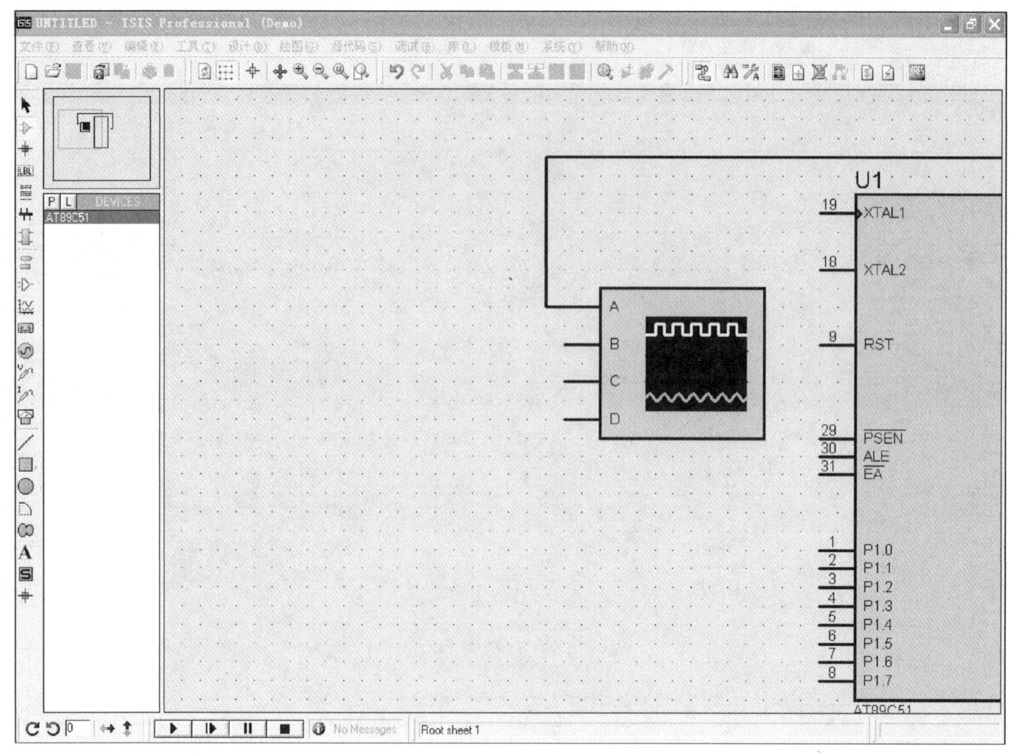

附图 6.31　预览窗口改变可视范围

——信号发生器(generators)

——电压探针,使用仿真图表时要用到

——电流探针,使用仿真图表时要用到

——虚拟仪表,有示波器等

——用于画各种直线

——用于画各种方框

——用于画各种圆

——用于画各种圆弧

——用于画各种多边形

A——用于画输入文字

——用于画符号

——用于画原点等

(3) 元器件列表(The Object Selector)

用于挑选元器件(components)、终端接口(terminals)、信号发生器(generators)、仿真图表(graph)等。打开挑选元器件对话框,选择了一个元器件后,该元器件会在元器件列表中显示,以后要用到该元器件时,只需在元器件列表中选择即可。

(4) 方向工具栏(Orientation Toolbar)

——旋转,旋转角度只能是 90°的整数倍

——完成水平翻转和垂直翻转

使用方法:先右键单击元器件,再点击(左击)相应的旋转图标。

(5) 仿真控制按钮

——运行

——单步运行

——暂停

——停止

2. 基于 Proteus ISIS 的电路仿真

实例:正弦波幅值经同相比例放大器放大 41 倍,用示波器显示并分析结果。

(1) 运行 ISIS Demo,出现附图 6.32 所示运行窗口。

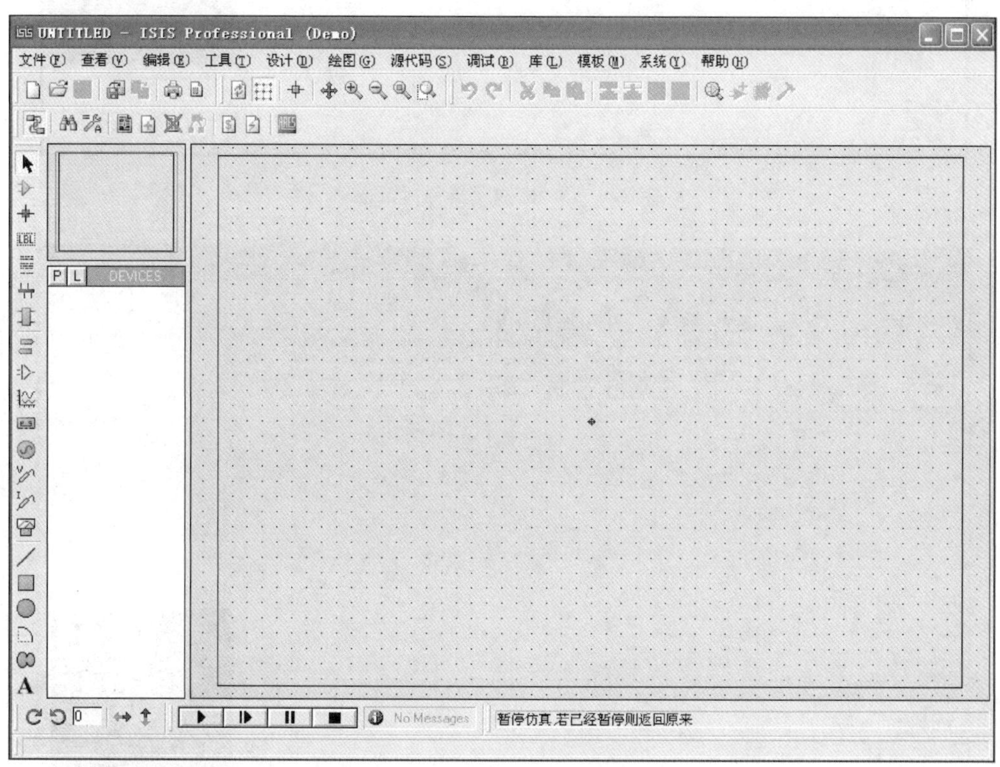

附图 6.32　ISIS Demo 运行窗口

(2) 添加元器件到元器件列表中。

本例要用到的元器件有:OPA2132、电阻、正弦波源、±5 V 直流电源、“地”、示波器。单击元器件选择按钮P,出现挑选元器件对话框,如附图 6.33 所示。

在对话框的关键字栏中输入“OPA2132”,得到多个结果,如附图 6.34 所示。

在搜索结果中选元器件 OPA2132PA,可以看到预览结果,如附图 6.35 所示。

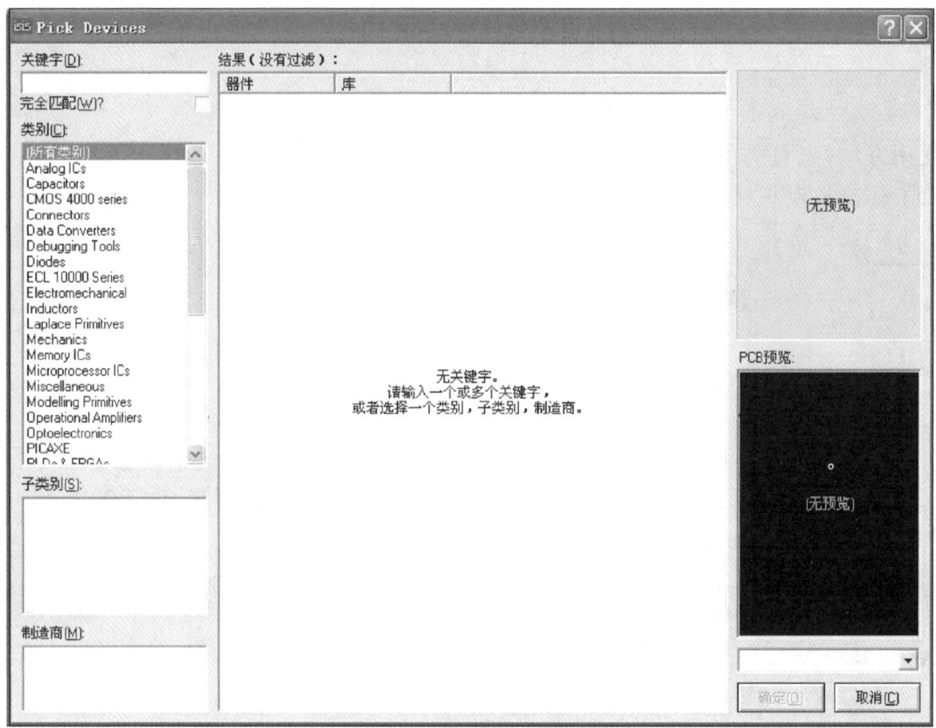

附图 6.33　挑选元器件对话框

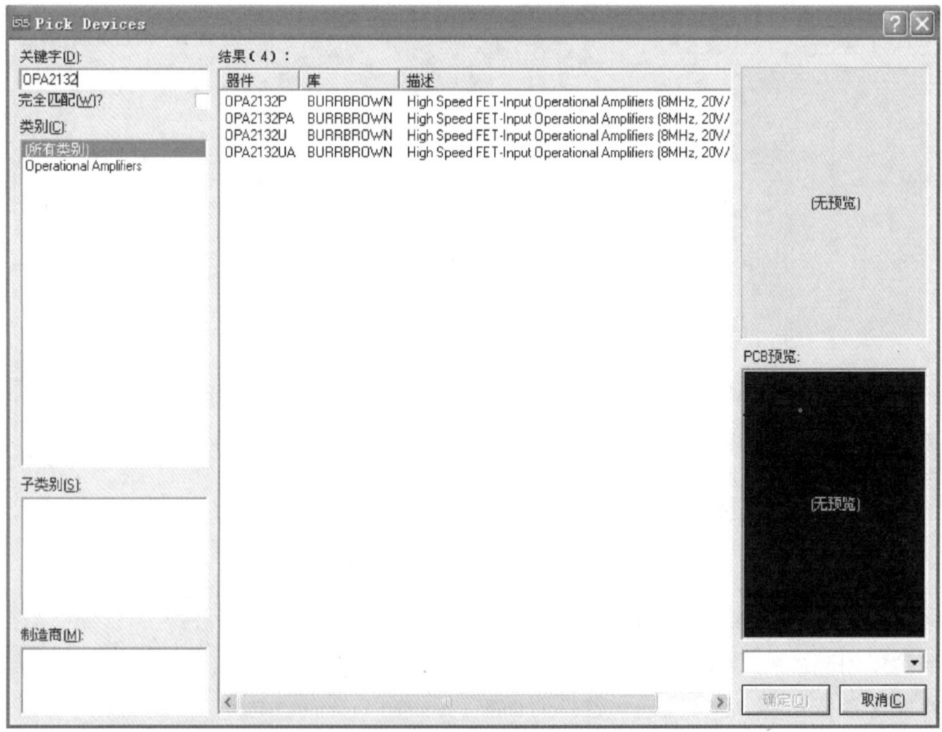

附图 6.34　元器件 OPA2132 搜索对话框

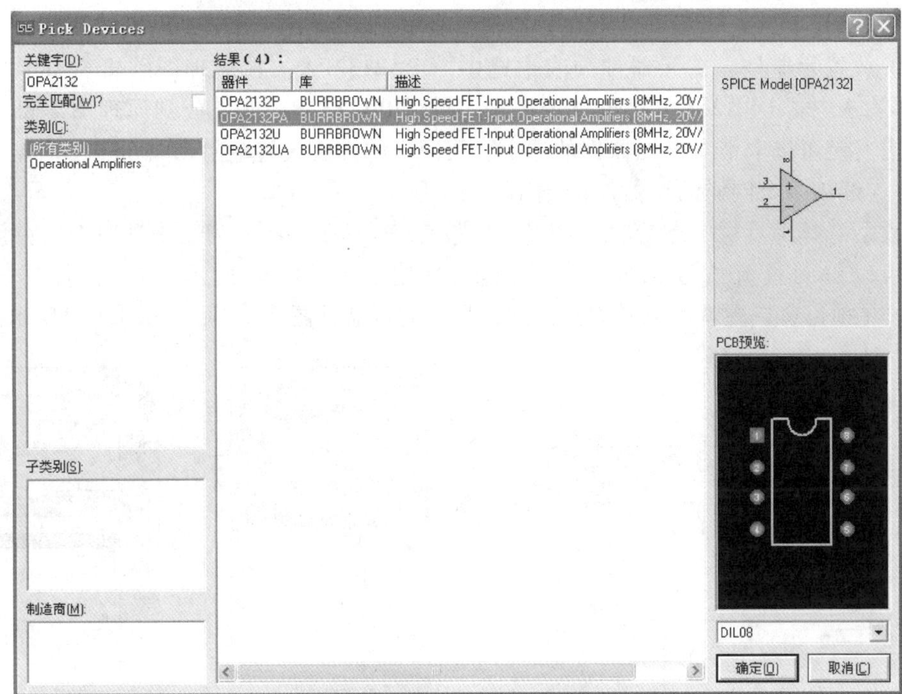

附图 6.35　元器件 OPA2132PA 选择对话框

单击“确定”按钮，关闭对话框，这时元器件列表中列出 OPA2132PA。

再点击元器件选择按钮[P]，在类别中选“Resistors”，然后在结果中选元器件 10WATT1K，如附图 6.36 所示。

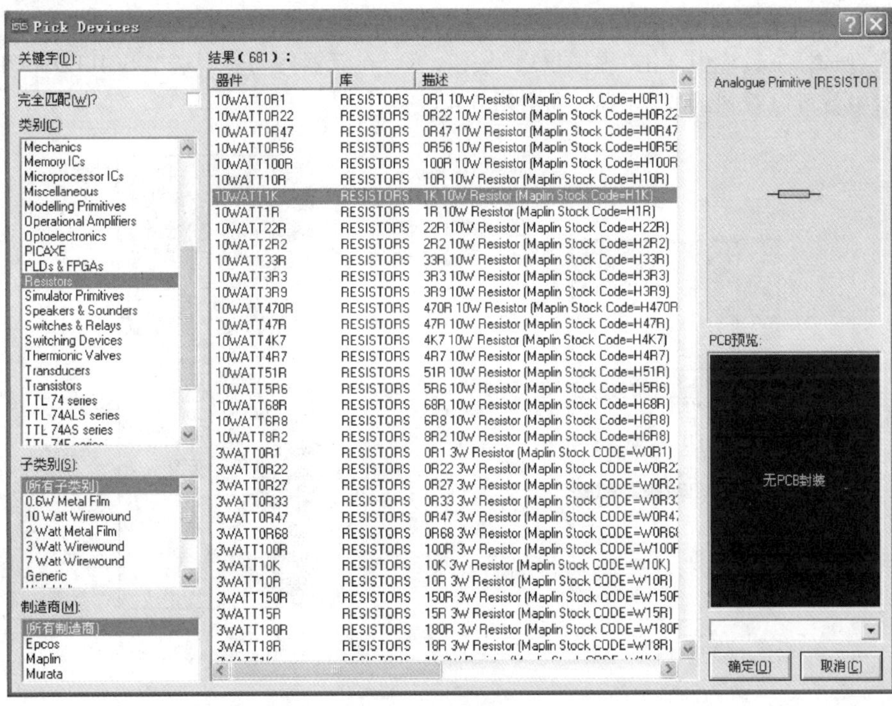

附图 6.36　电阻元器件选择对话框

点击“确定”按钮，该元器件就在元器件列表中列出。

(3) 放置元器件。在元器件列表中选中“OPA2132PA”，在原理图编辑窗口中单击左键，这样就选中了OPA2132PA，再单击一次左键，OPA2132PA就被放到原理图编辑窗口中了。单击右键可以取消对该元器件的选中。用同样的方法放置电阻10WATT1K。连续点击左键，可连续放多个同样的元器件，如附图6.37所示。

在模型选择工具栏中点击“信号发生器”按钮，然后在元器件列表中选“DC”，在预览窗口中就可以看到直流信号源的元器件图形，如附图6.38(a)所示；在元器件列表中选“SINE”，在预览窗口中就可以看到正弦波信号源的元器件图形，如附图6.38(b)所示。

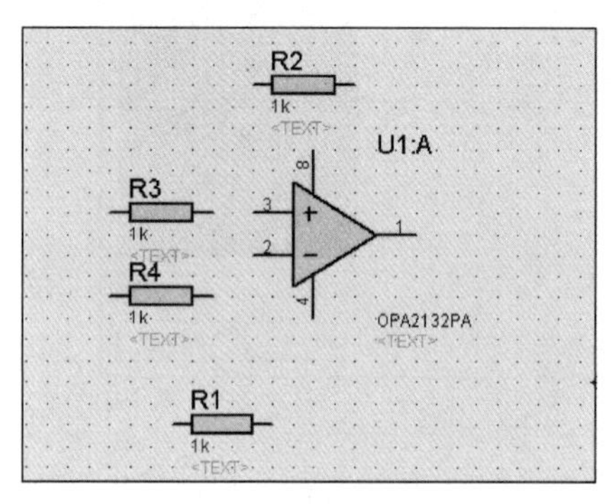

附图6.37　放置元器件原理图

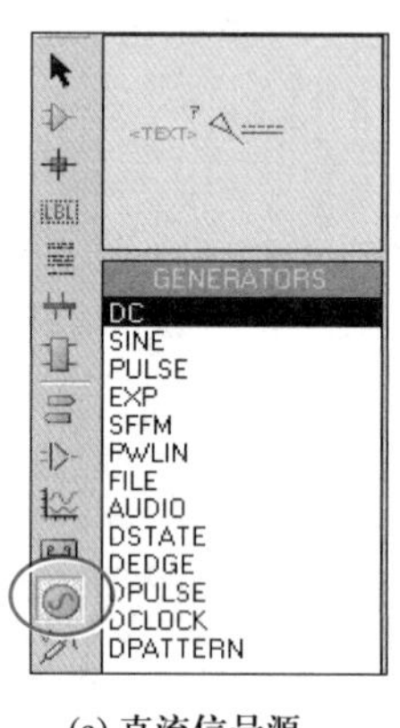

(a) 直流信号源

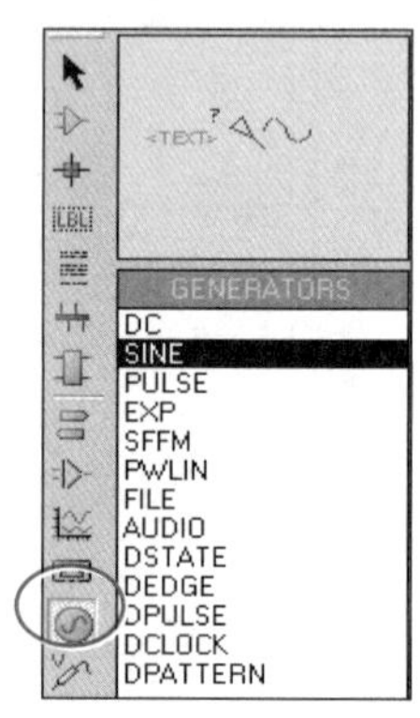

(b) 正弦波信号源

附图6.38　模型选择工具栏

在模型选择工具栏中点击信号发生器终端接口按钮，选中“GROUND”，在预览窗口中就可以看到接地端图形，如附图6.39所示。

在模型选择工具栏中点击“虚拟仪表”按钮，然后在元器件列表中选“OSCILLOSCOPE”，在预览窗口中就可以看到示波器图形，如附图6.40所示。

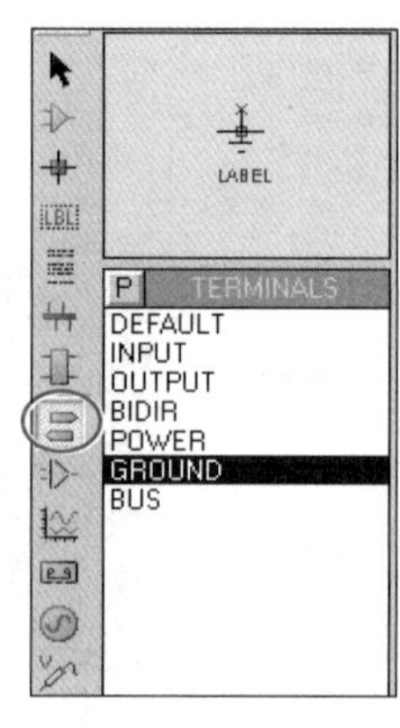

附图6.39　信号发生器终端接口选择

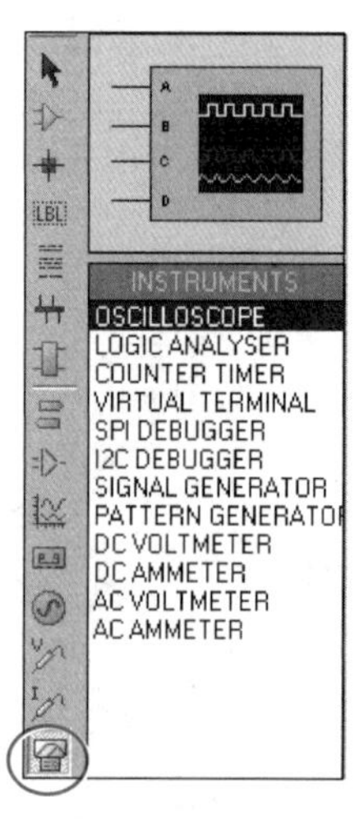

附图6.40　示波器图形预览

元器件放置完成后，电路如附图 6.41 所示。

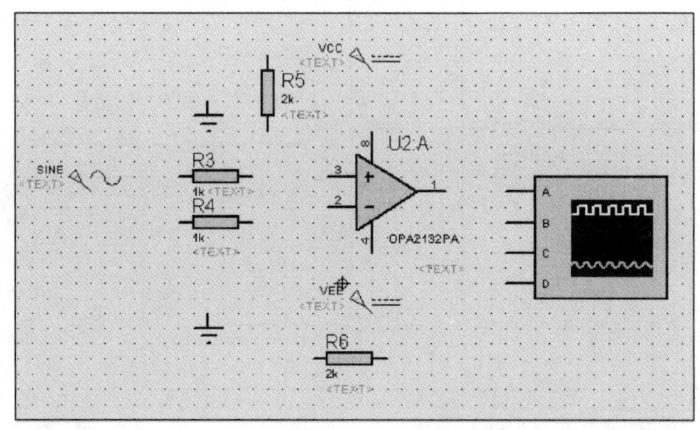

附图 6.41　实验电路元器件放置图

(4) 原理图布局

移动元器件的时候，先左键点击该元器件，然后再一次点击左键并按住不放，移动鼠标，元器件就会跟着移动。

(5) 修改元器件属性

双击元器件，将会弹出对话框，在对话框内可以修改元器件的名称、参数值等。如修改电阻值，元器件属性对话框如附图 6.42 所示，修改好后按“确定”按钮即可。

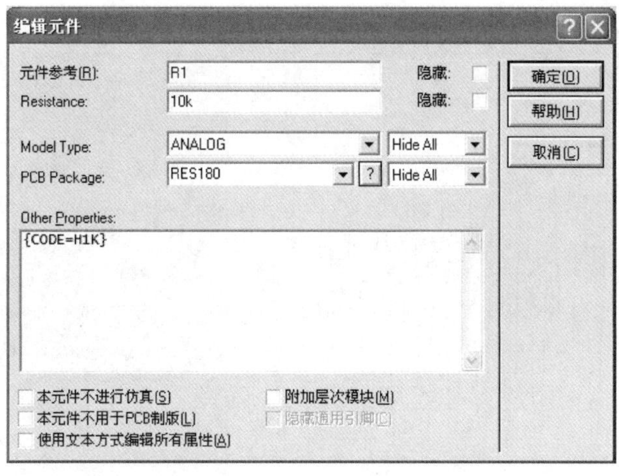

附图 6.42　元器件属性对话框

(6) 连线

将鼠标放到元器件的节点，会出现正方形的小红框，这时点击左键，把鼠标移动到要与它相连的另一个节点，此节点也出现红色小框，这时再单击左键，就可以完成连线。要删除某段线，则右键选中该线，在弹出的快捷菜单中选择“删除”即可。完成连线后，实验电路原理图如附图 6.43 所示。

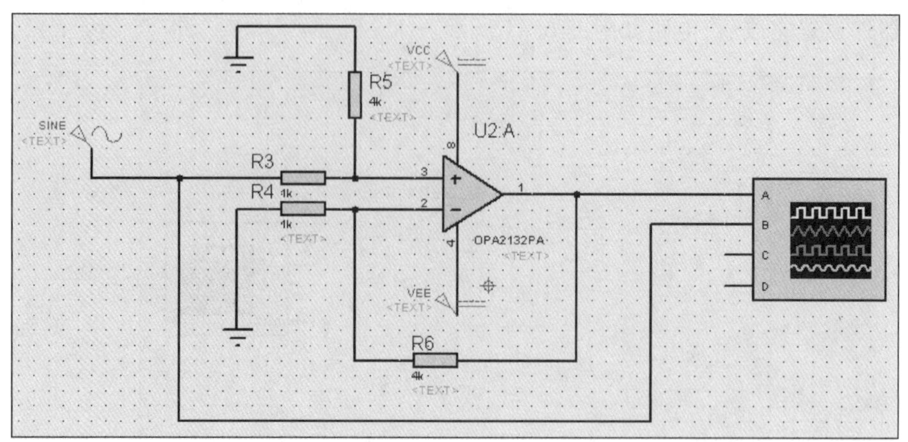

附图 6.43　实验电路原理图

（7）仿真

点击仿真工具栏中的按钮开始仿真，示波器将自动弹出仿真波形，如附图 6.44 所示。可以看到，不同通道的波形用不同的颜色区分开，右边有相应的按钮，用于调节波形显示的幅度和频率，在仿真过程中可以适当调节，以便进行观察和计算。当不需要观察波形时，点击仿真工具栏中的按钮停止仿真，此时示波器的仿真波形将不再显示。注意：如果点击仿真波形窗口的关闭按钮，那么下次仿真的时候，示波器将不再自动弹出仿真波形，要删掉原来的示波器，再放置新的示波器才可以弹出仿真波形，这样会很麻烦。

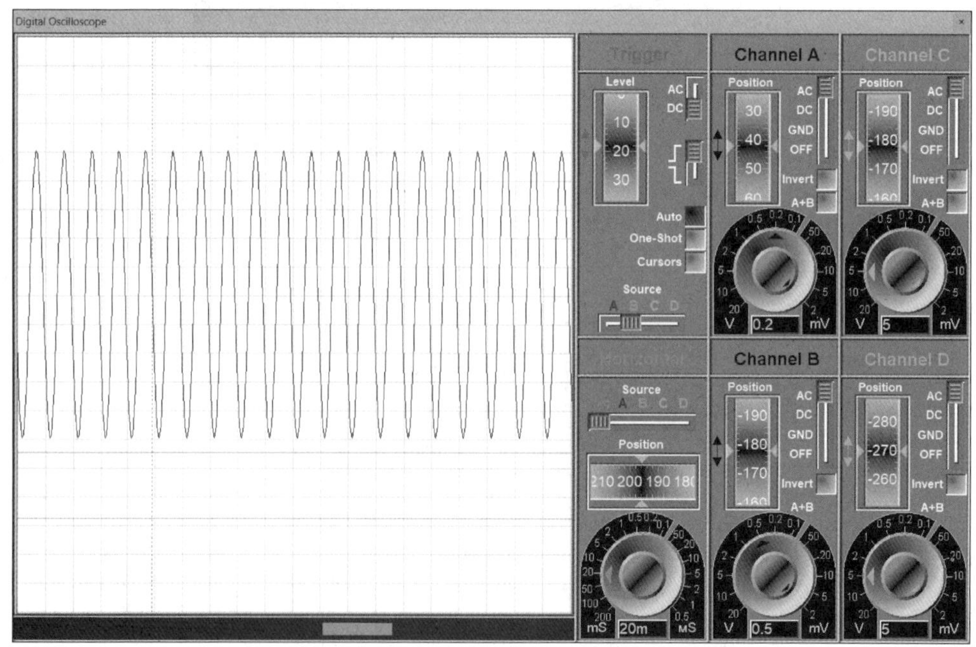

附图 6.44　示波器仿真波形

下面简单介绍示波器的调节按钮的作用。

① Trigger：示波器触发信号设置窗口。

——触发电平，用于调节触发电平，即显示界面中的水平“白线”，显示在界面正中调为 0

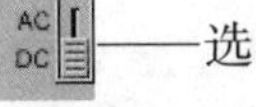

——选择开关，用于选择触发电平的类型

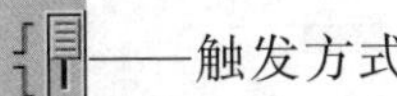——触发方式

Auto——自动设置触发方式

One-Shot——单击触发

Cursors——选择指针模式，可以记录各个点的时间和幅度坐标

② Channel A、B、C、D：通道 A、B、C、D 调节窗口。

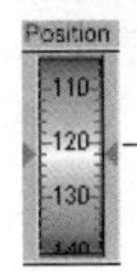

——垂直机械位置调节按钮，用于调节所选通道波形的垂直位置，显示在界面正中调为 0

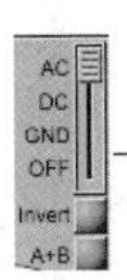

——选择开关，用于选择通道的显示波形类型

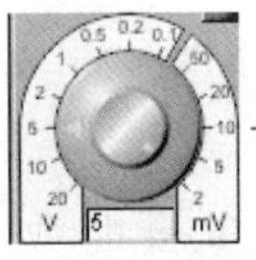

——用于调节垂直刻度系数，旋转箭头位置即可设置每一格的幅度值大小，依次是 2 mV～20 V

③ Horizontal：示波器显示水平机械位置调节窗口

——用于调节波形的触发点位置，即显示界面中的垂直“白线”，显示在界面正中调为 0

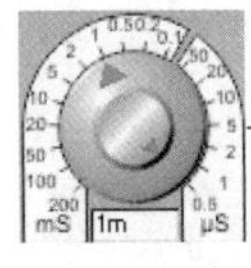

——用于调节水平比例尺寸因子

实例：用 4013 双 *D* 触发器实现脉冲 4 分频。

(1) 设计原理图

放置好元器件并连好线之后，实验电路原理图如附图 6.45 所示。

(2) 放置测量探针

点击工具箱中的电压探针图标，将在浏览窗口显示电压探针的外观。使用旋转或镜像按钮调整探针的方向后，在编辑窗口期望放置探针的位置双击鼠标左键，电压探针被放置到电路图中，如附图 6.46 所示。

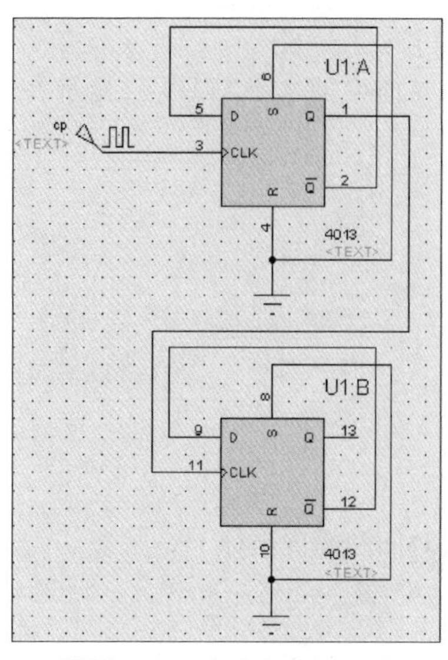

附图 6.45　实验电路原理图

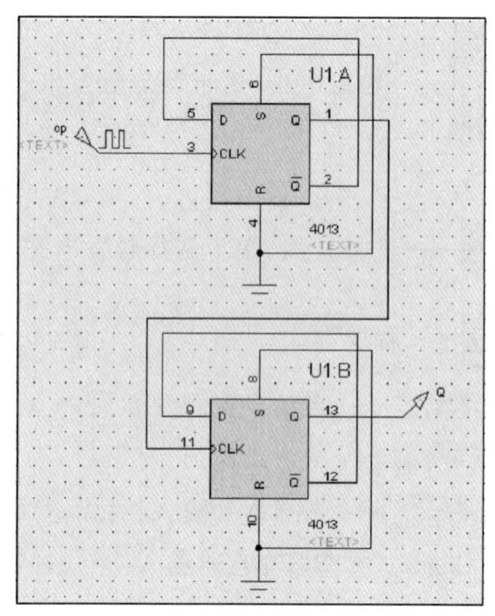

附图 6.46　放置测量探针

（3）放置数字分析图表

数字分析图表用于绘制逻辑电平值随时间变换的曲线，图表中的波形代表单一数据位或总线的二进制电平值。在模型选择工具栏中点击仿真图表图标，在对象选择器中将会出现各种仿真分析所需的图表，选择 DIGITAL 仿真图表，如附图 6.47 所示。

在编辑窗口期望放置图表的位置点击鼠标左键，并拖动鼠标，此时将出现一个矩形图表轮廓。在期望的结束点点击鼠标左键，放置图表，如附图 6.48 所示。仿真图表用于绘制逻辑电平随时间变化的曲线，因此需要在仿真图表中添加仿真探针及发生器。如附图 6.49 所示，点击“绘图”→“添加图线”菜单命令，将弹出一个对话框，如附图 6.50 所示。

按照图中所示编辑“添加瞬态曲线”对话框，编辑完成后点击“确定”按钮，此时数字时钟信号源 CP 被添加到数字分析图表中。按照上述方法，将输出探针 Q 添加到数字分析图表，结果如附图 6.51、附图 6.52 所示。

双击图表将弹出如附图 6.53 所示的数字分析图表对话框。

按照图中所示编辑图表，点击“确定”按钮完成设置。

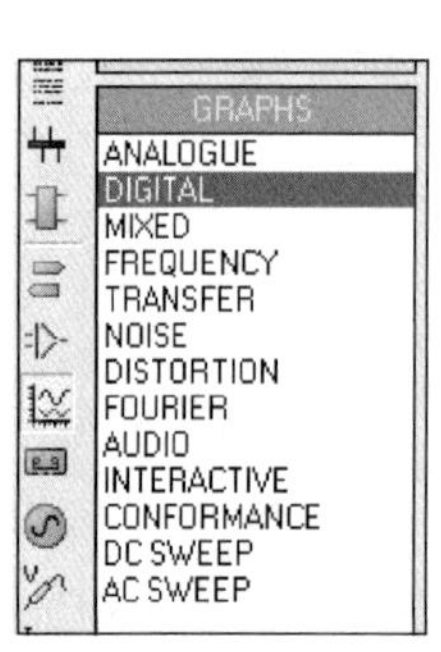

附图 6.47　选择数字分析图表

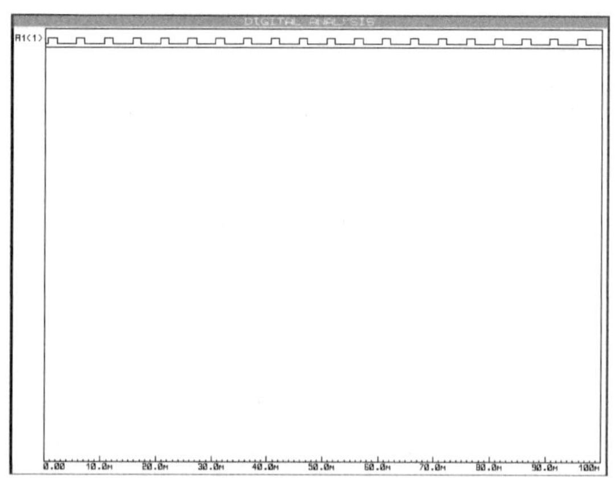

附图 6.48　放置 DIGITAL 仿真图表

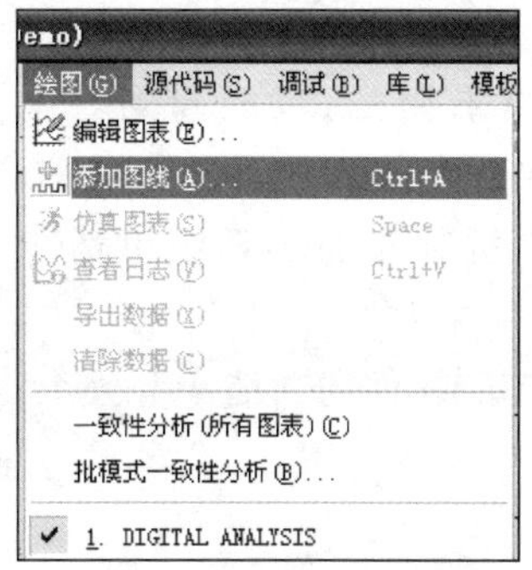

附图 6.49　添加仿真探针菜单

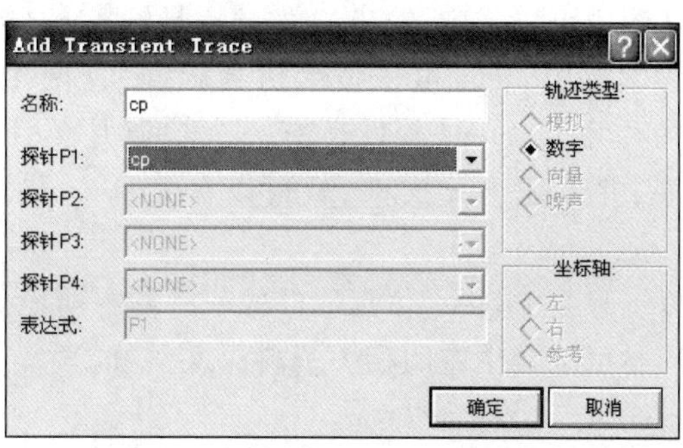

附图 6.50　添加仿真探针对话框

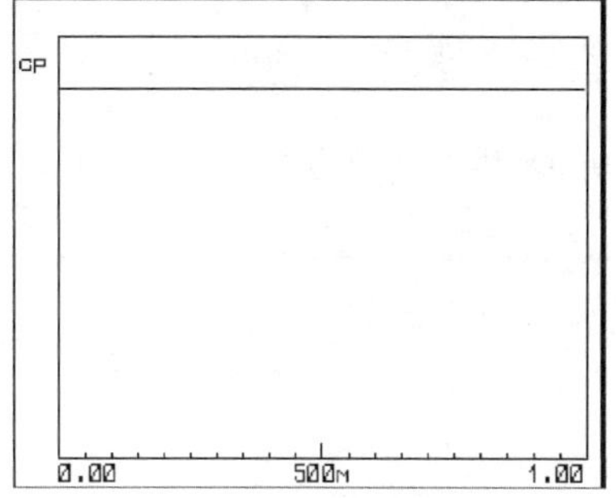

附图 6.51　添加数字时钟信号源 *CP*

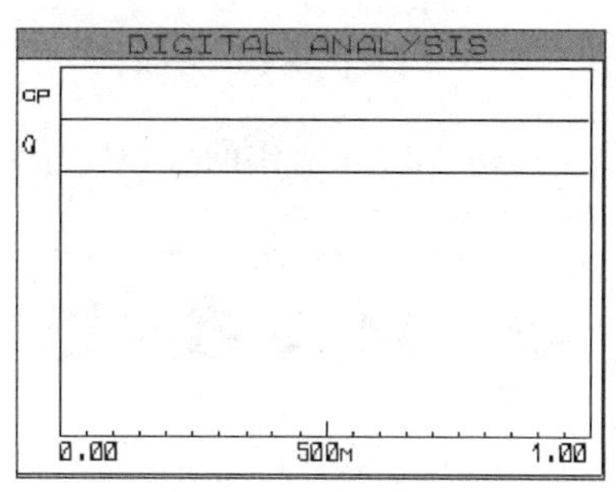

附图 6.52　添加输出探针 *Q*

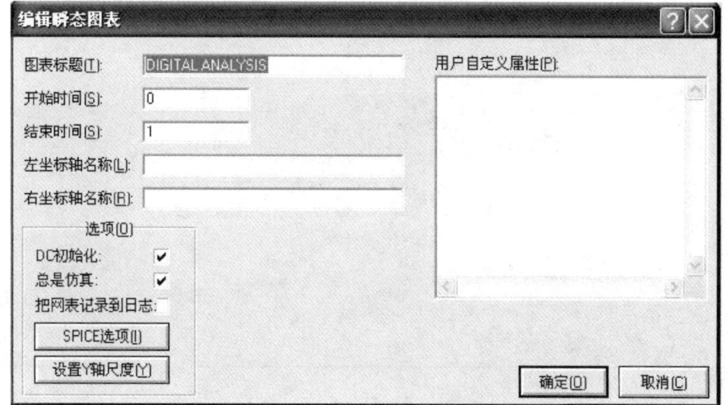

附图 6.53　数字分析图表对话框

（4）仿真电路。选择“绘图“→”仿真图表”命令,开始仿真,电路仿真图如附图 6.54 所示。

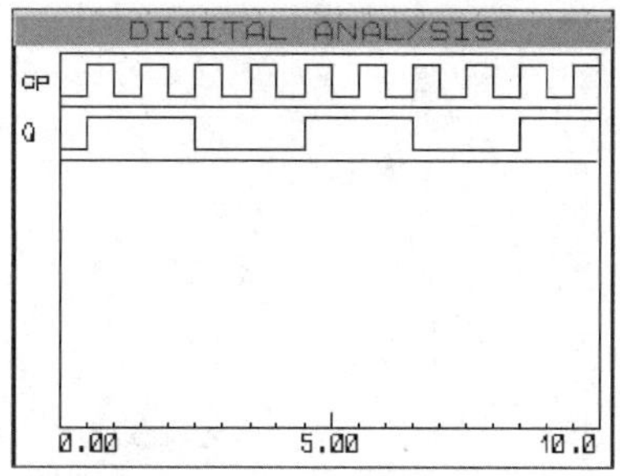

附图 6.54　电路仿真图

从图中可以看到,输出 Q 的频率是输入 CP 频率的1/4,实现了四分频的功能。

要学好 Proteus 电子技术仿真软件,这两个例子是非常有限的,只能起到一个抛砖引玉的作用,Proteus 软件还有一个功能是单片机仿真,只要在 keil 软件里用 C 语言写好程序,并生成 Hex 文件,就可以在 Proteus 软件自带单片机制作的小系统里运行看结果了。

以上只是 Proteus 仿真软件的一些基本功能的介绍,其实该软件的功能十分强大,有兴趣的同学可以自主查阅相关资料深入学习。

附录七 部分实验仿真步骤

一、实验 1 中的双踪示波器的使用及门电路功能测试

1. 使用仿真软件制作的虚拟实验箱如附图 7.1 所示,供学生在课余时间使用。

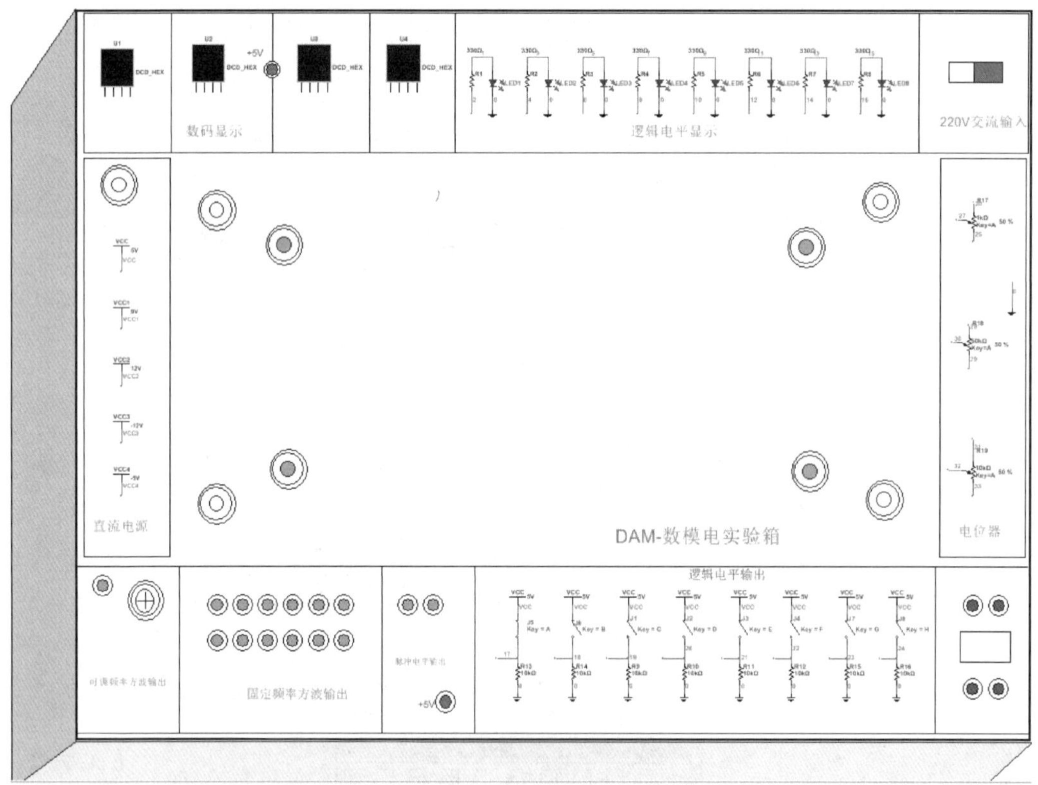

附图 7.1 虚拟实验箱

2. 使用仿真软件制作的虚拟数电实验板如附图 7.2 所示，供学生在课余时间使用。

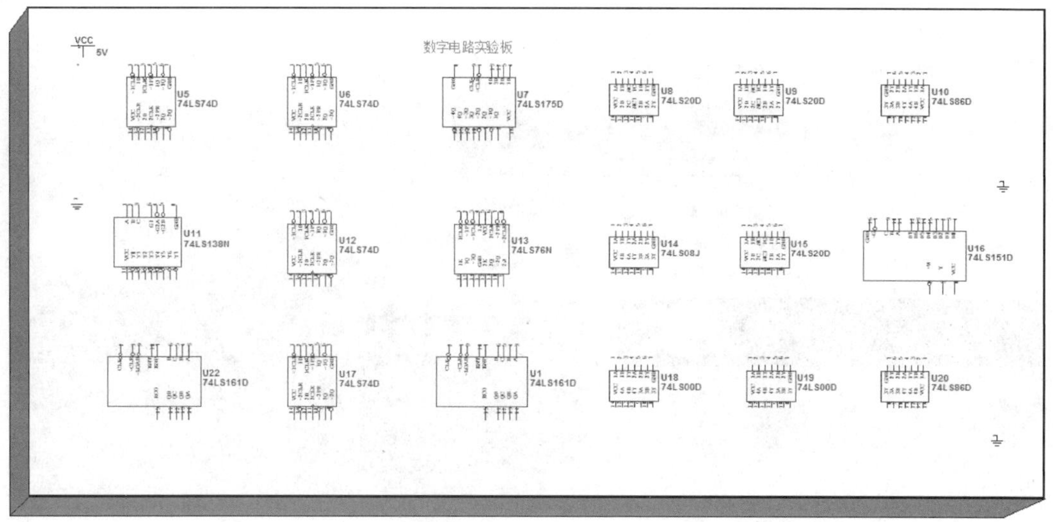

附图 7.2　虚拟数电实验板

3. 用虚拟数字 4 通道示波器测量 1 kHz、0.3 V 连续脉冲信号，如附图 7.3 所示。

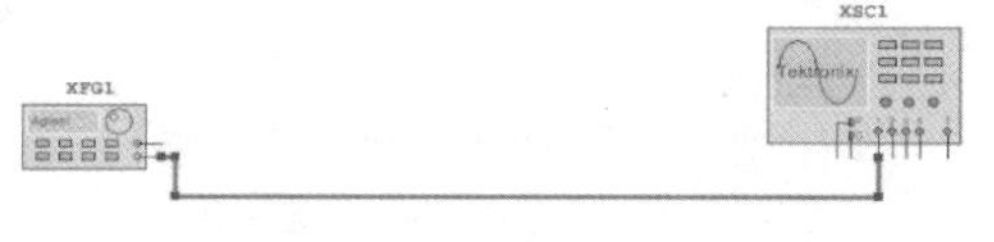

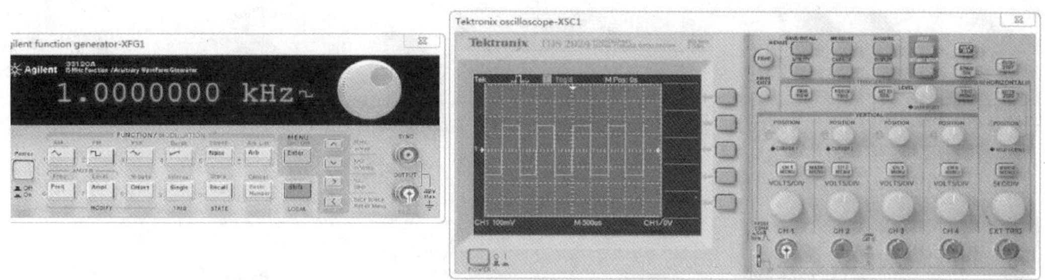

附图 7.3　用虚拟数字 4 通道示波器测量 1 kHz、0.3 V 连续脉冲信号

4. 用虚拟数字 4 通道示波器测量 1 MHz、5 V 连续脉冲信号的上升沿、下降沿等参数，如附图 7.4 所示。

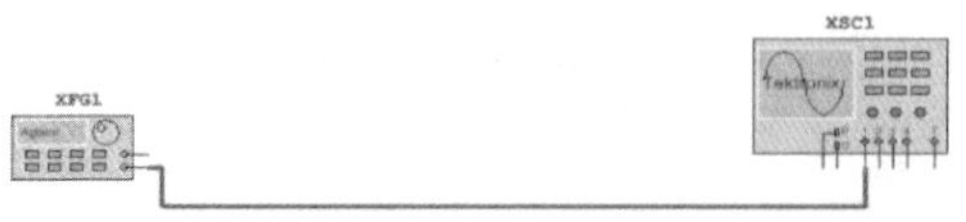

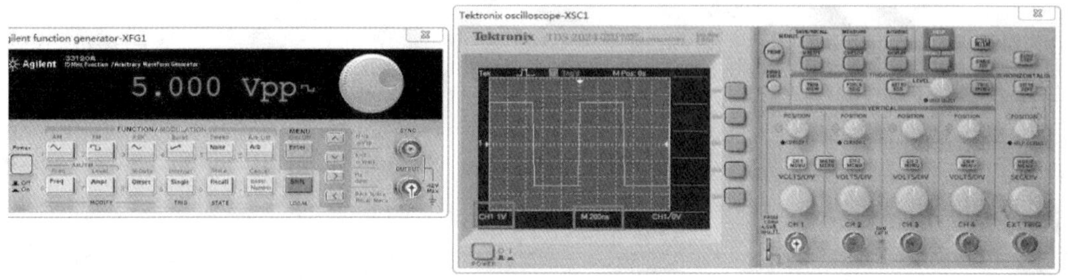

附图 7.4　用虚拟数字 4 通道示波器测量 1 MHz、5 V 脉冲信号的上升沿、下降沿等参数

5. 用自制逻辑开关和逻辑显示检验逻辑门功能，如附图 7.5 所示，附图 7.5(a)是原理性器件，附图 7.5(b)是工程器件。

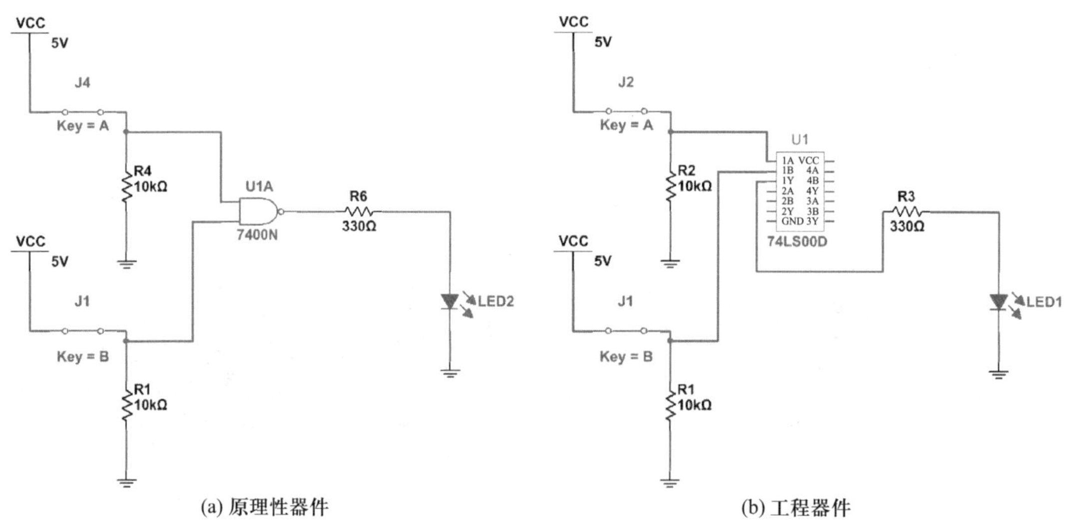

附图 7.5　检验逻辑门功能

二、实验 5 中的基本触发器逻辑功能测试及应用

1. D 触发器功能仿真测试，如附图 7.6 所示。
2. JK 触发器工程仿真测试，如附图 7.7 所示。

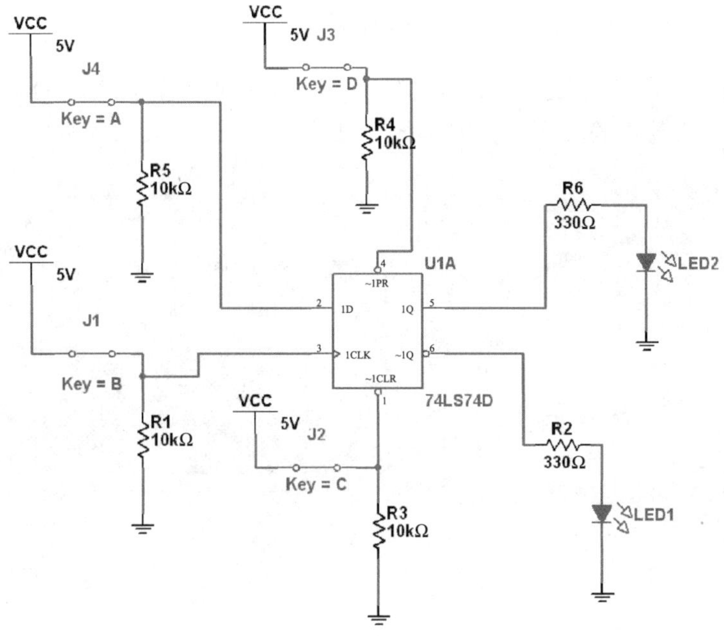

附图 7.6　*D* 触发器功能仿真测试

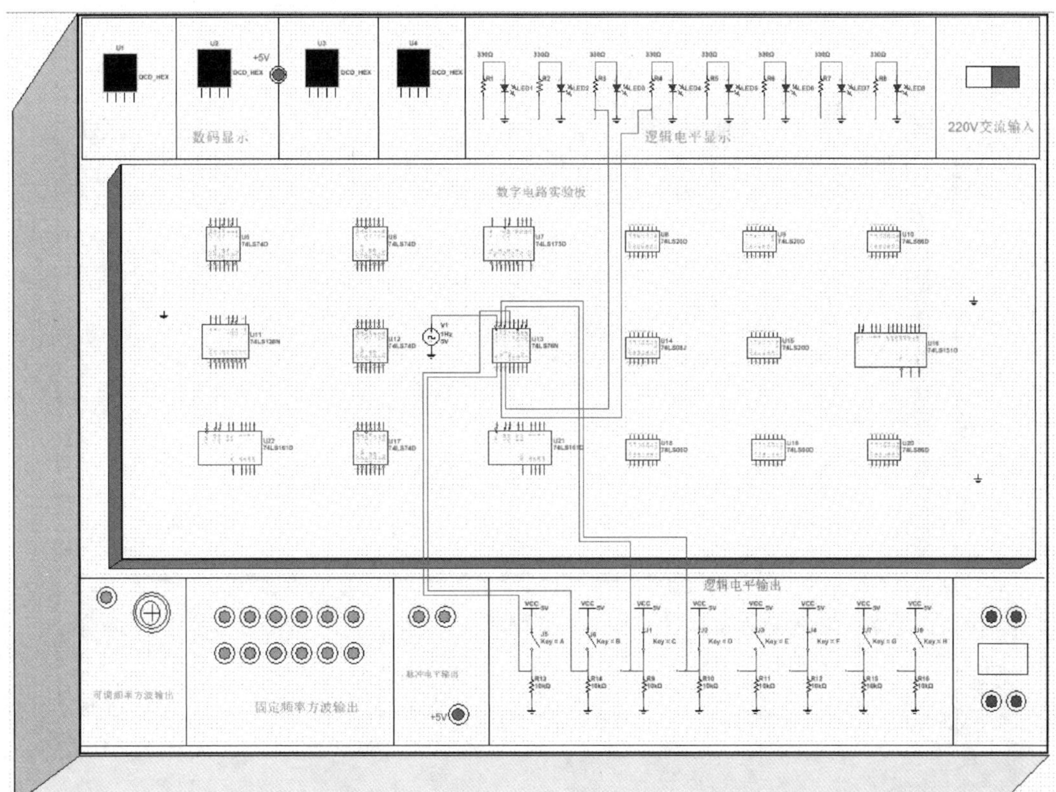

附图 7.7　*JK* 触发器工程仿真测试

三、实验 9 中的智力竞赛抢答器的设计

智力竞赛抢答器的仿真建立在设计基础上，其设计难点是附图 7.8(a)被遮挡部分。附图 7.8(b)是智力竞赛抢答器的工程仿真图，其为设计提供了一定的参考思路。

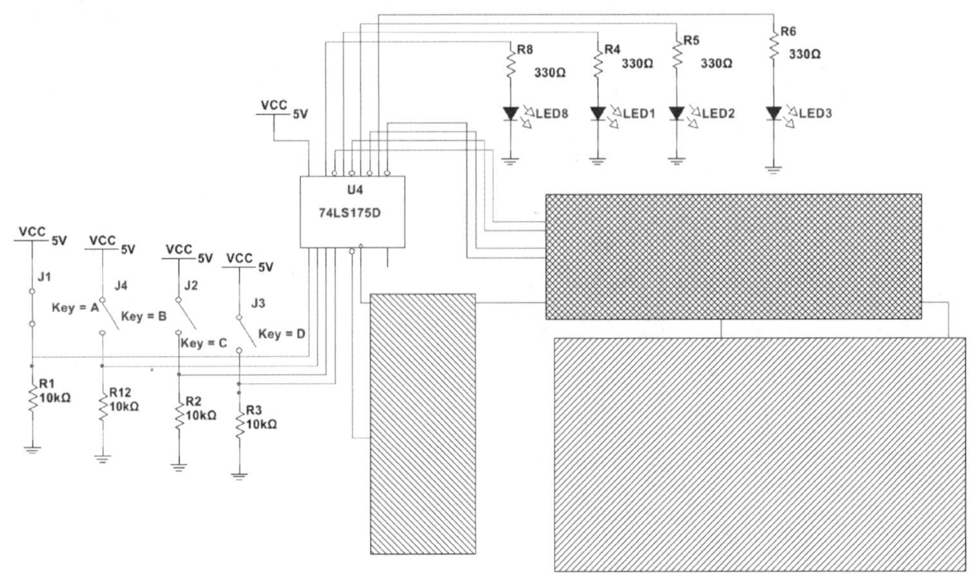

(a) 智力竞赛抢答器的设计、原理仿真参考图

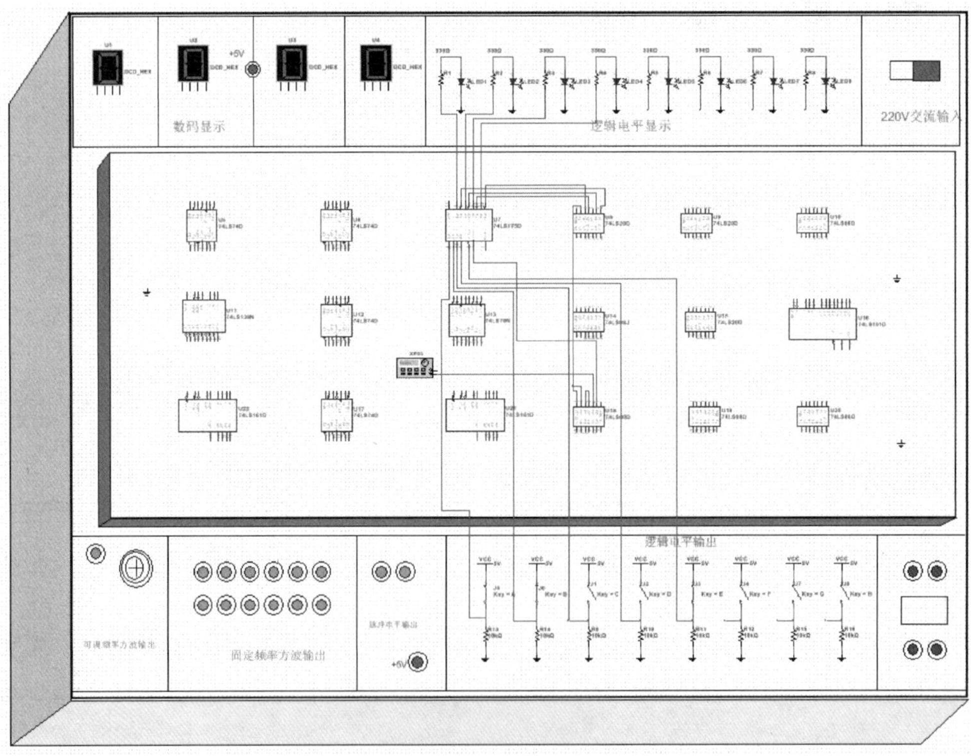

(b) 智力竞赛抢答器的工程仿真图

附图 7.8　智力竞赛抢答器

四、实验 10 中的 4 位串行累加器的设计

4 位串行累加器的仿真建立在设计基础上，其设计难点是附图 7.9 中被遮挡部分，它的真值关系在指导书上的激励表中，其他部分电路已给出设计参考图，也可以设计其他方案。附图 7.9 是 4 位串行累加器设计、原理仿真参考图。

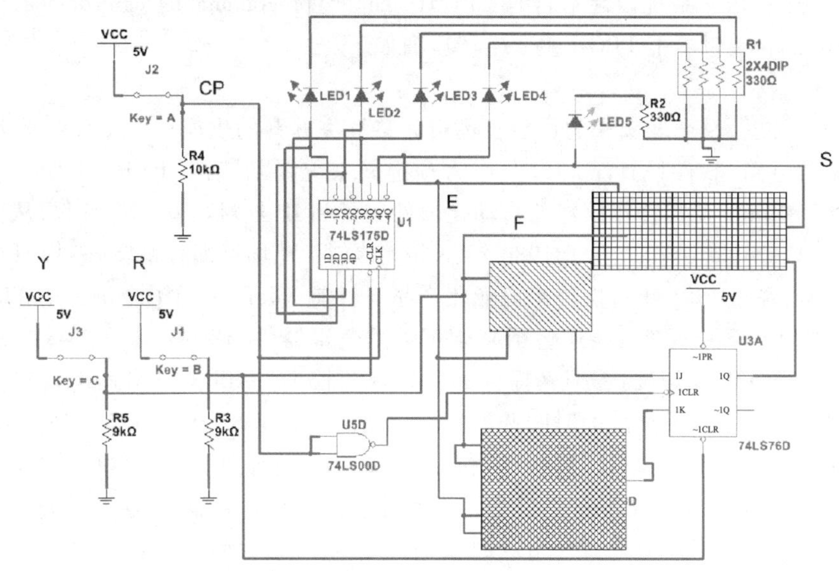

附图 7.9　4 位串行累加器设计、原理仿真参考图

附录八　数字系统设计简介

一、现代数字系统设计平台简介

随着数字系统的高速发展，传统地利用手工设计的方法即将 74 系列的器件组合成板上系统的时代早已过渡到基于 EDA 技术的片上系统时代，这个“片”目前典型代表就是 FPGA。FPGA(field programmable gate array)，即现场可编程门阵列，它是在 PAL、GAL、CPLD 等可编程器件的基础上进一步发展的产物。它是作为专用集成电路(ASIC)领域中的一种半定制电路而出现的，既解决了定制电路的不足，又克服了原有可编程器件门电路数有限的缺点。FPGA 靠专用开发环境和软件进行电路设计，典型语言有 Verilog 和 VHDL，用这些语言写好电路，再通过一定开发环境，可以快速地将设计电路烧录至 FPGA 上进行测试，是现代 IC 设计验证的主流技术。这些 FPGA 可以被用来实现一些基本的逻辑门电路(比如 AND、OR、XOR、NOT)或者更复杂一些的组合功能(比如解码器或 FFT)。在大多数的 FPGA 里面也包含记忆元件例如触发器(Flip-flop)或者其他更加完整的记忆块。

数字电路设计者可以根据需要通过开发环境和软件把 FPGA 内部的逻辑块连接起来，就好像一个电路实验板被放在了一个芯片里。FPGA 的设计电路可以方便地被重新设计或

修改。

FPGA 一般来说比 ASIC(专用集成电路)的速度要慢,实现同样的功能比 ASIC 电路所需的面积要大。但是它们也有很多的优点,比如可以快速成品,可以被修改来改正程序中的错误和实现更便宜的造价。所以,FPGA 是学习现代数字系统设计的良好平台。这样在以后的生产实践中只需将在 FPGA 开发的成熟电路移植到 ASIC 的芯片上即可。另外一个和 FPGA 类似的现代数字系统设计平台是 CPLD(complex programmable logic device,复杂可编程逻辑器件)。目前世界上 FPGA 主要生产厂商如下。

1. Xilinx

Xilinx(赛灵思)是全球领先的可编程逻辑完整解决方案的供应商。Xilinx 研发、制造并销售高级集成电路、软件设计工具以及作为预定义系统级功能的 IP(intellectual property)核。客户使用 Xilinx 及其合作伙伴的自动化软件工具和 IP 核对器件进行编程,从而完成特定的逻辑操作。Xilinx 公司成立于 1984 年,Xilinx 首创了现场可编程逻辑阵列(FPGA)这一创新性的技术,并于 1985 年首次推出商业化产品。目前 Xilinx 满足了全世界对 FPGA 产品一半以上的需求。Xilinx 产品线还包括复杂可编程逻辑器件(CPLD)。在某些控制应用方面,CPLD 通常比 FPGA 速度快,但其提供的逻辑资源较少。Xilinx 可编程逻辑解决方案缩短了电子设备制造商开发产品的时间并加快了产品面市的速度,从而减小了制造商的风险。与采用传统方法如固定逻辑门阵列相比,利用 Xilinx 可编程器件,客户可以更快地设计和验证它们的电路。而且,由于 Xilinx 器件是只需要进行编程的标准部件,客户不需要像采用固定逻辑芯片时那样等待样品或者付出巨额成本。Xilinx 产品已经被广泛应用于从无线电话基站到 DVD 播放机的数字电子应用技术中。传统的半导体公司只有几百个客户,而 Xilinx 在全世界有 7 500 多家客户及 50 000 多个设计开端。其客户包括 Alcatel、Cisco Systems、EMC、Ericsson、Fujitsu、Hewlett Packard、IBM、Lucent Technologies、Motorola、NEC、Nokia、Nortel、Samsung、Siemens、Sony、Sun Microsystems 以及 Toshiba 等。

2. Intel(Altera)

总部位于硅谷的 Altera 公司自从 1983 年发明世界上第一款可编程逻辑器件以来,一直是创新定制逻辑解决方案的领先者。Altera 公司秉承了创新的传统,是世界上"可编程芯片系统"(SOPC)解决方案的倡导者。Altera 结合带有软件工具的可编程逻辑技术、知识产权(IP)和技术服务,在世界范围内为 14 000 多个客户提供高质量的可编程解决方案。新产品系列将可编程逻辑的内在优势——灵活性、产品及时面市和更高级性能以及集成化结合在一起,专为满足当今大范围的系统需求而开发设计。今天,分布在 19 个国家的 2 600 多名员工为各行业的客户提供更具创造性的定制逻辑解决方案,帮助他们解决从功耗到性能直至成本的各种问题,这些行业包括汽车、广播、计算机和存储、消费类、工业、医疗、军事、测试测量、无线和固网等。Altera 全面的产品组合不但有器件,而且还包括全集成软件开发工具、通用嵌入式处理器、经过优化的知识产权(IP)内核、参考设计实例和各种开发套件等。

2015 年,Altera FPGA 厂商被 Intel 收购。

3. Actel

Actel 公司成立于 1985 年,位于美国纽约。之前的 20 多年里,Actel 一直效力于美国军工和航空领域,并禁止对外出售。国内一些特殊领域的企业都是采用其他途径购买军工级型号。目前 Actel 开始逐渐转向民用和商用，除了反熔丝系列外，还推出了可重复擦除的 ProASIC3 系列（针对汽车、工业控制、军事航空行业）。

4. Lattice

莱迪思（Lattice）半导体公司提供业界最广范围的现场可编程门阵列（FPGA）、可编程逻辑器件（PLD）及其相关软件，包括现场可编程系统芯片（FPSC）、复杂的可编程逻辑器件（CPLD）、可编程混合信号产品（ispPAC®）和可编程数字互连器件（ispGDX®）。莱迪思还提供业界领先的 SERDES 产品。FPGA 和 PLD 是广泛使用的半导体元件，最终用户可以将其配置成特定的逻辑电路，从而缩短设计周期，降低开发成本。其最终用户主要是通信、计算机、工业、汽车、医药、军事及消费品市场的原始设备生产商。

5. ATMEL

ATMEL 公司是世界上高级半导体产品设计、制造和行销的领先者，产品包括了微处理器、可编程逻辑器件、非易失性存储器、安全芯片、混合信号及 RF 射频集成电路。通过这些核心技术的组合，ATMEL 生产出了各种通用目的及特定应用的系统级芯片，以满足当今电子系统设计工程师不断增长和演进的需求。ATMEL 在系统级集成方面所拥有的世界级专业知识和丰富的经验使其产品可以在现有模块的基础上进行开发，保证了最小的开发周期，降低了风险。

通过分布于超过 60 个国家的生产、工程、销售及分销网络，ATMEL 为北美、欧洲和亚洲的电子市场服务。确保及时介绍产品以及对客户持续的支持已经使 ATMEL 的产品成为最新电子产品的核心器件。这些产品进而帮助用户完成更多的工作，不论身在何处，都可以享受更多的便利，并保持与外界的沟通。ATMEL 帮助客户设计更小、更便宜、更多特性的产品来领导市场。因此，那些领导全球革新的公司都选择 ATMEL 的高性能产品来加快自身产品上市，并使自己的产品能够从竞争的产品之中区分出来。

总之，现代数字系统设计方法是“就业”竞争力的要素之一，作为 21 世纪的电子信息类专业的大学生宜早接触为佳。下面介绍目前使用较多的几款开发软件平台的安装过程和简单使用，由于软件升级快，资料也好找，故这里只做了引导性和简单地使用介绍。

二、ISE 软件安装步骤

掌握科学的设计方法，恰当地选择设计工具是现代电子工程师最基本的素质，本章先对 Xilinx 公司 ISE 软件的安装进行介绍。ISE 安装步骤较多，升级也快，这里只选择 ISE14.7 安装步骤简单介绍。

1. 双击图标，如附图 8.1 所示，运行“xsetup. exe”。

2. 启动软件安装界面，如附图 8.2 所示。

点击“Next”，在接下来的两个界面（如附图 8.3、附图 8.4 所示）中均勾选“I accept...”并点击“Next”。

后面的安装步骤请跟着软件安装指示进行。

xsetup.exe

附图 8.1　ISE 运行图标

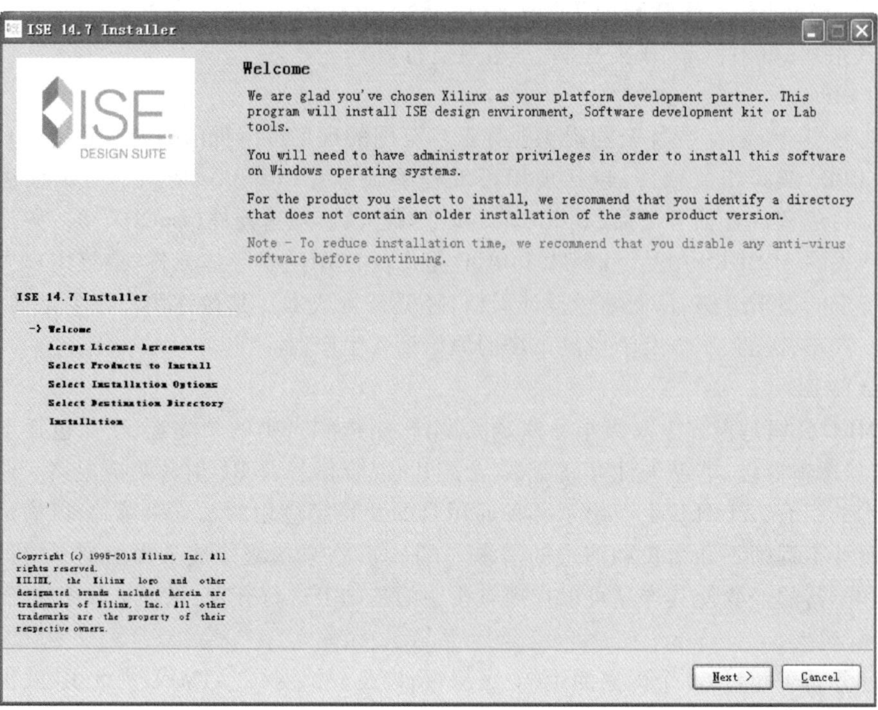

附图 8.2　启动软件安装界面

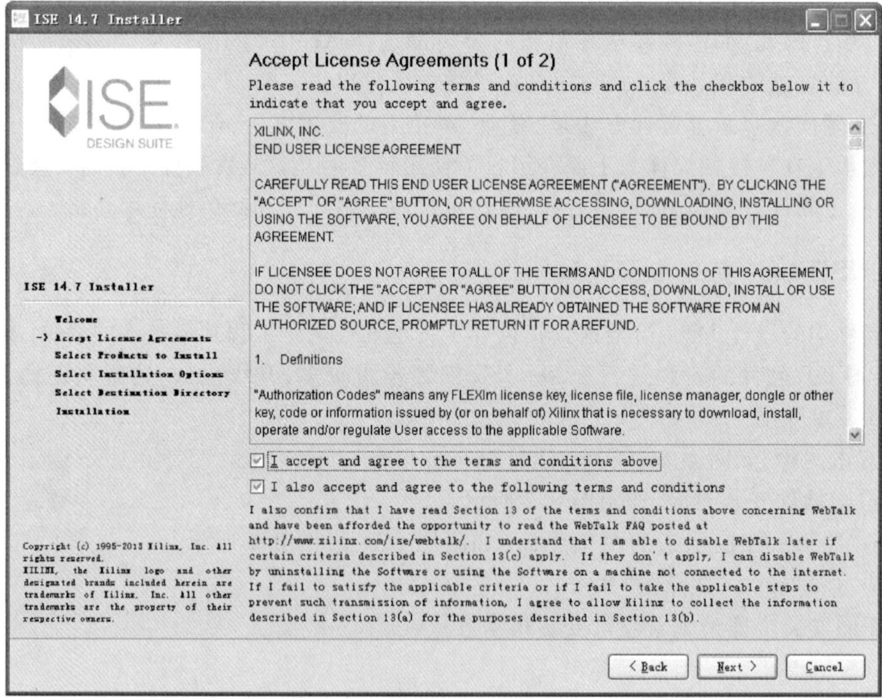

附图 8.3　许可证协议(1)

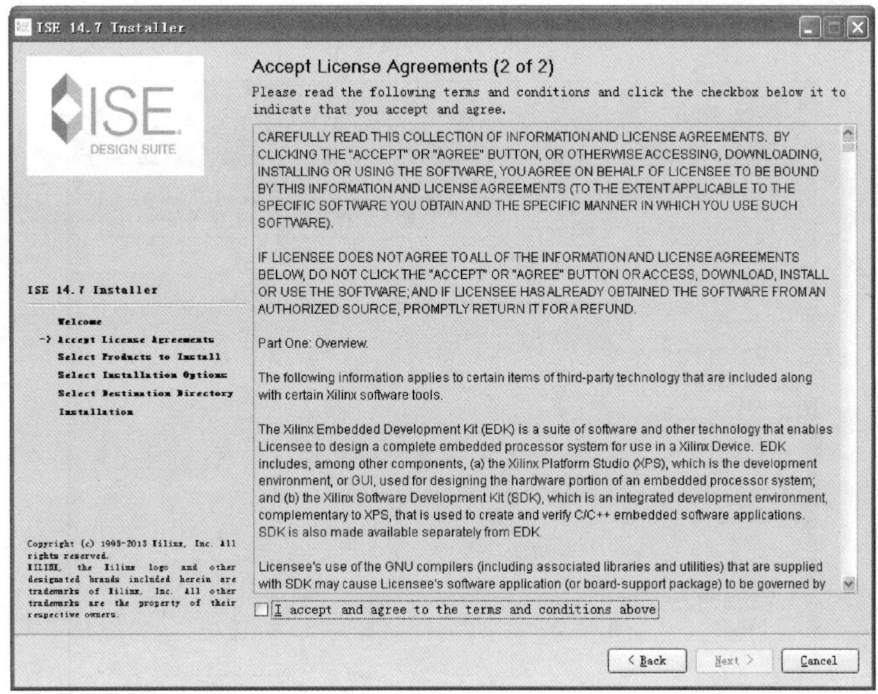

附图 8.4　许可证协议(2)

三、ISE 软件建立工程步骤

1. 原理图形法

(1) 启动 ISE14.7,如附图 8.5 所示。

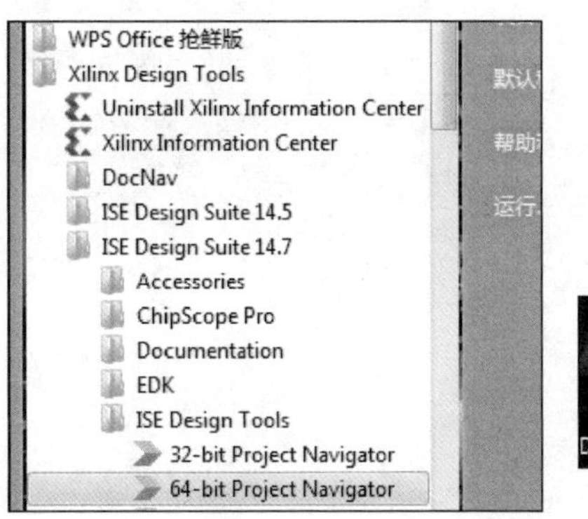

附图 8.5　ISE14.7 启动图

(2) 新建工程,如附图 8.6 至附图 8.10 所示。

(3) 创建一个新的设计文件,如附图 8.11 至附图 8.14 所示。

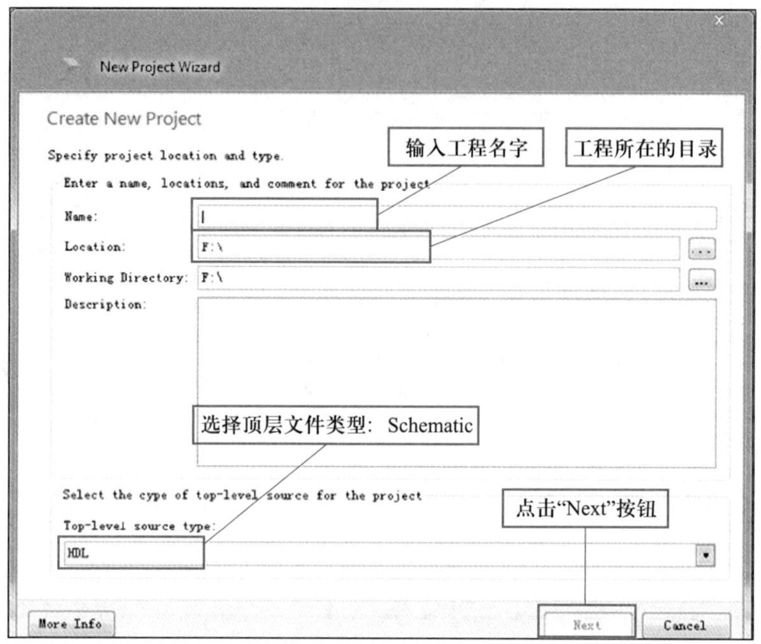

附图 8.6　ISE14.7 新建工程对话框(一)

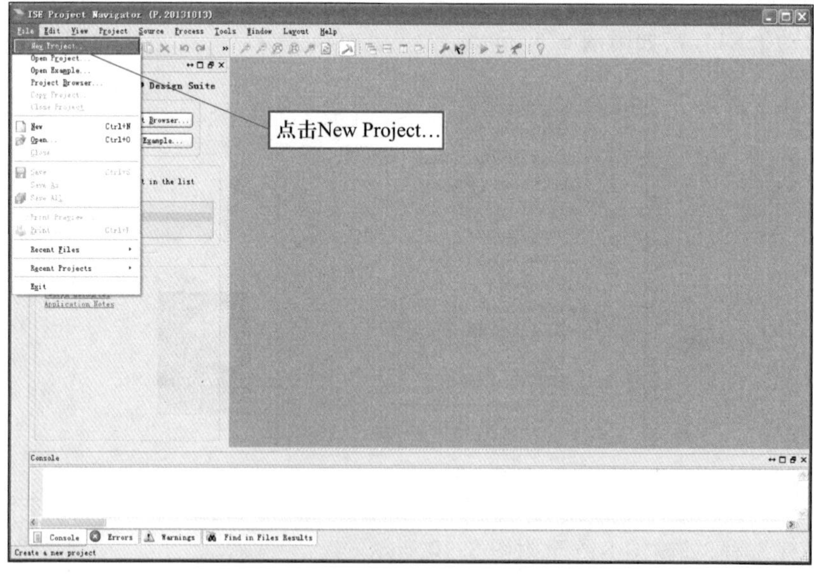

附图 8.7　ISE14.7 新建工程对话框(二)

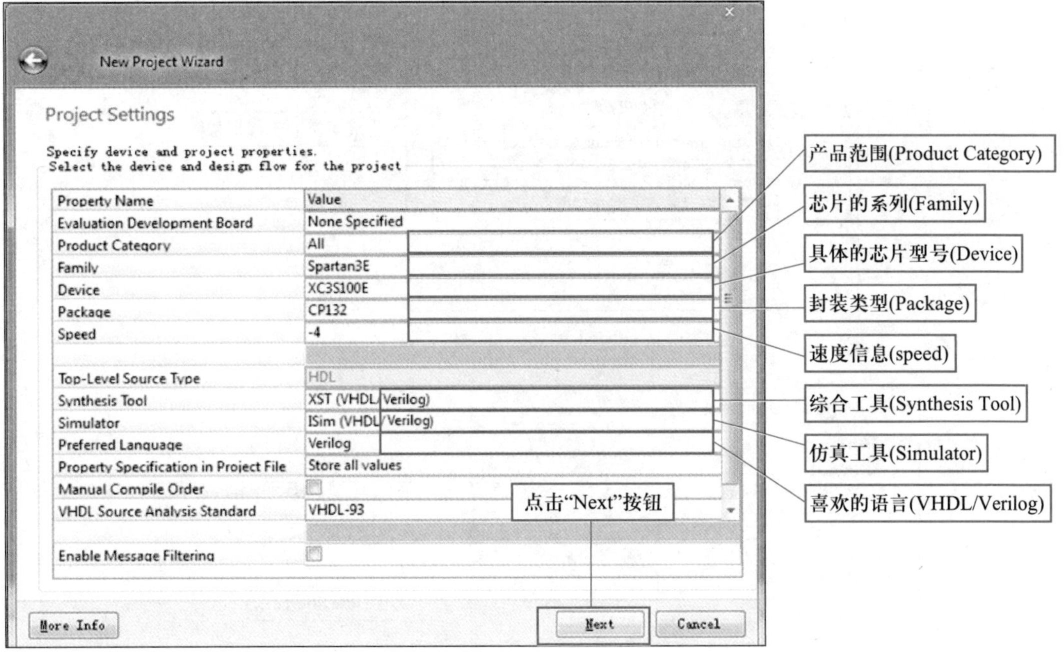

附图 8.8　ISE14.7 新建工程对话框(三)

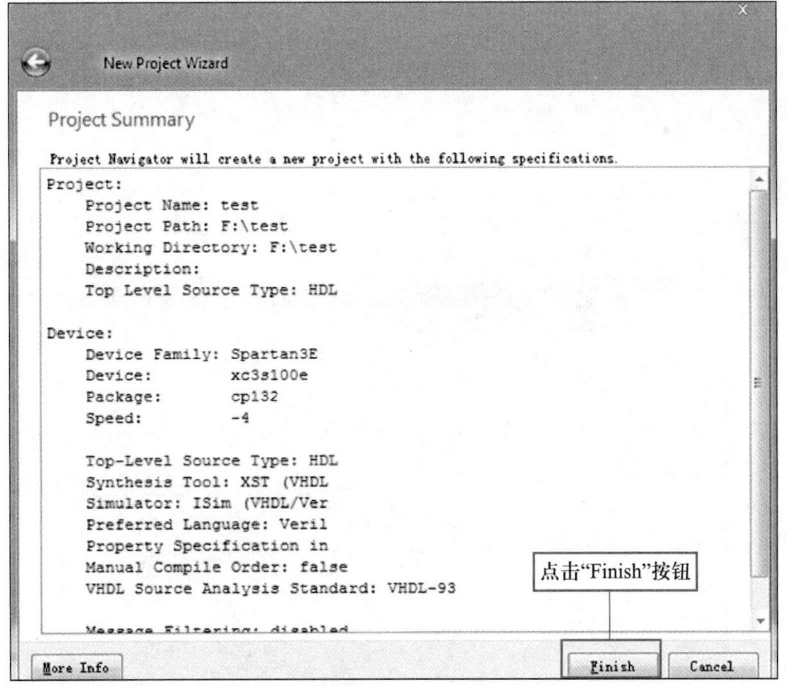

附图 8.9　完成 ISE14.7 工程新建

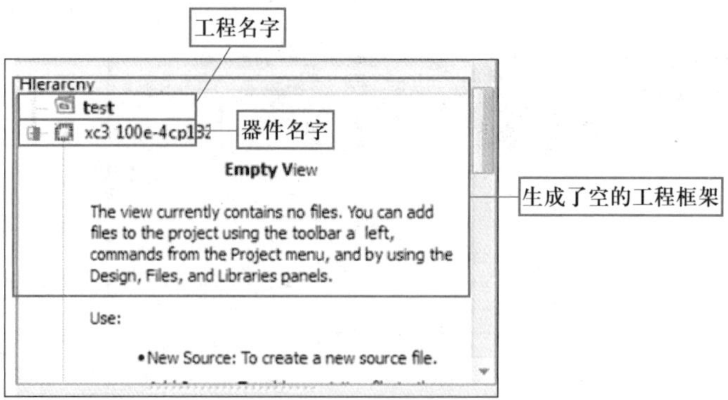

附图 8.10 工程新建成功

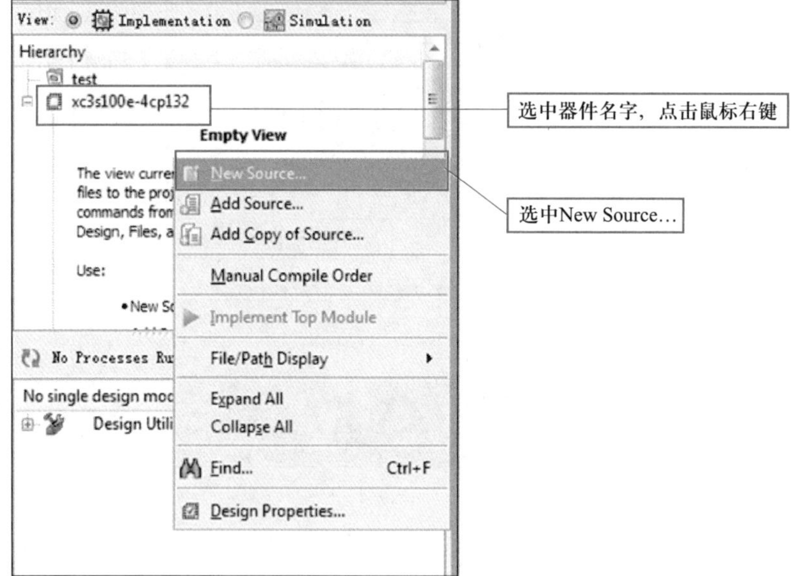

附图 8.11 创建设计文件

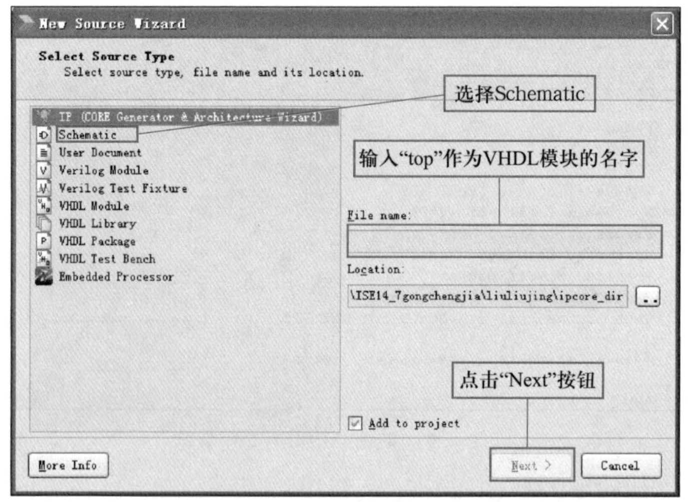

附图 8.12 Schematic 选择对话框

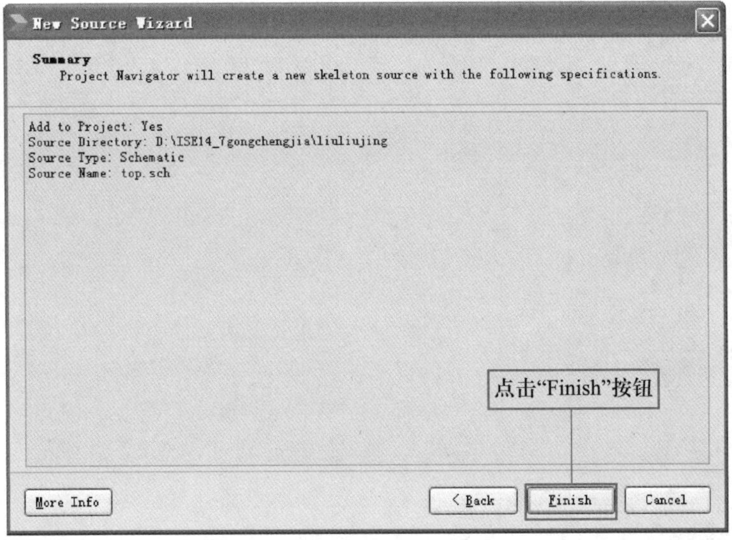

附图 8.13　完成设计文件创建

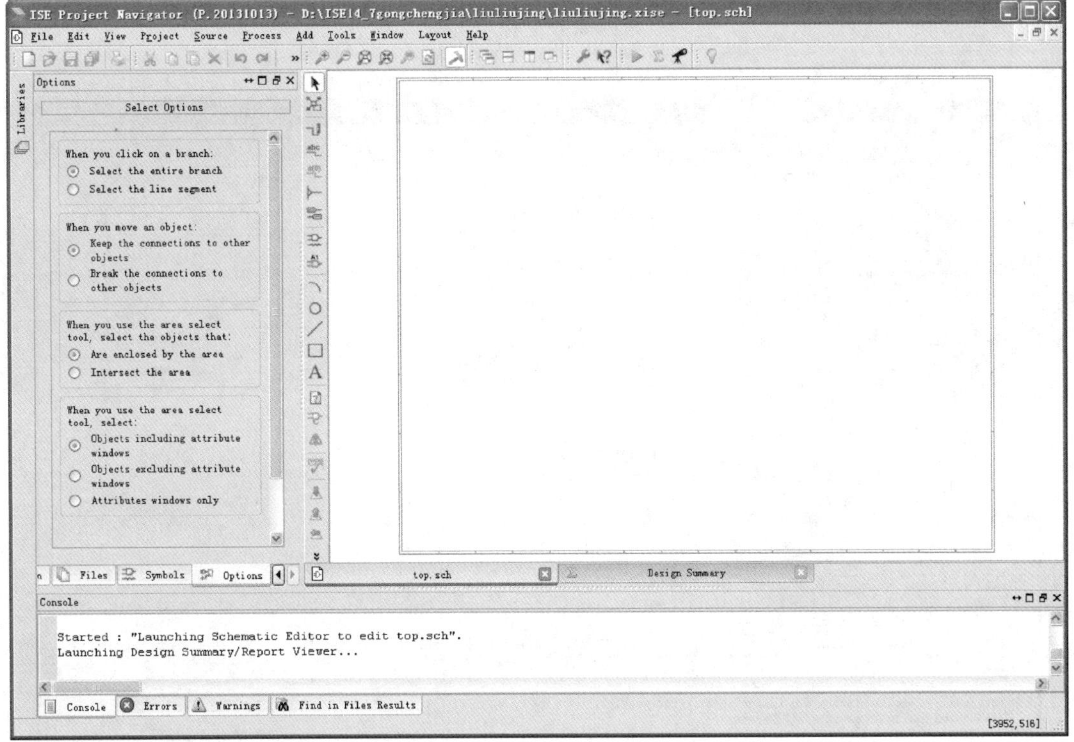

附图 8.14　创建完成界面

（4）拖拽符号到原理图界面，如附图 8.15、附图 8.16 所示。

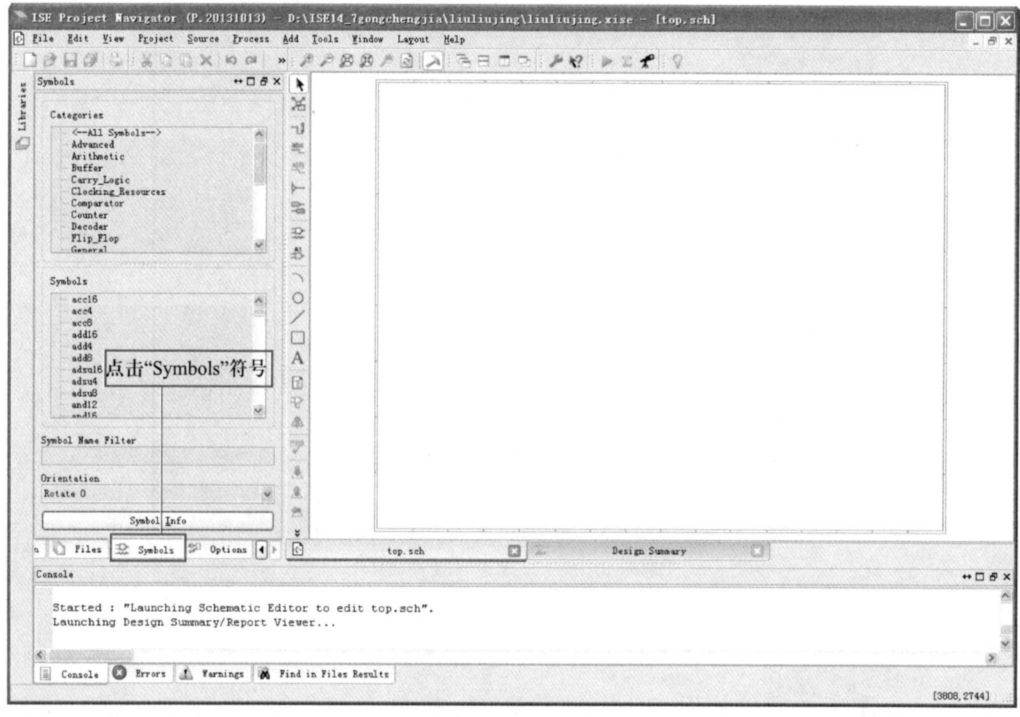

附图 8.15　符号选取

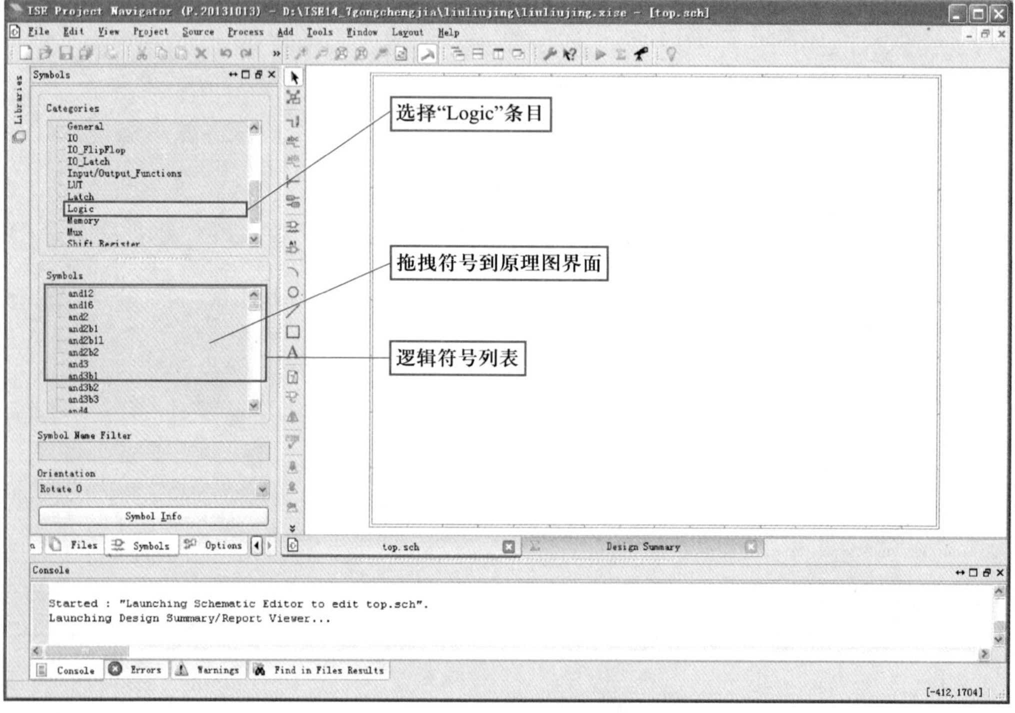

附图 8.16　拖拽符号到原理图界面

（5）选择连线工具，如附图 8.17 所示。

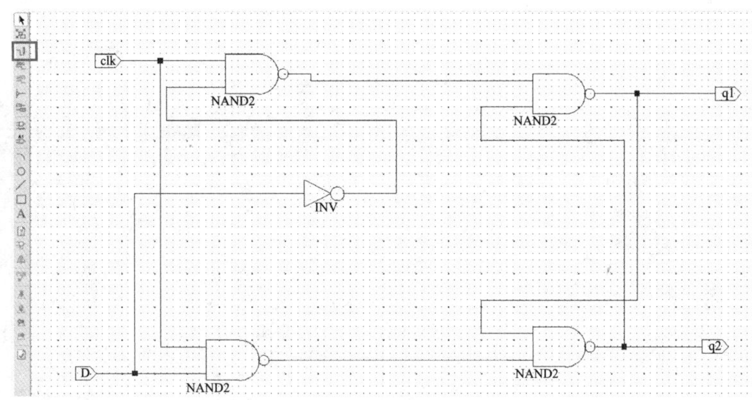

附图 8.17　选择连线工具

（6）添加端口工具，如附图 8.18 所示。

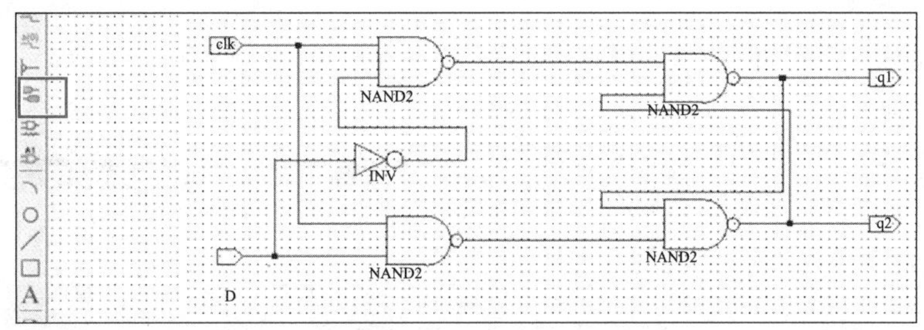

附图 8.18　添加端口工具

（7）修改端口名字，如附图 8.19 所示。弹出端口属性设置窗口，如附图 8.20 所示。按照前面的电路，将端口分别命名为 clk，D、q1、q2。

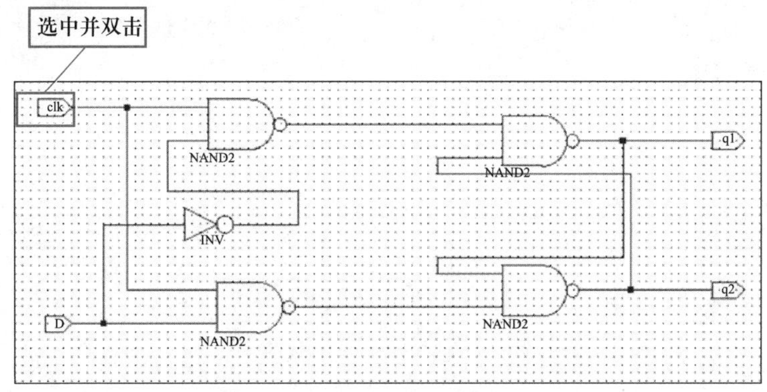

附图 8.19　修改端口名字（一）

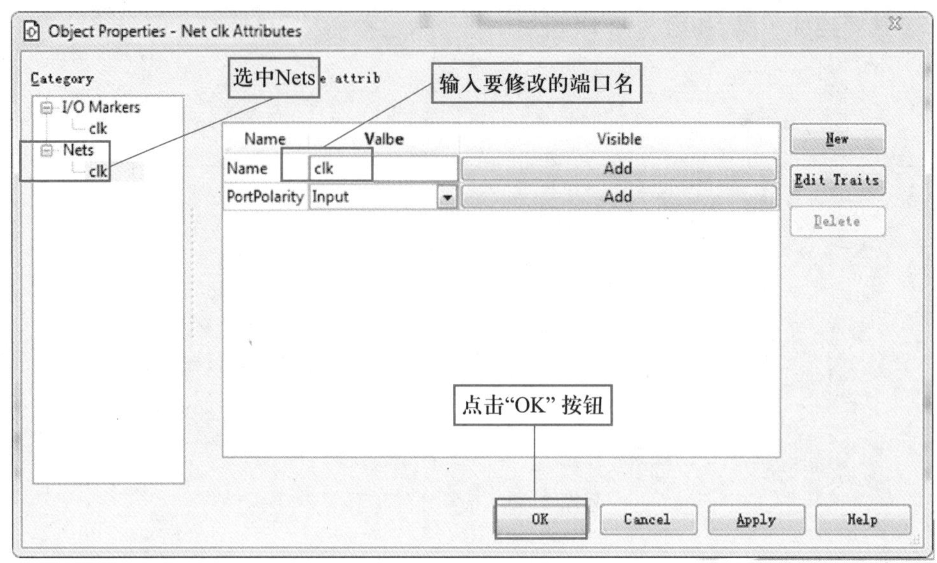

附图 8.20　修改端口名字(二)

(8) 在原理图主界面下,选择 Tools→Check Schematic,如附图 8.21 所示。检查完毕后关闭原理图界面。

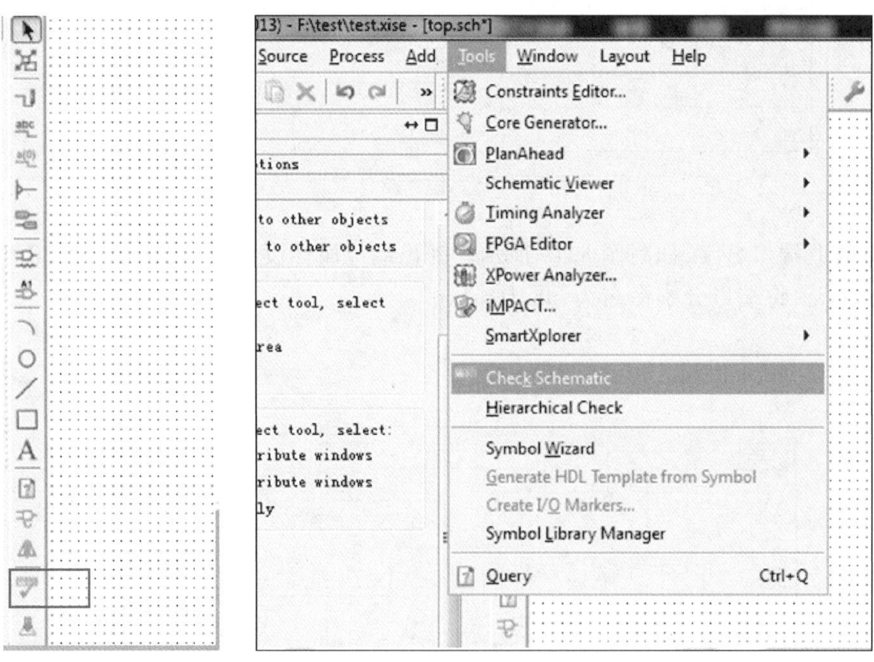

附图 8.21　检查原理图界面

(9) 对该设计进行综合,如附图 8.22、附图 8.23 所示。综合工具在对设计的综合过程中,主要执行以下三个步骤:

① 语法检查过程,检查设计文件语法是否有错误;

② 编译过程,翻译和优化 HDL 代码,将其转换为综合工具可以识别的元器件序列;

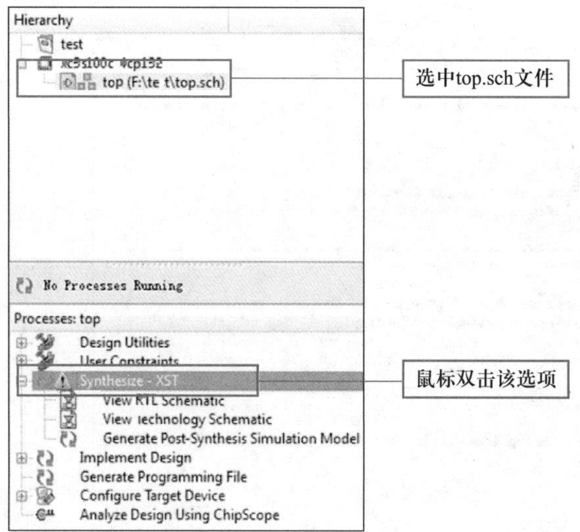

附图 8.22　设计综合

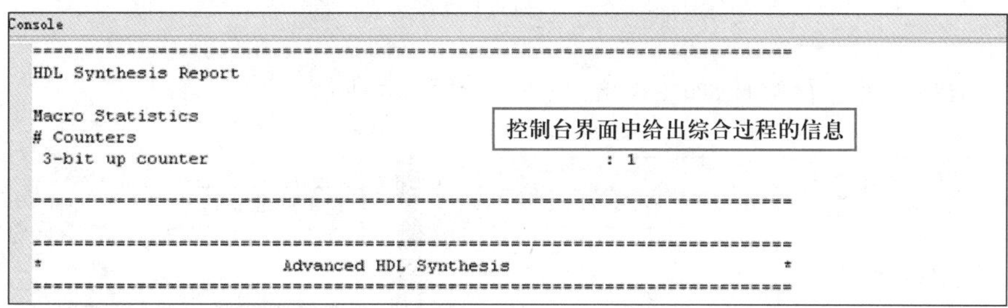

附图 8.23　控制台界面

③ 映射过程，将这些可识别的元器件序列转换为可识别的目标技术的基本元器件。

(10) 查看综合之后的结果，如附图 8.24、附图 8.25 所示。

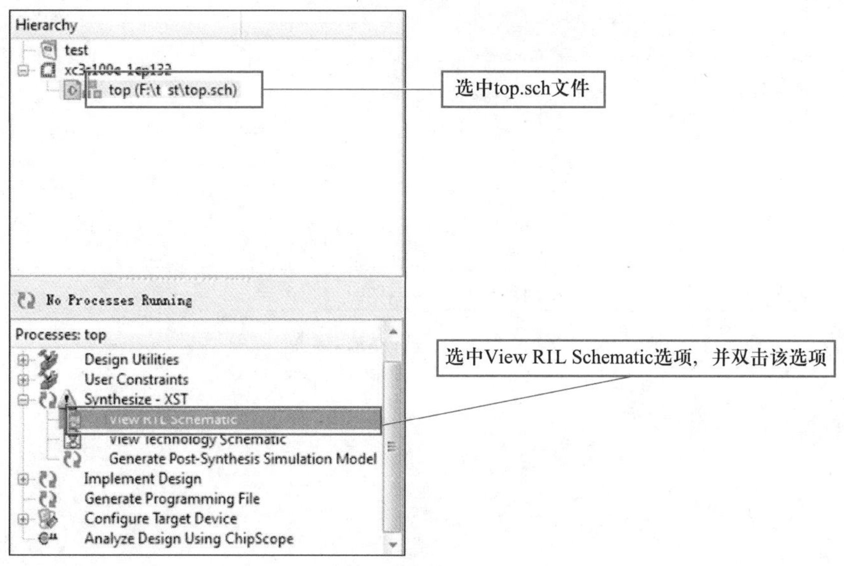

附图 8.24　查看设计综合结果(一)

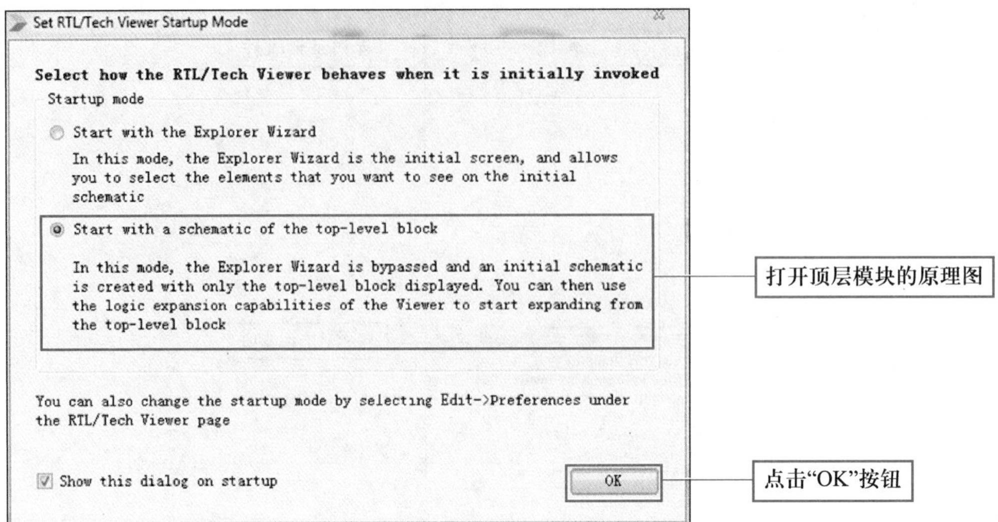

附图 8.25　查看设计综合结果(二)

(11) 对该设计进行仿真,如附图 8.26 至附图 8.30 所示。

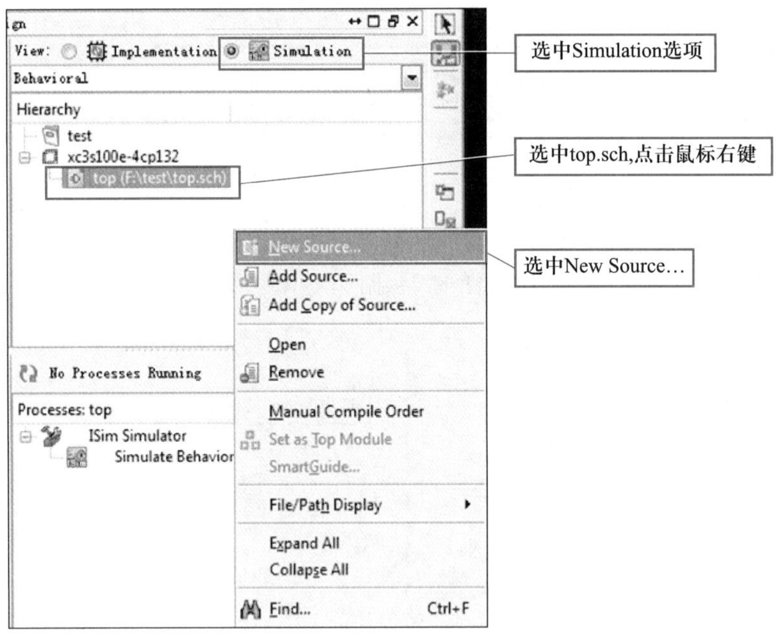

附图 8.26　设计仿真(一)

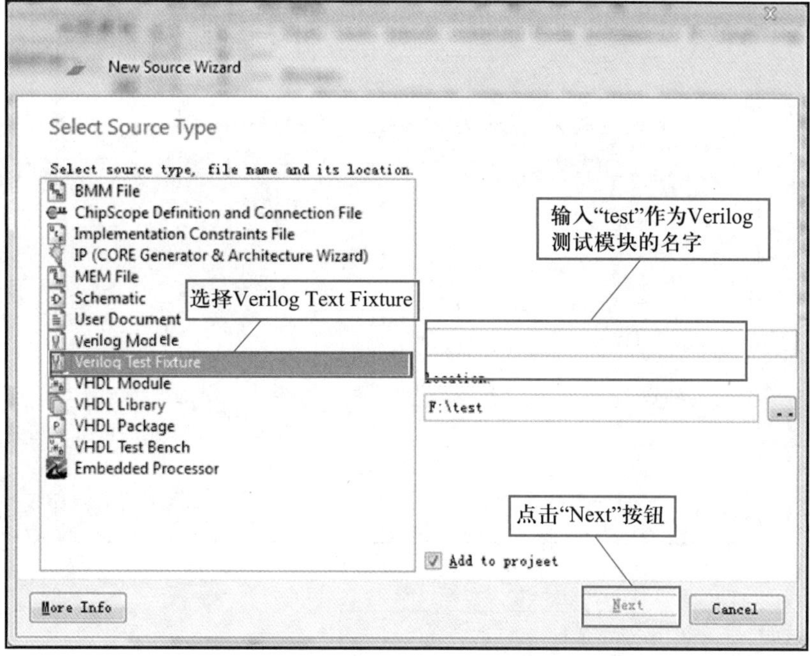

附图 8.27　设计仿真(二)

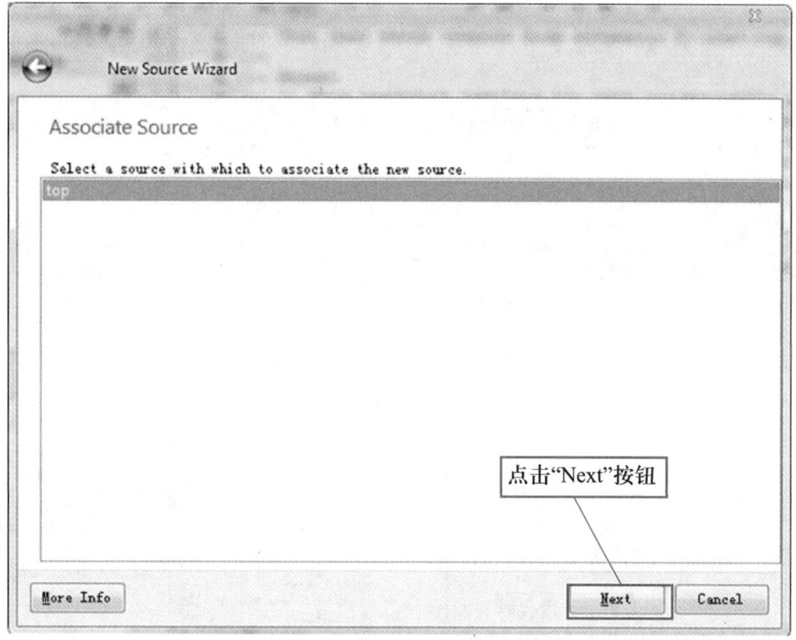

附图 8.28　设计仿真(三)

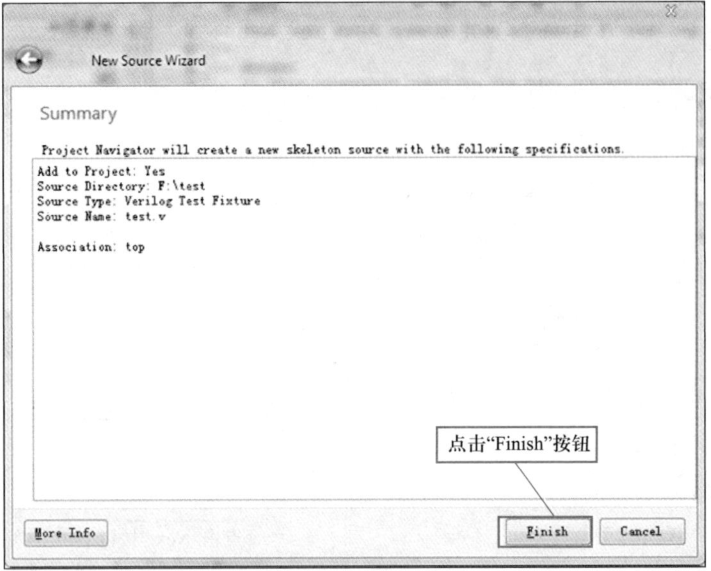

附图 8.29　设计仿真(四)

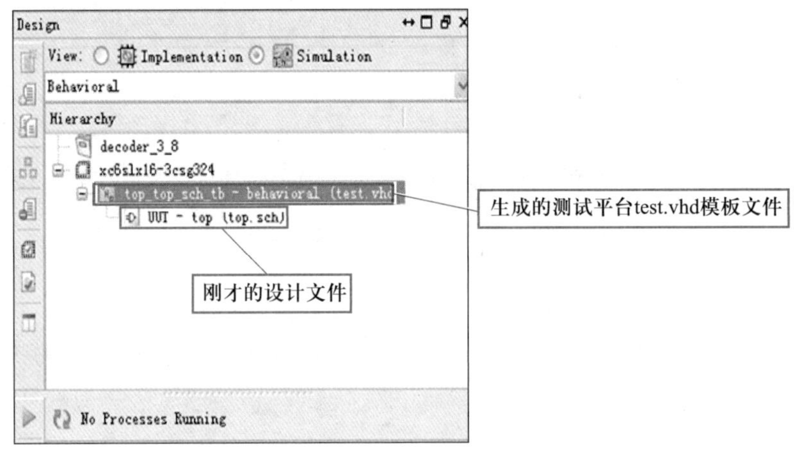

附图 8.30　设计仿真(五)

(12) 添加行为测试向量,如附图 8.31 至附图 8.34 所示。

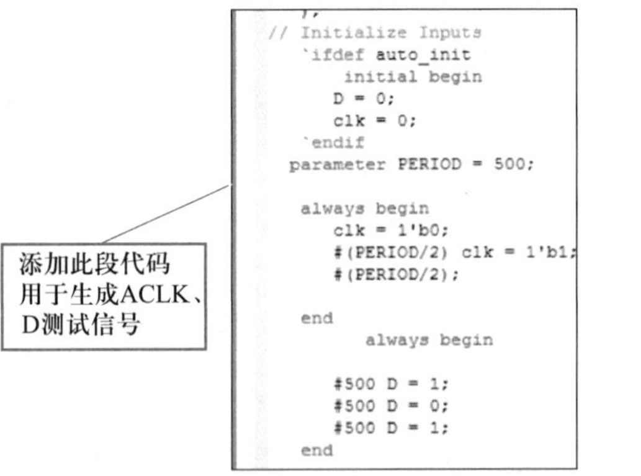

附图 8.31　添加行为测试向量(一)

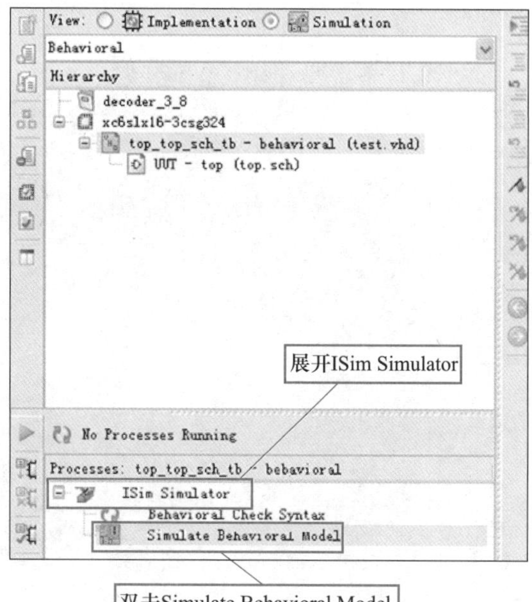

附图 8.32　添加行为测试向量(二)

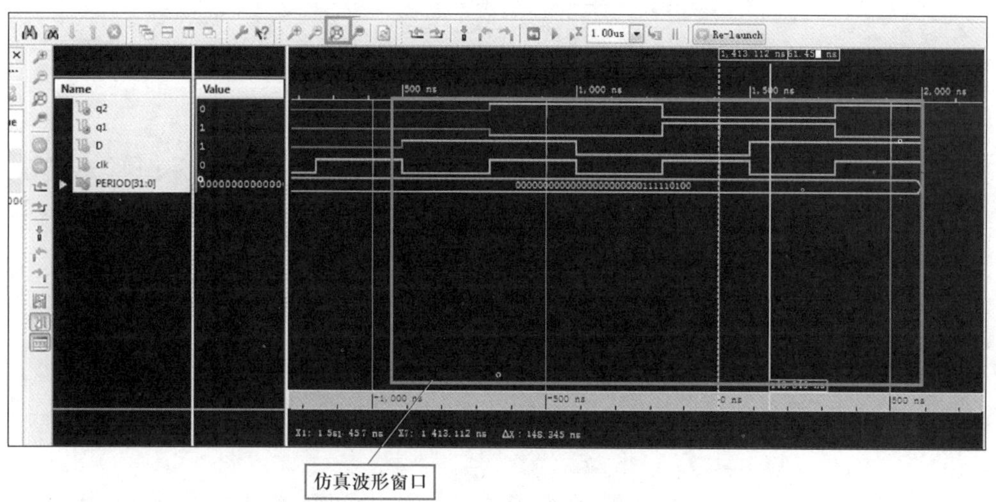

附图 8.33　添加行为测试向量(三)

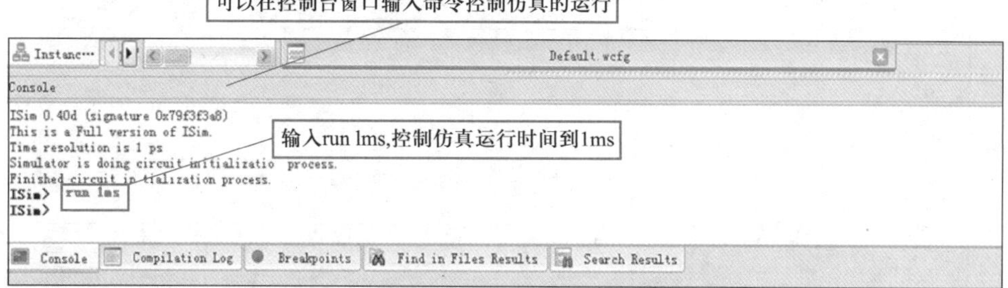

附图 8.34　添加行为测试向量(四)

2. Verilog 语言法

点击 ISE 软件图标,进入 ISE 开发界面,如附图 8.35 所示。

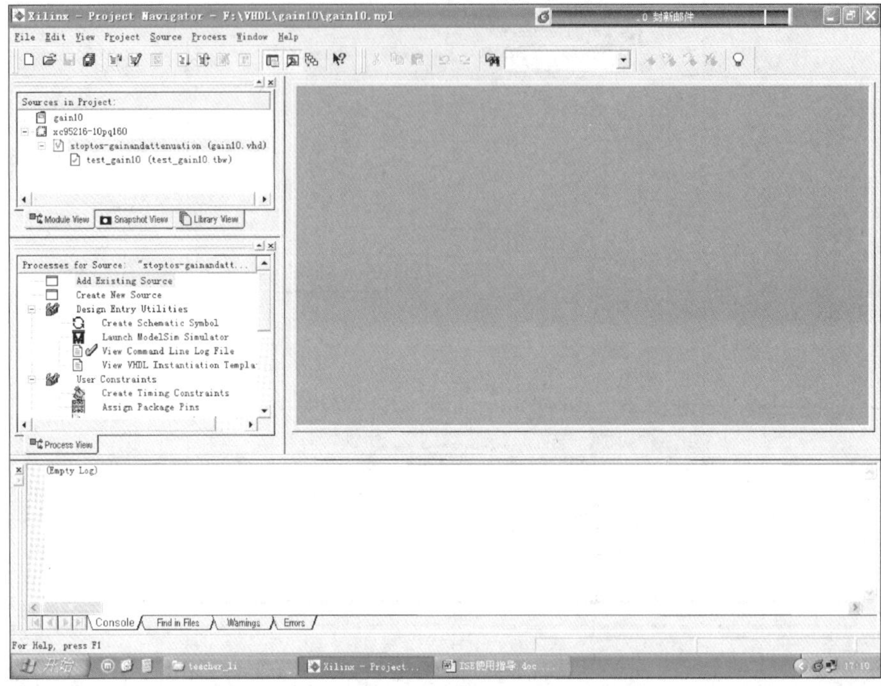

附图 8.35　ISE 开发界面

将下拉菜单 File 打开,单击 New Project 选项,开始新建一项工程,如附图 8.36 所示。

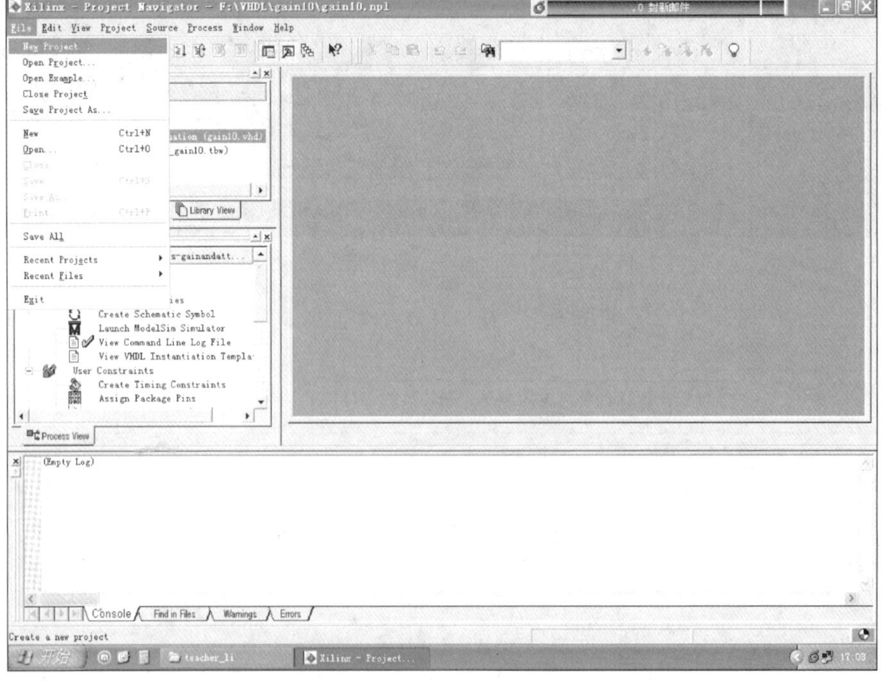

附图 8.36　新建 ISE 工程

如果想打开已有的 ISE 工程文件(文件格式为 *.npl),则单击 Open Project 选项,如附图 8.37 所示。

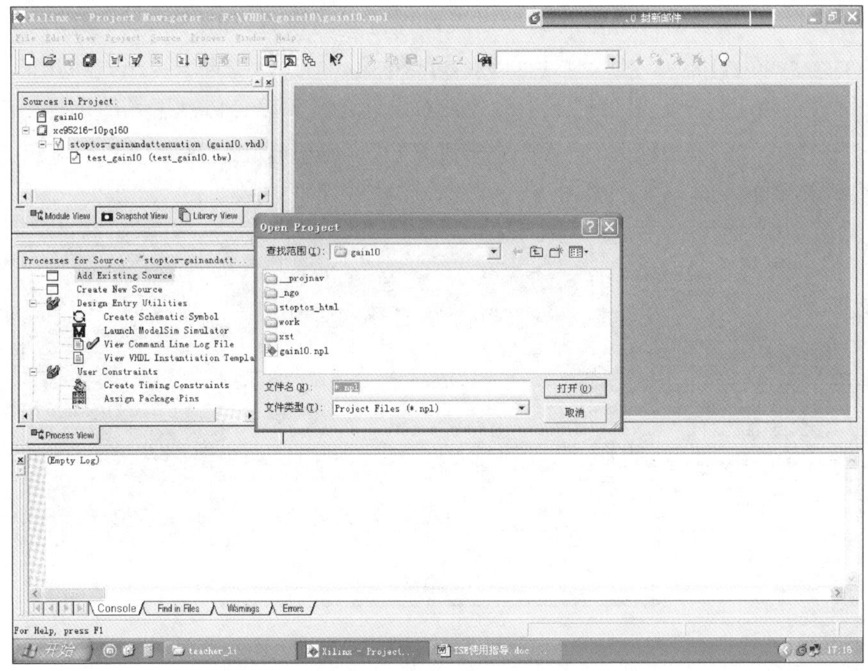

附图 8.37　打开 ISE 工程文件

下面将以基本门电路为例,来说明 ISE 的具体使用。首先单击 New Project 选项,出现如附图 8.38 所示新建工程对话框。

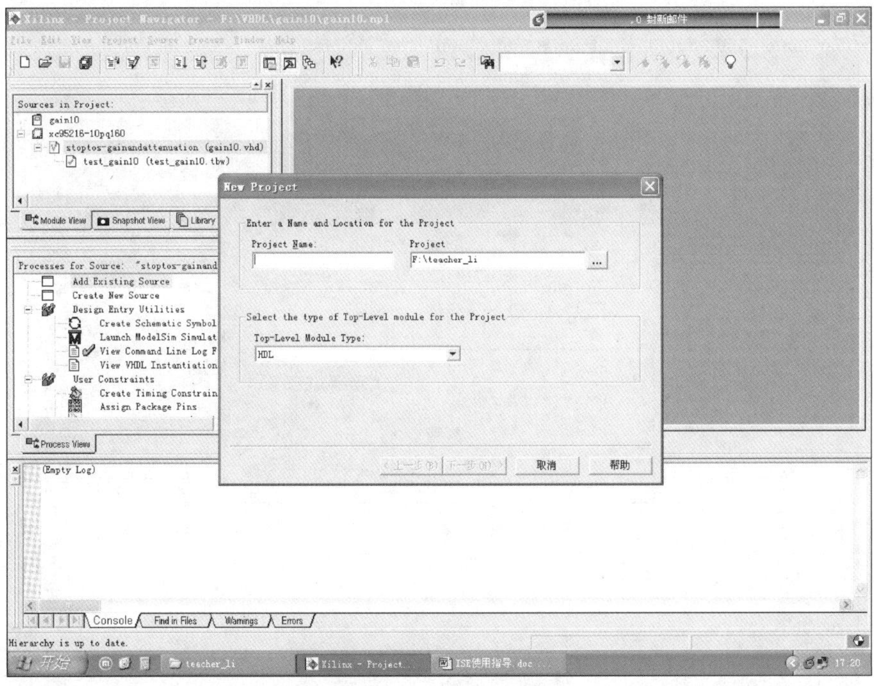

附图 8.38　新建工程对话框

在 Project Name 一栏填上工程文件名，我们为此工程命名为 counter，放在目录 F：\teacher_li 下，如附图 8.39 所示。

下一步，进行可编程器件型号的选择以及设计流程的设置，如附图 8.40 所示。在器件型号栏有 Device Family，Device（型号），Package，Speed Grade，可以根据实验平台所用的可编程逻辑器件分别设置相应选项。对话框下半部分是对设计语言和综合仿真工具的选择。

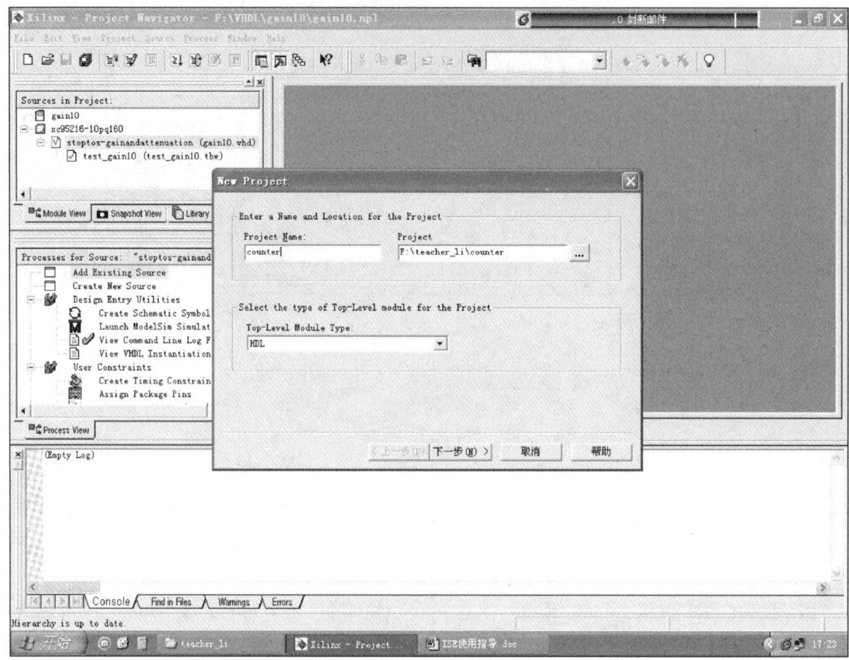

附图 8.39　选择工程存放路径

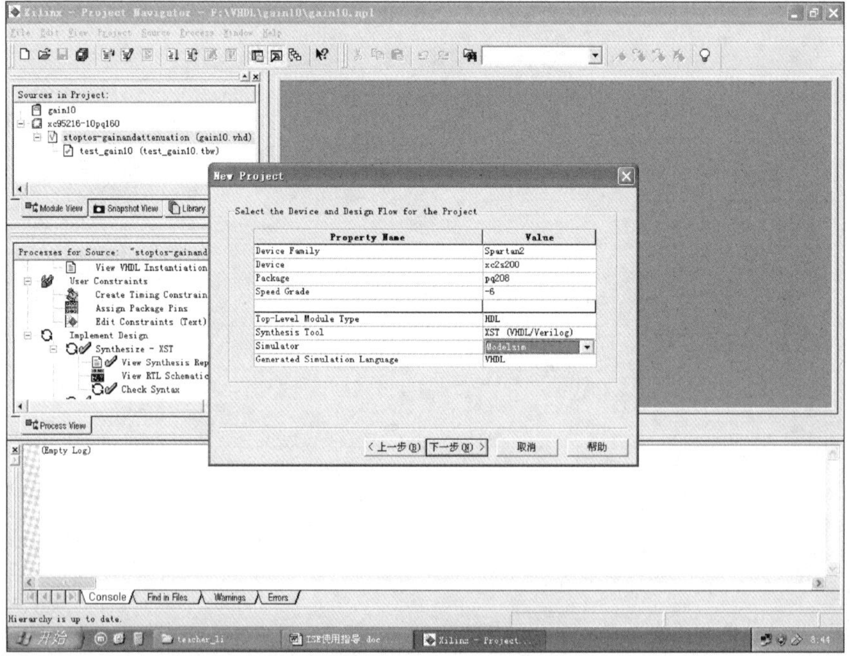

附图 8.40　可编程器件型号的选择以及设计流程的设置

然后下一步,采用默认设置,完成了 New Project Information 的设置,如附图 8.41 所示。

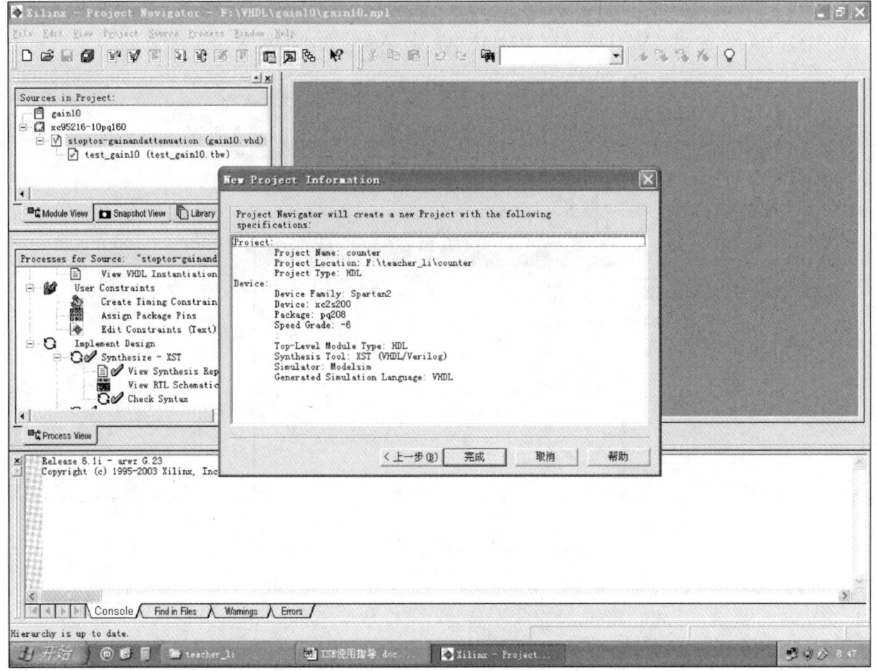

附图 8.41　完成了 New Project Information 的设置

单击“完成”按钮,进入到如附图 8.42 所示设置完成界面。

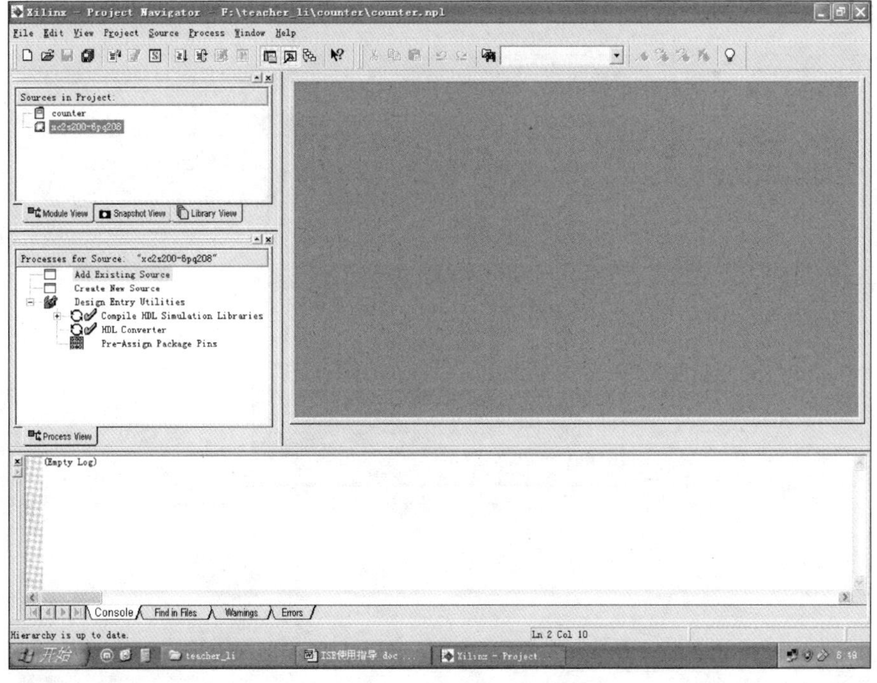

附图 8.42　设置完成界面

New Source:新建一项文件,单击 New Source 图标,出现的对话框包括了以下选项:新建 IP 核,电路设计,状态机,新建测试波形,用户文档,Verilog 编写文件,Verilog 测试文件,VHDL 库,VHDL 编写文件,VHDL 包,VHDL 测试平台,如附图 8.43 所示。

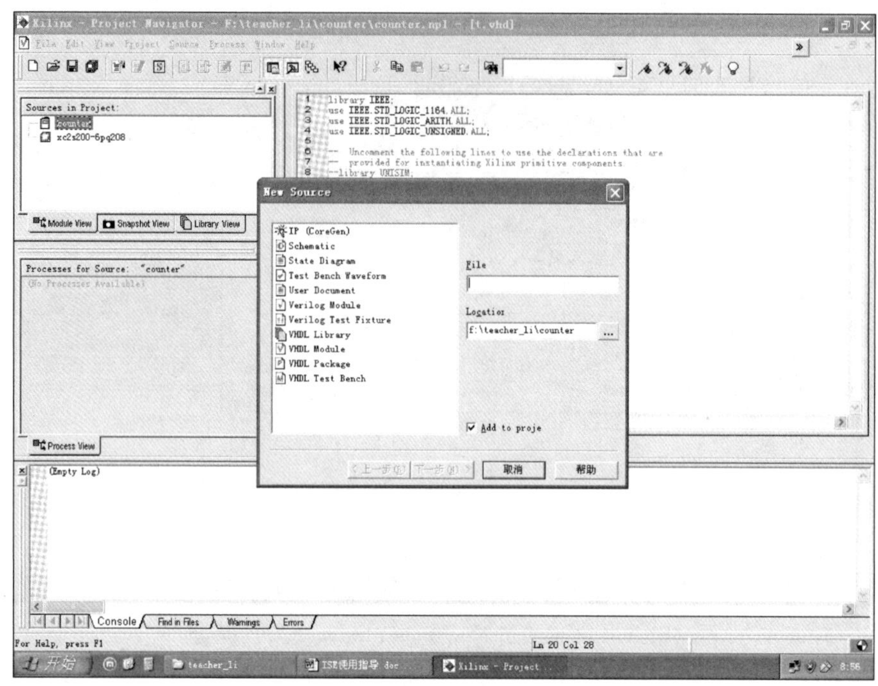

附图 8.43　新建文件 New Source

Add Existing Source:添加一项已经存在的文件,如附图 8.44 所示。

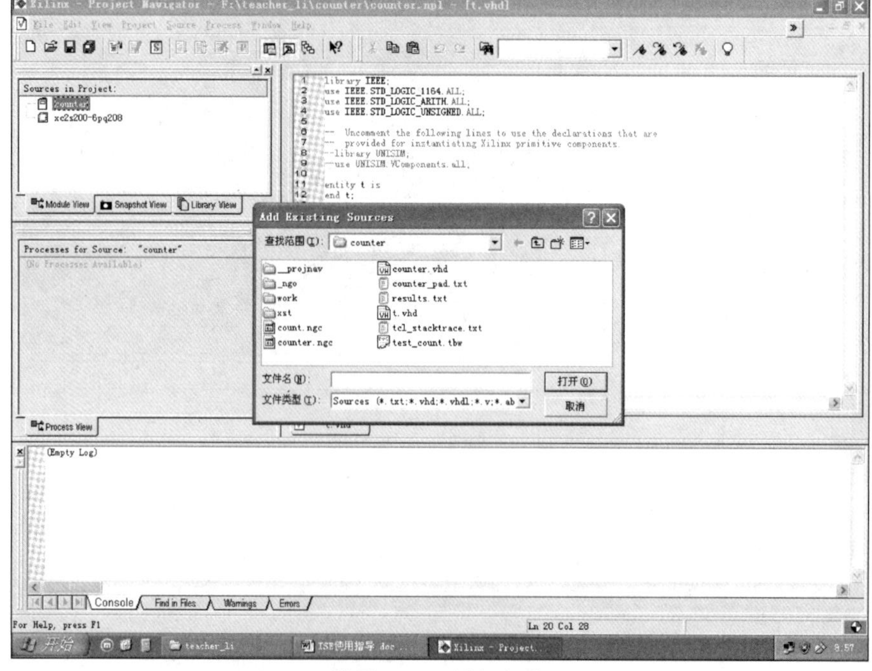

附图 8.44　添加文件

本例中，首先选择 VHDL Module 项，将 file name 命名为 count，如附图 8.45 所示。

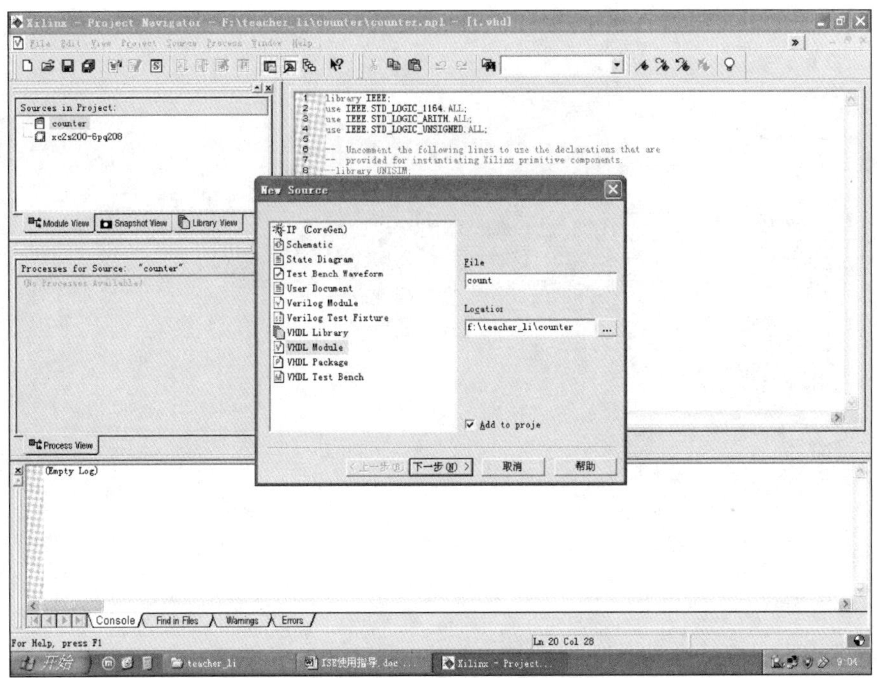

附图 8.45　文件命名

下一步，进行引脚信号名称、位数和方向的设置，如附图 8.46 所示。

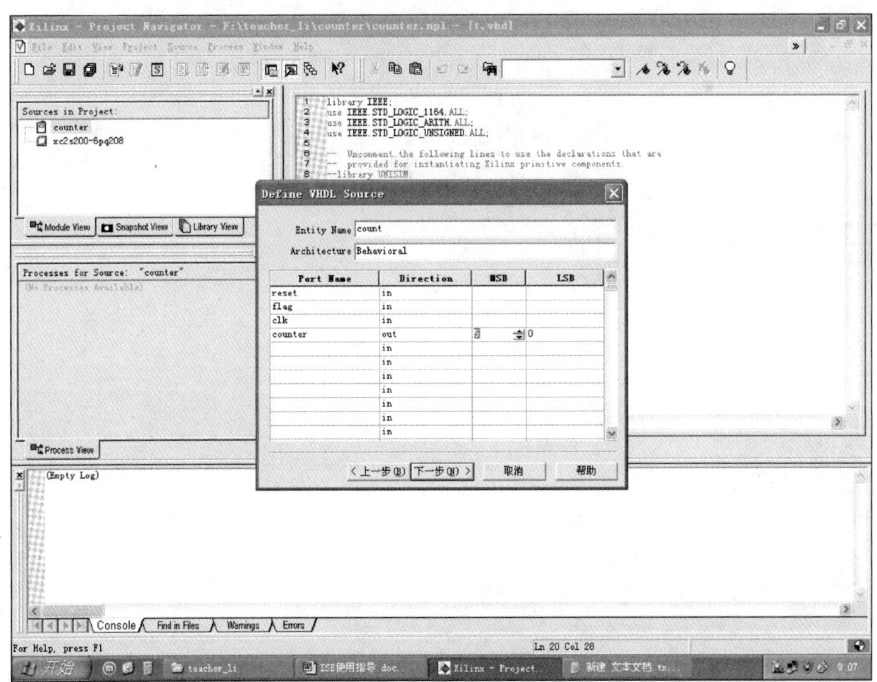

附图 8.46　引脚信号设置

设置好相关引脚后点击下一步，如附图 8.47 所示。

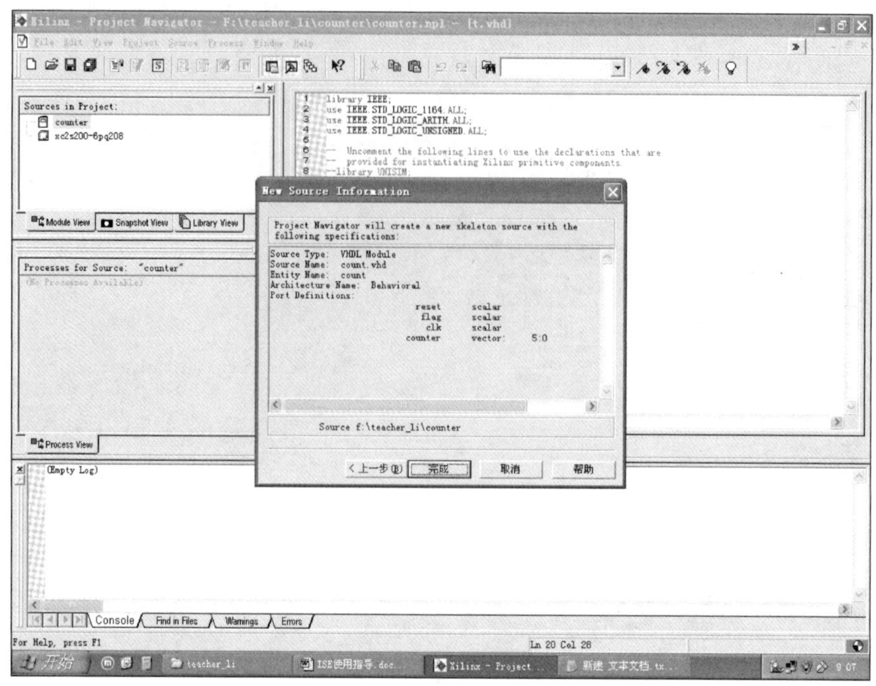

附图 8.47　完成引脚信号设置

单击“完成”，如附图 8.48 所示。

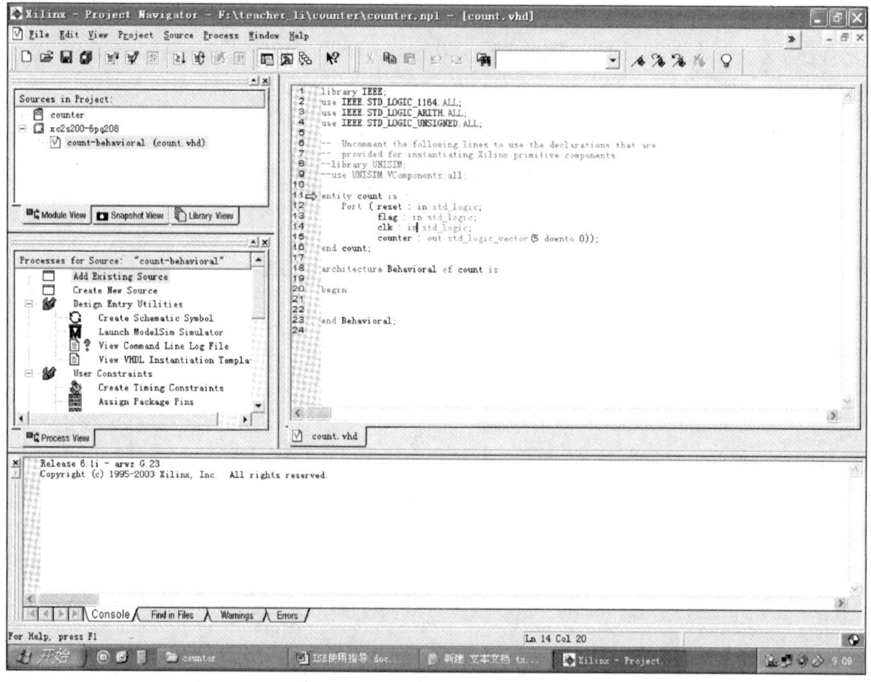

附图 8.48　完成文件创建

上面对话框就是 VHDL Module 的编写界面，我们在此文档编写了如下的 Verilog 代码：

```
module counter(
  input a;
  input b;
  output[5:0]z;
  );
  assign z[5]=a&b;
  assign z[4]=~(a&b);
  assign z[3]=a|b;
  assign z[2]=~(a|b);
  assign z[1]=a^b;
  assign z[0]=a~^b;
endmodule
```

然后同原理附图一样，对设计进行综合、映射，生成 bit 文件，连接好板卡后，将生成的 bit 文件下载到板卡上。

四、Vivado 软件安装步骤

如附图 8.49 所示，点击 xsetup.exe，运行 Vivado 安装程序，出现系统版本检查对话框，如附图 8.50所示。

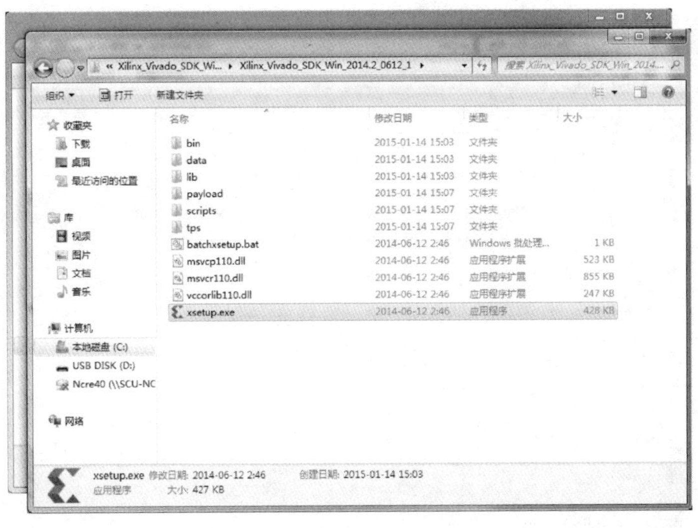

附图 8.49　xsetup

在系统版本检查对话框中，点击 Ignore，出现如附图 8.51 所示软件简介对话框。

在附图 8.51 中，点击“Next”，出现如附图 8.52 所示系统协议对话框。

在附图 8.52 对话框里打三个勾，点击“Next”，出现系统编辑功能选择对话框，如附图 8.53 所示。

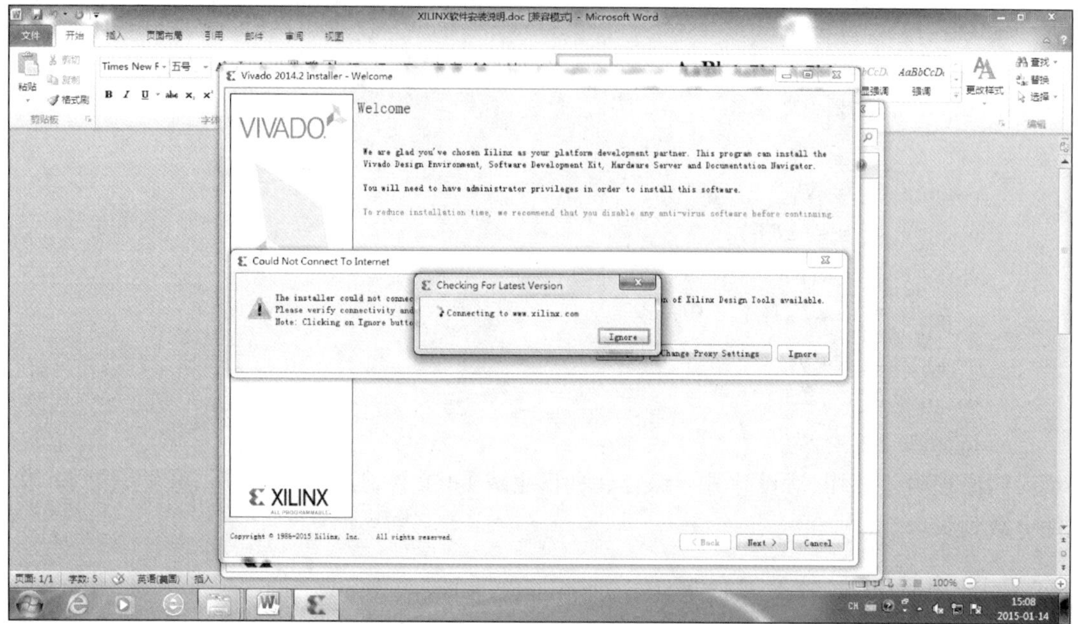

附图 8.50　系统版本检查对话框

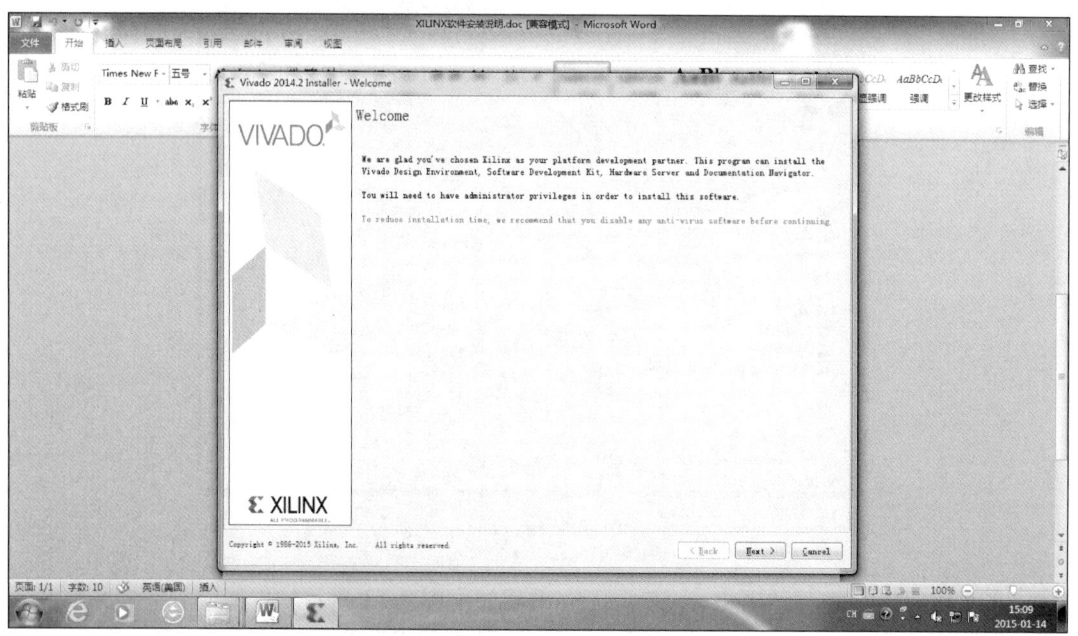

附图 8.51　软件简介对话框

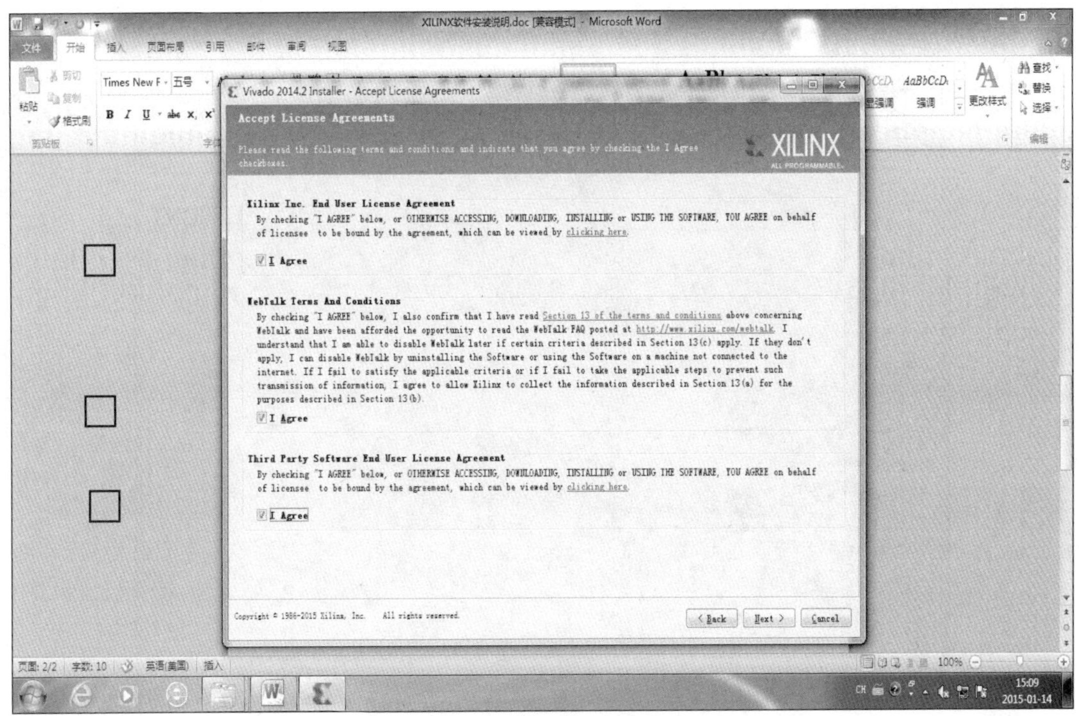

附图 8.52　系统协议对话框

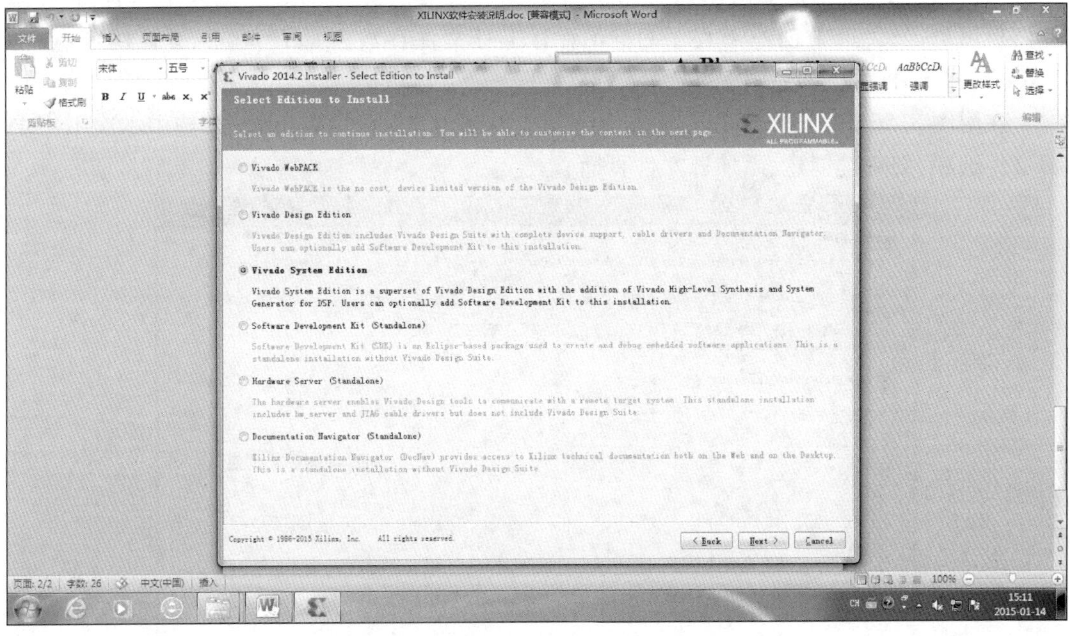

附图 8.53　系统编辑功能选择对话框

在附图 8.53 中，保持默认设置，点击“Next”，后面的安装步骤请跟着软件安装提示进行。

五、Vivado 软件建立工程步骤

首先,打开 Vivado 软件,如附图 8.54 所示。

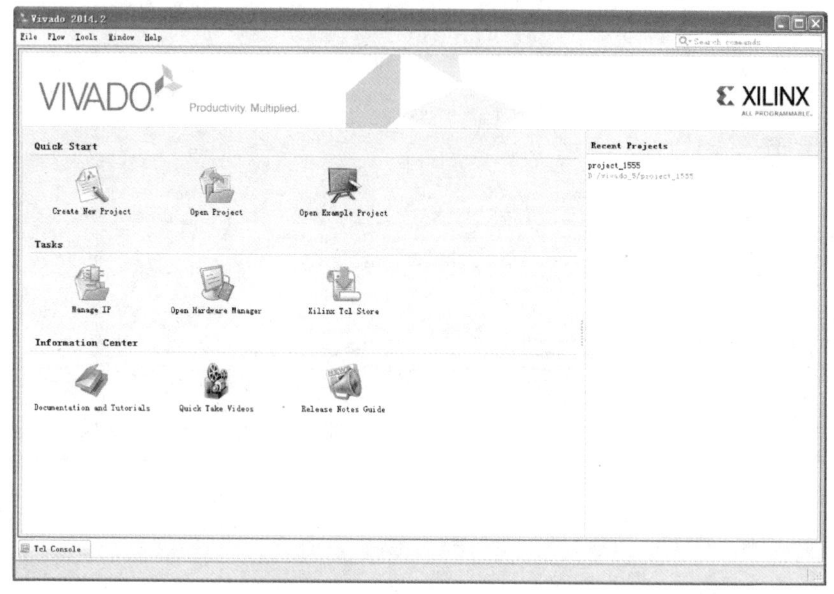

附图 8.54 启动 Vivado 软件

点击新建工程,出现如附图 8.55 所示工程命名对话框,在名称栏中输入工程名 lab1,存储路径可自定义,选中创建工程子目录(所有工程文件存放于此目录,便于管理)。点击“Next”,弹出对话框,如附图 8.56 所示。

在附图 8.56 中,选择 RTL 工程类型,点击“Next”(方框中内容不选,如选中本次不指定源文件选项,则跳过创建、添加源文件页面)。

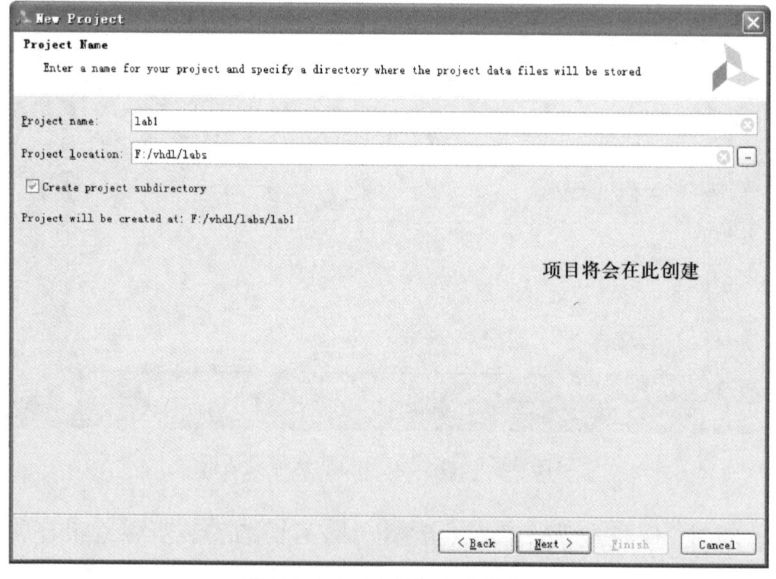

附图 8.55 工程命名对话框

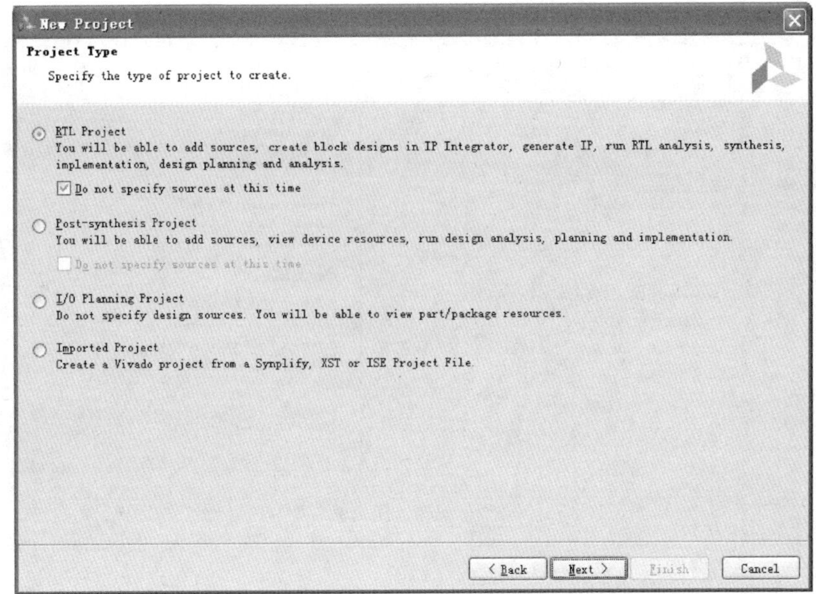

附图 8.56　选择工程类型界面

目标语言选择 Verilog,仿真语言选择 Mixed,连续两次点击“Next”,跳过添加已存在的 IP 和约束文件页面,然后弹出附图 8.57,选择 Xilinx 器件或是其他支持的板卡。

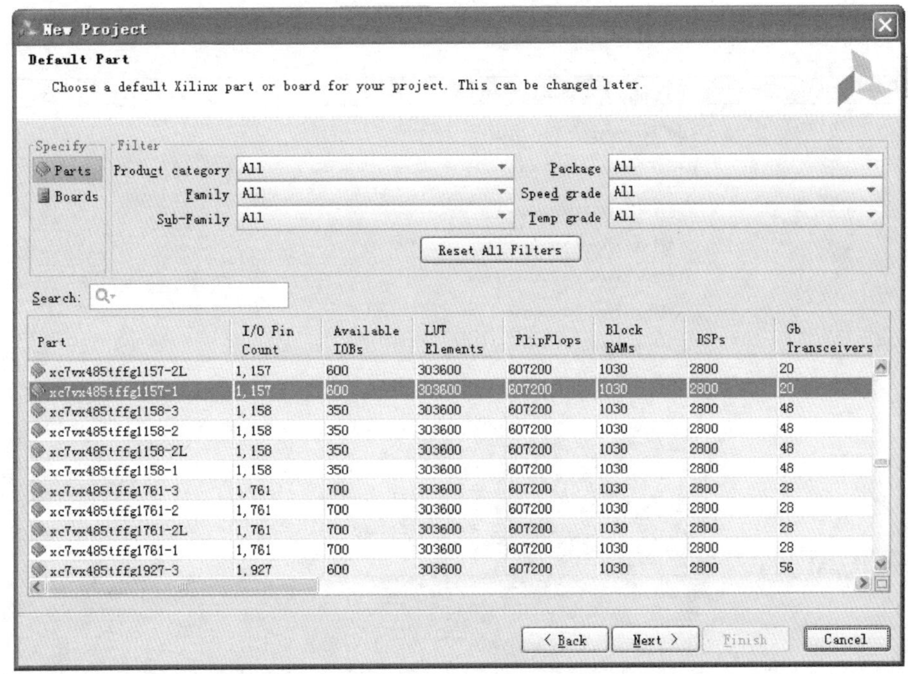

Part	I/O Pin Count	Available IOBs	LUT Elements	FlipFlops	Block RAMs	DSPs	Gb Transceivers
xc7vx485tffg1157-2L	1,157	600	303600	607200	1030	2800	20
xc7vx485tffg1157-1	1,157	600	303600	607200	1030	2800	20
xc7vx485tffg1158-3	1,158	350	303600	607200	1030	2800	48
xc7vx485tffg1158-2	1,158	350	303600	607200	1030	2800	48
xc7vx485tffg1158-2L	1,158	350	303600	607200	1030	2800	48
xc7vx485tffg1158-1	1,158	350	303600	607200	1030	2800	48
xc7vx485tffg1761-3	1,761	700	303600	607200	1030	2800	28
xc7vx485tffg1761-2	1,761	700	303600	607200	1030	2800	28
xc7vx485tffg1761-2L	1,761	700	303600	607200	1030	2800	28
xc7vx485tffg1761-1	1,761	700	303600	607200	1030	2800	28
xc7vx485tffg1927-3	1,927	600	303600	607200	1030	2800	56

附图 8.57　选择器件界面

附图 8.58 是建完工程以后默认显示的界面。

然后添加源文件,如附图 8.59 所示。

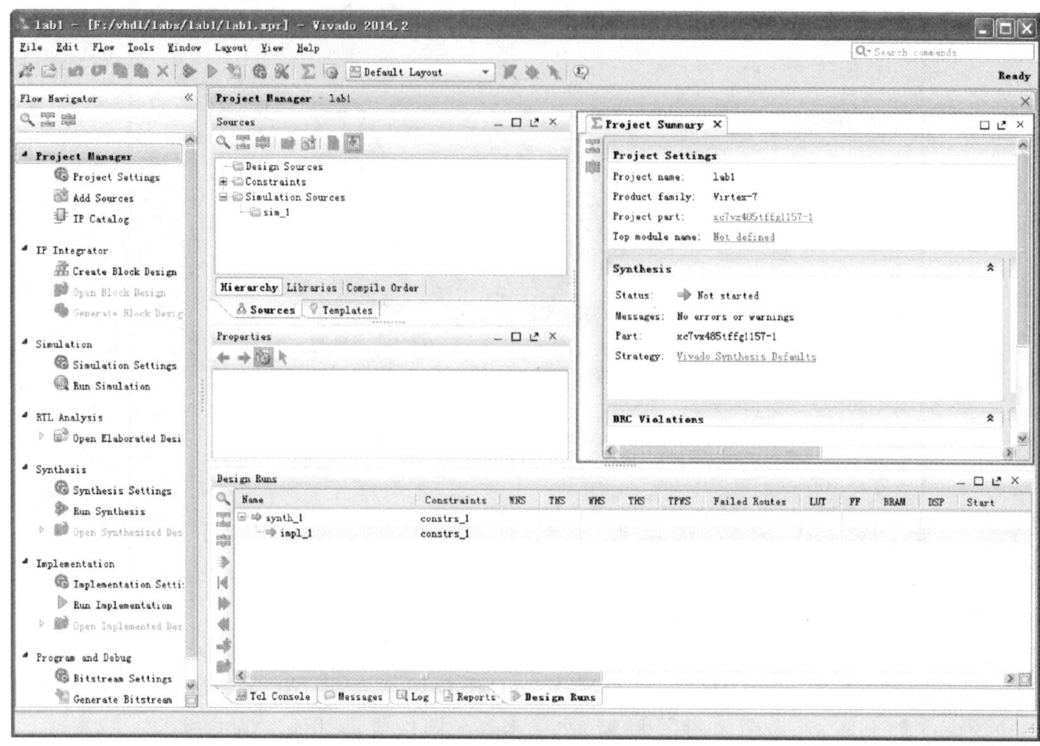

附图 8.58　添加工程完成界面

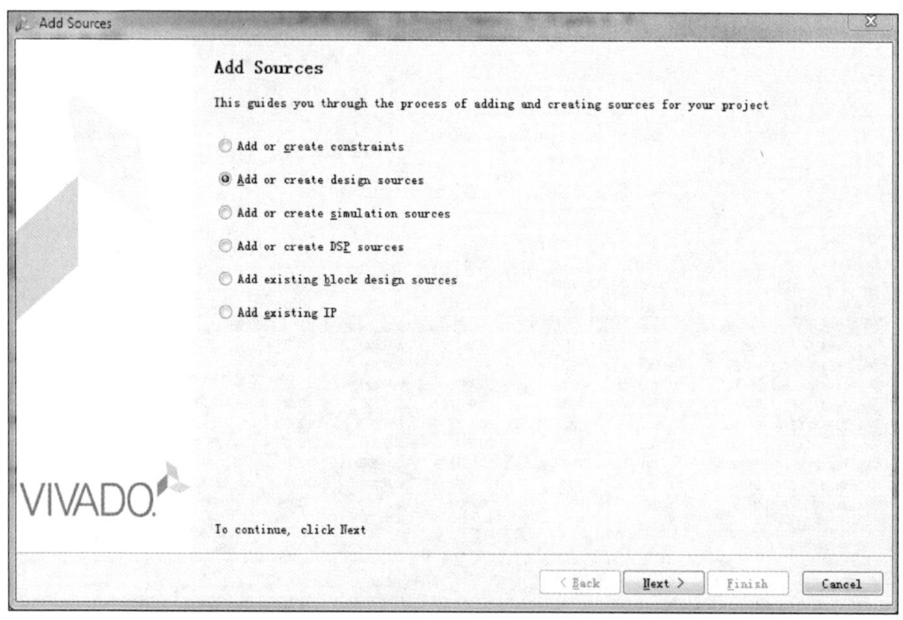

附图 8.59　添加源文件对话框(一)

点击“Next”后出现如附图 8.60 所示界面。

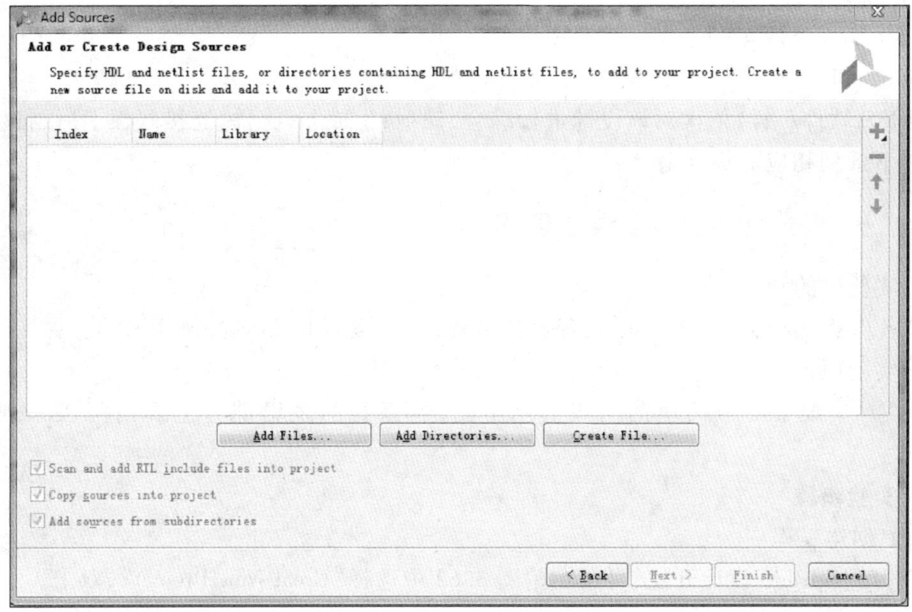

附图 8.60　添加源文件对话框(二)

点击“Creat File…”后完成源文件添加，如附图 8.61 所示。

附图 8.61　完成源文件添加

选择编写语言，输入源文件名称。

点击“OK”，然后在生成的源文件中输入以下代码：

```
module gate(
  input a;
  input b;
  output[5:0]z;
  );
  assign z[5]=a&b;
  assign z[4]=~(a&b);
  assign z[3]=a|b;
  assign z[2]=~(a|b);
```

```
    assign z[1] = a^b;
    assign z[0] = a~^b;
endmodule
```

然后同 ISE 软件一样,依次对该设计进行综合、映射,生成 bit 文件,连接好板卡后,将生成的 bit 文件下载到相应的板卡上。

六、基于 Vivado 工具创建原理图

1. 实验目的

掌握基于 Diagram 的 Vivado 工程设计流程,学会添加 IP 目录并调用 IP。

2. 实验原理

本实验实现了一个简单的门级演示电路,本系统的逻辑部分主要由门级系列的 IP 构成。

3. 实验步骤

(1) 创建工程

① 打开 Vivado 设计开发软件,在附图 8.62 中选择“Creat New Project”,双击。

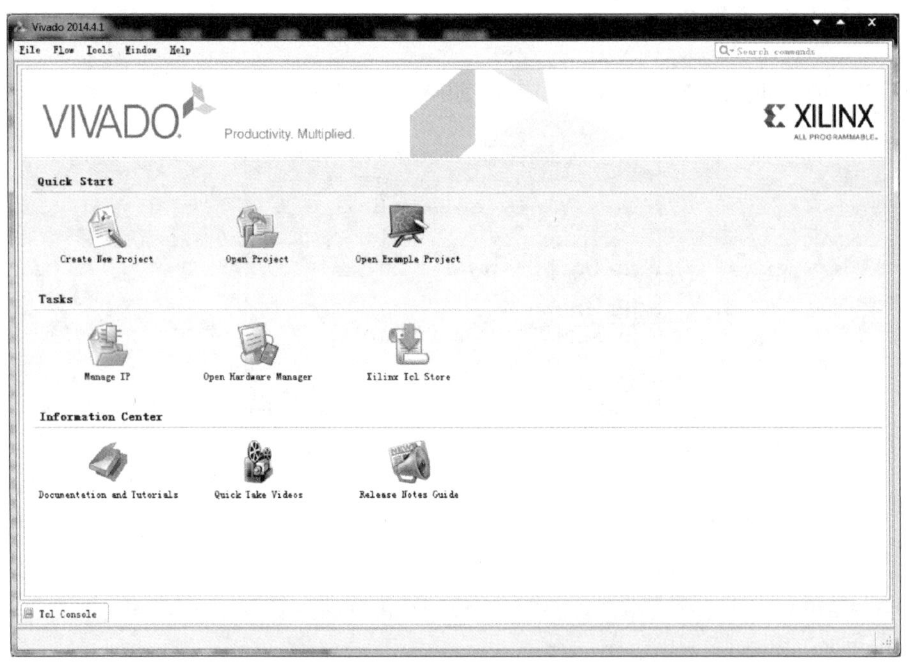

附图 8.62 启动 Vivado 后的界面

② 在弹出的创建工程界面中,如附图 8.63 所示,点击“Next”,开始创建工程。

③ 在“Project Name”界面中,将工程名称修改为“project_1”,并设置好工程存放路径,如附图 8.64 所示。同时勾选上创建工程子目录的选项,这样整个工程文件都将存放在创建的“project_1”子目录中,点击“Next”。

④ 在选择工程类型的界面中,选择“RTL Project”,如附图 8.65 所示。由于本工程无须创建源文件,故将“Do not specify sources at this time”(不指定添加源文件)勾选上,点击“Next”。

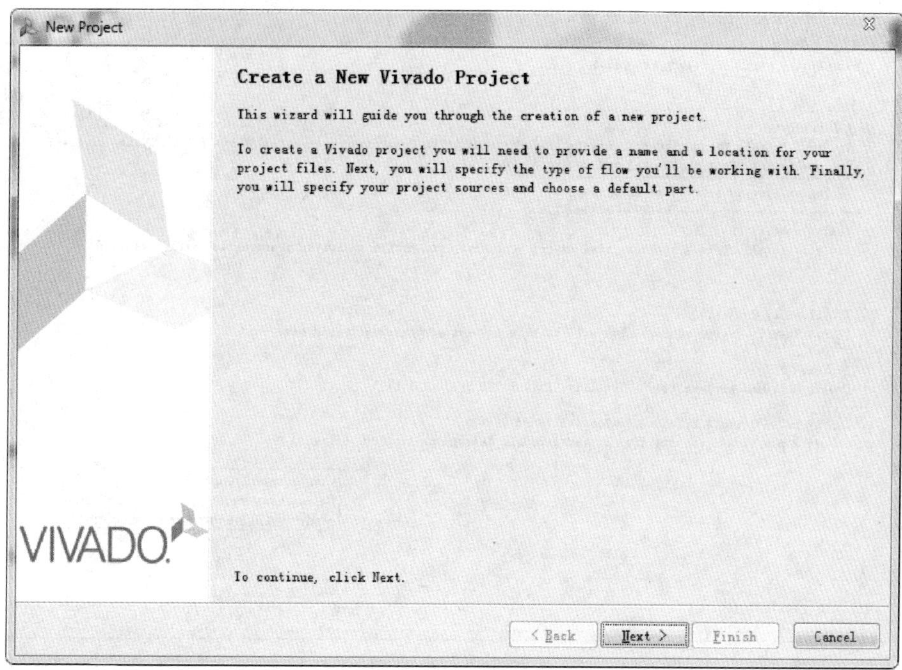

附图 8.63　双击 Creat New Project 后的界面

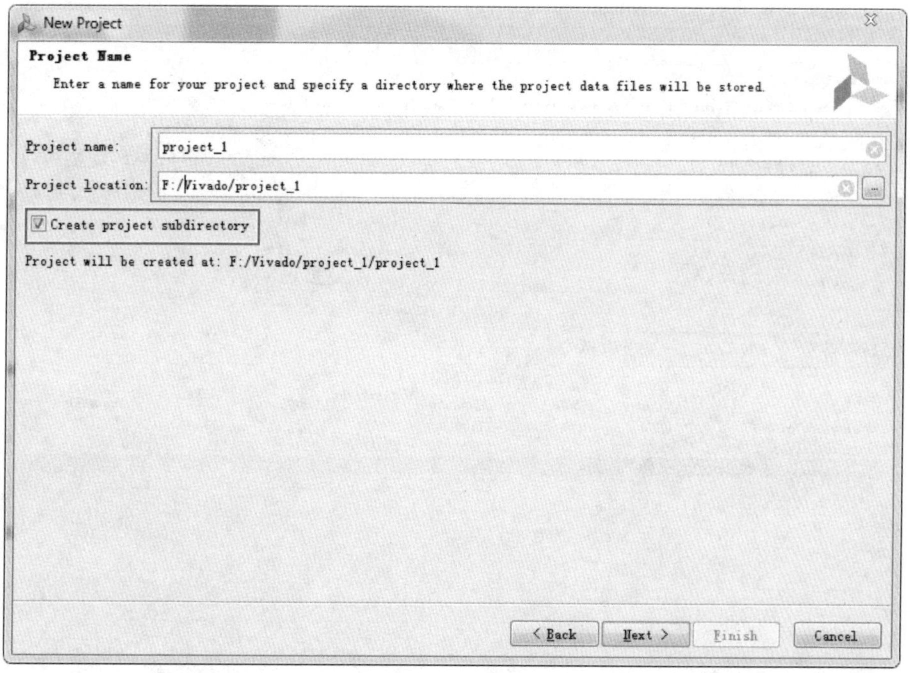

New Project
Project Name
Enter a name for your project and specify a directory where the project data files will be stored.
Project name: project_1
Project location: F:/Vivado/project_1
Create project subdirectory
Project will be created at: F:/Vivado/project_1/project_1
< Back　Next >　Finish　Cancel

附图 8.64　设置选项

⑤ 在器件板卡选型界面(如附图 8.66 所示)中,在“Search”栏中输入“xc7z010clg400”,搜索所使用板卡上的 FPGA 芯片,并选择“xc7z010clg400-1”元器件(元器件命名规则详见

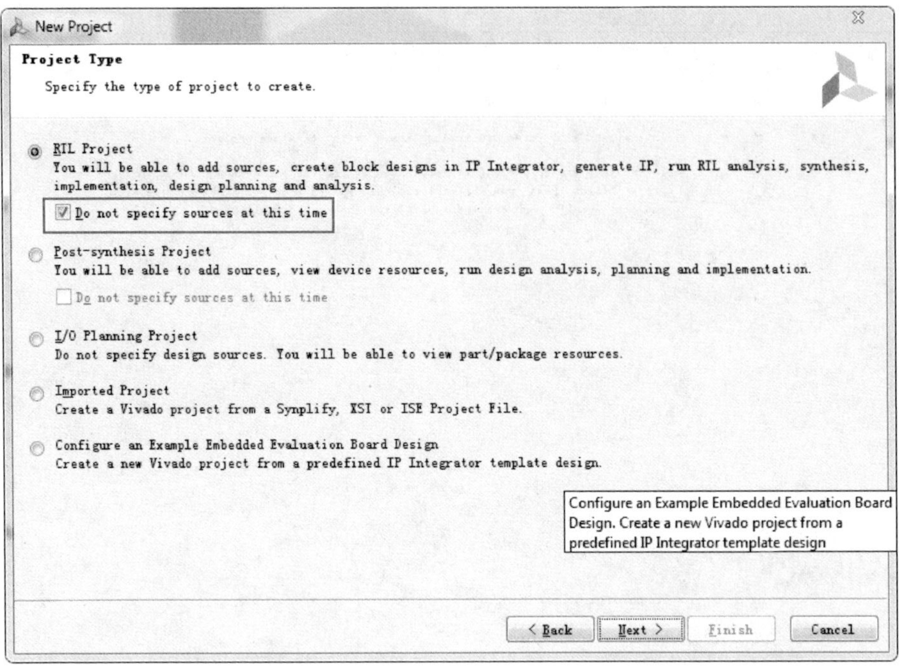

附图 8.65 选择工程类型

Xilinx 官方文档)。点击“Next”。

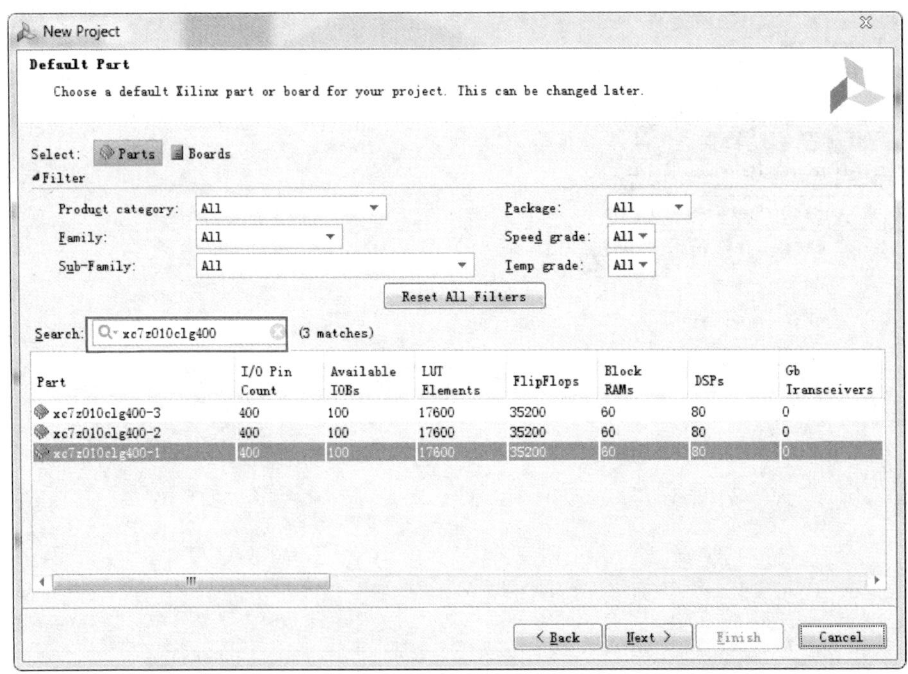

附图 8.66 器件板卡选型界面

⑥ 最后在新工程总结中,检查工程创建是否有误。如没有问题,则点击“Finish”,完成新工程的创建。

(2) 添加已设计的 IP

工程建立完毕，需要将“project_1”这个工程所需的 IP 目录文件复制到本工程的文件夹下。本工程需要两个 IP 目录：74LSXX_LIB 与 XUP_LIB。添加 IP 目录文件完成后的本工程文件夹如附图 8.67 所示。

74LSXX_LIB	2015/3/12 12:02	文件夹	
project_1.cache	2015/3/12 12:00	文件夹	
XUP_LIB	2015/3/12 12:02	文件夹	
project_1.xpr	2015/3/12 12:00	Vivado Project File	3 KB

附图 8.67　添加 IP 目录文件完成后的本工程文件夹

① 在 Vivado 设计界面的左侧设计向导栏中，点击“Project Manager”目录下的“Project Settings”，如附图 8.68 所示。

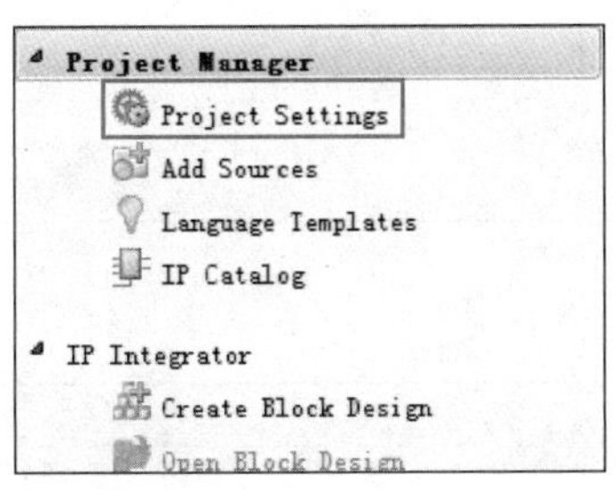

附图 8.68　设计向导栏

② 在“Project Manager”界面中，选择 IP 选项，进入 IP 设置界面。点击“Add Repository...”添加本工程文件。接着下载 IP 目录，如附图 8.69 所示。

③ 完成目录添加后，可以看到所需的 IP 已自动添加，如附图 8.70 所示。点击“OK”完成 IP 添加。

(3) 创建原理图，添加 IP，进行原理设计

① 在“Project Navigator”下的“IP Integrator”目录下，点击“Creat Block Design”，创建原理图，如附图 8.71 所示。

② 在弹出的创建原理图界面中，保持默认选择，如附图 8.72 所示。点击“OK”完成创建。

③ 在原理图设计界面中，添加 IP 的方式有三种，如附图 8.73 所示。第一种：在设计刚开始时，在原理图界面的最上方有相关提示，可以点击“Add IP”。第二种：在原理图设计界面的左侧，有相应的快捷键 。第三种：在原理图界面中，鼠标右击，选择“Add IP”。

④ 在 IP 选择框中，输入“nand”，搜索实验所需的 IP，如附图 8.74 所示。

⑤ 鼠标双击“XUP 2-input NAND”，可以完成添加。系统需要 2 个 NAND IP，因此继续添加 1 个 NAND IP，如附图 8.75 所示。

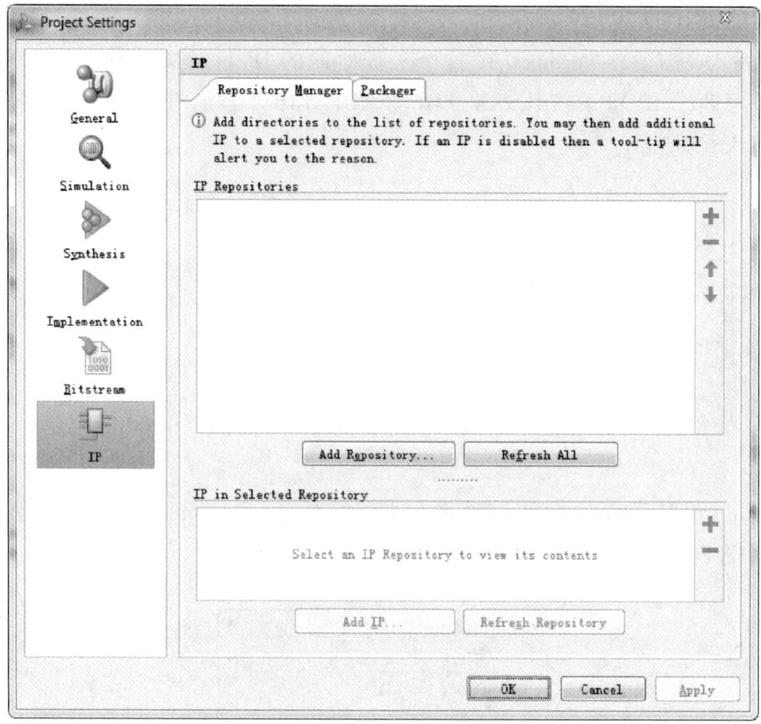

附图 8.69　IP 设置界面

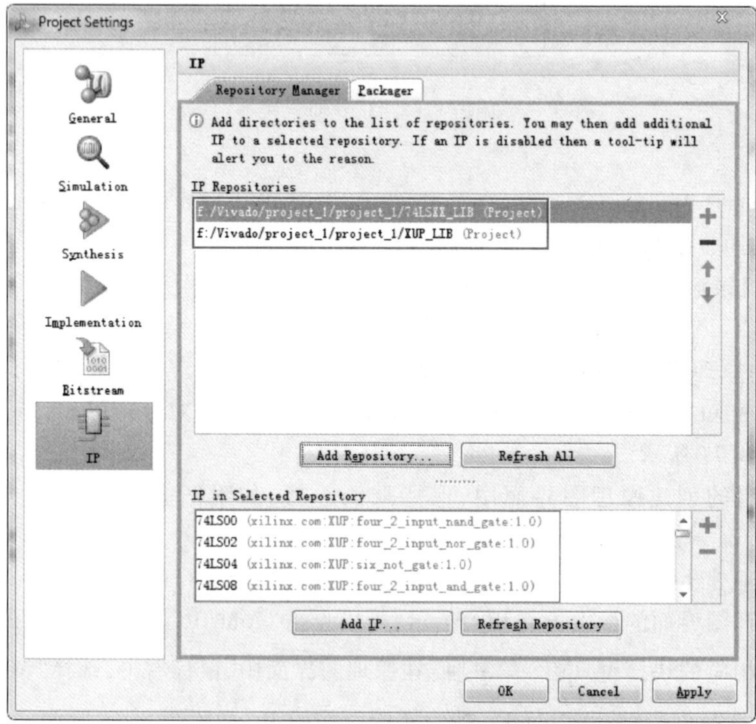

附图 8.70　完成 IP 添加

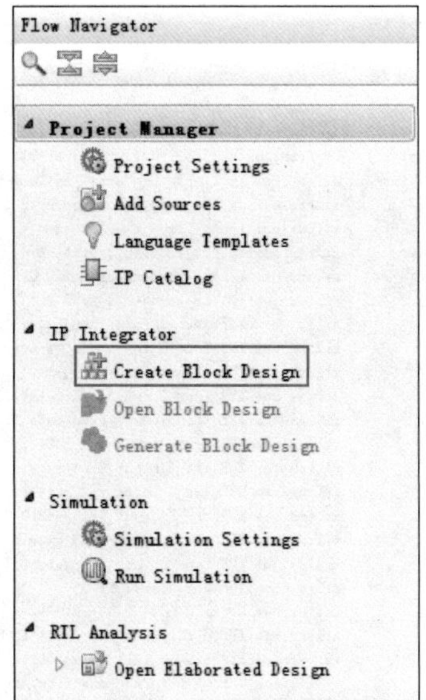

附图 8.71　创建原理图

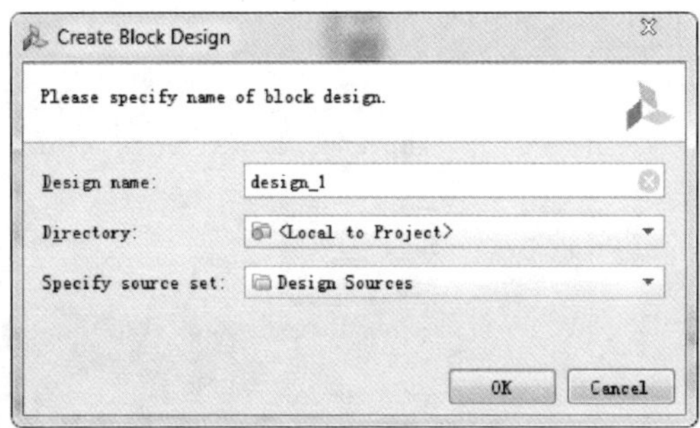

附图 8.72　创建原理图对话框

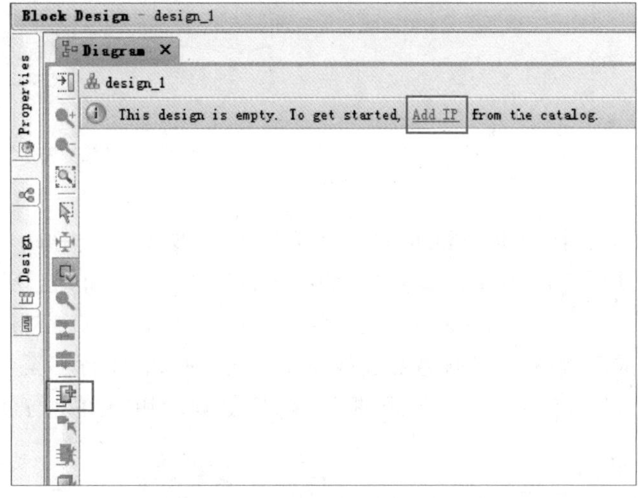

附图 8.73　原理图设计添加 IP

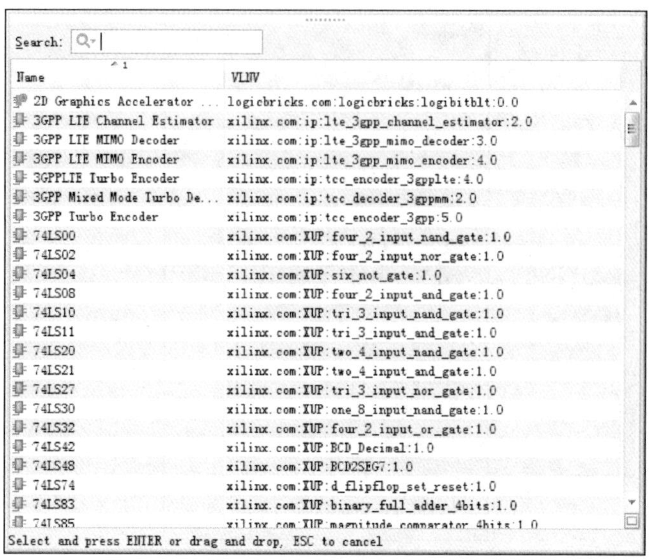

附图 8.74　IP 选择框

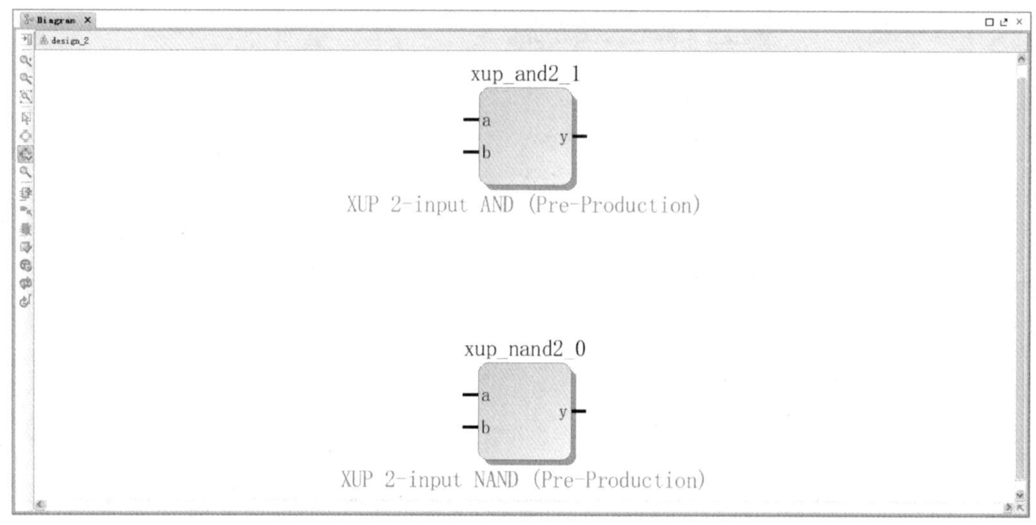

附图 8.75　添加 NAND IP

继续搜索并添加一个 XUP 1-input INV，如附图 8.76 所示。

添加一个“OR IP”。在 Add IP 中搜索“OR”，双击“XUP_2_input _OR”完成添加，如附图 8.77 所示。

⑥ 添加 IP 完成后，进行端口设置和连线操作。连线时，将鼠标移至 IP 引脚附近，鼠标变成铅笔状。此时，点击鼠标左键进行拖拽。Vivado 会提示用户可以与该引脚相连接的引脚或端口。

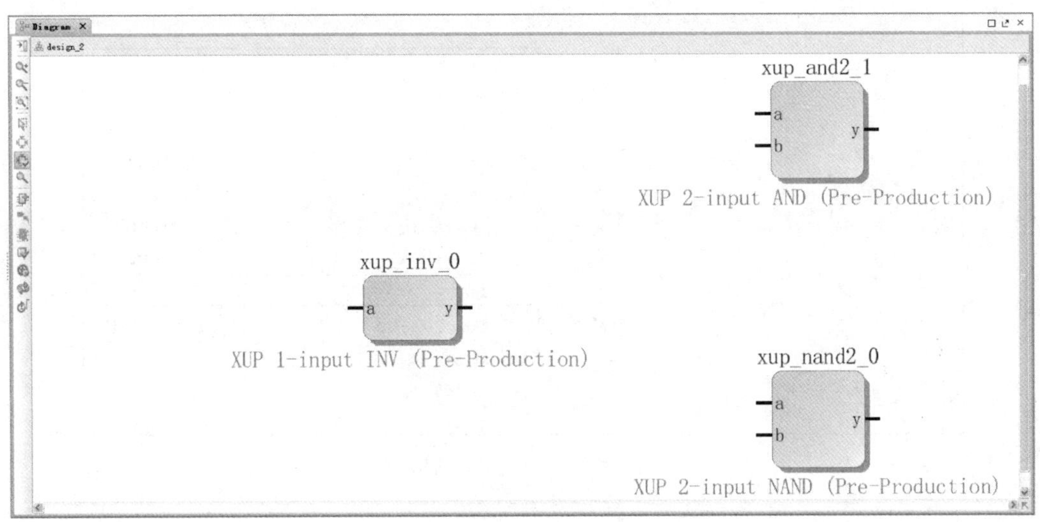

附图 8.76　添加 XUP 1-input INV

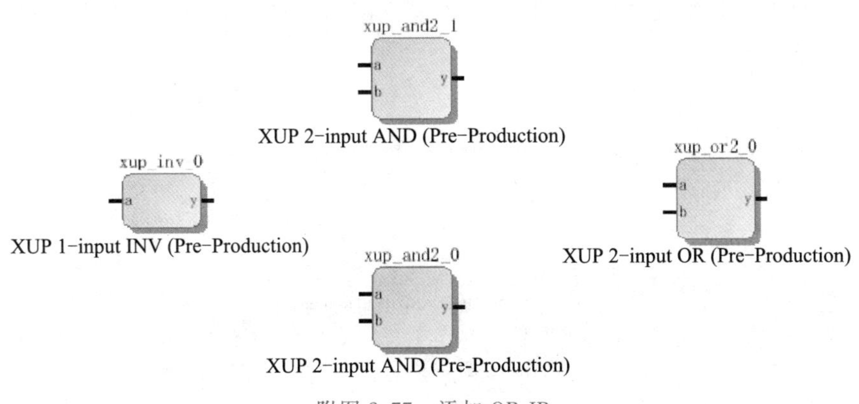

附图 8.77　添加 OR IP

⑦ 创建端口有两种方式。第一种方式：当需要创建与外界相连的端口时，可以右击选择"Creat Port..."，设置端口名称、方向及类型，如附图 8.78 所示。

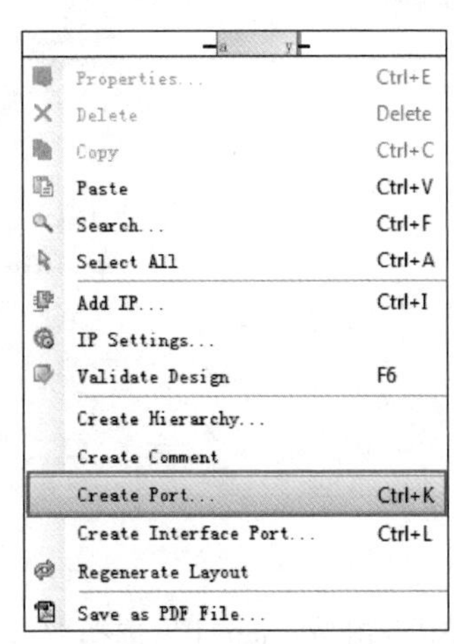

附图 8.78　创建端口方式一

第二种方式：点击选中 IP 的某一引脚，右击选择"Make External"可自动创建与引脚同名，同方向的端口，如附图 8.79所示。

⑧ 分别将 xup_and2_1 的 a 引脚和 xup_and2_0 的 b 引脚以及 xup 2_input_or 的 y 引脚设置为 Make External，如附图 8.80 所示。

⑨ 通过点击端口，可以在"External Port Properties"修改端口名字，如附图 8.81 所示。将 y 和 a_1 修改为out_1和 sl，然后按回车键完成修改。可以用同样的方式将其他引脚进行修改。

⑩ 按照附图 8.82 进行连线。

⑪ 完成原理附图设计后，生成顶层文件。在 Source 界

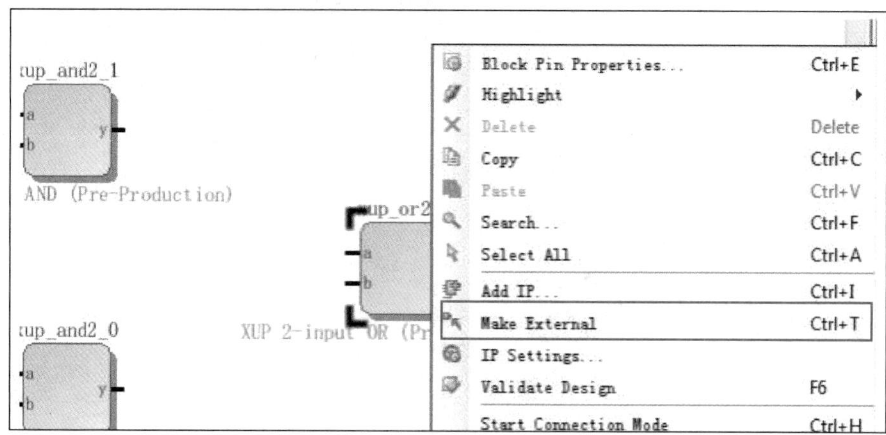

附图 8.79　创建端口方式二

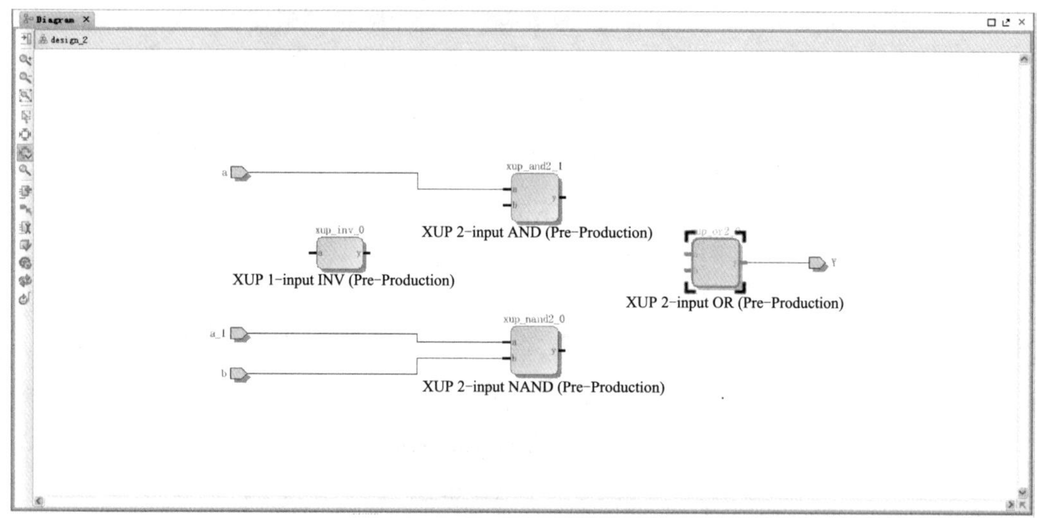

附图 8.80　引脚设置

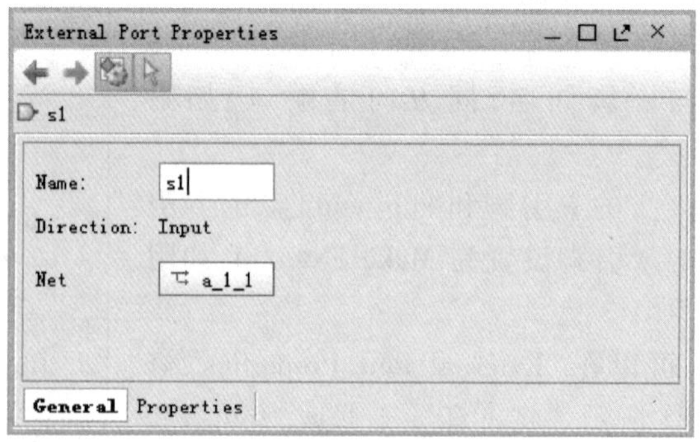

附图 8.81　端口名字修改

面中点击“design_1”，选择“Generate Output Products...”，如附图 8.83 所示。

在生成输出文件的界面中点击“Generate”，如附图 8.84 所示。

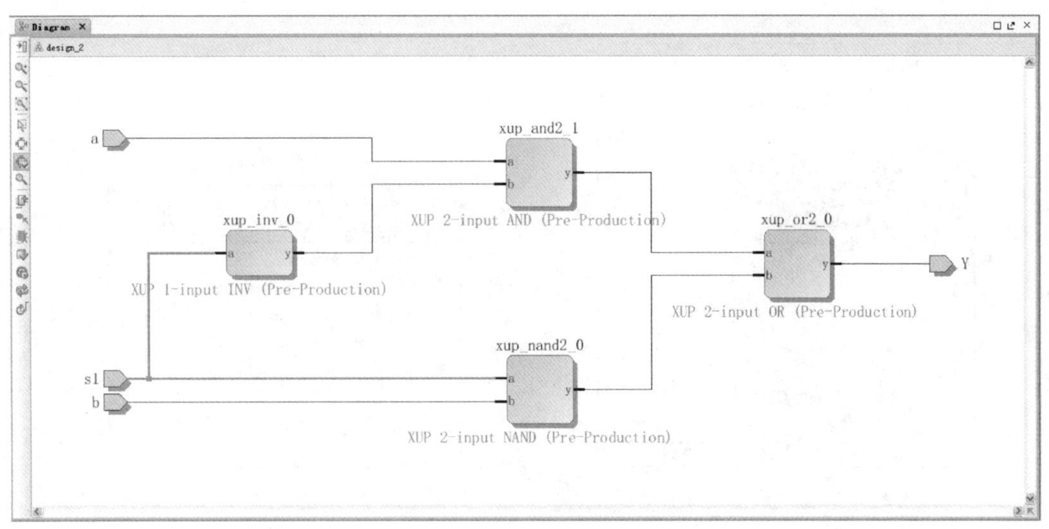

附图 8.82　原理图连线

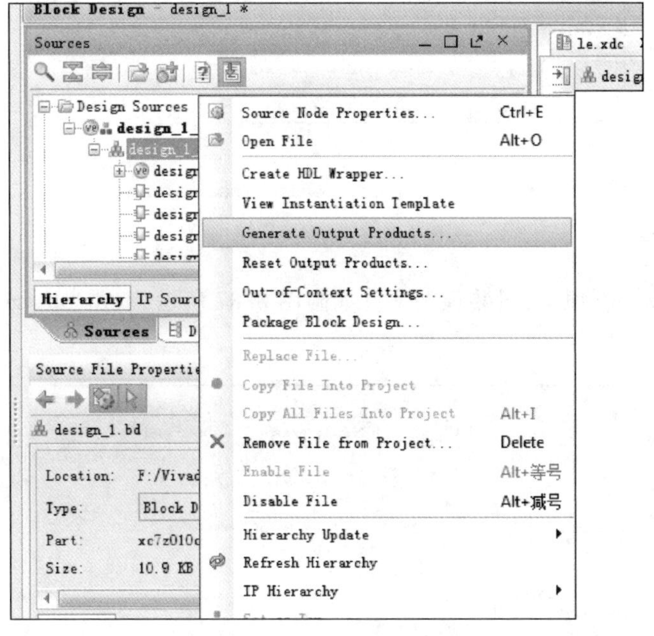

附图 8.83　生成顶层文件

生成输出文件后，再次右击“design_1”，选择“Creat HDL Wrapper...”，如附图 8.85 所示，创建 HDL 代码文件，并对原理图进行实例化。

在创建的 HDL 文件界面中，保持默认选项，点击“OK”，完成 HDL 文件的创建，如附图 8.86所示。

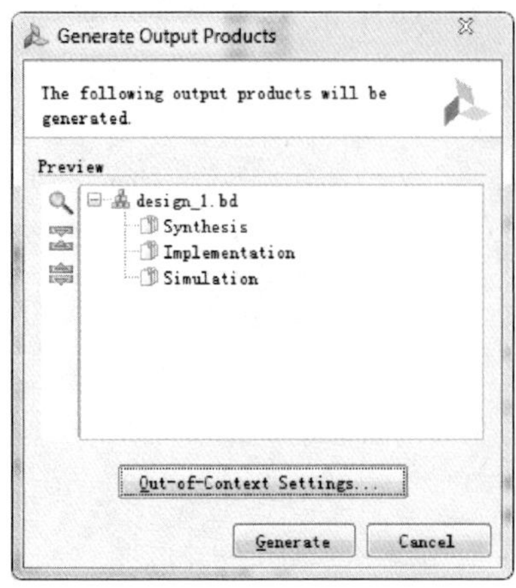

附图 8.84　生成输出文件

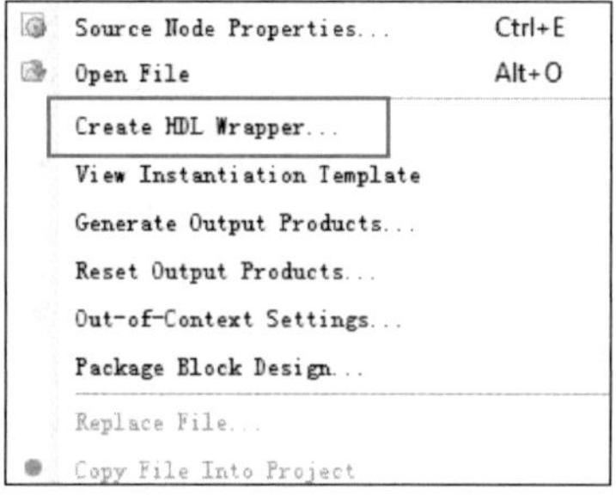

附图 8.85　创建 HDL 代码文件

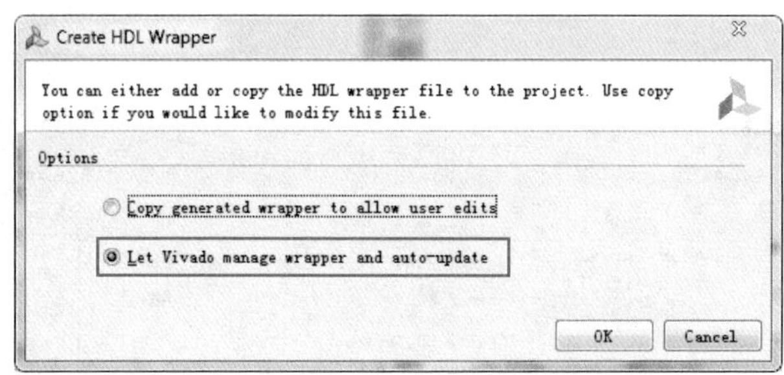

附图 8.86　设置选项对话框

自动封装 Wrapper 顶层，封装顶层文件如附图 8.87 所示，双击“design_1_wrapper”即可打开。

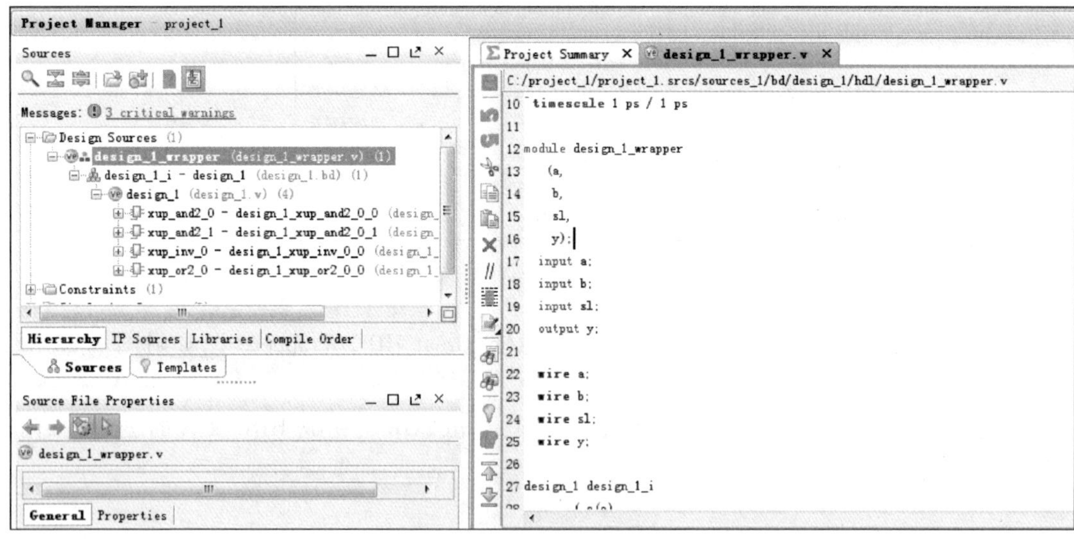

附图 8.87　封装顶层文件

⑫ 至此,原理图设计已完成。

(4) 综合

① 进行综合验证,如附图 8.88 所示。

② 完成综合验证后选择“Open Synthesized Design”,进行引脚约束,如附图 8.89 所示。

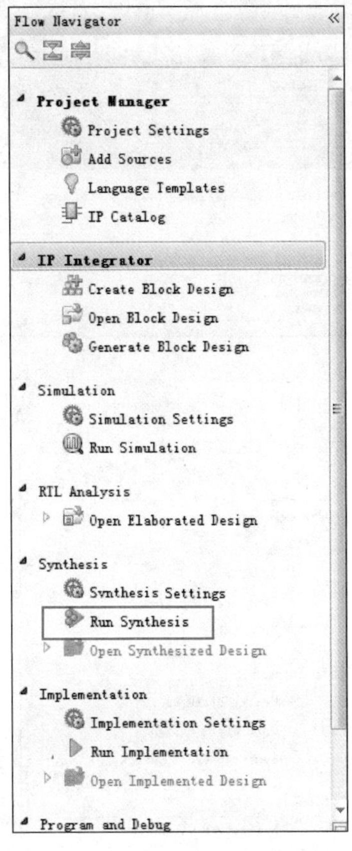

附图 8.88　综合验证

附图 8.89　引脚约束对话框

③ 打开界面如附图 8.90 所示,在下方的“I/O Ports”中点击“Scalar ports”展开进行引脚约束。

引脚约束及电平匹配如附图 8.90 所示。

④ 完成引脚约束后,点击“Run Implementation”,进行工程实现,如附图 8.91 所示。

⑤ 工程实现完成后,选择“Generate Bitstream”,生成 BIT 文件,如附图 8.92 所示。

⑥ 生成 BIT 文件后,选择“Open Hardware Manager”,打开硬件管理器,进行板级验证,如附图 8.93 所示。

⑦ 打开目标器件,点击“Open Target...”。如果初次链接板卡,选择“Open New Target...”。如果之前链接过板卡,可以选择“Recent Targets”,在其列表中选择相应的板卡,如附图 8.94 所示。

⑧ 在打开新硬件目标界面中,点击“Next”进行创建。选择“Local server”,点击“Next”,如附图 8.95 所示。

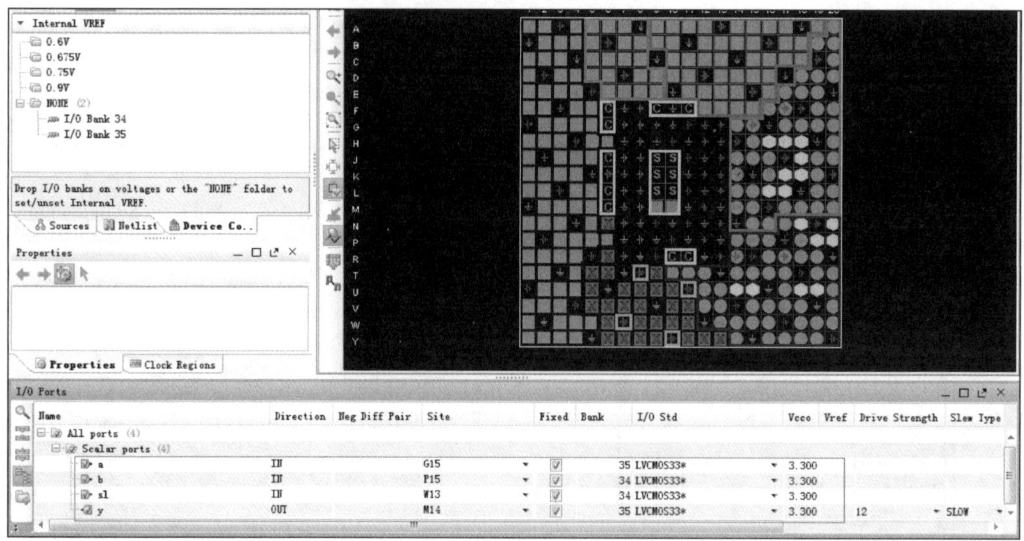

附图 8.90　引脚约束及电平匹配

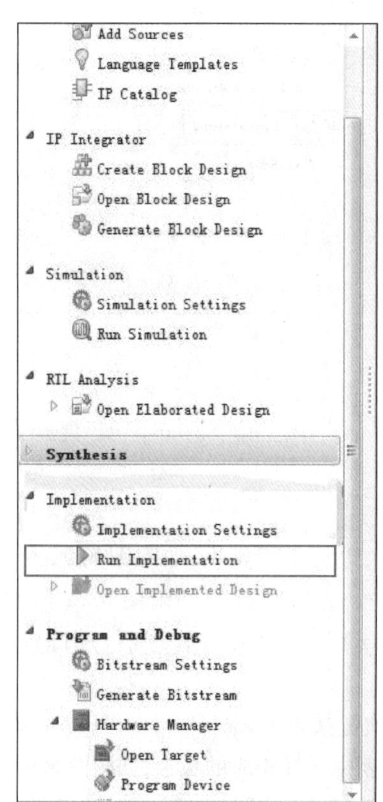

附图 8.91　工程实现

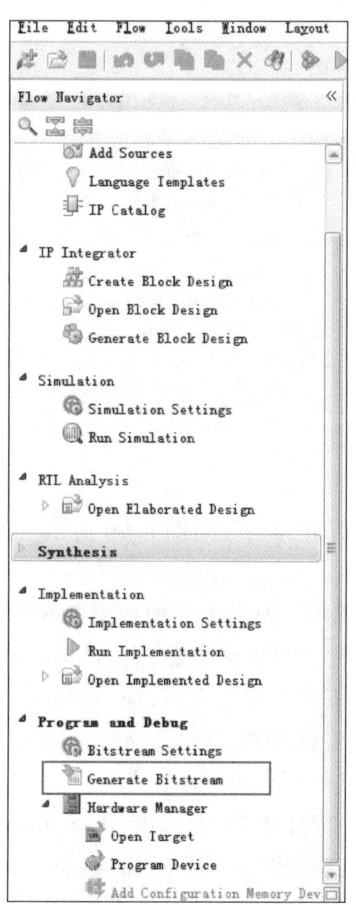

附图 8.92　生成 BIT 文件

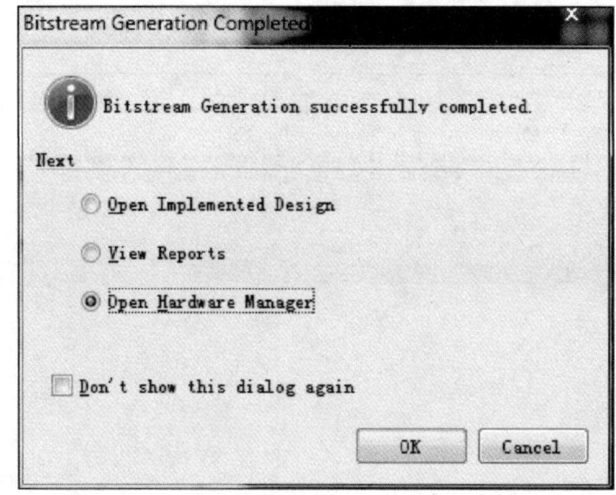

附图 8.93　打开硬件管理器对话框

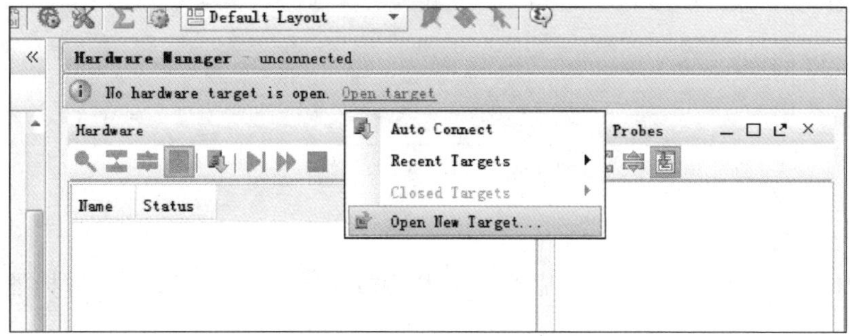

附图 8.94　链接板卡

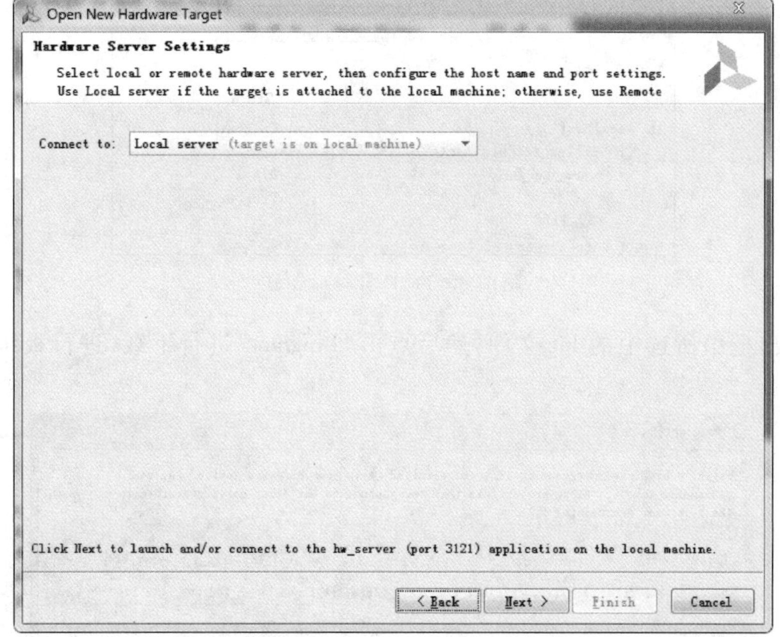

附图 8.95　打开新硬件目标界面

⑨ 附图 8.96 中,点击“Next”,再点击“Finish”,完成创建。

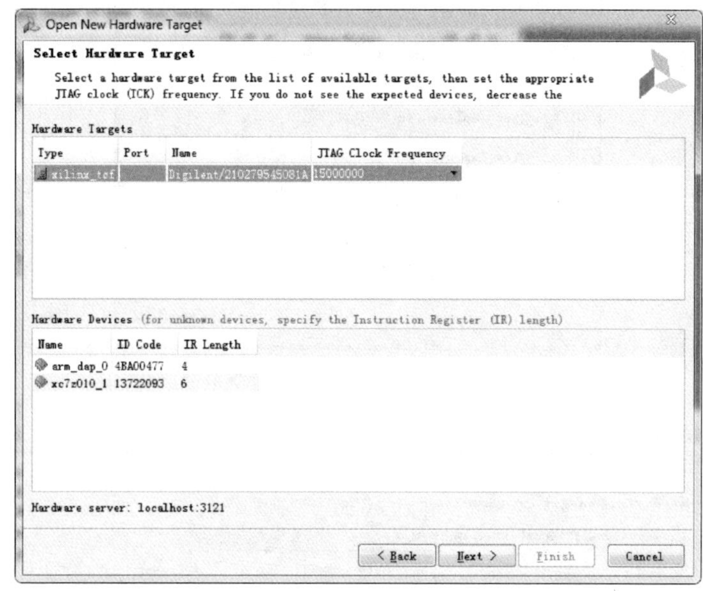

附图 8.96　完成新硬件目标创建

(5) 下载 BIT 文件

点击“Hardware Manager”上方提示语句中的“Program device”,选择目标器件,如附图 8.97 所示。

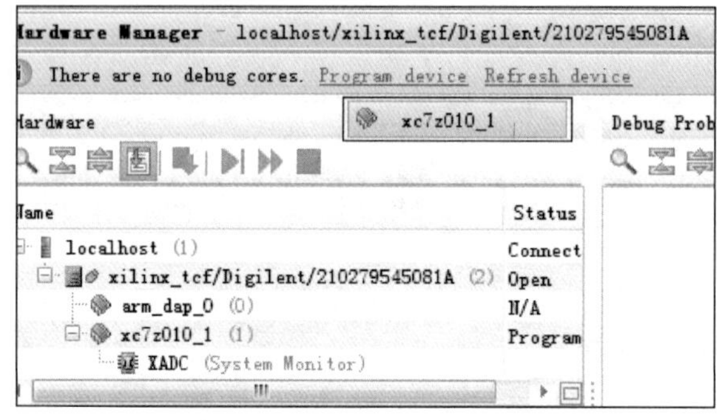

附图 8.97　选择目标器件

检查弹出框中所选中的 bit 文件,然后点击“Program”进行下载,进行板级验证,如附图 8.98所示。

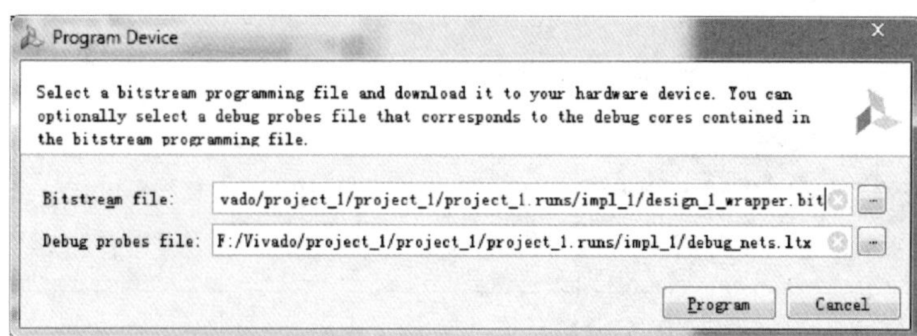

附图 8.98　板级验证

待 bit 下载成功后，可以看到根据拨码开关的拨动，LED 可进行亮灭提示。

Vivado 工具也有一套 Verilog 语言工程建立方法，这方面的资料在 XiLinx 官网和网络上查找都很方便，限于篇幅，不再赘述。

七、Verilog 语言简介

Verilog HDL 和 VHDL 是目前世界上最流行的两种硬件描述语言（HDL：hardware description language），均为 IEEE 标准，被广泛地应用于基于可编程逻辑器件的项目开发。二者都是在 20 世纪 80 年代中期开发出来的，前者由 Gateway Design Automation 公司（该公司于 1989 年被 Cadence 公司收购）开发，后者由美国军方研发。

HDL 语言以文本形式来描述数字系统硬件结构和行为，是一种用形式化方法来描述数字电路和系统的语言，可以从上层到下层来逐层描述自己的设计思想，即用一系列分层次的模块来表示复杂的数字系统，并逐层进行验证仿真，再把具体的模块组合由综合工具转化成门级网表，接下去再利用布局布线工具把网表转化为具体电路结构的实现。目前，这种自顶向下的方法已被广泛使用。概括地讲，HDL 语言包含以下主要特征：

（1）HDL 语言既包含一些高级程序设计语言的结构形式，同时也兼顾描述硬件线路连接的具体结构。

（2）通过使用结构级行为描述，可以在不同的抽象层次描述设计。HDL 语言采用自顶向下的数字电路设计方法，主要包括 3 个领域 5 个抽象层次。

（3）HDL 语言是并行处理的，具有同一时刻执行多任务的能力。这和一般高级设计语言（例如 C 语言等）串行执行的特征是不同的。

（4）HDL 语言具有时序的概念。一般的高级编程语言是没有时序概念的，但在硬件电路中从输入到输出总是有延时存在的，为了描述这一特征，需要引入时延的概念。HDL 语言不仅可以描述硬件电路的功能，还可以描述电路的时序。

1. Verilog HDL 语言的历史

1983 年，Gateway Design Automation（GDA）硬件描述语言公司的 Philip Moorby 首创了 Verilog HDL。后来 Moorby 成为 Verilog HDL-XL 的主要设计者和 Cadence 公司的第一合伙人。1984 年至 1986 年，Moorby 设计出第一个关于 Verilog HDL 的仿真器，并提出了用于快速门级仿真的 XL 算法，使 Verilog HDL 语言得到迅速发展。1987 年，Synonsys 公司开始使用 Verilog HDL 行为语言作为综合工具的输入。1989 年，Cadence 公司收购了 Gateway 公司，Verilog HDL 成为 Cadence 公司的私有财产。1990 年初，Cadence 公司把 Verilog HDL 和 Verilog HDL-XL 分开，并公开发布了 Verilog HDL。随后成立的 OVI（Open Verilog HDL International）组织负责 Verilog HDL 的发展并制定有关标准，OVI 由 Verilog HDL 的使用者和 CAE 供应商组成。1993 年，几乎所有 ASIC 厂商都开始支持 Verilog HDL，并且认为 Verilog HDL-XL 是最好的仿真器。同时，OVI 推出 2.0 版本的 Verilong HDL 规范，IEEE 则将 OVI 的 Verilog HDL2.0 作为 IEEE 标准的提案。1995 年 12 月，IEEE 制定了 Verilog HDL 的标准 IEEE1364-1995。目前，最新的 Verilog 语言版本是 2000 年 IEEE 公布的 Verilog 2001 标准，其大幅度地提高了系统级表述性能和可综合性能。

2. Verilog HDL 的主要功能

Verilog HDL 既是一种行为描述语言，也是一种结构描述语言。如果按照一定的规则和风格编写代码,就可以将功能行为模块通过工具自动转化为门级互连的结构模块。这意味着利用 Verilog 语言所提供的功能,就可以构造一个模块间的清晰结构来描述复杂的大型设计,并对所需的逻辑电路进行严格的设计。下面列出的是 Verilog HDL 语言的主要功能(如附表 8.1 所示):

可描述顺序执行或并行执行的程序结构;

用延迟表示式或事件表达式来明确地控制过程的启动时间;

通过命名的事件来触发其他过程里的激活行为或停止行为;

提供了条件和循环等程序结构;

提供了可带参数且非零延续时间的任务程序结构;

提供了可定义新的操作符的函数结构;

提供了用于建立表达式的算术运算符、逻辑运算符和位运算符;

提供了一套完整的表示组合逻辑基本元器件的原语;

提供了双向通路和电阻器件的描述;

可建立 MOS 器件的电荷分享和衰减模型;

可以通过构造性语句精确地建立信号模型。

附表 8.1　Verilog HDL 语言的主要功能

描述级别	抽象级别	功能描述	物理模型
行为级	系统级	用语言提供的高级结构能够实现所设计模块外部性能的模型	芯片、电路板和物理划分的子模块
	算法级	用语言提供的高级功能能够实现算法运行的模型	部件之间的物理连接,电路板
	RTL 级	描述数据如何在寄存器之间流动和如何处理、控制这些数据流动的模型	芯片、宏单元
逻辑级	门级	描述逻辑门和逻辑门之间连接的模型	标准单元布图
电路级	开关级	描述器件中晶体管和存储节点以及它们之间连接的模型	晶体管布图

此外,Verilog HDL 语言还有一个重要特征就是其和 C 语言风格有很多的相似之处,学习起来比较容易。

3. Verilog HDL 和 VHDL 比较

Verilog HDL 和 VHDL 都是用于逻辑设计的硬件描述语言。VHDL 在 1987 年成为 IEEE 标准,Verilog HDL 则在 1995 年才成为 IEEE 标准,这是因为前者是美国军方组织开发的,而后者则是从民间公司转化而来,要成为国际标准就必须放弃专利。相比而言,Verilog HDL 具有更强的生命力。

Verilog HDL 和 VHDL 的相同点在于:都能形式化地抽象表示电路的行为和结构;支持逻辑设计中层次与范围的描述;可以简化电路行为的描述;具有电路仿真和验证机制;支持电路描述由高层到低层的综合转换;与实现工艺无关;便于管理和设计重用。但 Verilog HDL 和 VHDL 又有各自的特点,由于 Verilog HDL 推出较早,因而拥有更广泛的客户群体、更丰富的资源。Verilog HDL 还有一个优点就是容易掌握,如果具有 C 语言学习的基础,很快就能够掌握。而 VHDL 需要 Ada 编程语言基础,一般需要半年以上的专业培训才能够掌握。传统观点认为 Verilog HDL 在系统级抽象方面较弱,不太适合特大型的系统,但经过 Verilog 2001 标准的补充之后,系统级表述性能和可综合性能有了大幅度提高。当然,这两种语言也仍处于不断完善的过程中,都在朝着更高级描述语言的方向前进。

4. Verilog HDL 设计方法

(1) 自下而上的设计方法

自下而上的设计是传统的设计方法,是从基本单元出发,对设计进行逐层划分的过程。这种设计方法与用电子元器件在模拟实现板上建立一个系统的步骤有密切的关系。优、缺点分别如下。

优点:设计人员对这种设计方法比较熟悉;实现各个子模块所需的时间较短。

缺点:对系统的整体功能把握不足;由于必须先对多个子模块进行设计,因此实现整个系统的功能所需的时间长;另外,对设计人员之间相互协作也有较高的要求。

(2) 自上而下的设计方法

自上而下的设计是从系统级开始,把系统划分为基本单元,然后再把基本单元划分为下一层次的基本单元,直到可用 EDA 元器件实现为止,这种方法的优、缺点如下。

优点:在设计周期开始就做好了系统分析;由于设计的主要仿真和调试过程是在高层完成的,所以能够早期发现结构设计上的错误,避免了设计工作的浪费,方便了系统的划分和整个项目的管理,可减少设计人员劳动,避免了重复设计。

缺点:得到的最小单元不标准,且制造成本高。

(3) 混合设计方法

对于复杂数字逻辑电路和系统设计过程而言,设计方法通常是以上两种设计方法的结合。设计时需要考虑多个目标的综合平衡。在高层系统用自上而下的设计方法实现,而使用自下而上的方法从元器件库或以往设计库中调用已有的设计单元。混合设计方法兼有以上两种方法的优点,并且可使用先进的矢量测试方法。

5. Verilog HDL 基本程序结构

用 Verilog HDL 描述的电路设计就是该电路的 Verilog HDL 模型,也称为模块,是 Verilog 的基本描述单位。模块描述某个设计的功能或结构以及与其他模块通信的外部接口,一般来说一个文件就是一个模块,但并不绝对如此。模块是并行运行的,通常需要一个高层模块通过调用其他模块的实例来定义一个封闭的系统,包括测试数据和硬件描述。一个模块的基本架构如下:

```
module module_name (port_list)          //声明各种变量、信号
reg                                     //寄存器
wire                                    //线网
parameter                               //参数
input                                   //输入信号
output                                  //输出信号
inout                                   //输入输出信号
function                                //函数
task                                    //任务
```

```
……                                      //程序代码
initial assignment
always assignment
module assignment
gate assignment
UDP assignment
continous assignment
endmodule
```

说明部分用于定义不同的项,例如模块描述中使用的寄存器和参数。语句用于定义设计的功能和结构。说明部分可以分散于模块的任何地方,但是变量、寄存器、线网和参数等的说明必须在使用前出现。一般的模块结构如下:

```
module <模块名> (<端口列表>)
<定义>
<模块条目>
endmodule
```

其中,<定义>用来指定数据对象为寄存器型、存储器型、线型以及过程块。<模块条目>可以是 initial 结构、always 结构、连续赋值或模块实例。

下面给出一个简单的 Verilog 模块,实现了一个二选一选择器。

例 8-1　二选一选择器的框图,如附图 8.99 所示,Verilog 实现程序如下:

```
module muxtwo(out,a,b,s1);
input a,b,s1;
output out;
reg out;
always @ (s1 or a or b)
   if (! s1) out = a;
   else out = b;
endmodule
```

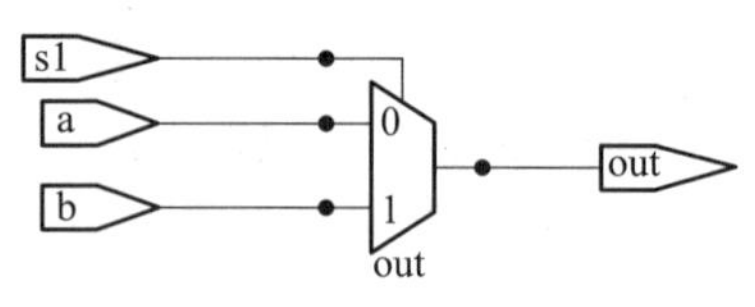

附图 8.99　二选一选择器的框图

模块的名字是 muxtwo,模块有 4 个端口:三个输入端口 a、b 和 s1,一个输出端口 out。由于没有定义端口的位数,所有端口大小都默认为 1 位;由于没有定义端口 a,b,s1 的数据类型,这 3 个端口都默认为线网型数据类型。输出端口 out 定义为 reg 类型。如果没有明确的说明,则端口都是线网型的,且输入端口只能是线网型的。

以上只是对 Verilog 语言的一个简单介绍,在后期学习方向选定后,如果专业方向是通信、电子专业的同学将会有机会进一步学习,其他专业方向的同学可根据自己兴趣进行选择性自学。

附录九　用 FPGA 实现组合逻辑电路和时序逻辑电路的提示

由于教学模式中关于 FPGA 部分的内容主要靠自主学习(在课程选定的 FPGA 公司的手册和 IDE 环境中学习,有疑问可以在课程群中讨论),故本附录提供了实验 1、实验 2 中

FPGA 内容的提示(也就是 Verilog-HDL 语言的模板),有部分语句空缺,需要读者自己填补。Verilog-HDL 语言(hardware description language)通常也被称为硬件描述语言,其实在硬件仿真非常优良的今天,Verilog-HDL 也可称为硬件仿真描述语言(hardware simulation description language)Verilog-HSDL。这也是为什么学生还没有进实验室就可以在课余完成实验 1 中 FPGA 相关的实验内容的原因,因为他们已经在线上教学资源的指导下,在硬件仿真环境中完成了预习要求中的原理仿真、工程仿真,也就是利用硬件仿真搞清楚了实验原理,再加上理论课上学过的 Verilog-HDL 语言的语法,即可以完成 FPGA 相关的实验内容。

一、用 FPGA 实现组合逻辑电路的提示

1. 实验 1

(1) 74LS00 四 2 输入与非门其中之一的 FPGA 实现

① Verilog-HDL 程序设计提示

```
module two_yufei//定义一个 2 输入与非门结构
(
    input a,
    input b,   //设置输入量
    output d   //设置输出量
);
d=………………;//由读者参考相关资料自行完成
endmodule
```

② modelsim 仿真程序设计提示和波形图(如附图 9.1 所示)

```
`timescale 1ns/100ps
module two_yufei_tb;
    reg  a,b;
    wire  d;
    initial
    begin
    a=0;
    b=0;
    #20

    a=0;
    b=1;
    #20

    a=1;
    b=0;
    #20
```

```
        a=1;
        b=1;

        end
…………………………………(
                .a          (a),
                .b          (b),
                .d          (d)
                );   //………………部分由读者参考相关资料自行完成

endmodule
```

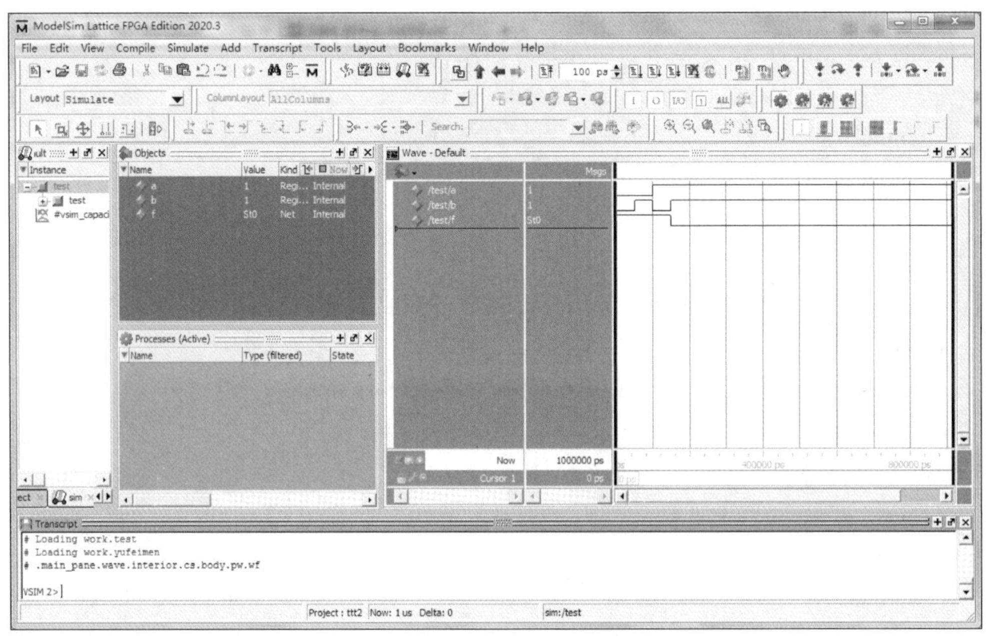

附图 9.1　modelsim 四 2 输入与非门仿真波形图

(2) 74LS08 四 2 输入与门其中之一的 FPGA 实现

① Verilog-HDL 程序设计提示

```
module two_yu//定义一个 2 输入与门结构
(
    input a,b,   //设置输入量
    output e   //设置输出量
);
…………………………………//由读者参考相关资料自行完成
endmodule
```

② modelsim 仿真程序设计提示和波形图(如附图 9.2 所示)

```
`timescale 1ns/100ps
```

```
module two_yu_tb;
    reg   a,b;
    wire   e;
    initial
    begin
    a=0;
    b=0;
    #20

    a=0;
    b=1;
    #20

    a=1;
    b=0;
    #20

    a=1;
    b=1;

    end
two_yu………………(
            .a       (a),
            .b       (b),
            .e       (e)
            );  //………………部分由读者参考相关资料自行完成
endmodule
```

(3) 74LS86 四 2 输入**异或**门其中之一的 FPGA 实现

① Verilog-HDL 程序设计提示

```
module two_yihuo //定义一个 2 输入异或门结构
(
    input a,b,  //设置输入量
    output e   //设置输出量
);
assign e=………………;//由读者参考相关资料自行完成
endmodule
```

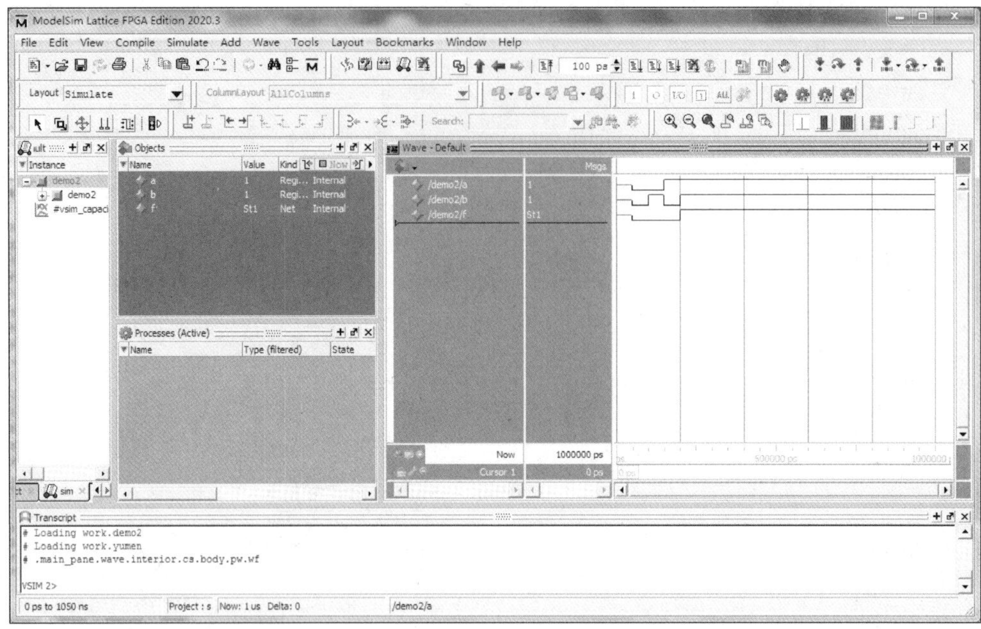

附图 9.2　modelsim 四 2 输入与门仿真波形图

② modelsim 仿真程序设计提示和波形图(如附图 9.3 所示)

```
`timescale 1ns/100ps
module two_yihuo_tb;
    reg   a,b;
    wire   e;
    initial
    begin
    a=0;
    b=0;
    #20

    a=0;
    b=1;
    #20

    a=1;
    b=0;
    #20

    a=1;
    b=1;
```

```
    end
……………………………………(
                  .a        (a),
                  .b        (b),
                  .e        (e)
                  );  //………………部分有读者参考相关资料自行完成
    endmodule
```

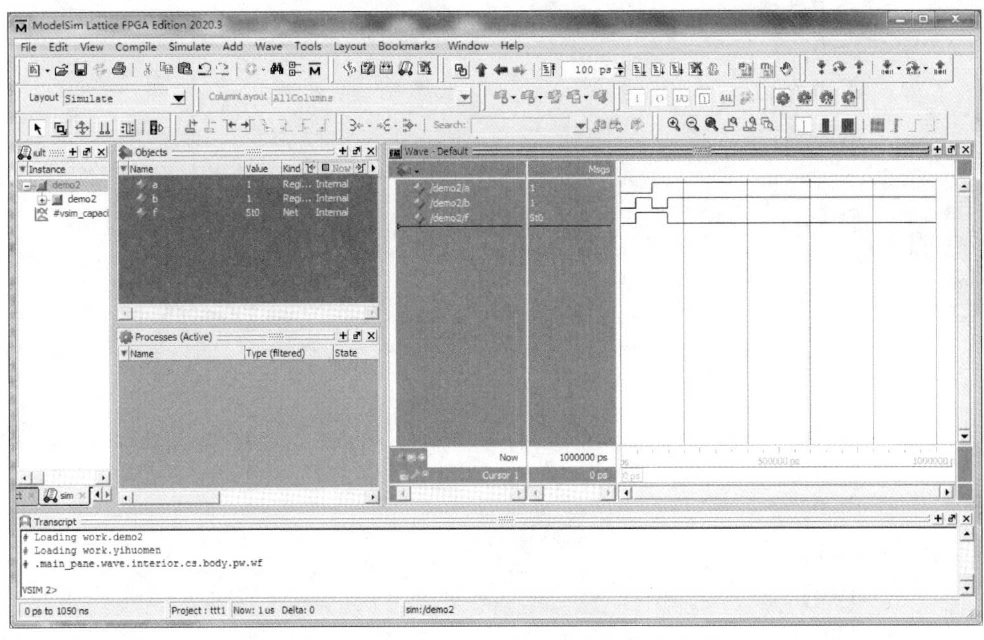

附图 9.3　modelsim 四 2 输入异或门仿真波形图

(4) 74LS20 二 4 输入与非门其中之一的 FPGA 实现

① Verilog-HDL 程序设计提示

```
module four_yufei
(
    input a,   //设置输入
    input b,
    input c,
    input d,
    output e   //设置输出
);
assign e=……………………;//由读者参考相关资料自行完成
endmodule
```

② modelsim 仿真程序设计提示和波形图(如附图 9.4 所示)

```
`timescale 1ns/100ps
module four_yufei_tb;
    reg   a,b,c,d;
    wire   e;
    initial
    begin
        a=0;
        b=0;
        c=0;
        d=0;
        #20

        a=0;
        b=0;
        c=0;
        d=1;
        #20

        a=0;
        b=0;
        c=1;
        d=0;
        #20

        a=0;
        b=0;
        c=1;
        d=1;
        #20

        a=0;
        b=1;
        c=0;
        d=0;
        #20

        a=0;
        b=1;
        c=0;
```

```
d=1;
#20

a=0;
b=1;
c=1;
d=0;
#20

a=0;
b=1;
c=1;
d=1;
#20

a=1;
b=0;
c=0;
d=0;
#20

a=1;
b=0;
c=0;
d=1;
#20

a=1;
b=0;
c=1;
d=0;
#20

a=1;
b=0;
c=1;
d=1;
#20
```

```
        a=1;
        b=1;
        c=0;
        d=0;
        #20

        a=1;
        b=1;
        c=0;
        d=1;
        #20

        a=1;
        b=1;
        c=1;
        d=0;
        #20

        a=1;
        b=1;
        c=1;
        d=1;

    end
    …………………… four_yufei_u1(
                .a      (a),
                .b      (b),
                .c      (c),
                .d      (d),
                .e      (e)
                );  //由读者参考相关资料自行完成
endmodule
```

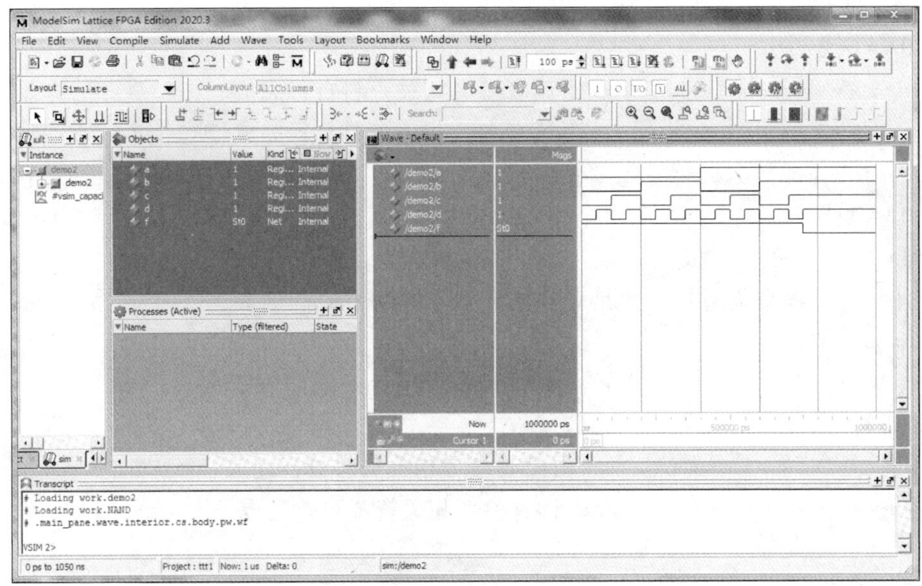

附图 9.4　modelsim 二 4 输入与非门仿真波形图

2. 实验 2

(1) 一位半加器的 FPGA 设计

① Verilog-HDL 程序设计提示

程序清单 halfadder. v

```
module halfadder
(
input a,                 //第一个加数 a(对应图 2.1 和表 2.1 中 A)
input b,                 //第二个加数 b(对应图 2.1 和表 2.1 中 B)
output sum,              // 显示和的(对应图 2.1 和表 2.1 中 S)
output cout              // 显示进位的(对应图 2.1 和表 2.1 中 CO 或 C)
);

……………………;        //由读者参考相关资料自行完成
……………………;        //由读者参考相关资料自行完成

endmodule
```

② modelsim 仿真程序设计提示和波形图(如附图 9.5 所示)

```
`timescale 1ns/100ps
module halfadder_tb;
reg A,B;            //定义数据类型
wire C,S;
initial
begin
```

```
A=0;B=0;
#50A=0;B=0;
***************;   //由读者参考相关资料自行完成
***************;   //由读者参考相关资料自行完成

#50A=1;B=1;
end
// 例化(子程序调用),下面是对被仿真程序的调用
halfadder u1(
.A(A),
.B(B),
****************,   //由读者参考相关资料自行完成
****************   //由读者参考相关资料自行完成
);
endmodule
```

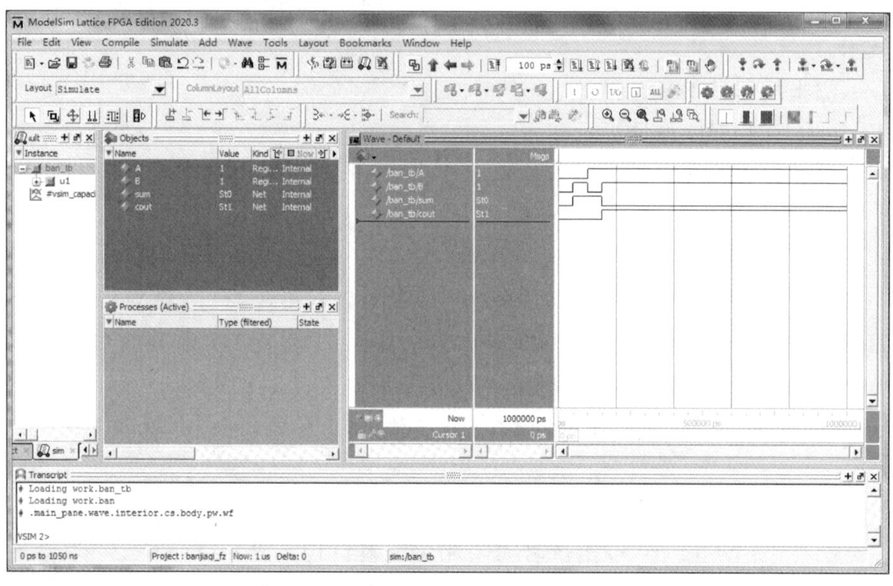

附图 9.5　modelsim 半加器仿真波形图

(2) 一位全加器的 FPGA 设计

① Verilog-HDL 程序设计提示

```
module fulladder(A,B,Ci,S,Co);
input A,B,Ci;
***************;   //由读者参考相关资料自行完成
***************;   //由读者参考相关资料自行完成
assign Co=~((A&B)|((A^B)&Ci));//实现组合逻辑
endmodule
```

② modelsim 仿真程序及波形图（如附图 9.6 所示）

```
`timescale 1ns/100ps
module fulladder_tb;
reg A,B,Ci;
wire Co,S;initial
begin
A=0;B=0;Ci=0;
#50A=0;B=0;Ci=1;
#50A=0;B=1;Ci=0;
#50A=0;B=1;Ci=1;
***************;    //由读者参考相关资料自行完成
***************;    //由读者参考相关资料自行完成
#50A=1;B=1;Ci=0;
#50A=1;B=1;Ci=1;
end
fulladder u1(
.A(A),
.B(B),
***************,   //由读者参考相关资料自行完成
***************,   //由读者参考相关资料自行完成
.Co(Co)
);
endmodule
```

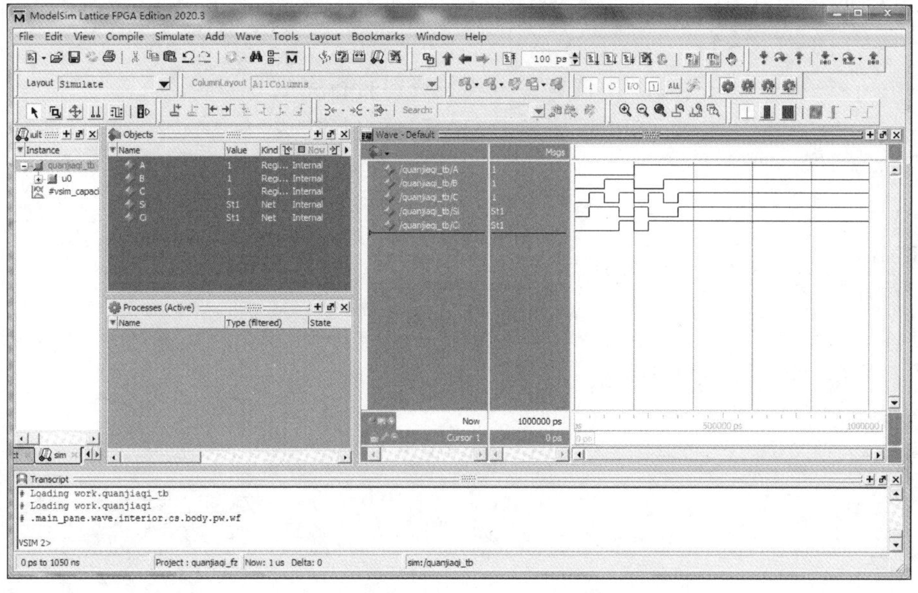

附图 9.6　modelsim 全加器仿真波形图

(3) 3 变量表决器的 FPGA 设计

① Verilog-HDL 程序设计提示

```
module voter3(
input wire A,//定义输入变量 A
input wire B,//定义输入变量 B
input wire C,//定义输入变量 C
output wire F //定义输出变量 F
……………………;      //由读者参考相关资料自行完成
……………………;      //由读者参考相关资料自行完成
endmodule
```

② modelsim 仿真程序及波形图(如附图 9.7 所示)

```
`timescale 1ns/100ps
module voter3_tb;
reg A,B,C;
wire F;
initial
begin
A=0;B=0;C=0;
#50A=0;B=0;C=1;
#50A=0;B=1;C=0;
……………………;      //由读者参考相关资料自行完成
……………………;      //由读者参考相关资料自行完成
#50A=1;B=0;C=1;
#50A=1;B=1;C=0;
#50A=1;B=1;C=1;
……………………;      //由读者参考相关资料自行完成
……………………;      //由读者参考相关资料自行完成
(
.A(A),
.B(B),
.C(C),
.F(F)
);
endmodule
```

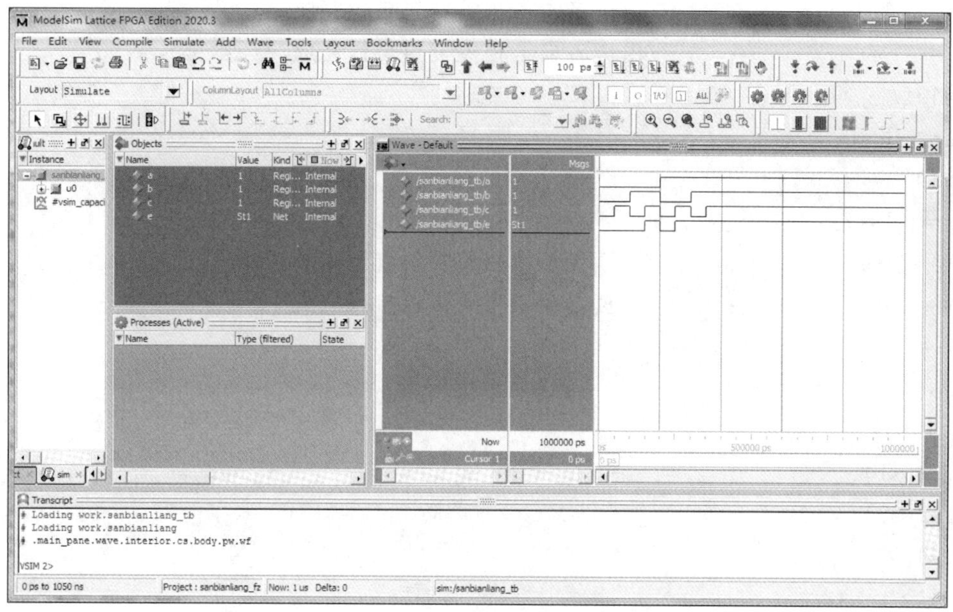

附图 9.7　modelsim 3 变量表决器仿真波形图

(4) 一位二进制比较器的 FPGA 设计

① Verilog-HDL 程序设计提示

```
module compare2(
  input wire a,//输入变量 a
  input wire b,//输入变量 b
  output wire s1,//输出变量 s1
  output wire s2,//输出变量 s2
  output wire s3 //输出变量 s3
);

xnor(s1,a,b);//a,b 的同或
……………………;      //由读者参考相关资料自行完成
……………………;      //由读者参考相关资料自行完成
endmodule
```

② modelsim 仿真程序及波形图(如附图 9.8 所示)

```
`timescale 1ns/100ps
module compare2_tb;
reg a,b;
wire s1,s2,s3;
initial
begin
a=0;b=0;
```

```
……………………;      //由读者参考相关资料自行完成
……………………;      //由读者参考相关资料自行完成
#50
a=1;b=0;
#50
a=1;b=1;
……………………;      //由读者参考相关资料自行完成
……………………;      //由读者参考相关资料自行完成
(
.a(a),
.b(b),
.s1(s1),
.s2(s2),
.s3(s3)
);
endmodule
```

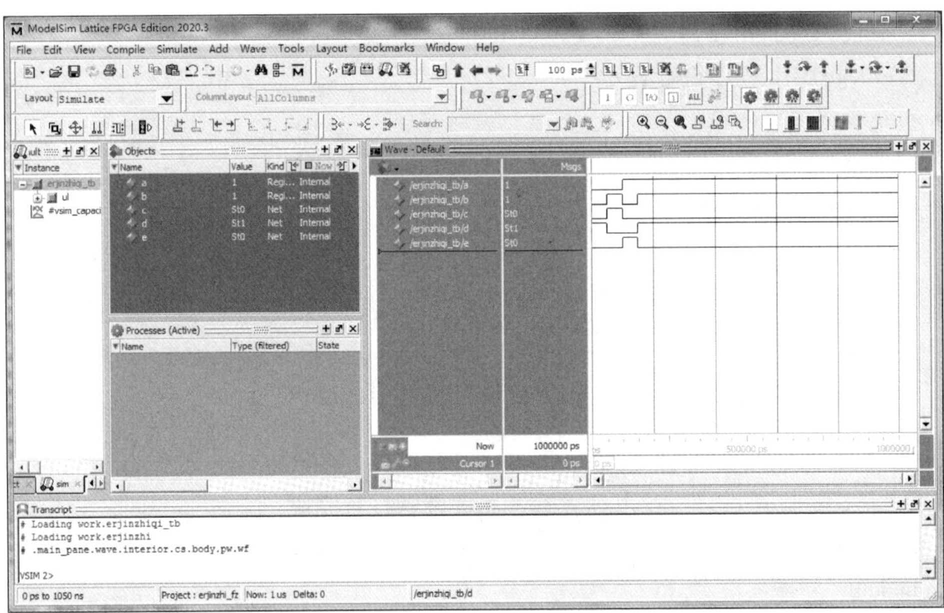

附图 9.8　modelsim 一位二进制比较器仿真波形图

(5) 4 变量多数表决器的 FPGA 设计

① Verilog-HDL 程序设计提示

```
module invoter4(
  input wire a,//输入变量 a
  input wire b,//输入变量 b
  input wire c,//输入变量 c
```

```
    input wire d,//输入变量 d
    output wire f //输出变量 f
);
……………………;       //由读者参考相关资料自行完成
……………………;       //由读者参考相关资料自行完成
```

② modelsim 仿真程序及波形图(如附图 9.9 所示)

```
`timescale 1ns/100ps
module nand4ru_tb;
reg           a,b,c,d;
wire     f;
initial
    begin
        a=0;
        b=0;
        c=0;
        d=0;
    #50
        ……………………;       //由读者参考相关资料自行完成
……………………;       //由读者参考相关资料自行完成

        c=0;
        d=1;
    #50
        a=0;
        b=0;
        c=1;
        d=0;
    #50;
        a=0;
        b=0;
        c=1;
        d=1;
    #50;
        a=0;
        b=1;
        c=0;
        d=0;
    #50;
        a=0;
```

```
        b=1;
        c=0;
        d=1;
    #50;
        a=0;
        b=1;
        c=1;
        d=0;
    #50;
        a=0;
        b=1;
        c=1;
        d=1;
    #50
        a=1;
        b=0;
        c=0;
        d=0;
    #50
        a=1;
        b=0;
        c=0;
        d=1;
    #50
        a=1;
        b=0;
        c=1;
        d=0;
    #50;
        a=1;
        b=0;
        c=1;
        d=1;
    #50;
        a=1;
        b=1;
        c=0;
        d=0;
    #50;
```

```
        a=1;
        b=1;
        c=0;
        d=1;
    #50;
        a=1;
        b=1;
        c=1;
        d=0;
    #50;
        a=1;
        b=1;
        c=1;
        d=1;
    ……………………;    //由读者参考相关资料自行完成
……………………;    //由读者参考相关资料自行完成

(
            .a          (a),
            .b          (b),
            .c          (c),
            .d          (d),
            .f          (f)
);
endmodule
```

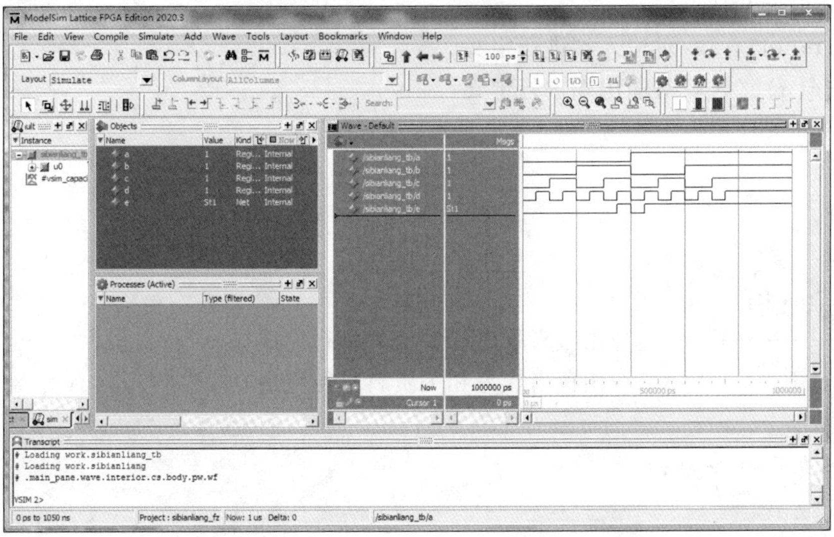

附图 9.9　modelsim 4 变量表决器仿真波形图

以上是 FPGA 实现组合逻辑电路的提示，不但给出了主程序的大部分代码，而且也给出了对应仿真程序的大部分代码。

二、用 FPGA 实现时序逻辑电路的提示

1. 触发器的 FPGA 设计

(1) *RS* 触发器的 FPGA 设计

① Verilog-HDL 程序设计提示

```
module RS_LL(
      input sn,
      input rn,  //对输入端进行定义
      output q,   //对输出端进行定义
      output qn
);
      assign qnot = ~q;
      nand(qn,rn,q);  //实现 q 和 q 非的状态显示
      ……………………;     //由读者参考相关资料自行完成
……………………;     //由读者参考相关资料自行完成
```

② modelsim 仿真程序设计提示和波形图(如附图 9.10 所示)

```
`timescale 1ns/1ps
module RS_LL_tb();
reg sn,rn;
wire q,qn;

RS_LL u1
(
      .sn(sn),
      .rn(rn),  //对输入端进行定义
      .q(q),    //对输出端进行定义
      .qn(qn)
);
initial
begin
sn=1;rn=0;
……………………;  //由读者参考相关资料自行完成
……………………;  //由读者参考相关资料自行完成

always #50 sn=~sn;

endmodule
```

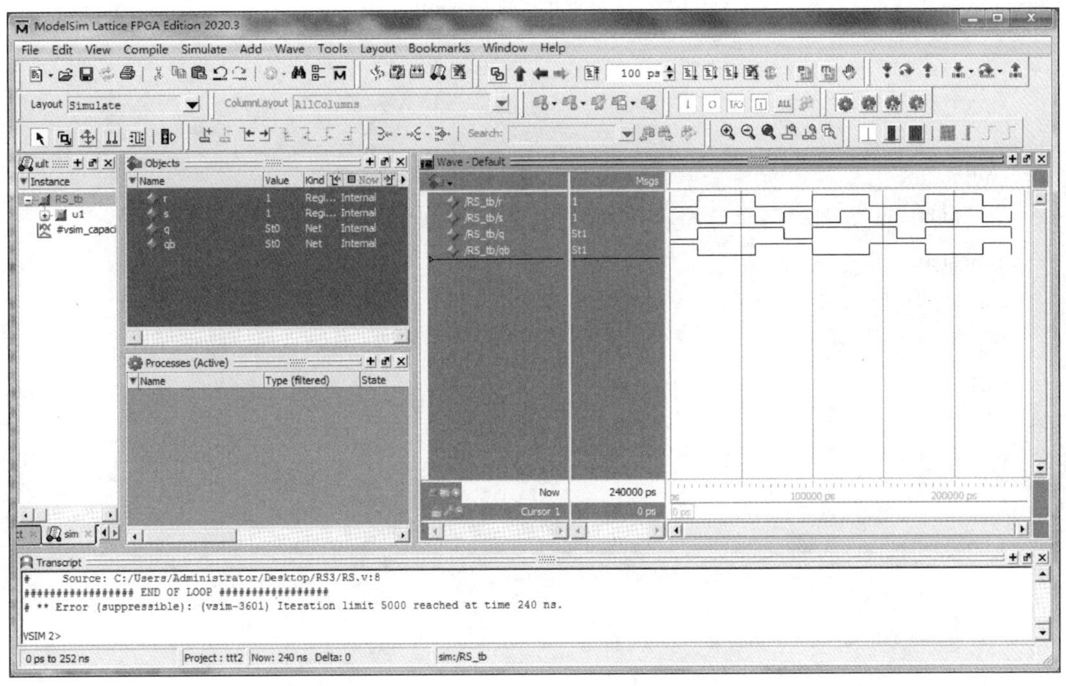

附图 9.10　modelsim *RS* 触发器仿真波形图

(2) *D* 触发器的 FPGA 设计

① Verilog-HDL 程序设计提示

```
module D_LL
(
    input D,
    input clk,
    input rst,
    input set,  //输入端口定义
    output reg q,
    output qnot  //输出端口定义
);

    assign qnot = ~q;

    always@ (posedge clk) //当时钟上升沿到来时触发
    ……………………;    //由读者参考相关资料自行完成
……………………;    //由读者参考相关资料自行完成


            q <= 1'b1;
        else if(! set) //置位,将 q 置为 1
            q <= 1'b0;
```

```
        else            //当上升沿到来时,触发输出的值 q=d
          q <= ~D;
      end

endmodule
```

② modelsim 仿真程序设计提示和波形图(如附图 9.11 所示)

```
`timescale 1ns/1ps
module D_LL_tb();
reg D,clk,set,rst;
wire q;

D_LLu1(

    .D(D),
    .clk(clk),
    .rst(rst),
    .set(set),  //输入端口定义
    .q(q),
    .qnot(qnot) //输出端口定义

);
divide u2();//下面这段 1 Hz 分频程序在下载时才需要,仿真时不需要,用时太长,故屏蔽
/* divide #
(                                        //parameter 是 verilog 里的参数定义
    .WIDTH(32),      //计数器的位数,计数的最大值为 2**(WIDTH-1)
    .N(12000000)     //分频系数,请确保 N<2**(WIDTH-1),否则计数会溢出
)
(
          .clk(clk),          //clk 连接到 FPGA 的 C1 脚,频率为 12 MHz
          .rst_n(rst_n),         //复位信号,低有效
          .clkout(clkout)          //输出信号,可以连接到 LED 观察分频的时钟
);*/
initial
begin
……………………;      //由读者参考相关资料自行完成
……………………;      //由读者参考相关资料自行完成
always #10 clk=~clk;
always #40 D=~D;
```

```
endmodule
```

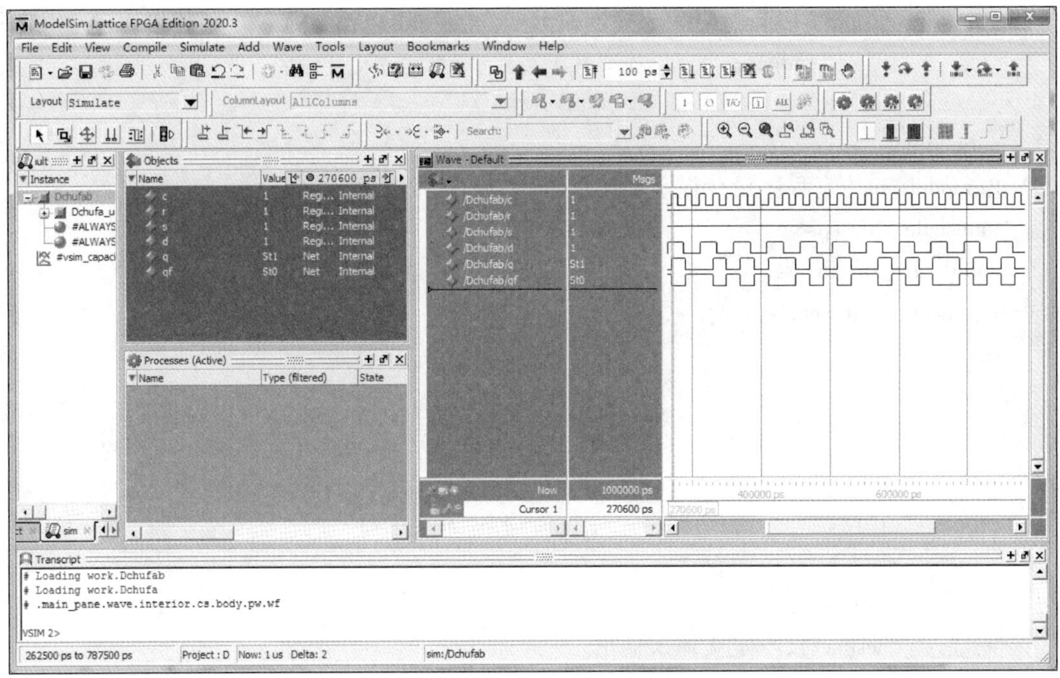

附图 9.11　modelsim *D* 触发器仿真波形图

(3) *JK* 触发器的 FPGA 设计

① Verilog-HDL 程序设计提示

```
module JK_LL(
        input clk,j,k,rst,set,//定义输入输出
        output reg q,
        output qn
);

      assign qn = ~q;
      always @ (posedge clk or negedge rst or negedge set)
          begin
……………………;  //由读者参考相关资料自行完成
……………………;  //由读者参考相关资料自行完成

            else if(! set)
                q <= 1'b1;  //置 1
            else
                case({j,k})
                2'b00: q<=q;   //保持
```

```
                2'b01：q<=1；    //置零
                2'b10：q<=0；    //置 1
                2'b11：q<=~q；   //翻转
                endcase
        end
endmodule
```

② modelsim 仿真程序设计提示和波形图(如附图 9.12 所示)

```
`timescale 1ns/1ps
module JK_LL_tb();
reg clk,j,k,rst,set;
wire q,qn;
JK_LL u1
(
        .clk(clk),
        .j(j),
        .k(k),
        .rst(rst),
        .set(set),//定义输入输出
        .   q(q),
        .qn(qn)
);
divide u2(); //下面这段 1Hz 分频程序下载时才需要,仿真时不需要,用时太长,故屏蔽

/* divide #
(                                  //parameter 是 verilog 里的参数定义
    .WIDTH(32),          //计数器的位数,计数的最大值为 2**(WIDTH-1)
    .N(12000000)         //分频系数,请确保 N<2**(WIDTH-1),否则计数会溢出
)
(
                .clk(clk),         //clk 连接到 FPGA 的 C1 脚,频率为 12 MHz
                .rst_n(rst_n),     //复位信号,低有效
                .clkout(clkout)    //输出信号,可以连接到 LED 观察分频的时钟
);*/
initial
begin
clk=0;
……………………；      //由读者参考相关资料自行完成
……………………；      //由读者参考相关资料自行完成
```

```
j=0;
k=0;
#50 set=0;
#50 set=1;
#50 rst=0;
#50 rst=1;
end

always #5 clk=~clk;
always #10 j=~j;
always #20 k=~k;
endmodule
```

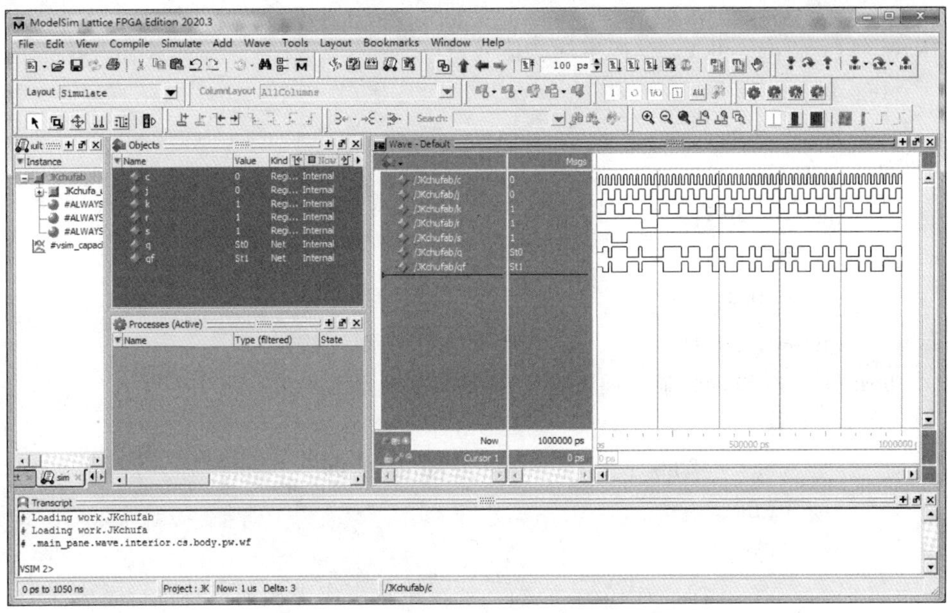

附图 9.12　modelsim *JK* 触发器仿真波形图

2. 简单秒表的 FPGA 设计

(1) Verilog-HDL 程序设计提示

```
module counter60
(
input wire clk,rst,                  //时钟和复位输入
input wire key,                   //启动暂停按键
output wire [8:0] segment_led_1,segment_led_2          //数码管输出
);

wire clk1h;                  //1s 时钟
```

```
reg[7:0] cnt;          //计时计数器
reg      flag;         //启动暂停标志

divide #                        //理化分频器产生 1s 时钟信号
(
……………………;      //由读者参考相关资料自行完成
……………………;      //由读者参考相关资料自行完成
) u1
(
.clk(clk),
.rst_n(rst),
.clkout(clk1h)
);
always @ (posedge clk)  //产生标志信号
    if(! rst)
        flag = 1'b0;
    else if(! key)
        flag = ~flag;
    else
        flag = flag;
always @ (posedge clk1h )            //产生六十进制计数器
    begin    //数码管显示要按照十进制的方式显示
        if(! rst)
            cnt <= 8'h00;          //复位初值显示 00
        else if(flag)
            begin
                ……………………;      //由读者参考相关资料自行完成
……………………;      //由读者参考相关资料自行完成

                        cnt[3:0] <= 4'd0;        //个位清零
                        if(cnt[7:4] == 4'd5 )    //十位满五?
                            cnt[7:4] <= 4'd0;    //个位清零
                        else
                            cnt[7:4] <= cnt[7:4] + 1'b1;  //十位加一
                    end
                ……………………;      //由读者参考相关资料自行完成
……………………;      //由读者参考相关资料自行完成

        else
```

```
            cnt <= cnt;
        end
segment u2
(
. seg_data_1        (cnt[7:4]),   //seg_data input
. seg_data_2        (cnt[3:0]),   //seg_data input
. segment_led_1     (segment_led_1),   //MSB~LSB = SEG,DP,G,F,E,D,C,B,A
. segment_led_2     (segment_led_2)    //MSB~LSB = SEG,DP,G,F,E,D,C,B,A
);
endmodule
```

(2) modelsim 仿真程序设计提示和波形图(如附图 9.13 所示)

```
`timescale 1ns/1ns
module miaobiao_tb;
reg clk,rst,key;//设置 rst,clk
wire [8:0] seg1,seg2;//设置数码管
wire clk1h;//设置分频时钟输出
wire [7:0]cnt;//计数器观察
initial  //初始化
    begin
        clk = 1'b0;
        rst = 0;
        rst = 1;
        key = 1;
    end
always #10 clk = ! clk;//设置时钟脉冲
initial //复位操作
    begin
        #200
        rst = 1'b0;
        #200
        rst = 1'b1;
        key = 1'b1;
        #200
        key = 1'b0;
    end

    counter60 u1
    (
    . clk(clk),
```

```
.rst(rst),
.key(key),
.cnt(cnt),
.segment_led1(seg1),
.segment_led2(seg2)
);
endmodule
```

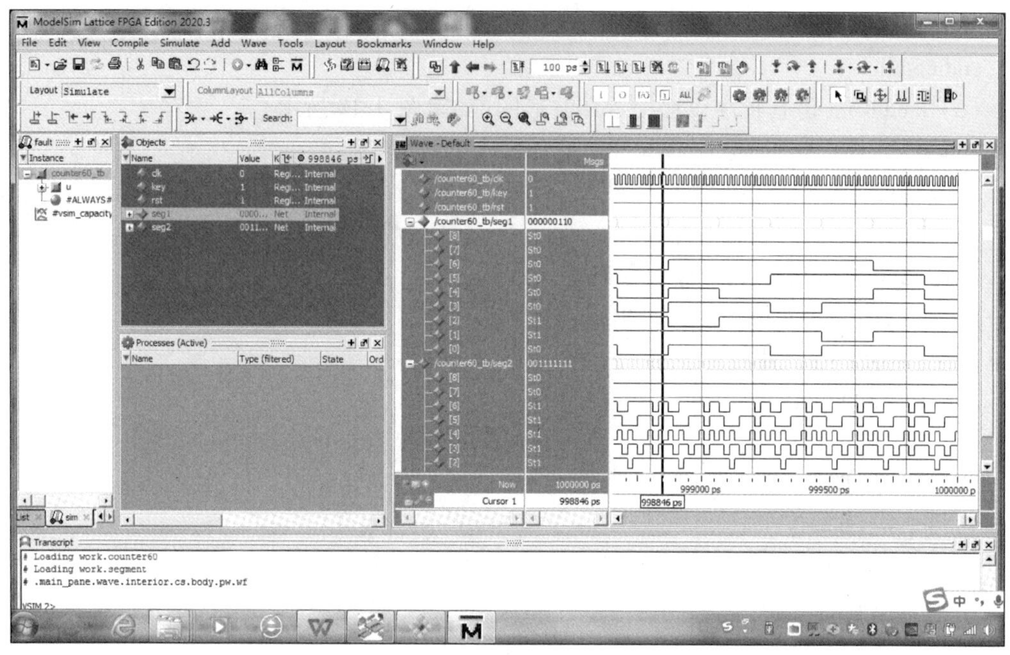

附图 9.13　modelsim 秒表仿真波形图

3. 智力竞赛抢答器的 FPGA 设计

(1) Verilog-HDL 程序设计提示

```
module qiangdaqi
(
    input wire clk,rst,start,//定义输入
    input wire[3:0]k,//定义输入
    output reg[3:0]led //定义输出
);

always@(posedge clk or negedge rst or posedge start)
    ……………………;        //由读者参考相关资料自行完成

    if(! rst) //主持人控制台开关打开
        led[3:0]=4'b1111;
```

```
    else if(start) //主持人控制台开关闭合
        ……………………;      //由读者参考相关资料自行完成
            4'b0000:led=4'b1111;//无人按抢答器
            4'b1000:led=4'b1110;//一号选手按抢答器
            4'b0100:led=4'b1101;//二号选手按抢答器
            ……………………;      //由读者参考相关资料自行完成
……………………;      //由读者参考相关资料自行完成

        endcase
    end
endmodule
```

（2）modelsim 仿真程序设计提示和波形图（如附图 9.14 所示）

```
`timescale 1ns/100ps
module qiangdaqi_th;
    reg clk;//定义输入
    reg rst;//定义输入
    reg start;//定义输入
    reg [3:0]k;//定义输入
    wire [3:0]led;//定义输出
    initial
    begin
    clk=0;//初始化时钟
    rst=0;//初始化复位信号
    start=0;//初始化主持人信号
    k=0;
    #10;
    rst=1;//关闭复位信号
    start=1;//开启抢答器
    #50;
    k=4'b0000;
    #50;
    k=4'b0001;//一号选手
    #50;
    k=4'b0010;//二号选手
    #50;
    k=4'b0100;//三号选手
    #50;
    k=4'b1000;//四号选手
    #50;
```

```
        k = 4'b0000;
        #50;
        k = 4'b0001;
        #50;
        k = 4'b0010;
        #50;
        k = 4'b0100;
        #50;
        k = 4'b1000;
end
always #10 clk = ~clk;
……………………;        //由读者参考相关资料自行完成
……………………;        //由读者参考相关资料自行完成
        . clk( clk) ,
        . rst( rst) ,
                . start( start) ,
        . k( k) ,
        . led( led)
);
endmodule
```

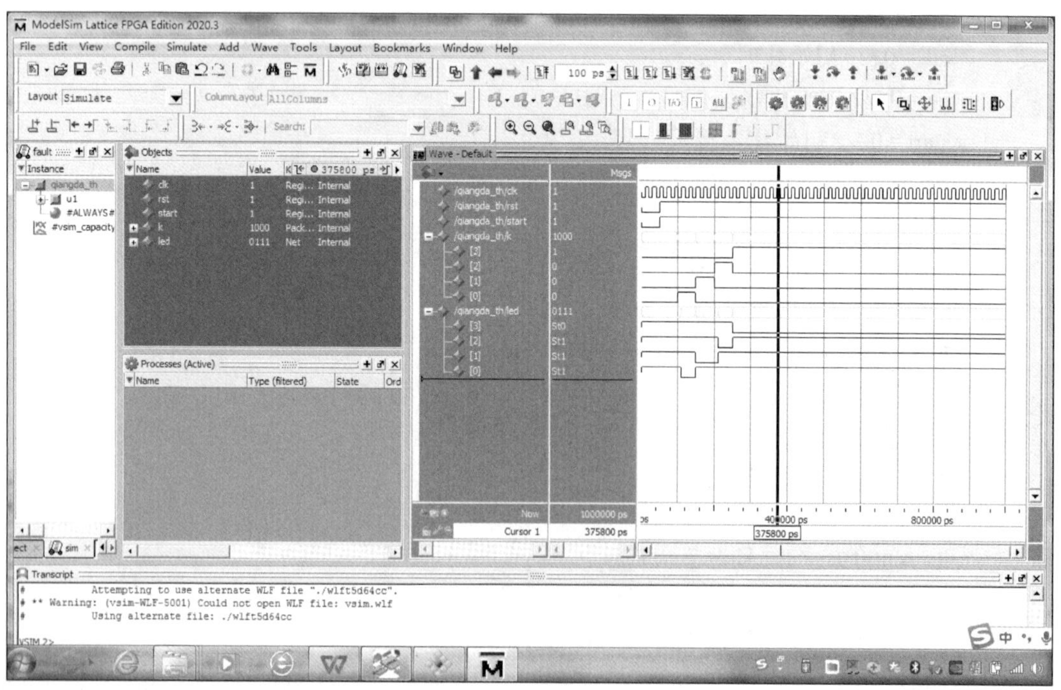

附图 9.14　modelsim 智力竞赛抢答器仿真波形图

4. 4 位串行累加器的 FPGA 设计

(1) Verilog-HDL 程序设计

```
module accum4
(
input wire k,rst,y,//开关 k,复位键 rst,输入 y
output reg [3:0] led,//led 灯
output wire sum//输出
);
wire e,f,s,q;//输入 e,f,输出 s,现态 q(表示上一次计算的进位)
……………………;      //由读者参考相关资料自行完成
……………………;      //由读者参考相关资料自行完成
assign s=q^e^f;//输出 s 为 q 异或 e 异或 f
assign q=h;//次态过渡到现态
assign sum=s;

always @ (negedge k,negedge rst)
    if(! rst)//复位,计数器,JK 触发器清零
        begin
        led[3:0]<=4'b0000;
        h<=1'b0;
        end
    else if(! k)
        begin
        h<=(e&f)|(q&(e|f));//Q(n+1),表示上次相加是否有进位
        led[3]<=s;              //将输出给最低位
        led[2]<=led[3];         //led3 移位到 led2
        led[1]<=led[2];         //led2 移位到 led1
        led[0]<=led[1];         //led1 移位到 led0
        end
    assign e=led[0];//输入 e 为 led0 的值
endmodule
```

(2) modelsim 仿真程序设计提示和波形图(如附图 9.15 所示)

```
`timescale 1ns/1ns
module accum4_th;
reg rst;//复位键
reg k;//开关
reg y;//输入的数据
wire [3:0] led;//小灯
wire sum;
```

```
initial     //开始
    begin//对一些参数初始化
    #10 rst=1;k=1;
    #10 rst=0;        //复位
    #10 rst=1;y=1;
    #10 k=0;      //在 k=1 时输入 1,并在 k=0 时运算
    #10 k=1;y=1;
    #10 k=0;  //在 k=1 时输入 0,并在 k=0 时运算
    #10 k=1;y=1;
    #10 k=0;  //在 k=1 时输入 1,并在 k=0 时运算
    #10 k=1;y=1;
    #10 k=0;  //在 k=1 时输入 0,并在 k=0 时运算
    #10 k=1;y=1;
    #10 k=0;  //在 k=1 时输入 1,并在 k=0 时运算
    #10 k=1;y=1;
    #10 k=0;  //在 k=1 时输入 1,并在 k=0 时运算
    #10 k=1;y=1;
    #10 k=0;  //在 k=1 时输入 0,并在 k=0 时运算
    #10 k=1;y=1;
    #10 k=0;  //在 k=1 时输入 0,并在 k=0 时运算
    ……………………;    //由读者参考相关资料自行完成
……………………;    //由读者参考相关资料自行完成
(
    .k(k),//开关
    .rst(rst),//复位
    .y(y),//输入
    .sum(sum),//观察输出
    .led(led)//小灯
);
endmodule
```

5. 任意整数分频参考程序(该程序是以上时序逻辑电路需要调用的例化子程序)

```
module divide #
(                                   //parameter 是 verilog 里的参数定义
parameterWIDTH =  3,        //计数器的位数,计数的最大值为 2**(WIDTH-1)
parameterN     =  5         //分频系数,请确保 N<2**(WIDTH-1),否则计数会溢出
)
(
```

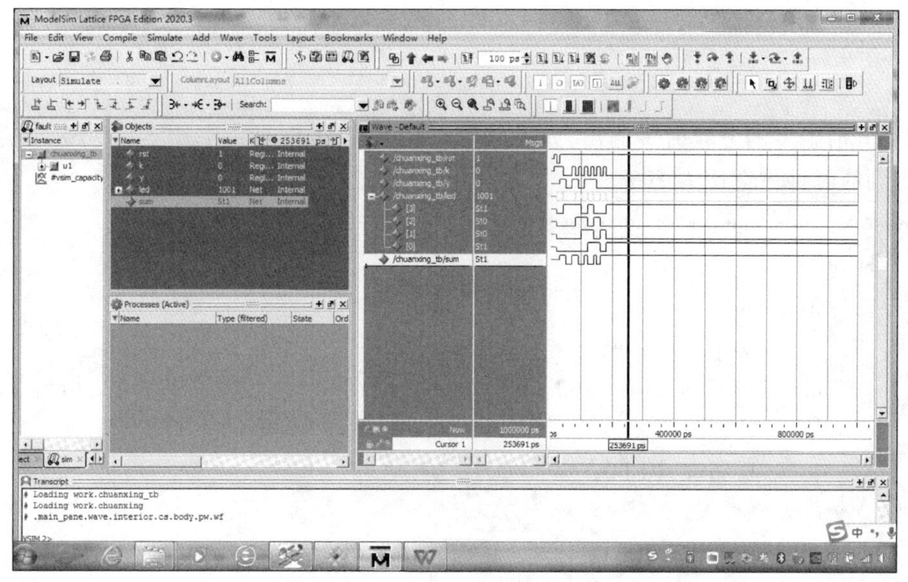

附图 9.15　modelsim 4 人串行累加器仿真波形图

```
    input          clk,     //clk 连接到 FPGA 的 C1 脚,频率为 12MHz
    input          rst_n,       //复位信号,低有效
    output         clkout       //输出信号,可以连接到 LED 观察分频的时钟
    );

    reg[WIDTH-1:0]cnt_p,cnt_n;      //cnt_p 为上升沿触发时的计数器,cnt_n 为下降沿
触发时的计数器
    reg              clk_p,clk_n;      //clk_p 为上升沿触发时分频时钟,clk_n 为下降
沿触发时的分频时钟

    /************************************** 上升沿触发部分
**************************************/
    //上升沿触发时计数器的控制
    always @(posedge clk or negedge rst_n)      //posedge 和 negedge 在 verilog 中表示信号
上升沿和下降沿
        begin                                          //当 clk 上升沿来临或者 rst_n 变
低的时候执行一次 always 里的语句
            if(! rst_n)
                cnt_p <= 1'b0;
            else if(cnt_p ==(N-1))
                cnt_p <= 1'b0;
            else
                cnt_p <= cnt_p + 1'b1;      //计数器一直计数,当计数到 N-1 的时候清
```

零,这是一个模 N 的计数器

```
        end

   //上升沿触发的分频时钟输出,如果 N 为奇数,得到的时钟占空比不是 50%;如果 N 为
偶数,得到的时钟占空比为 50%
    always @ ( posedge clk or negedge rst_n)
        begin
            if( ! rst_n)
                clk_p <= 1'b0;
            else if(cnt_p <(N>>1))              //N>>1 表示右移一位,相当于除以 2
取商
                clk_p <= 1'b0;
            else
                clk_p <= 1'b1;                  //得到的分频时钟正周期比负周期多
一个 clk 时钟
        end
   /**************************************************************
***************************************/

   /**************************************下降沿触发部分*****
*************************************/
   //下降沿触发时计数器的控制
    always @ (negedge clk or negedge rst_n)
        begin
            if( ! rst_n)
                cnt_n <= 1'b0;
            else if( cnt_n ==(N-1))
                cnt_n <= 1'b0;
            else
                cnt_n <= cnt_n + 1'b1;
        end

   //下降沿触发的分频时钟输出,和 clk_p 相差半个 clk 时钟
    always @ (negedge clk or negedge rst_n)
        begin
            if( ! rst_n)
                clk_n <= 1'b0;
            else if( cnt_n <(N>>1))
                clk_n <= 1'b0;
```

```
        else
            clk_n <= 1'b1;              //得到的分频时钟正周期比负周期多一个 clk
时钟
    end
/*****************************************************************
*************************************/

wire clk1 = clk;                 //当 N=1 时,直接输出 clk
wire clk2 = clk_p;               //当 N 为偶数也就是 N 的最低位为 0 时,N[0]=0,输出 clk_p
wire clk3 = clk_p & clk_n;   //当 N 为奇数也就是 N 最低位为 1 时,N[0]=1,输出clk_
p&clk_n,正周期多所以是相与

assign clkout =(N==1)? clk1:(N[0]? clk3:clk2);//条件判断表达式

endmodule
```

6. 七段数码管显示参考程序(该程序是以上时序逻辑电路需要调用的例化子程序)

```
module segment
(
input   wire [3:0] seg_data_1,   //四位输入数据信号
input   wire [3:0] seg_data_2,   //四位输入数据信号
output wire [8:0] segment_led_1,   //数码管 1,MSB~LSB = SEG,DP,G,F,E,D,C,
B,A
output wire [8:0] segment_led_2    //数码管 2,MSB~LSB = SEG,DP,G,F,E,D,C,
B,A
);

reg[8:0] seg [15:0];                //存储 7 段数码管译码数据
initial
    begin
        seg[0] = 9'h3f;   //  0
        seg[1] = 9'h06;   //  1
        seg[2] = 9'h5b;   //  2
        seg[3] = 9'h4f;   //  3
        seg[4] = 9'h66;   //  4
        seg[5] = 9'h6d;   //  5
        seg[6] = 9'h7d;   //  6
        seg[7] = 9'h07;   //  7
        seg[8] = 9'h7f;   //  8
        seg[9] = 9'h6f;   //  9
```

```
        seg[10] = 9'h77;    //  A
        seg[11] = 9'h7C;    //  B
        seg[12] = 9'h39;    //  C
        seg[13] = 9'h5e;    //  D
        seg[14] = 9'h79;    //  E
        seg[15] = 9'h71;    //  F
    end

assign segment_led_1 = seg[seg_data_1];
assign segment_led_2 = seg[seg_data_2];

endmodule
```

附录十　数字电子技术实验考试简介

自从扩招以来，很多高校的电子技术基础实验考试就悄悄退出了教学环节，但大家都清楚考试对实验课程质量起着非常关键的作用。我们最终应用计算机仿真工具恢复了实验考试、补考，同时创立了高性价比的“工程仿真维修”考题（CAE 考题）。这样的考题如想在物理实验设备实现的话，其考试维护“公平环境”的工作量是很大的，但在计算机仿真环境中就比较容易实现了。在恢复实验考试过程中，重点解决了以下具体问题：

（1）人多，机房有限，不能在一个时段同时进行考试。

将考试安排在一周内进行，每次考试时，监考老师从十套题中随机抽取一套进行考试。

（2）机房的计算机都是紧挨着，如何保证诚信环境？

每套题又分为单号题、双号题，保证相邻学生的考题不一样。

（3）如何方便、迅速地得出考试结果？

数字电子技术实验考试的题型有四种类型：仿真判断题、设计仿真验证题、FPGA 题、工程仿真维修题。这些类型的考题都需要通过仿真工具证明或得到正确结果。FPGA 题是学生在自己的电脑和开发板（教学期间统一配发）上完成设计、综合、仿真、引脚分配、下载验证，老师开考前只是检查学生开发板是否运行了统一规定程序。工程仿真维修题是在学生做过实验的工程仿真电路中设置 1~2 种故障让学生排除，并写出分析，该题目能很好地反映出学生对理论原理和实验技能的掌握程度。考试结论是“过”或“不过”，“不过”的同学会在下学期开学时有一次补考机会。由于判卷对教师来说就是判断正确与否，故学生实验考试的结论基本当天即可得出。FPGA 题和工程仿真维修题让学生真正认识到理论知识在实际应用中的作用，这也是在教学中落实工程认证中“以产出为导向”要求的具体做法之一。该考试对整体课程质量（理论+实验）的提高都有非常积极作用。附图 10.1 是线上教学资料下载情况，可以看出补考名单下载量最大，达到 2 600 多人次，所以，恢复实验考试、补考是非常必要的。下面给出 2 套考试题供大家分享。

一、数字电子技术实验测试题(示例一)

1. 单号座位的同学做的基本题

1) 仿真附图 10.2 所示电路,将电路功能名称和理由写在答题纸上,并给老师操作演示。

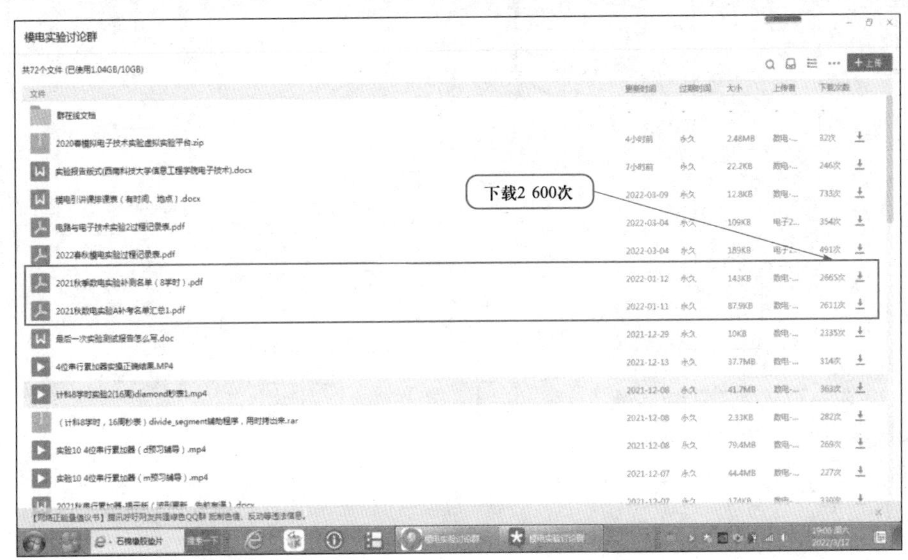

附图 10.1　线上教学资料下载情况

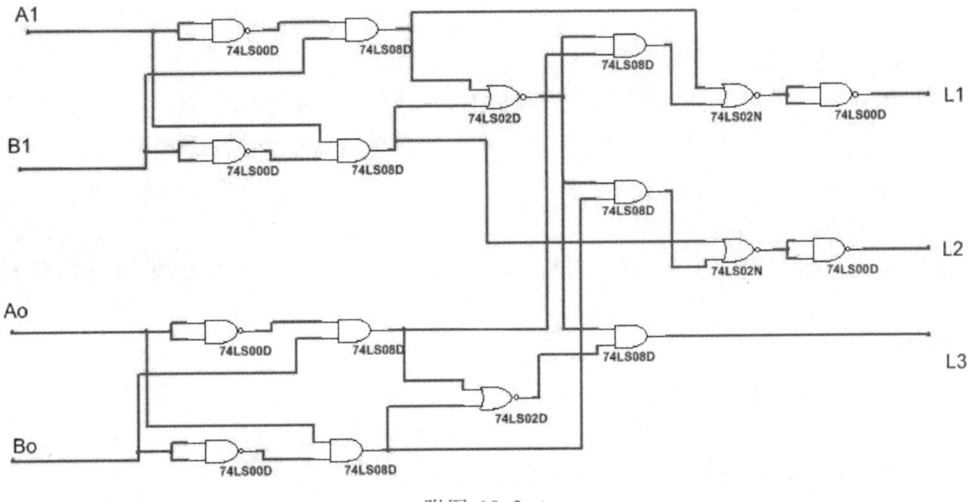

附图 10.2

2) FPGA“小脚丫”开发板实现(二选一)

(1) 在 FPGA“小脚丫”开发板上实现上述题目,用数码管(靠近下载端口)e、f、g 段显示。

(2) 用轻触开关 K1、K2、K3、K4 分别控制数码管(远离下载端口)a、b、c、d 段,当轻触开关按下时,数码管相应段位亮,其他段位均灭。

2. 双号座位的同学做的基本题

1）仿真附图 10.3 所示电路，根据运行结果，将真值表和电路功能名称写在答题纸上，并给老师操作演示。（器件型号可根据引脚判断。）

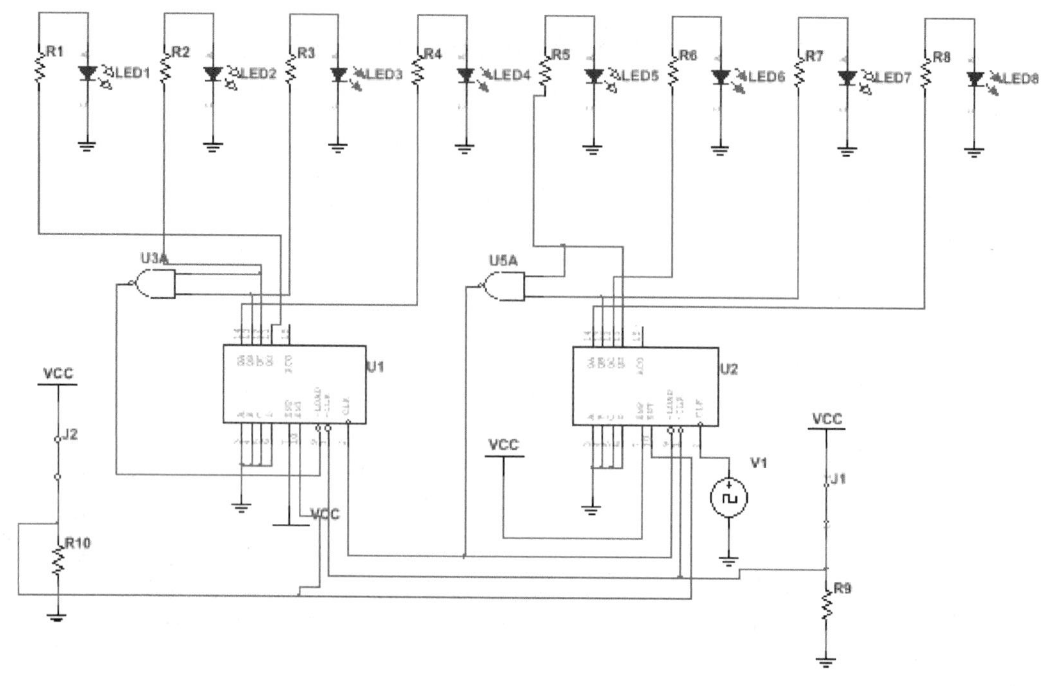

附图 10.3

2）FPGA“小脚丫”开发板实现（二选一）

（1）在 FPGA“小脚丫”开发板上实现上述题目，用数码管（靠近下载端口）a、b、c、d 段显示。

（2）用轻触开关 K1、K2、K3 分别控制一个三色灯的绿、红、蓝，当轻触开关按下时，三色灯亮相应的颜色。

3. 故障排除题

请做完基本题的同学按单、双号打开 MS 源文件，用原理+工具的方法，找出故障点，恢复电路。

1）单号座位的同学做的故障排除题

有故障的 4 串行累加器电路，如附图 10.4 所示。

2）双号座位的同学做的故障排除题

有故障的计数器构成简单秒表，如附图 10.5 所示。

3）故障排除题答案（教师用）

（故障排除题给分原则：运行结果正确得一半分，写出正确故障点得一半分。）

（1）单号座位故障排除题故障点：74LS86 的 1B 位置接错，改过即可。

（2）双号座位故障排除题故障点：74LS175 的 4D 接错，改过即可。

二、数字电子技术实验测试题（示例二）

1. 双号座位的同学做的基本题

1）根据附表 10.1 所示真值进行设计、仿真，仿真结果要给老师检查。

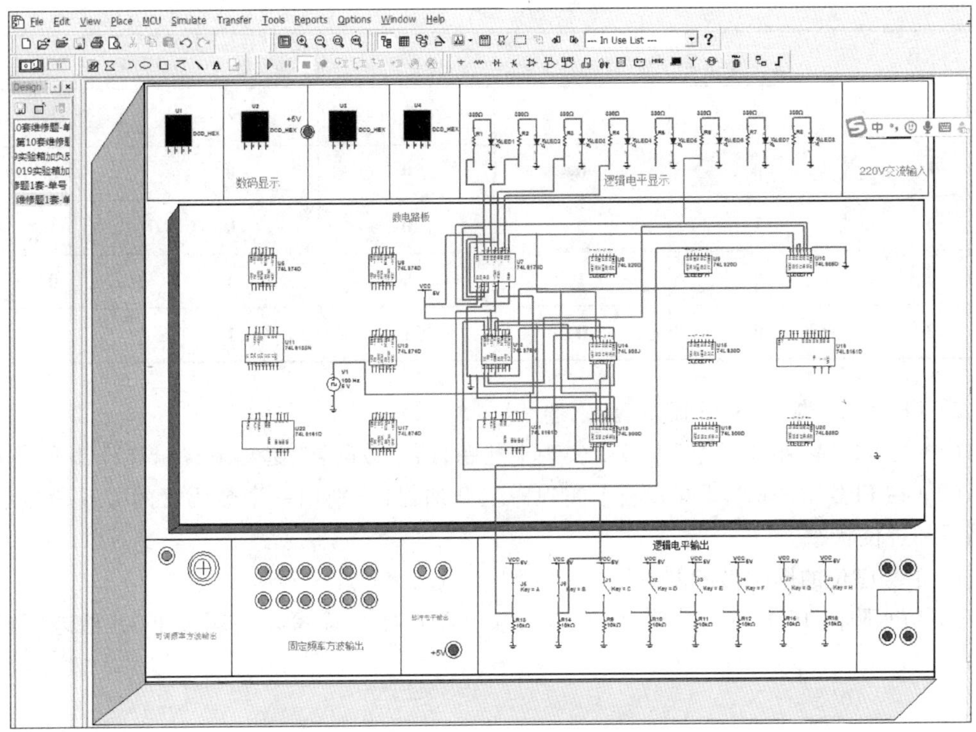

附图 10.4　有故障的 4 串行累加器电路

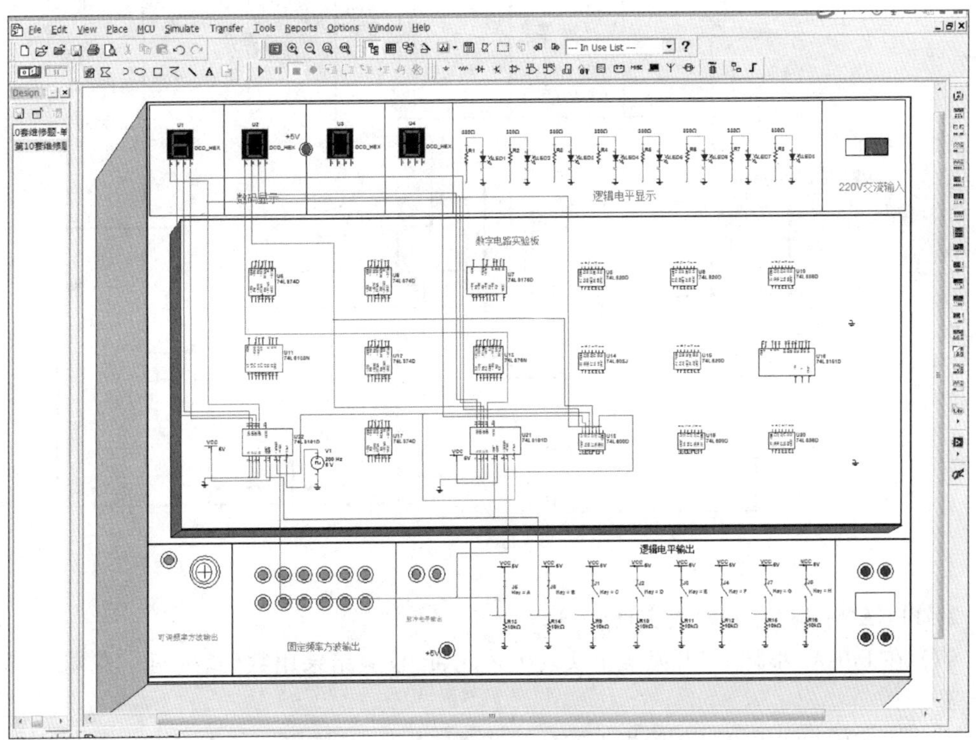

附图 10.5　有故障的计数器构成简单秒表

附表 10.1　真　值　表

输入				输出	
S_1	S_2	S_3	S_4	Q_1	Q_2
1	0	0	0	0	0
0	1	0	0	0	1
0	0	1	0	1	0
0	0	0	1	1	1

2）FPGA“小脚丫”开发板实现(二选一)

(1) 在 FPGA“小脚丫”开发板上实现上述题目,用数码管(远离下载端口)a、b 段显示。

(2) 在 FPGA“小脚丫”开发板上实现一位全加器,分别用一个数码管的 a、b 段显示加数结果和进位状态。

2. 单号座位的同学做的基本题

1）仿真附图 10.6 所示电路,将真值表和电路功能名称写在答题纸上,并给老师操作演示。

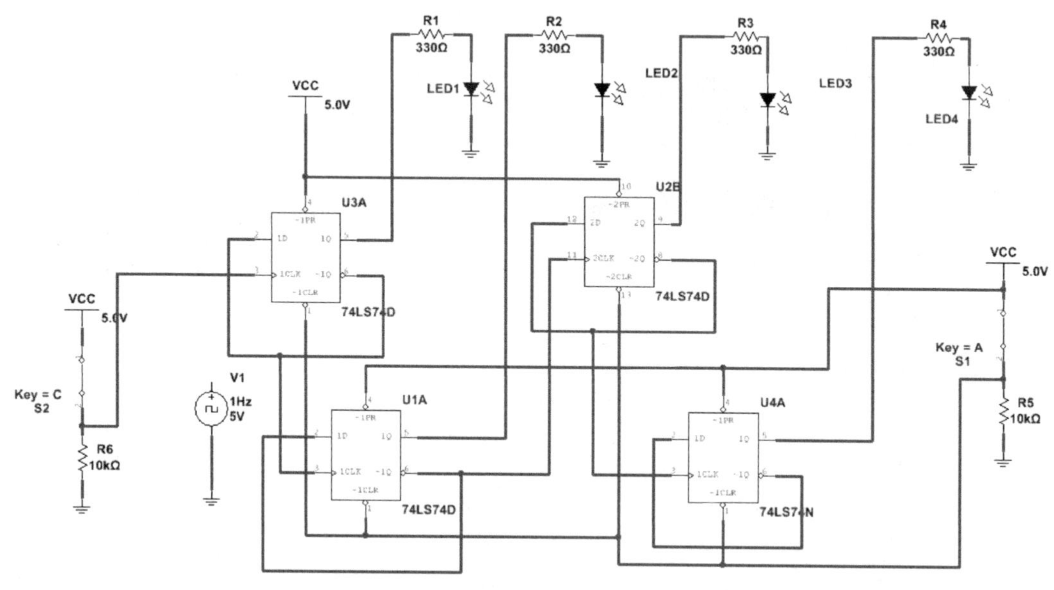

附图 10.6

2）FPGA“小脚丫”开发板实现(二选一)

(1) 在 FPGA“小脚丫”开发板上实现上述题目,校验结果用数码管(近下载端口)的小数点显示。

(2) 在 FPGA“小脚丫”开发板上实现三变量表决器,用三色灯的蓝色显示结果。

3. 故障排除题

请做完基本题的同学按单、双号打开 MS 源文件，用原理+工具的方法，找出故障点，并简述故障原理。

1）单号座位的同学做的故障排除题

有故障的 4 位串行累加器电路，如附图 10.7 所示。

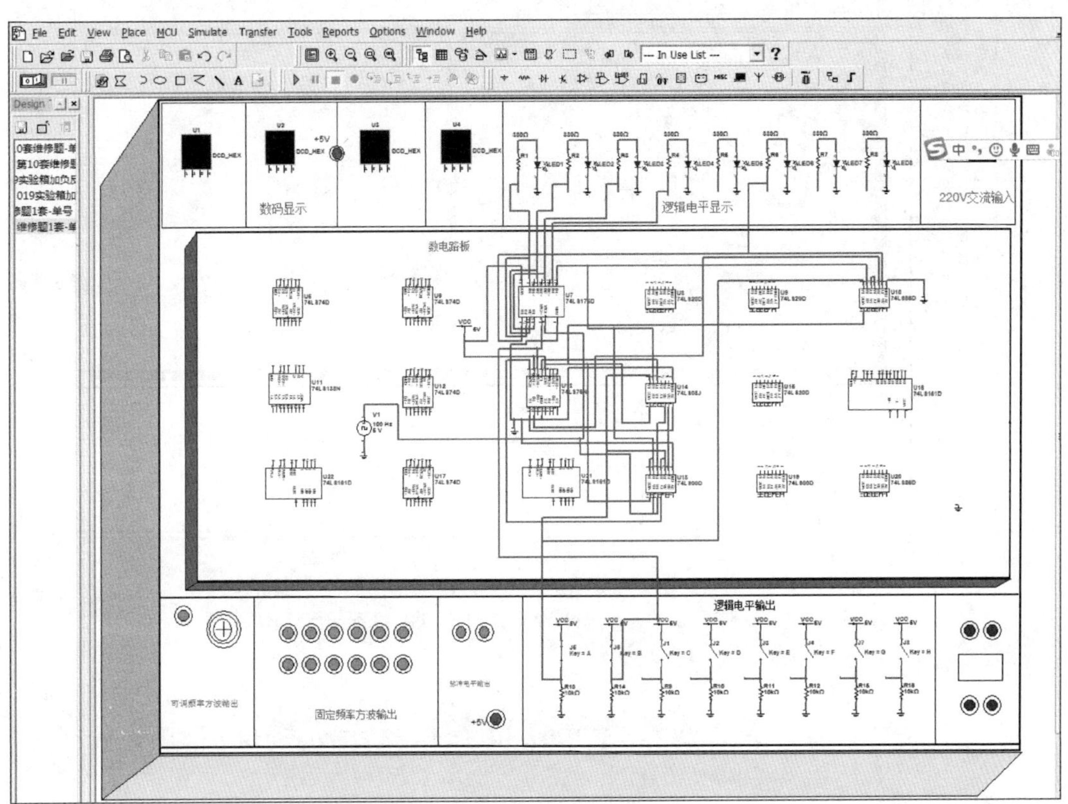

附图 10.7　有故障的 4 位串行累加器电路

2）双号座位的同学做的故障排除题

有故障的计数器构成简单秒表，如附图 10.8 所示。

3）故障排除题答案（教师用）

（故障排除题给分原则：运行结果正确得一半分，写出正确故障点得一半分。）

（1）单号座位故障排除题故障点：74LS76 的置位和复位端接错，互换即可。

（2）双号座位故障排除题故障点：74LS76 的 K 端外**与**门接成**与非**门，改过即可。

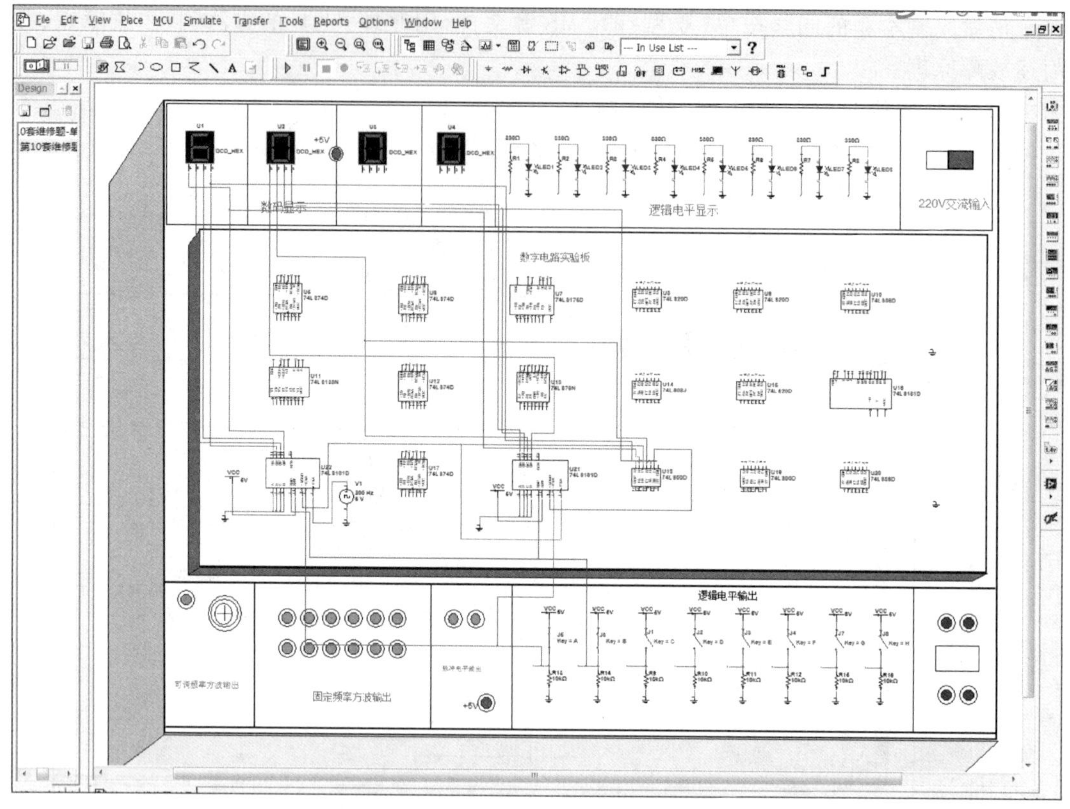

附图 10.8　有故障的计数器构成简单秒表

附录十一　实验过程统一登记表和电子资料批改摘录

一、实验过程登记表

实验过程统一登记表是课程质量保证之一,表中“预仿”是指学生的预习报告和原理仿真,“工程/报”是指工程仿真和上次实验报告(手写),“FPGA”是指学生完成的“小脚丫”开发板的情况,“本次”是指本次操作情况,“期末”是期末实验考试情况。模拟电子技术实验考试只有 2 类题。数字电子技术实验考试多一个 FPGA 题目。附图 11.1 是空白实验过程统一登记表,附图 11.2 是有记录的实验过程统一登记表。

二、电子资料批改摘录

该项改革措施让学生从期末交“实验报告”变为每次进实验室后还要交“电子资料”。电子资料主要包括:线上资源学习成绩截图、预习报告(电子版)、仿真源文件、实验报告(手写)拍照或扫描形成的文件。增加交“电子资料”的主要目的是想改变实验课期末“仓促”评价的局面,让老师方便利用“碎片化”时间投入到课程监督中来,避免了部分学生期末才赶写实验报告的“痼疾”。学生上交的电子资料中,仿真文件均是“源文件”,也就是可以在软

刘（红），廖（粉红），李（蓝），李（绿），王（橙），黎（浅蓝），何（黑）

2022春《数字电子技术实验A》教师实验过程统一登记表　　教室：3-33

编号	学号	姓名	班级	1				2				3				4				5				6				7(期末)			ICC	报告分	过程分	总成绩
				预仿	工程仿真	FPGA	本次	预仿	工程/报	FPGA	本次	预仿	工程/报	FPGA	本次	预仿	工程/报	FPGA	本次	预仿	工程/报	FPGA	本次	预仿	工程/报	FPGA	本次	判断	FPGA	维修				
241			电子2004																															
242			电子2002																															
243			电子2005																															
244			电子2002																															
245			电子2003																															
246			电子2001																															
247			电子2003																															
248			电子2005																															
249			电子2005																															
250			电子2001																															
251			电子2005																															
252			电子2003																															
253			电子2002																															
254			电子2005																															
255			电子2004																															
256			电子2002																															
257			电子2003																															
258			电子2006																															
259			电子2001																															
260			电子2004																															
261			电子2004																															
262			电子2001																															
263			电子2004																															
264			电子2002																															
265			电子2006																															
266			电子2004																															
267			电子2001																															
268			电子2006																															
269			电子2006																															
270			电子2001																															

第 9 页，共 21 页

附图 11.1　空白实验过程统一登记表

刘（红），廖（粉红），李（蓝），李（绿），王（橙），黎（浅蓝），何（黑）

2021秋《数字电子技术实验A》教师实验过程统一登记表　　教室：3-33

编号	学号	姓名	班级	ICC	报告分	过程分	总成绩
151			通信2002		35	28	67
152			通信2002		39	37	76
153			光电2001		36	36	72
154			通信2003		42	46	88
155			通信2005		40	38	78
156			通信2004		0	0	0
157			通信2005		40	39	79
158			通信2006		42	44	86
159			通信2004		43	38	81
160			光电2001		42	[illegible]	83
161			光电2002		45	41	86
162			光电2001		42	43	85
163			通信2003		41	40	81
164			通信2005		38	36	74
165			通信2002		44	37	81
166			通信2002		42	38	80
167			光电2002		[illegible]	36	72
168			通信2005		42	38	80
169			光电2001		0	0	0
170			通信2006		42	44	86
171			通信2003		43	42	85
172			通信2006		38	48	86
173			光电2002		36	39	75
174			光电2001		0	0	0
175			通信2006		40	43	83
176			通信2004		41	41	82
177			光电2002		42	43	85
178			通信2006		42	39	81
179			通信2004		43	42	85
180			光电2001		39	43	82

6

附图 11.2　有记录的实验过程统一登记表

件里打开运行，能看到结果，批改报告里的软件截图均是老师在计算机软件里运行学生源文件后的截图。学生上交电子资料后，老师会将批改结果及时在课程群公示。

下面摘录了从数字电子技术第一次实验(即本指导书上实验 1) 后学生上交的电子资料中抽到的 2 个学生的教师批改情况,供读者参考、借鉴。

自动化 ** 实验 1 批改 10-18

批阅老师:***

本次实验抽查了部分同学的电子资料进行了批阅,存在的问题如下:

(1) Diamond 工程文件有"中文"或者工程文件不全,无法查验。

(2) Diamond 工程没有做完,只做了一个门。

(3) Diamond 仿真测试未做或者仿真波形有误。

(4) multisim 工程文件有误,无法运行。

(5) 报告格式不规范。

(6) 实验报告中应包含工程仿真截图。

以下摘录 2 个同学的批阅结果。

1. 1-2-51-512019 ****-梁 **-实验 1

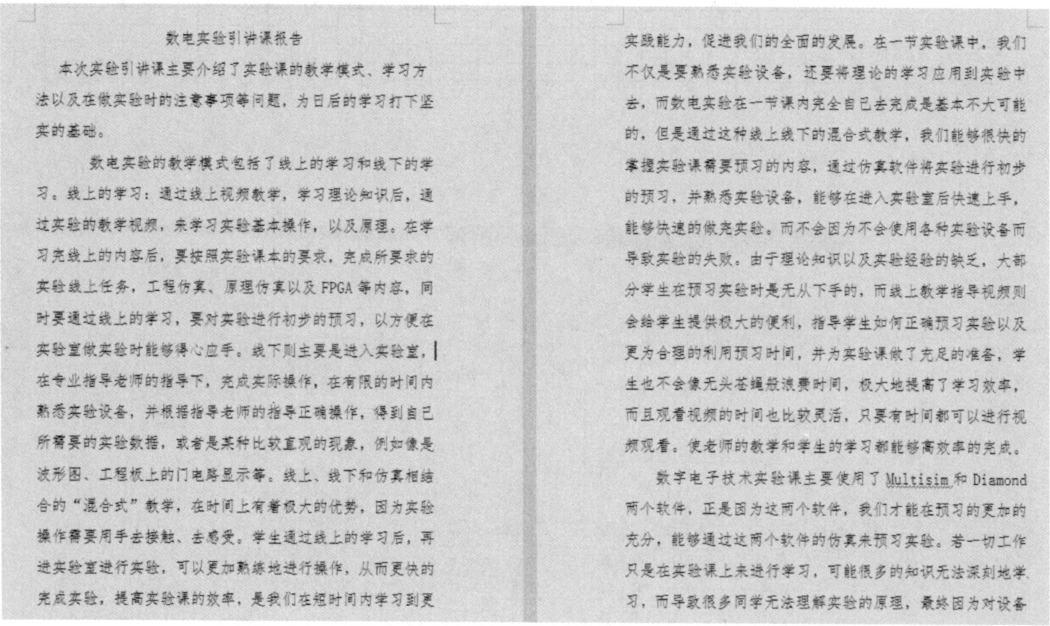

数电实验引讲课报告

本次实验引讲课主要介绍了实验课的教学模式、学习方法以及在做实验时的注意事项等问题，为日后的学习打下坚实的基础。

数电实验的教学模式包括了线上的学习和线下的学习。线上的学习：通过线上视频教学，学习理论知识后，通过实验的教学视频，来学习实验基本操作，以及原理。在学习完线上的内容后，要按照实验课本的要求，完成所要求的实验线上任务，工程仿真、原理仿真以及 FPGA 等内容，同时要通过线上的学习，要对实验进行初步的预习，以方便在实验室做实验时能够得心应手。线下则主要是进入实验室，在专业指导老师的指导下，完成实际操作，在有限的时间内熟悉实验设备，并根据指导老师的指导正确操作，得到自己所需要的实验数据，或者是某种比较直观的现象，例如像是波形图、工程板上的门电路显示等。线上、线下和仿真相结合的“混合式”教学，在时间上有着极大的优势，因为实验操作需要用手去接触、去感受。学生通过线上的学习后，再进实验室进行实验，可以更加熟练地进行操作，从而更快的完成实验，提高实验课的效率，是我们在短时间内学习到更实践能力，促进我们的全面的发展。在一节实验课中，我们不仅是要熟悉实验设备，还要将理论的学习应用到实验中去，而数电实验在一节课内完全自己去完成是基本不大可能的，但是通过这种线上线下的混合式教学，我们能够很快的掌握实验课需要预习的内容，通过仿真软件将实验进行初步的预习，并熟悉实验设备，能够在进入实验室后快速上手，能够快速的做完实验。而不会因为不会使用各种实验设备而导致实验的失败。由于理论知识以及实验经验的缺乏，大部分学生在预习实验时是无从下手的，而线上教学指导视频则会给学生提供极大的便利，指导学生如何正确预习实验以及更为合理的利用预习时间，并为实验课做了充足的准备，学生也不会像无头苍蝇般浪费时间，极大地提高了学习效率，而且观看视频的时间也比较灵活，只要有时间都可以进行视频观看。使老师的教学和学生的学习都能够高效率的完成。

数字电子技术实验课主要使用了 Multisim 和 Diamond 两个软件，正是因为这两个软件，我们才能在预习的更加的充分，能够通过这两个软件的仿真来预习实验。若一切工作只是在实验课上来进行学习，可能很多的知识无法深刻地学习，而导致很多同学无法理解实验的原理，最终因为对设备

1) 线上资源的学习、Multisim 仿真、预习报告和实验报告

(1) 线上资源的学习截图:合格。

（2）预习报告：基本合格，缺少示波器测量内容。

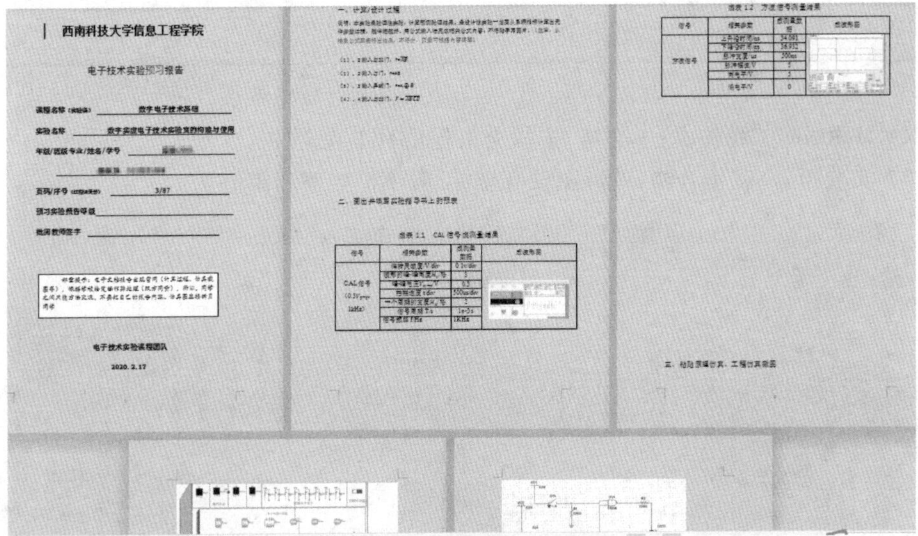

（3）Multisim 原理仿真：基本合格，缺少示波器测试脉冲波形仿真图。

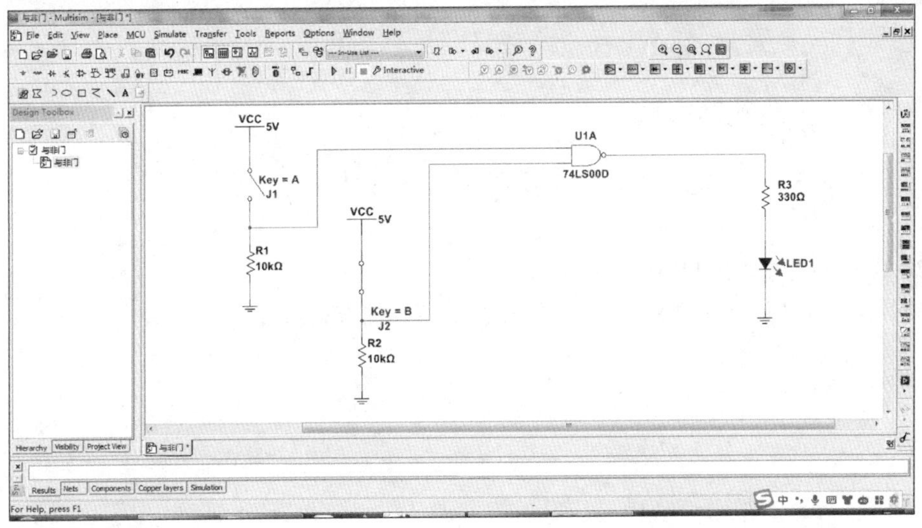

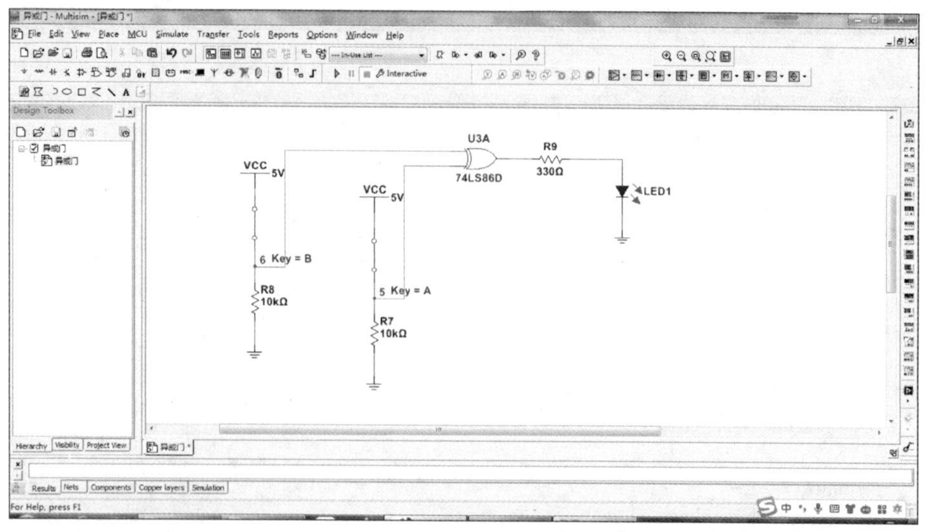

（4）Multisim 工程仿真：不合格，未提交工程仿真工程文件。

（5）实验报告：基本合格，波形图没有坐标，看不出频率和幅值。

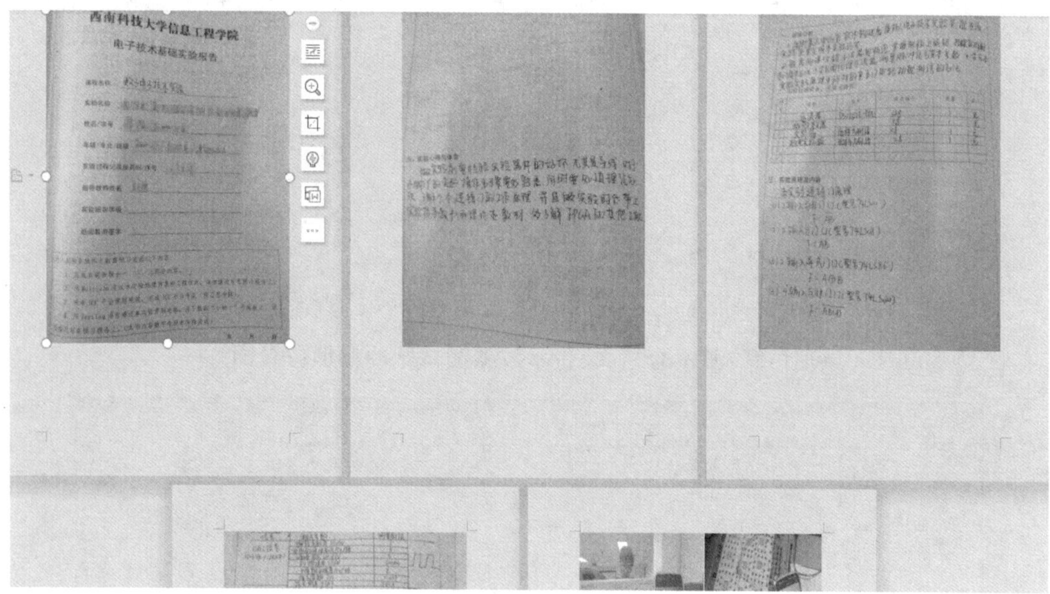
西南科技大学信息工程学院

电子技术基础实验报告

2）Diamond 仿真和 FPGA 实验报告

（1）Diamond 设计源文件、仿真文件和仿真结果抽查：合格。

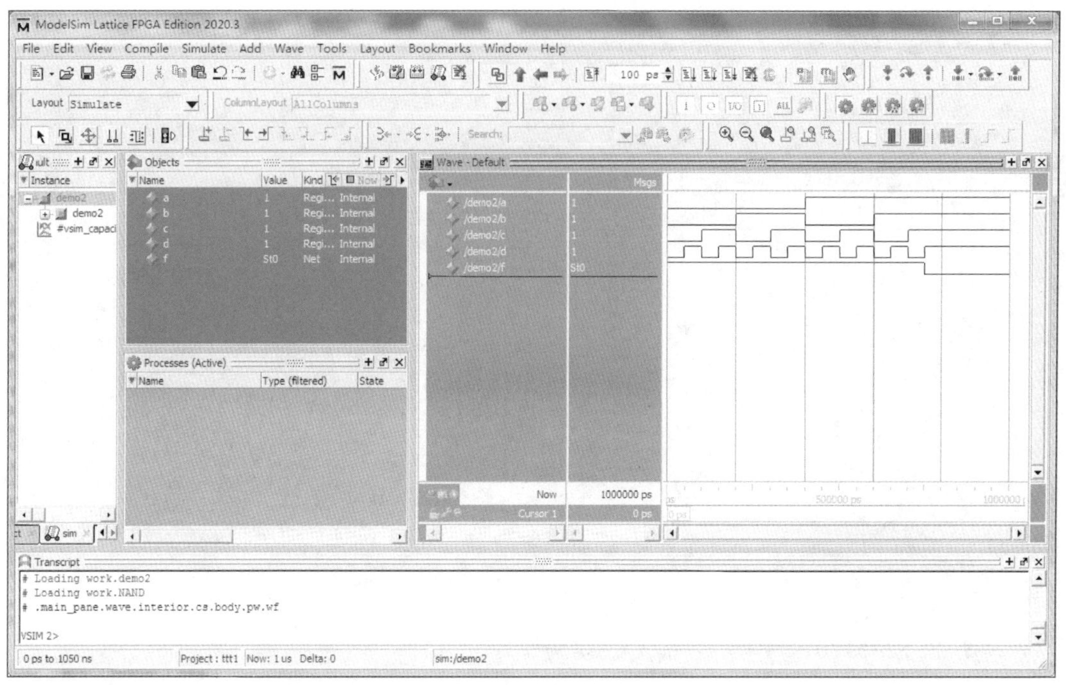

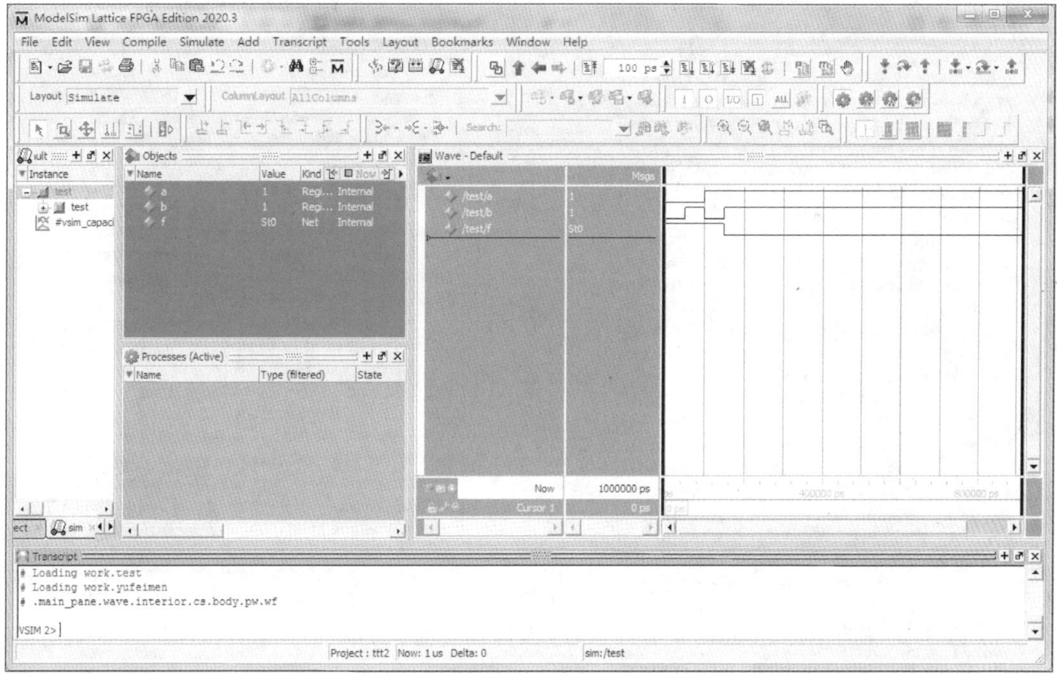

（2）FPGA 实验报告：基本合格。

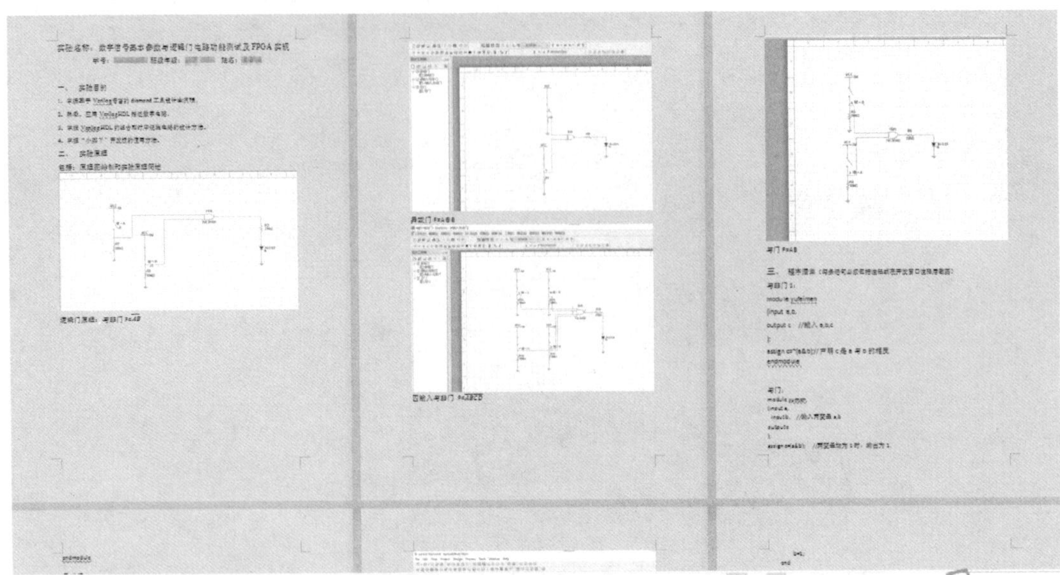

2. 2-2-52-512019 ＊＊＊＊-张＊＊-实验 1

数电实验引讲课听后感悟

学号：　专业班级：　姓名：

就在上周我们上了刘泾老师的数字电子技术引讲课，让初次学习数字电子技术实验的我对这门课有了更多的了解。听了刘老师的讲解后我觉得这门课的开设很有意义，作为一门国家精品课程，它的学习会让我对数字电子技术有更深的理解，在知识学习上也会帮助我理论与实践充分结合。

在没有上数电引讲课前，我对数电电子技术实验课的印象是它听起来就很专业很有技术，看到学业规划里面这门课还有实验课，我觉得它一定很有趣吧，可以把数电理论课所学的知识用来进行实践操作，动脑的同时可以动手，可以更加深刻地让自己理解这门课程的知识，还可以举一反三。但是除了可以丰富实践经验外，我觉得它应该挺难的，要进行仿真、实验操作等等，需要灵活地去运用很多知识。以前都不知道通过电路实现特定功能，相信学了数电之后会找到一种方法来实现一些功能。

上了刘泾老师的数字电子技术后，感觉自己对数字电子技术实验有了更多的了解，包括它的教学方式、教学目标、教学内容的使用有了更多的了解。听到刘泾老师说数字电子技术实验是国家精品课程之后，我觉得这门课程的开设肯定对自己帮助很大，这可是国家精品课程，一定很厉害，我以后一定要好好学，好好做实验，把数字电子技术所学的知识运用在实践上。这对以后我的电子设计是很有好处的，并且的话，之前听说数电的设计思想对我写程序也是至关重要的，只有知道设计思想，才能写出程序。因此，应该把数字电子技术和数字电子技术实验课学好，打好以后学习的基础，学好里面的设计思想，讲今后的每一个程序都写得尽量完美。开设数字电子技术实验课的目的就是将课本上基础的和重点的知识很好的运用到了实际中。所以我需要掌握好数电理论课的基本知识，了解到实验所用器件的功能及作用，这样才能很好的完成数电实验。那么我在对所需知识掌握的前提下，还要有一定的实践能力，也就是动手能力，这样才能更好的将课际相结合、电子化实验资料与纸质结合。这种“混合式”的教学模式给我的感受是，它可以更好的让我们在课堂外和课堂内都可以更好的学习和实践操作，在线上我们可以自己进行仿真练习，在线下我们可以到实验室操作，而且 Multisim 仿真和实际的实践操作很接近。我们现在 Multisim 上进行仿真，测试数据之后，再到实验室操作，这样即可以让我们印象更加深刻，也避免了我们因为对仪器的操作不熟悉而造成对仪器的一些小破坏，或者在实验室操作很久没有找到方法等等。电子化实验资料与纸质结合，给我的感受是这门课程有 ICC 平台可以供我们学习，上面有刘泾老师详细解析的教学视频，然后还有电子化实验资料，在每一门实验课程结束之后还有相对应的作业进行练习，帮助我们巩固，刘泾老师说不懂的问题还可以在平台上进行提问，会有老师给我们进行解答。在听了数字电子技术引讲课之后，让我感受到老师们真的很用心，这些教学细节也让我觉得很暖心。这样的教学模式对我们来说是很有帮助的，也是很有意义的。感谢各位老师对我们的倾心付出，我也会努力学习，在数字电子技术实验这个国家精品课程的帮助下，将数电知识学好，并且能好好运用于实践之中。

在数电实验引讲课中刘泾老师也讲了如何学好数字电子技术实验课，也就是它的学习方法。首先我们要了解“电子技术实验室”，里面有哪些仪表、仪器、设备等等，比如与虚拟设备相似的实验箱、实验板。然后是“植入”FPGA 平台经过上面的方法，带领我们顺利地将 FPGA 平台用在实验课程中，我们在上课之前发放了一个叫小脚丫的 FPGA 编译器，可以利用这个自己在编译器上用 diamond 进行编译，还讲了获得 license 的方法，我拿到的是黑色的小脚丫就不需要下载驱动。我本身的动手实践能力不是很强，在面对一些问题，我也要学习自己解决，可以查阅资料，也可以询问老师和同学，要相信我自己有将掌握的知识运用到实际中的能力。就像刘泾老师说的，要学好数字电子技术实验课，我要充分的了解实验室的仪表、仪器、设备等等，然后多了解 FPGA 编译器，多对它进行编程，充分学会使用这个 FPGA 编译器。

在教学模式中，预习任务都需要完成预测和设计、原理仿真与工程仿真、完

1）线上资源的学习、Multisim 仿真、预习报告和实验报告

（1）线上资源的学习截图：合格。

成绩统计　　学习日志　　课程访问

你在本课程的学习中取得 9.25 分，名次为119名。　|系统凌晨更新统计数据|

项目	百分比	活动指标	评分标准	得分
课程内容	100%			9.25
▸ 数字电子技术	50%			10
▸ 作业	50%			8.5
线下分数	0%	由教师导入的其他分数		0
总分				9.25

(2) 预习报告:基本合格,示波器背景应改为白色。

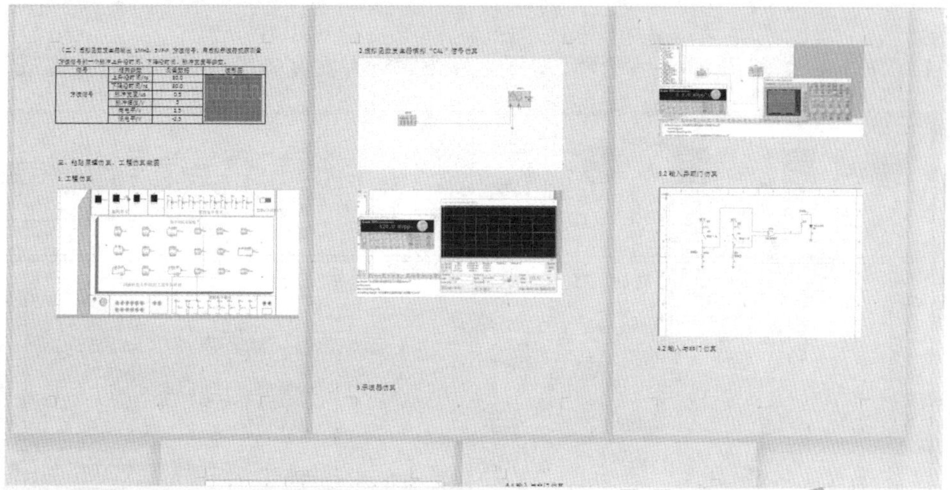

(3) Multisim 原理仿真:合格。

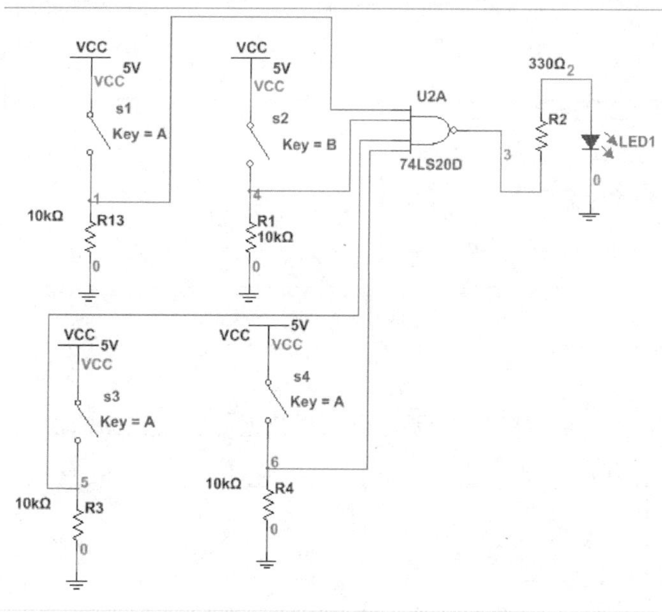

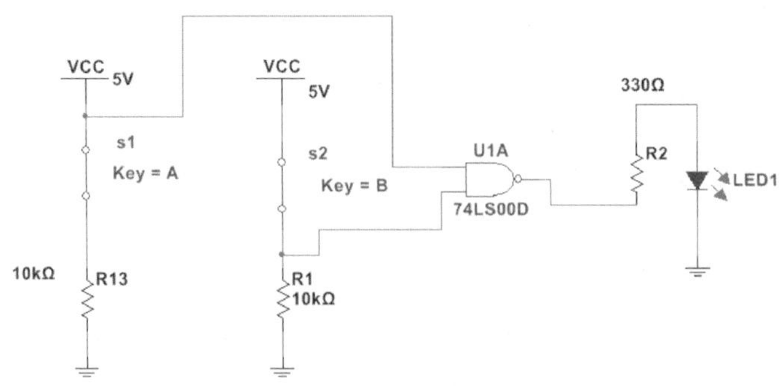

（4）Multisim 工程仿真：基本合格，与门工程仿真没有在完整工程仿真平台上完成。

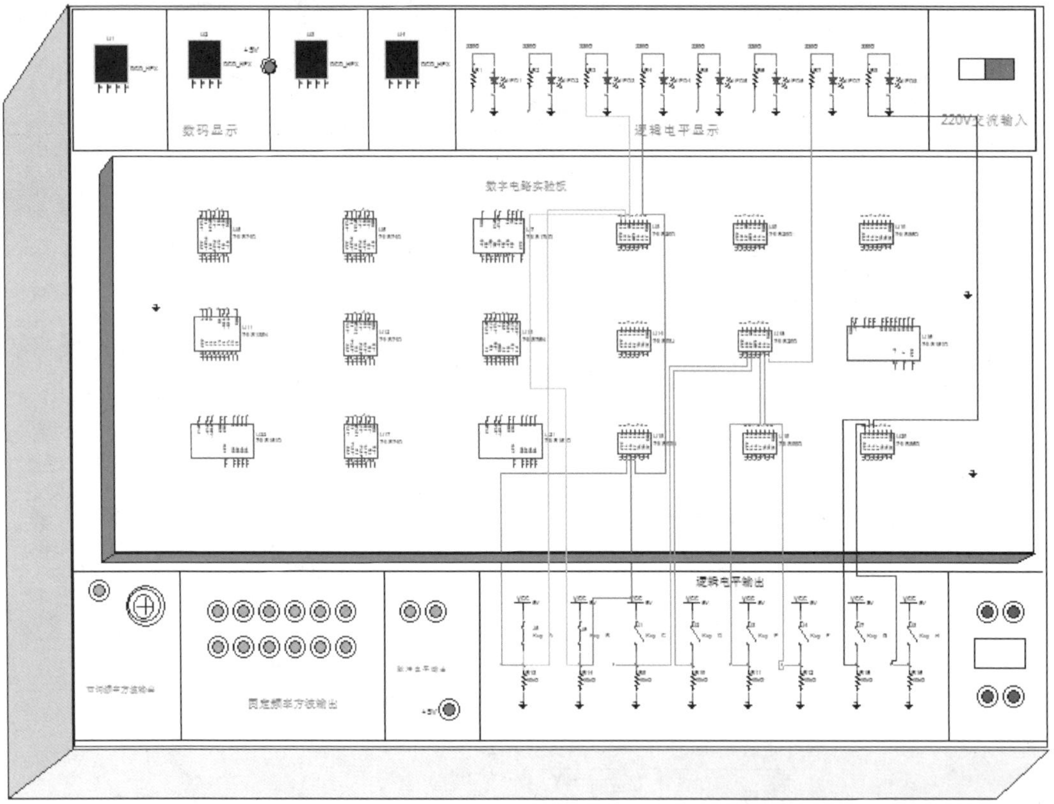

（5）实验报告：不合格，数据分析要分析仿真数据与实测数据的误差原因，波形图没有坐标，看不出频率和幅值。

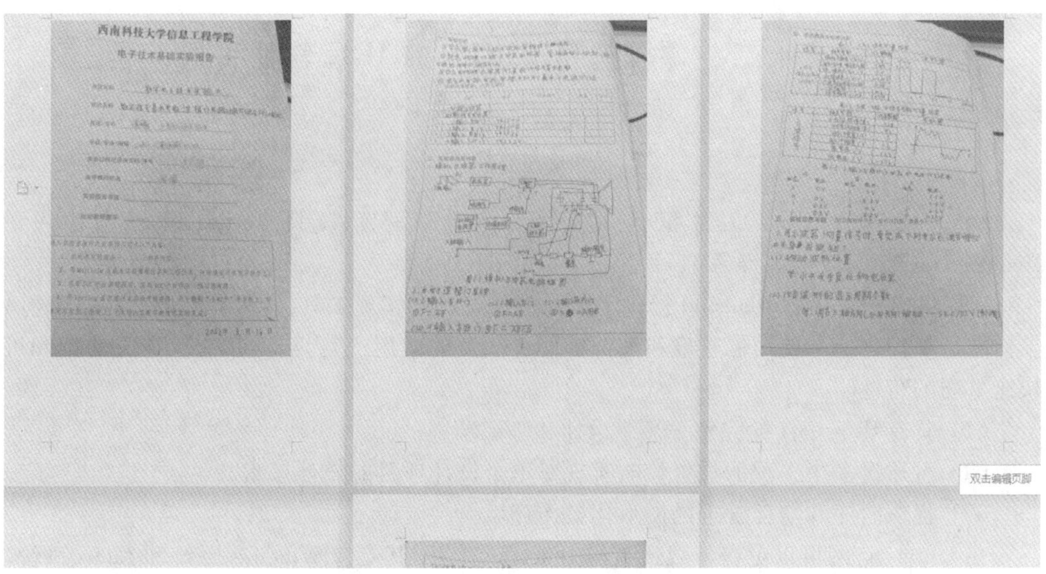

2）Diamond 仿真和 FPGA 实验报告

（1）Diamond 设计源文件、仿真文件和仿真结果抽查：不合格，提交文件不全，不能查阅验证。

（2）FPGA 实验报告：不合格，源程序不全。

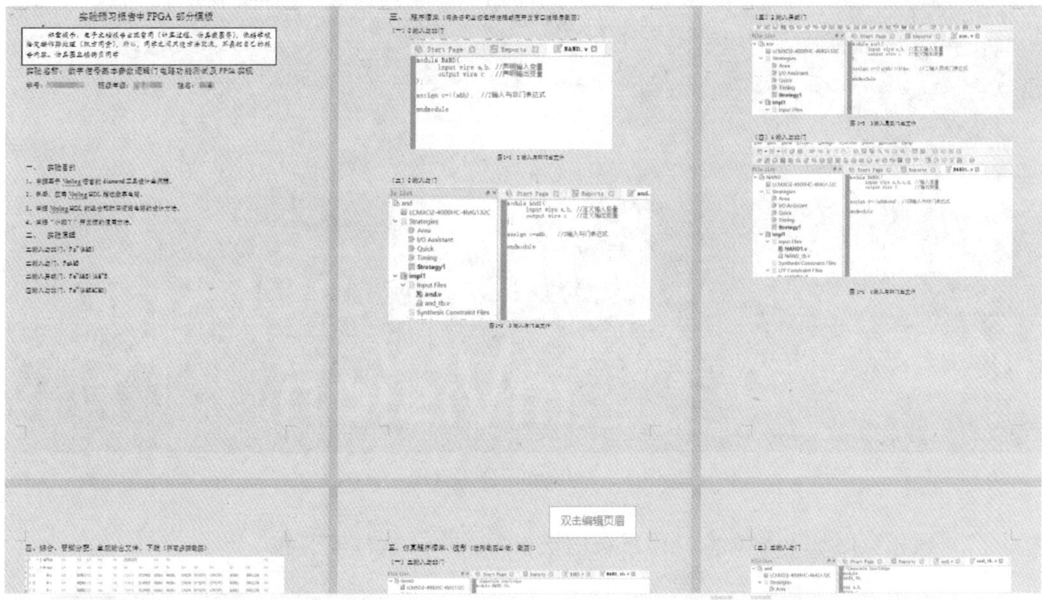

附录十二　课程选用 FPGA 的 IDE 软件手册

一、概述

Lattice 公司的 IDE 工具体积小，适合笔记本电脑配置，支持 Verilog 语言，且嵌入了 Modelsim 仿真工具，上手容易。

IDE 集成开发环境 Diamond 提供了最先进的设计和实现工具，专门针对低功耗的 FPGA 架构进行了优化——使用低密度和超低密度 FPGA 的应用进行设计，具有验证灵活性和可快速重用的特性。

(1) 具有基于 GUI 的完整 FPGA 设计和验证环境。

(2) 可通过多个工程的设置策略实现对单个设计项目的设计探索。

(3) 提供时序和功耗管理的图形化操作环境。

在 Lattice 官网可以免费下载最新的 Diamond 工具，其支持 Windows 系统和 Linux 系统。

二、软件安装

1. Diamond 软件下载

(1) 登录 Lattice 公司官网主页，如附图 12.1 所示。

附图 12.1　Lattice 公司官网主页

(2) 到相应网址下载对应操作系统的最新 Diamond 软件安装包。

(3) 根据软件手册进行安装。

(4) 点击许可证页面中的命令文字(链接)获取许可证，许可证会发到注册邮箱，如附图 12.2 所示，可以免费使用一年，一年后如需继续使用，则需要重新申请许可证。

2. Diamond 软件安装步骤

(1) 打开下载好的最新版本的 Diamond 软件，进入安装首页，如附图 12.3 所示。

(2) 点击附图 12.3 中的 Next，进入安装协议界面，如附图 12.4 所示，点击 Yes。

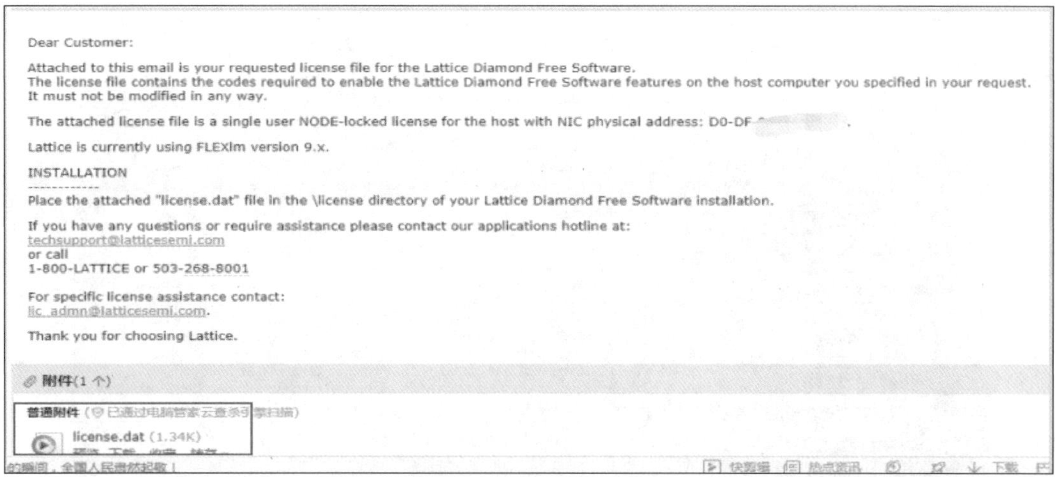
Dear Customer:

Attached to this email is your requested license file for the Lattice Diamond Free Software.
The license file contains the codes required to enable the Lattice Diamond Free Software features on the host computer you specified in your request.
It must not be modified in any way.

The attached license file is a single user NODE-locked license for the host with NIC physical address: D0-DF .

Lattice is currently using FLEXlm version 9.x.

INSTALLATION

Place the attached "license.dat" file in the \license directory of your Lattice Diamond Free Software installation.

If you have any questions or require assistance please contact our applications hotline at:
techsupport@latticesemi.com
or call
1-800-LATTICE or 503-268-8001

For specific license assistance contact:
lic_admn@latticesemi.com.

Thank you for choosing Lattice.

附件(1 个)

普通附件

license.dat (1.34K)

附图 12.2　注册邮箱获得的许可证文件

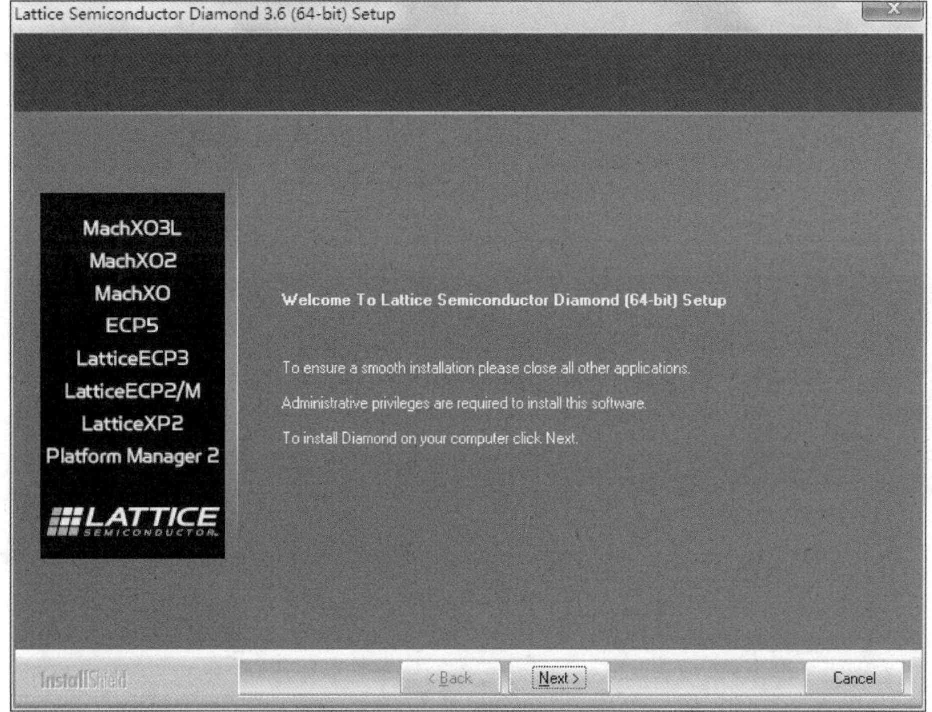

附图 12.3　安装首页

(3) 在附图 12.5 所示界面中，可以修改安装路径，默认是安装在 C 盘，建议更换其他盘，确定好路径后点击 Yes。

(4) 修改完路径后，点击 Next，进入工具选项界面，如附图 12.6 所示。

(5) 选择默认设置，即全部安装。注意叉号是表示选择。点击 Next，进入安装文件夹名设置界面，如附图 12.7 所示。

(6) 接下来就是认证设置，如附图 12.8 所示。一台电脑可以申请一年的免费使用期，

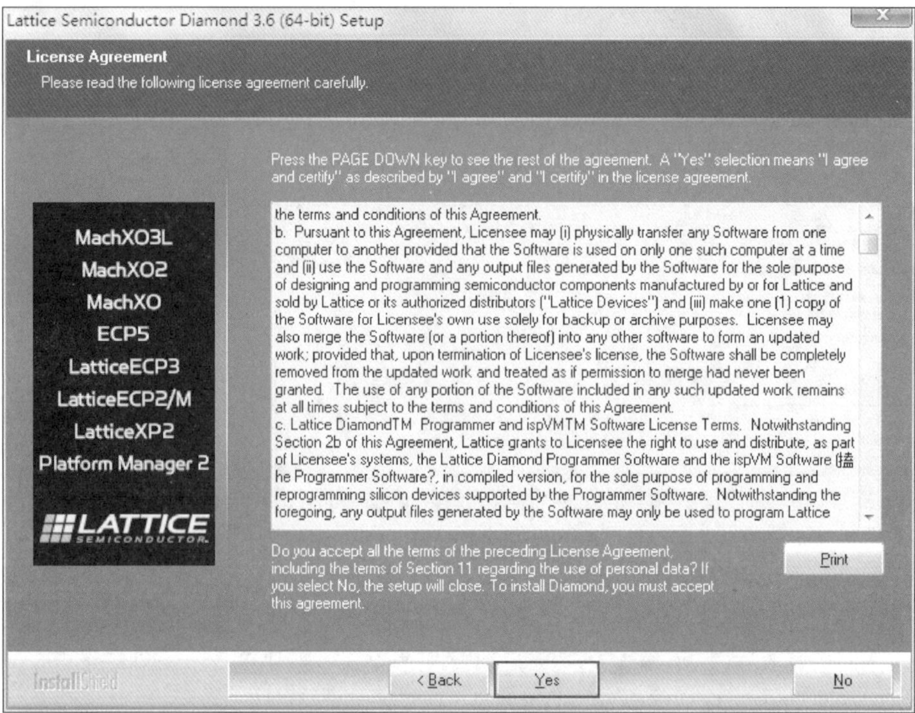

附图 12.4　安装协议界面

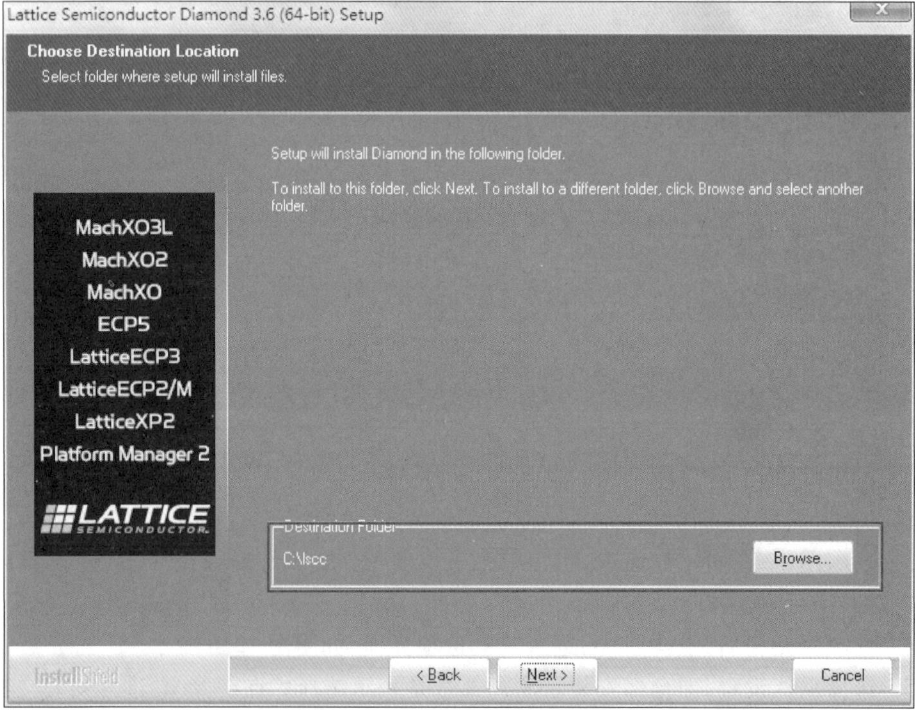

附图 12.5　安装路径修改界面

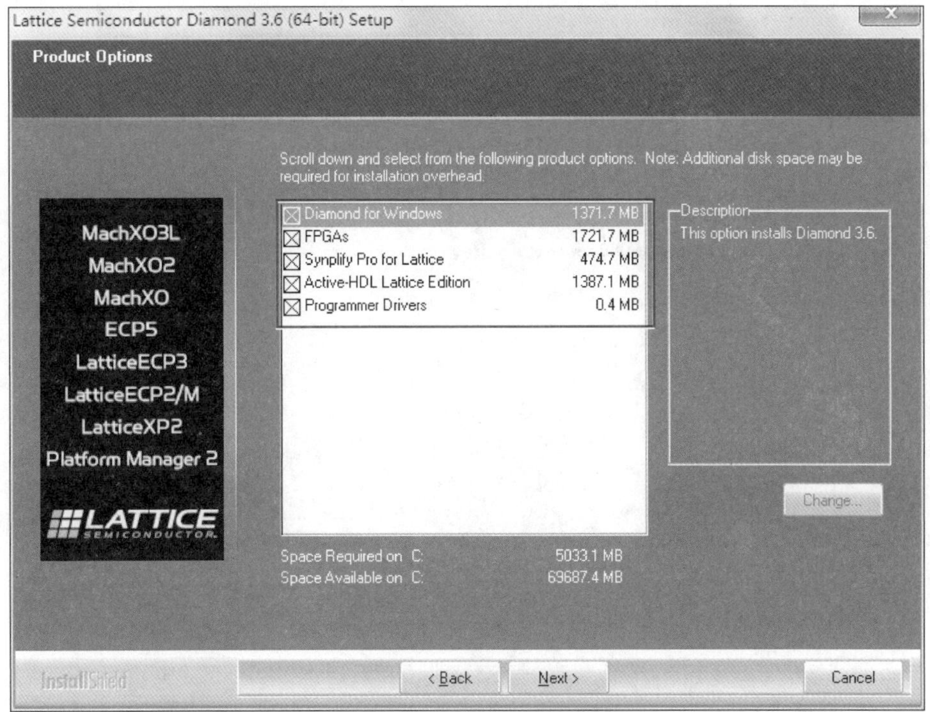

附图 12.6 工具选项界面

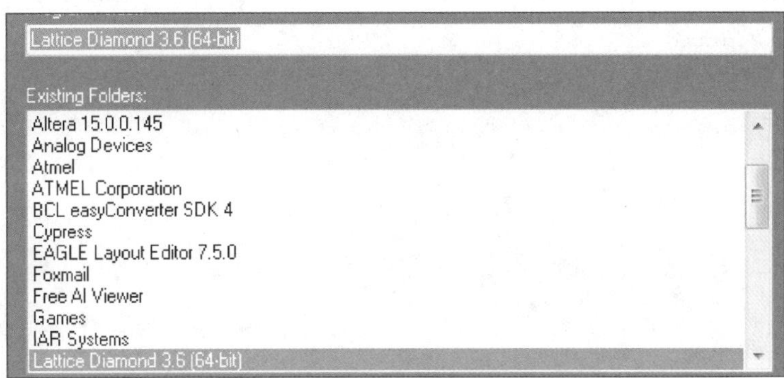

附图 12.7 文件夹名设置界面

选择 Node-Lock License。关于 Node-Lock License 和 Floating License via USB key 的区别说明如下:

① Node-Lock license 指节点锁定许可证,一旦某台机器安装了之后,这个许可证就会跟此台机器绑定,别的机器就无法再使用该许可证激活 Diamond 工具了。

② Floating License visa USB key 需要用户在局域网内搭建一台许可证服务器,局域网内的电脑都可以通过安装它来激活 Diamond 工具,但是同时只允许小于等于浮动许可证购买的电脑台数使用。比如:某公司购买了 2 台电脑浮动许可证,那么局域网内同时只允许 2 台电脑来使用 Diamond 工具。

(7) 点击 Next,选择是否创建桌面快捷键,如附图 12.9 所示。

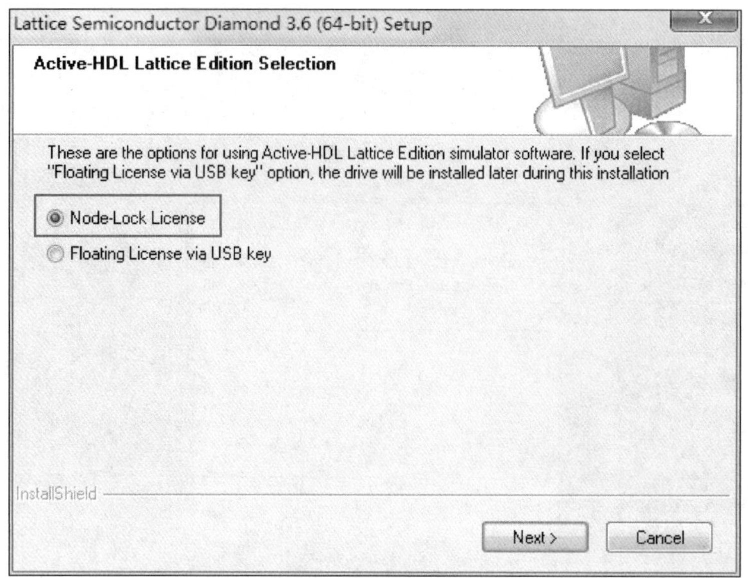

附图 12.8　认证设置界面

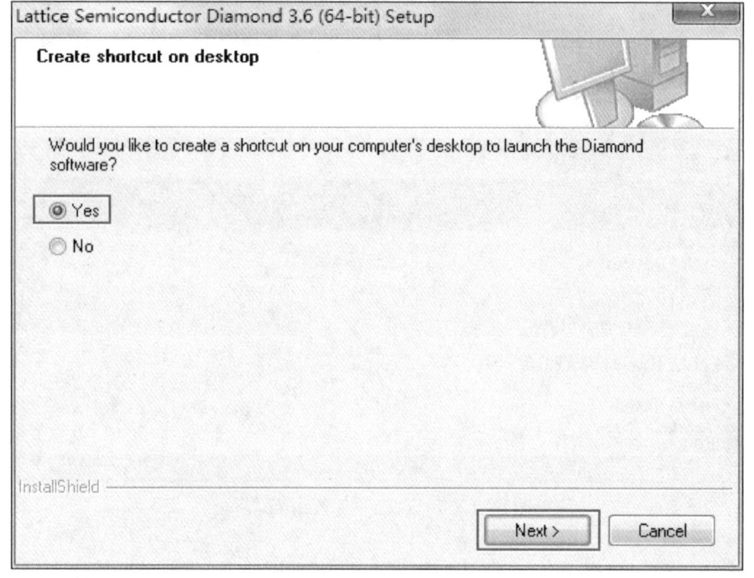

附图 12.9　创建桌面快捷键选择界面

（8）点击 Next，出现是否安装 USB 驱动界面，如附图 12.10 所示，这里需选择 Yes，再点击 Next。

（9）完成这一系列设置后，软件会列出所有设置内容，如附图 12.11 所示。

（10）点击 Next，正式进入安装环节，如附图 12.12 所示。软件会评估一下本机系统，进而决定是否继续安装。

（11）一般笔记本电脑都可以通过评估，然后点击 Next，进入开始安装界面，如附图 12.13 所示。

安装。

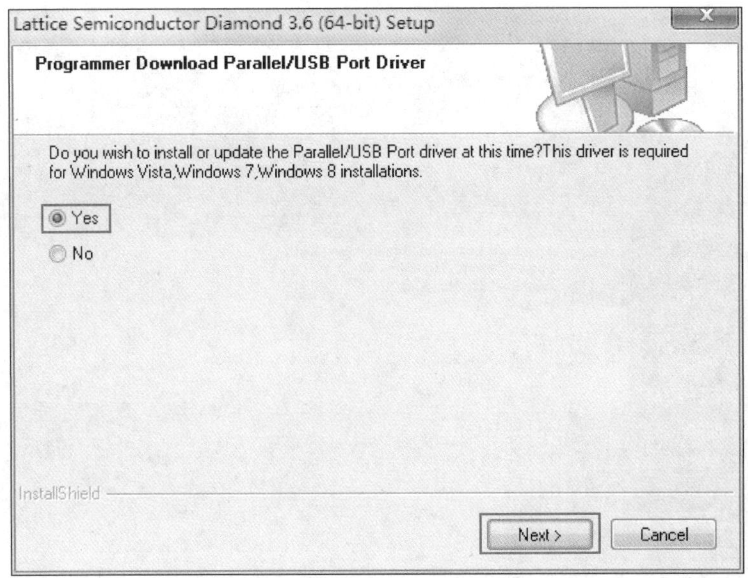

附图 12.10　是否安装 USB 驱动界面

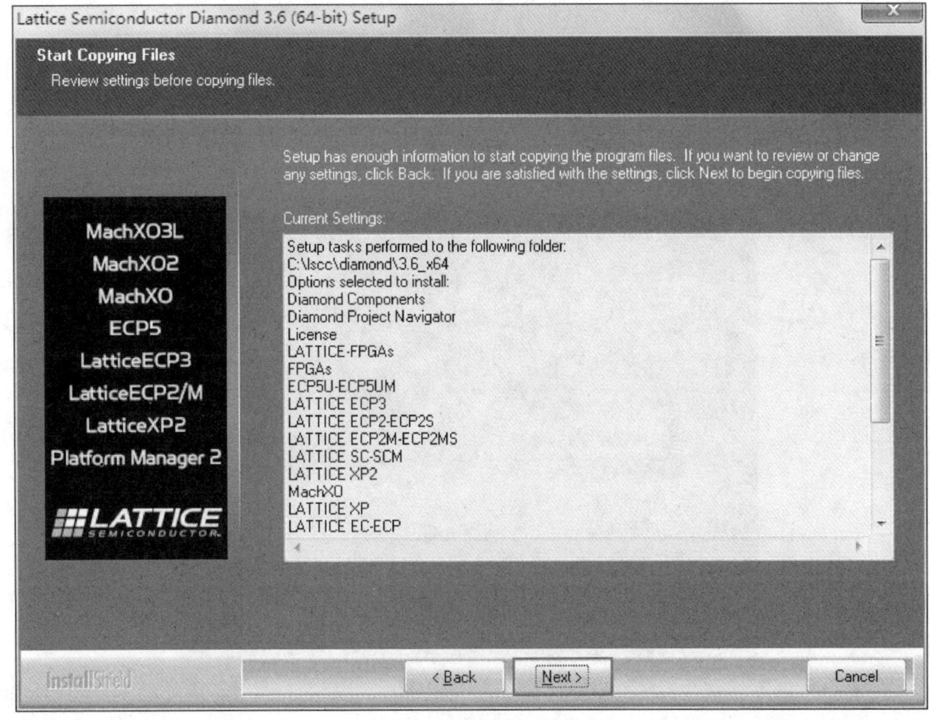

附图 12.11　列出所有设置内容

(12) 耐心等待，等出现附图 12.14 所示界面，表示安装过程结束，点击 Finish，完成安装。

3. Diamond 软件注册

Diamond 软件不仅提供了简单易用的操作环境，而且提供免费许可证，从而使得用户能

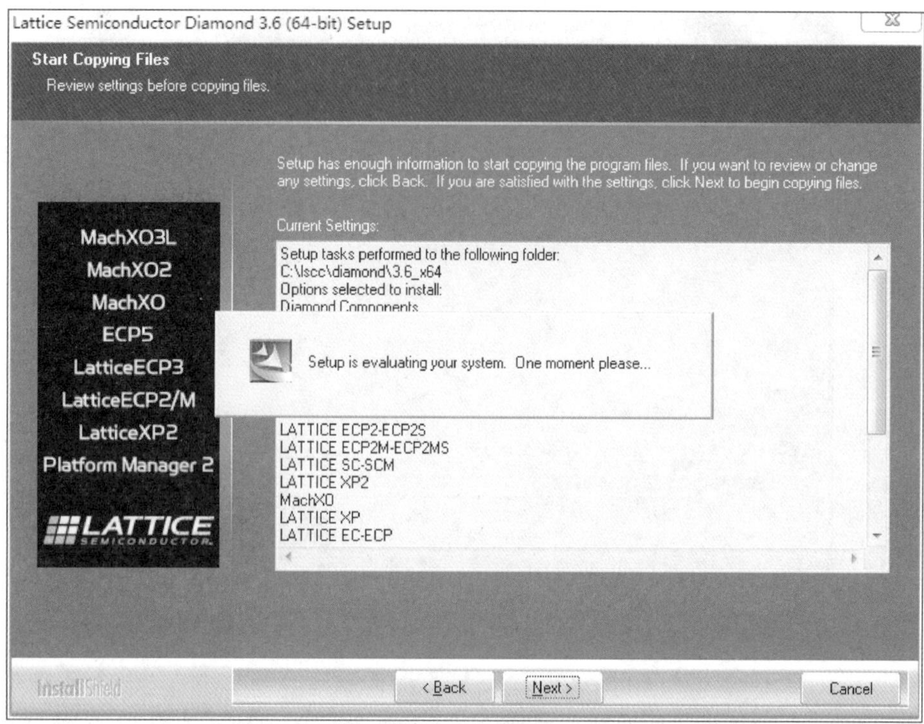

附图 12.12　评估本机系统界面

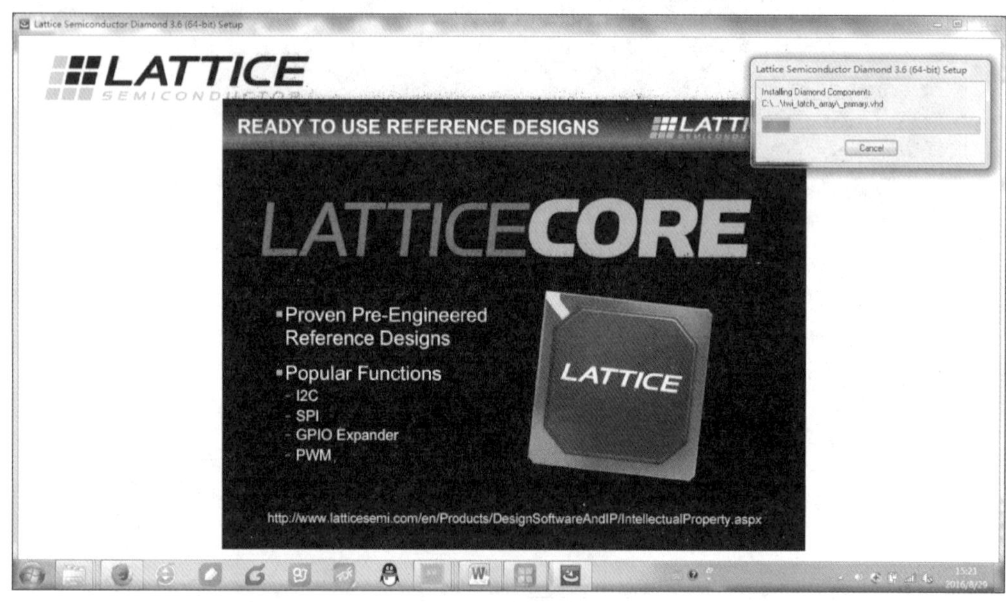

附图 12.13　开始安装界面

够设计并评估 Diamond 软件支持的不带 SERDES 的器件的性能(SERDES 是并-串-并的转换器件)。

(1) 免费许可证的获取十分简单,首先在 Lattice 官网注册一个账号(需要用到邮箱)。

(2) 访问官网页面,点击获得一个免费许可证。

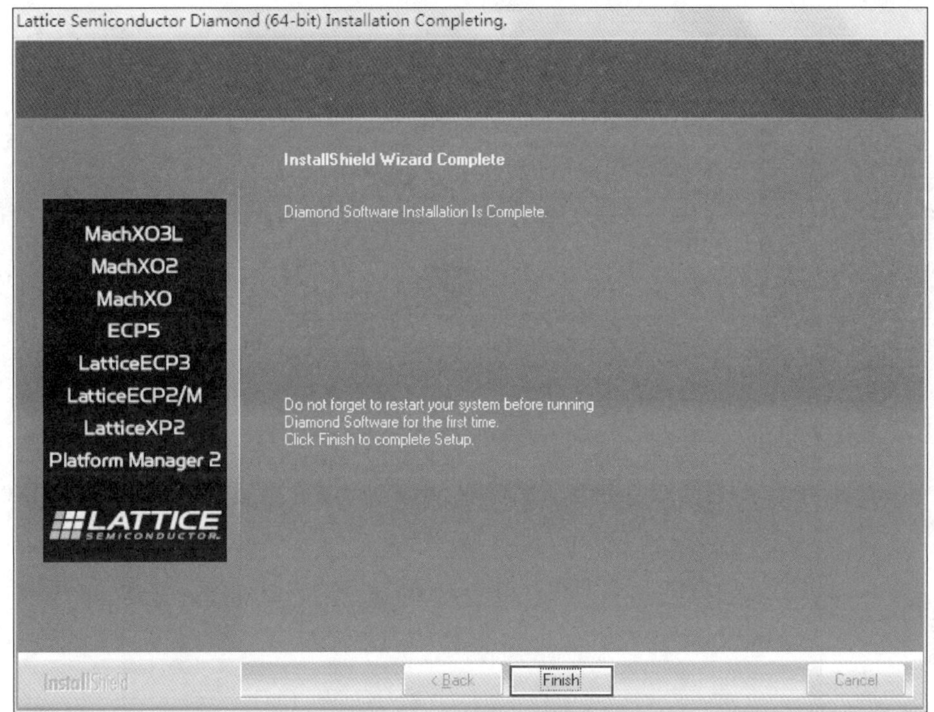

附图 12.14　安装结束界面

(3) 填写电脑的物理地址，生成一个 license. dat 文件，该文件将会被发送到注册时所填写的邮箱。

(4) 在软件安装过程中，已自动添加系统环境变量，故只需将申请的 license. dat 文件拷贝到安装目录下的 license 文件夹中即可。

至此，完成了 License 文件的设置，可以开始使用 Diamond 进行设计了。

注意：如打开 Diamond 软件时出现如附图 12.15 所示错误，则表示环境变量设置有问题。解决方法是：① 右击"计算机"，选择属性，进入控制面板中的系统属性界面，如附图 12.16所示；② 点击高级系统设置，选择高级，如附图 12.17 所示，点击环境变量；③ 进入环境变量设置界面，如附图 12.18 所示，查看用户变量中是否存在与系统变量LM_LICENSE_FILE 相冲突的变量，LM_LICENSE_FILE 后面的路径必须是本台电脑申请的许可证文件的安放路径（注意：路径最后必须包括许可证文件名），如果改变了环境变量、用户变量，则一定要重启电脑。

三、创建第一个工程

1. 新建一个工程

(1) 在打开的 Diamond 软件界面上，选择 File>New>Project，如附图 12.19 所示，单击 Project...，出现如附图 12.20 所示工程设置界面。

附图 12.15　环境变量设置有问题

附图 12.16　系统属性界面

附图 12.17　系统属性设置界面

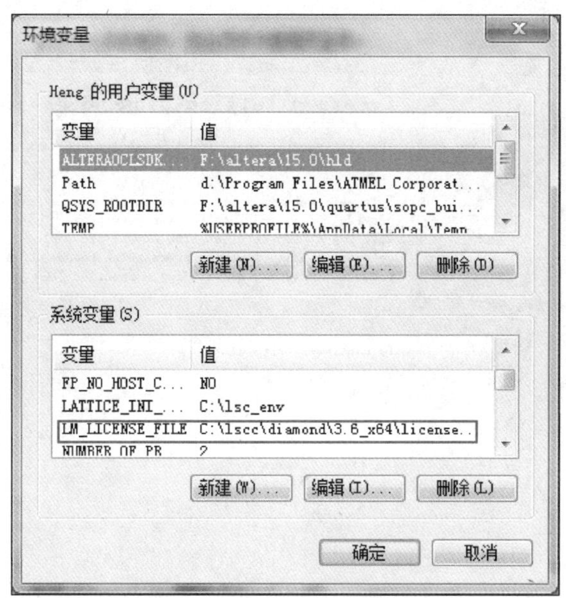

附图 12.18　环境变量设置界面

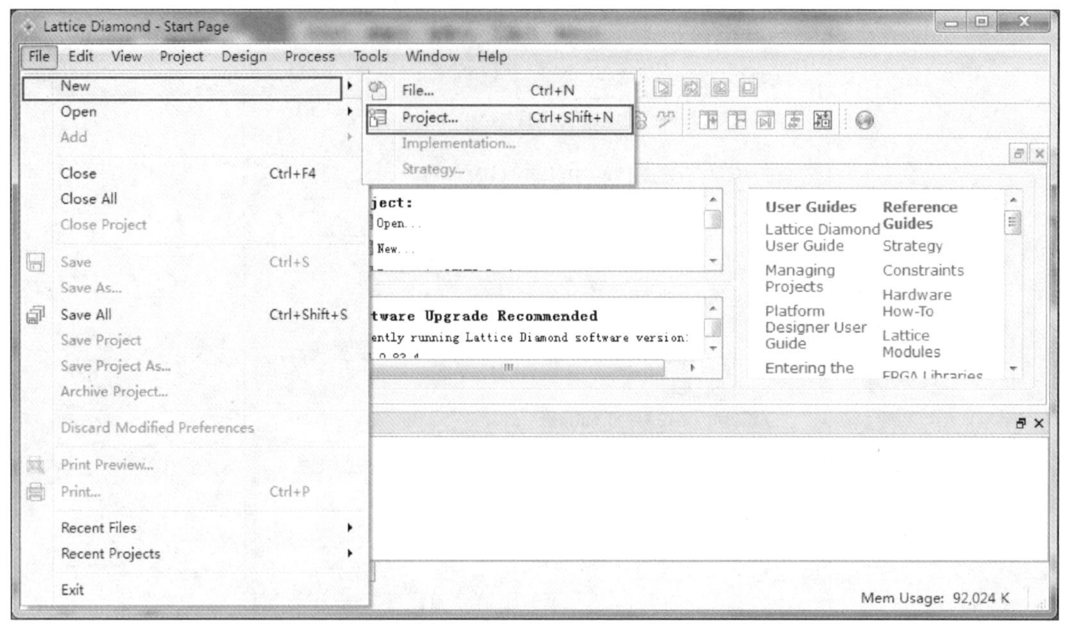

附图 12.19　选择 Project 命令(工程)界面

(2) 在附图 12.20 所示工程设置界面中,点击 Next,开始工程设置。

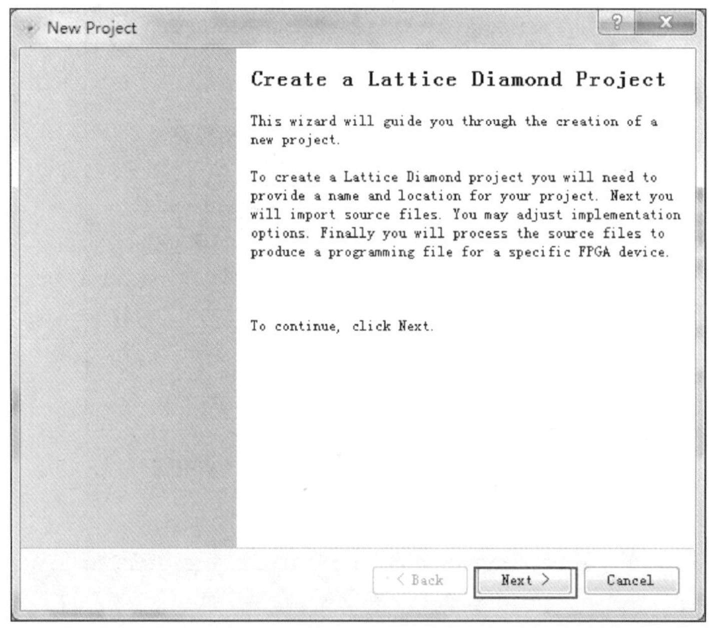

附图 12.20　工程设置界面

(3) 设置工程名称和工程所在路径,如附图 12.21 所示。此处要注意:必须提前建好一个总文件夹(不能放在 Diamond 安装文件夹下),再在总文件夹里建若干子文件夹,每个工程独立使用一个子文件夹,不能混装。工程名不能出现中文,工程路径需选择自己建的某个子文件夹的路径,在 Implementation 下默认选项即可,完成设置后点击 Next。出现添加相关子程序文件界面,如附图 12.22 所示。

附图 12.21　设置工程名称和工程所在路径界面

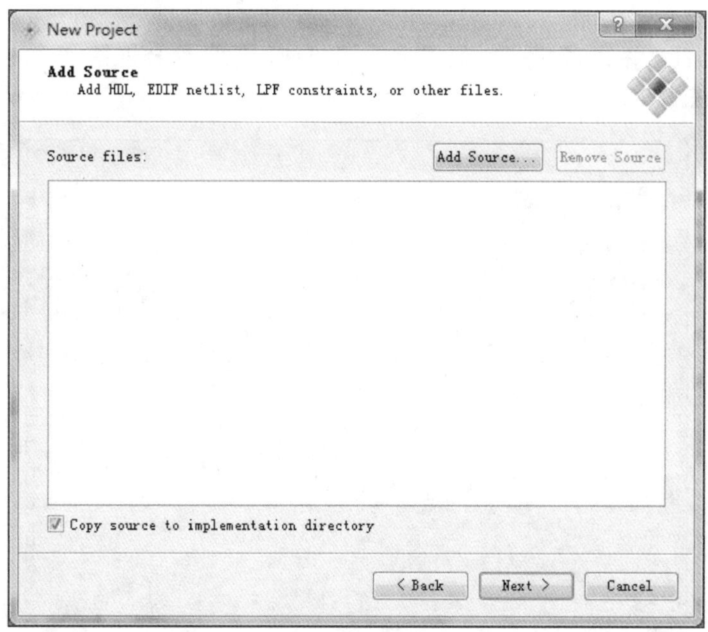

附图 12.22　添加相关子程序文件界面

(4) 初学者不需要子程序,在添加相关子程序文件界面直接点击 Next。注意:务必勾选 Copy source to implementation directory,否则会影响原文件。

(5) 出现器件选择界面,如附图 12.23 所示,器件可以按照准备使用的“小脚丫”开发板上 FPGA 的芯片型号选择,完成设置后点击 Next。

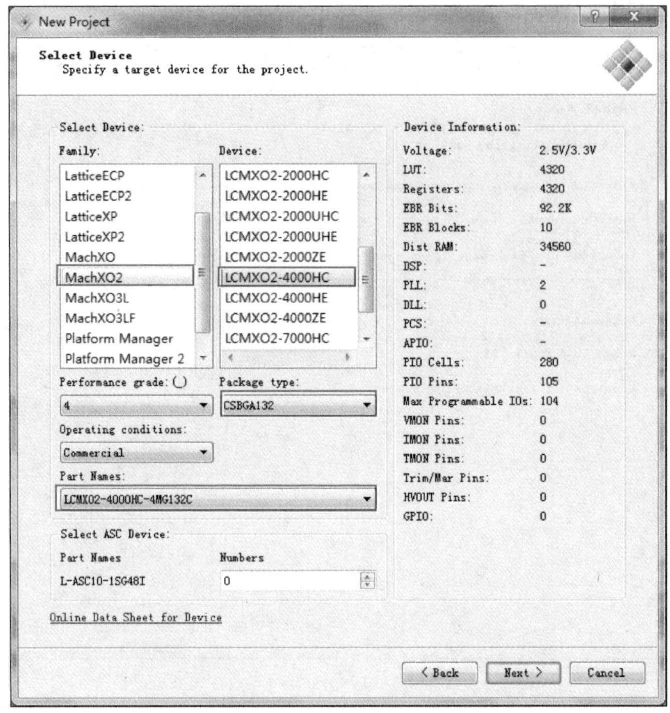

附图 12.23　器件选择界面

(6) 综合工具选择，如附图 12.24 所示。可以使用原厂综合工具，也可以选择第三方综合工具，点击 Next。

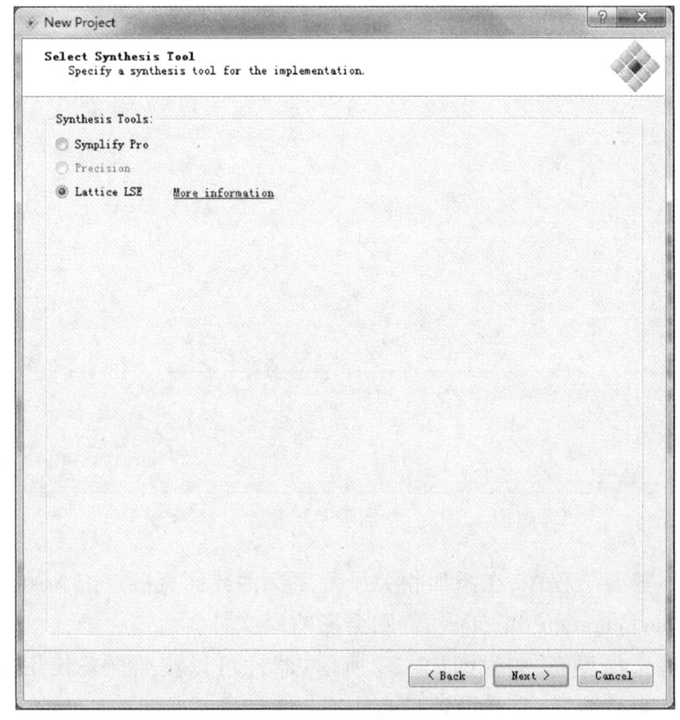

附图 12.24　综合工具选择

（7）如附图 12.25 所示，说明工程创建已经完成。点击 Finish 即可。

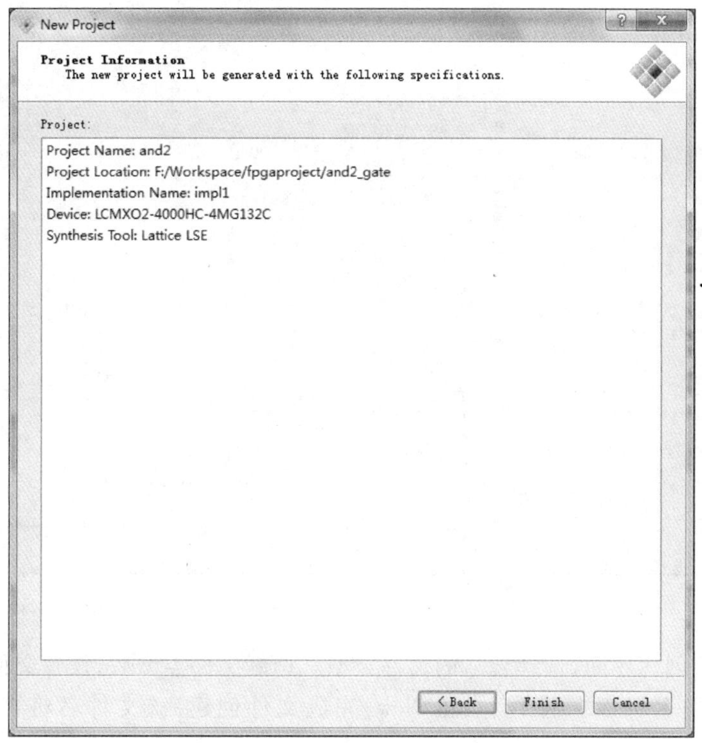

附图 12.25　工程创建完成界面

2. 添加设计文件

（1）在 Diamond 软件界面上，选择 File>New>File，进行新文件创建，如附图 12.26 所示。单击 File...，进入选择文件类型和设置文件名界面，如附图 12.27 所示。

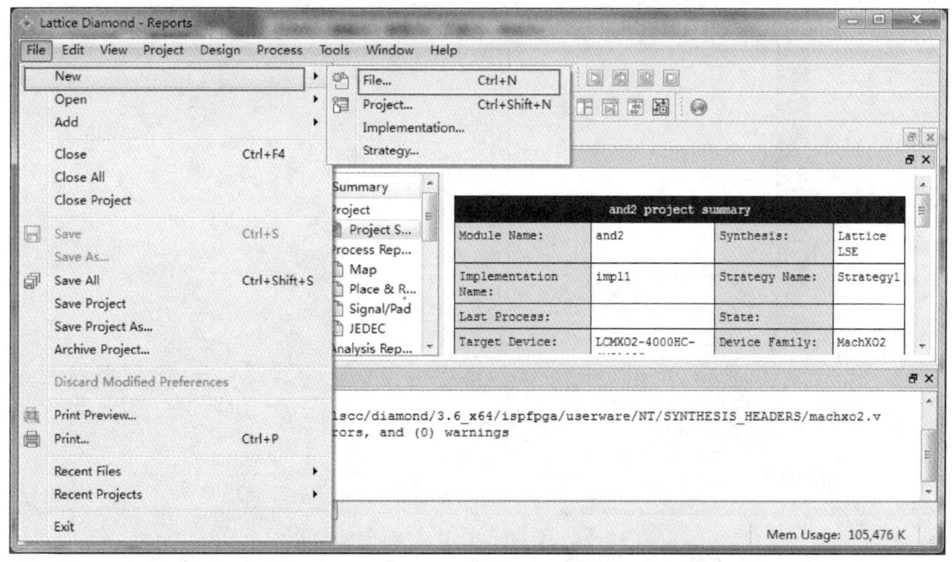

附图 12.26　Diamond 软件上选择 File 界面

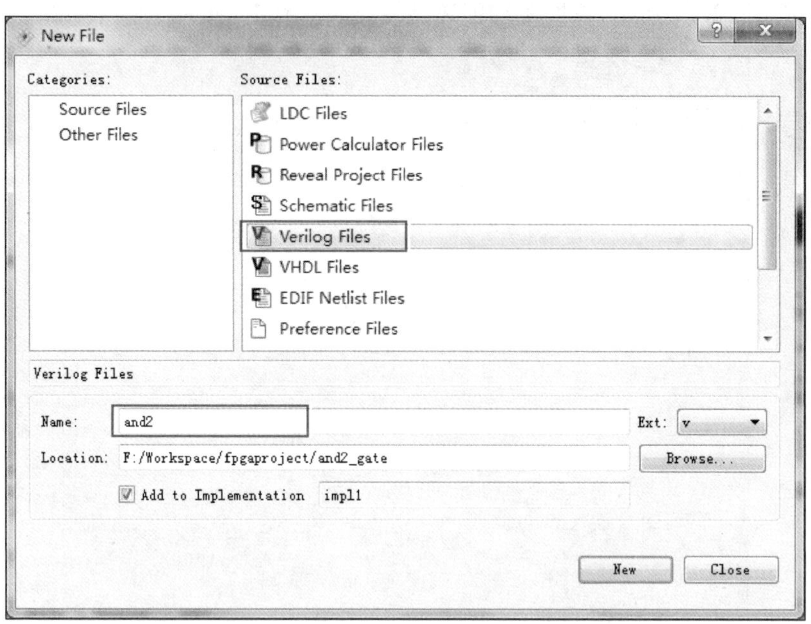

附图 12.27　选择文件类型和设置文件名界面

(2) 在文件创建界面,选择合适的文件类型。选好文件类型后,设置文件名称(该名称和写程序的模块名可以一样)。点击 New,完成文件创建,该文件名将自动出现在附图 12.28 左侧的 File List(文件列表)窗口中。

(3) 在新创建的 Verilog 文件中进行 Verilog HDL 代码编写。编写完成后,保存。IDE 自动将模块更新到 File List(文件列表)和 Hierarchy(层次)窗口中,如附图 12.28 所示。

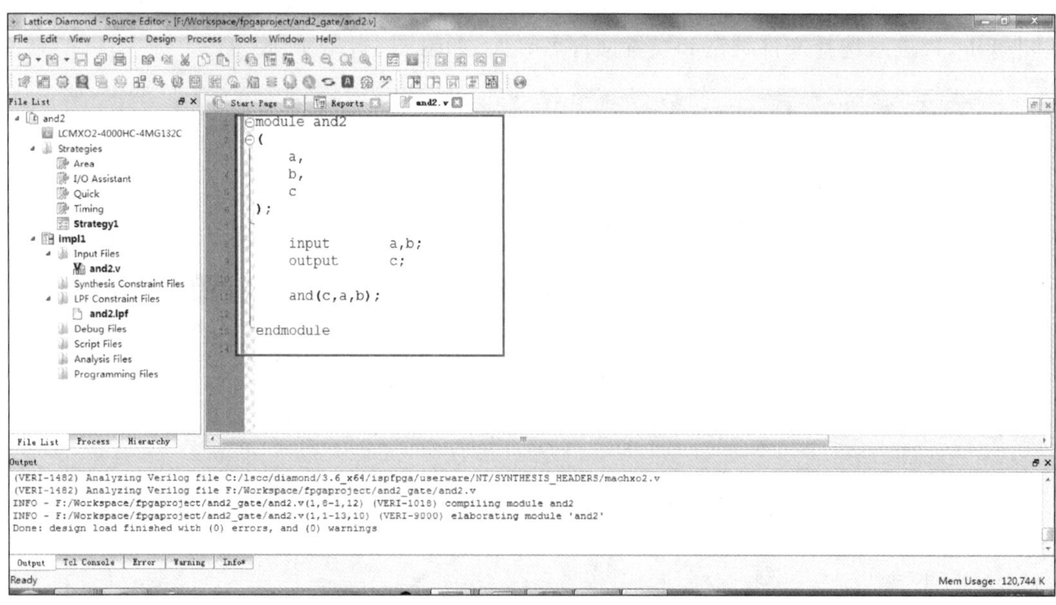

附图 12.28　Verilog HDL 代码编写界面

代码如下:

```
module and2          //and2 是模块名,与文件名一样
(
        input wire a,b,
        output wire c
);

        and(c,a,b);

endmodule
```

(4) 编写好代码后需要进行验证。在代码窗口下面,选择 Process(注意:共有三个窗口可以选择,除 Process 窗口外,还有 File List 和 Hierarchy 窗口可选)。双击 Process 窗口中的 Synthesis Design,对设计进行综合,如附图 12.29 所示。

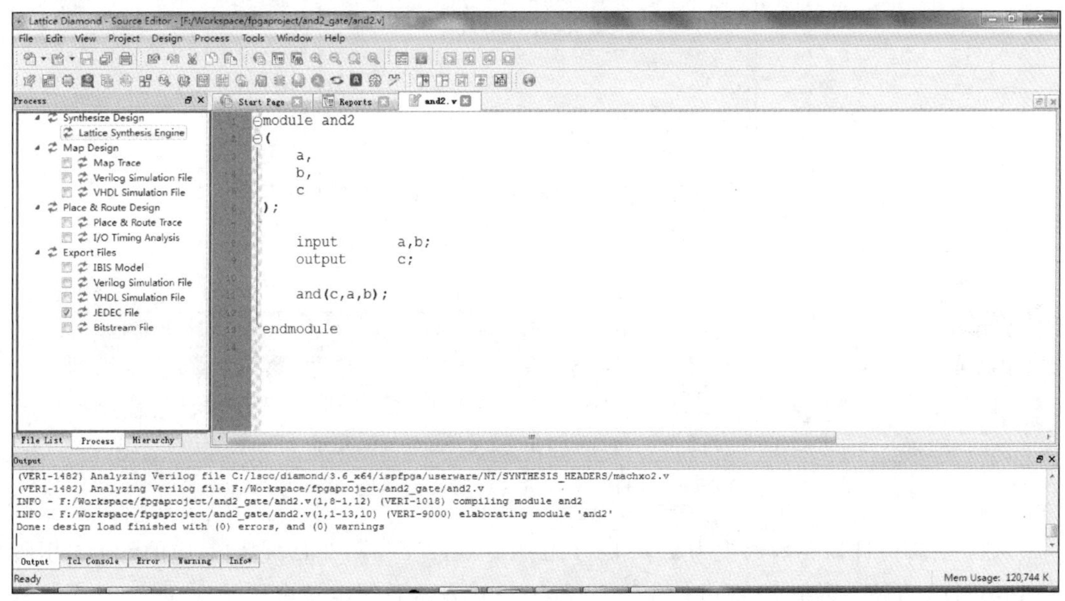

附图 12.29　代码验证界面

(5) 若设计没有问题,在选项前面会有绿色的对号;若出错,则相同位置是红色的叉号,如附图 12.30所示。

3. 引脚分配

(1) 在工具栏中选择第三行第一个图标,点击即可进入引脚分配界面,如附图 12.31 所示,或者选择 Tools->Spreadsheet View,如附图 12.32 所示。

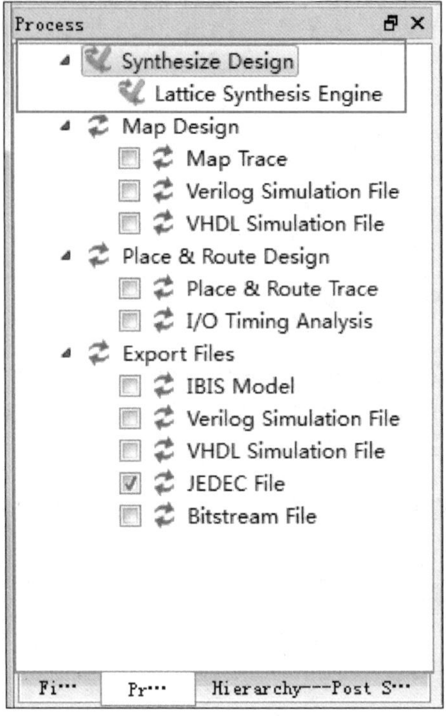

附图 12.30　绿色的对号界面

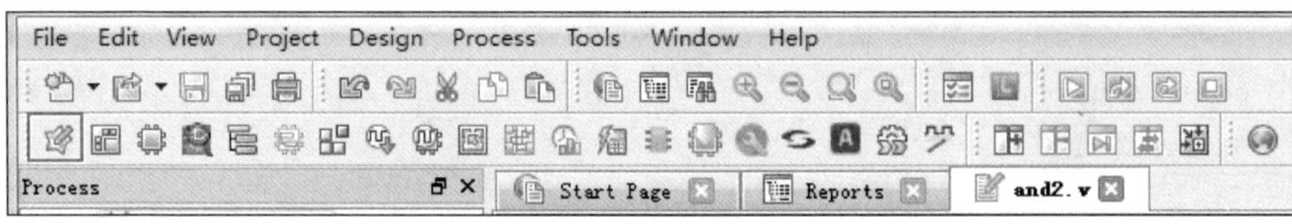

附图 12.31　选择进入引脚分配界面

(2) 引脚设计需要的约束为 a---key1,b----key2,c----led1,它们对应的 FPGA 引脚是 L14、M13、N13。再把 IO_TYPE 改为 LVCMOS33(表示系统电源电压是 3.3V),完成设置后,保存设置,如附图 12.33 所示。注意:引脚分配就是将设计者打算用的“小脚丫”开发板上分立器件的引脚同 FPGA 芯片引脚联系起来,引脚分配要参照附录十四中的引脚分配表进行。

4. 生成编译文件与下载

(1) 若设计比较简单,则可以直接生成编译文件,省略一些步骤,如附图 12.34 所示,可直接在 JEDEC File 前的小方框内打钩,并双击该项。

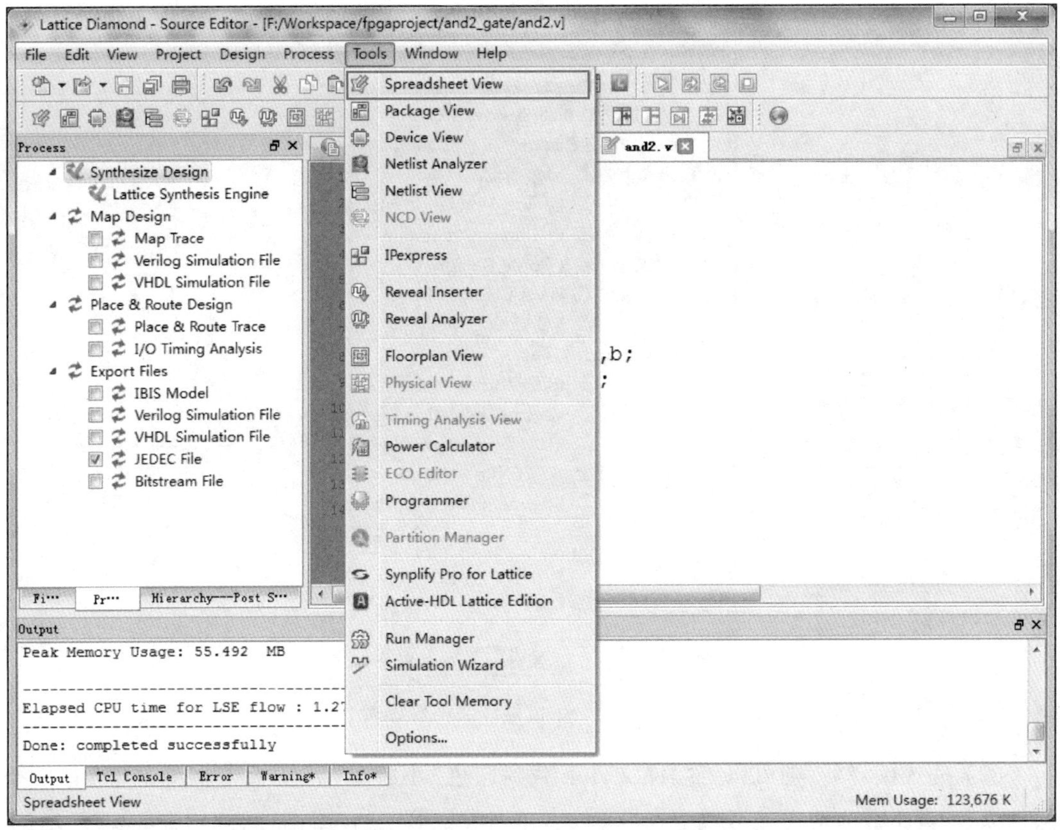

附图 12.32　Tools->Spreadsheet View 界面

	Name	Group By	Pin	BANK	BANK_VCC	VREF	IO_TYPE	PULLMODE	DRIVE	SLEWRATE	CLAMP	OPENDRAIN
1	All Ports	N/A	N/A	N/A	N/A	N/A	LVCMOS33		N/A	N/A		
1.1	Input	N/A	N/A	N/A	N/A	N/A	N/A	N/A	N/A	N/A	N/A	N/A
1.1.1	a	N/A	L14	1	Auto	N/A	LVCMOS33	DOWN	NA	NA	ON	OFF
1.1.2	b	N/A	M13	1	Auto	N/A	LVCMOS33	DOWN	NA	NA	ON	OFF
1.2	Output	N/A	N/A	N/A	N/A	N/A	N/A	N/A	N/A	N/A	N/A	N/A
1.2.1	c	N/A	N13	1	Auto	N/A	LVCMOS33	DOWN	8	SLOW	OFF	OFF

Port Assignments | Pin Assignments | Clock Resource | Route Priority | Cell Mapping | Global Preferences | Timing Preferences | Group | Misc Preferences

附图 12.33　引脚分配界面

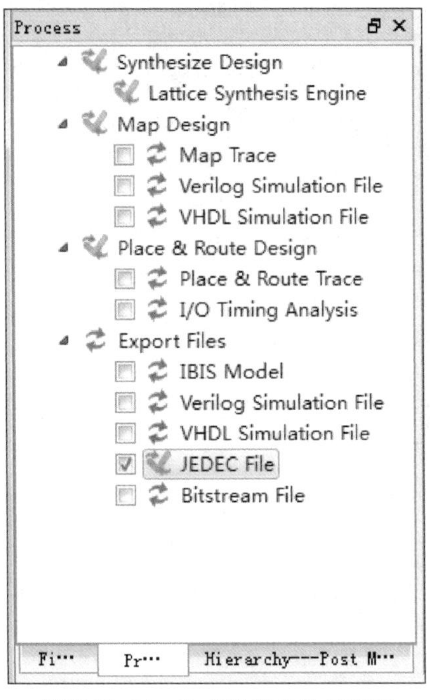

附图 12.34　生成编译文件后界面

（2）完成编译后，则可以将编译文件下载到蓝色“小脚丫”开发板卡上测试（还有一种黑色板卡，其下载方法可参考线上资源）。选择工具栏第三行 图标，如附图 12.35 所示。也可以选择 Tools->Programmer，如附图 12.36 所示。

附图 12.35　工具栏界面

（3）在进入 FPGA 编程前，IDE 会检测调试工具，如附图 12.37 所示。调试工具正确安装驱动后，会自动识别，因此选择默认即可（以下为蓝色“小脚丫”开发板）。

（4）进入编程下载界面后，如附图 12.38 所示，点击界面中 图标。

（5）下载完成后，界面显示 PASS，如附图 12.39 所示。

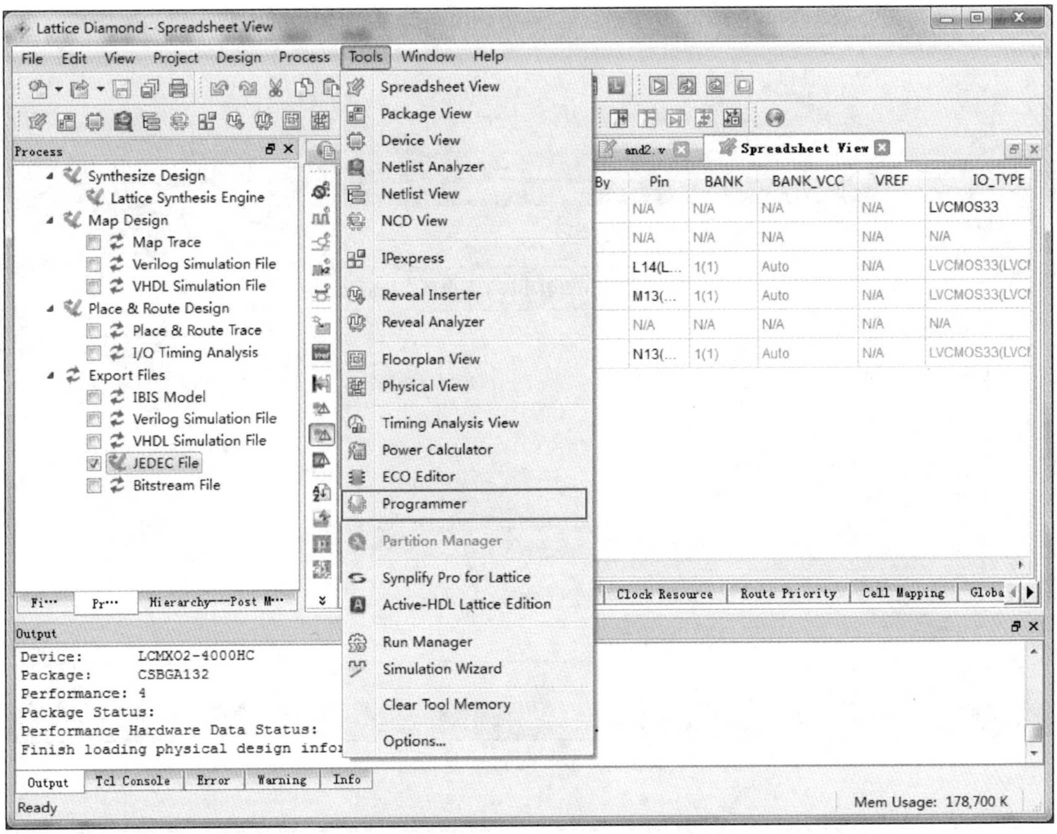

附图 12.36　Tools->Programmer 界面

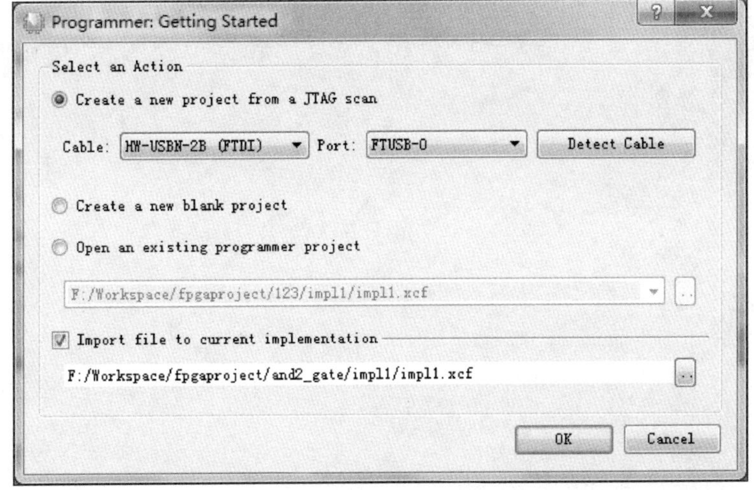

附图 12.37　IDE 检测调试工具界面

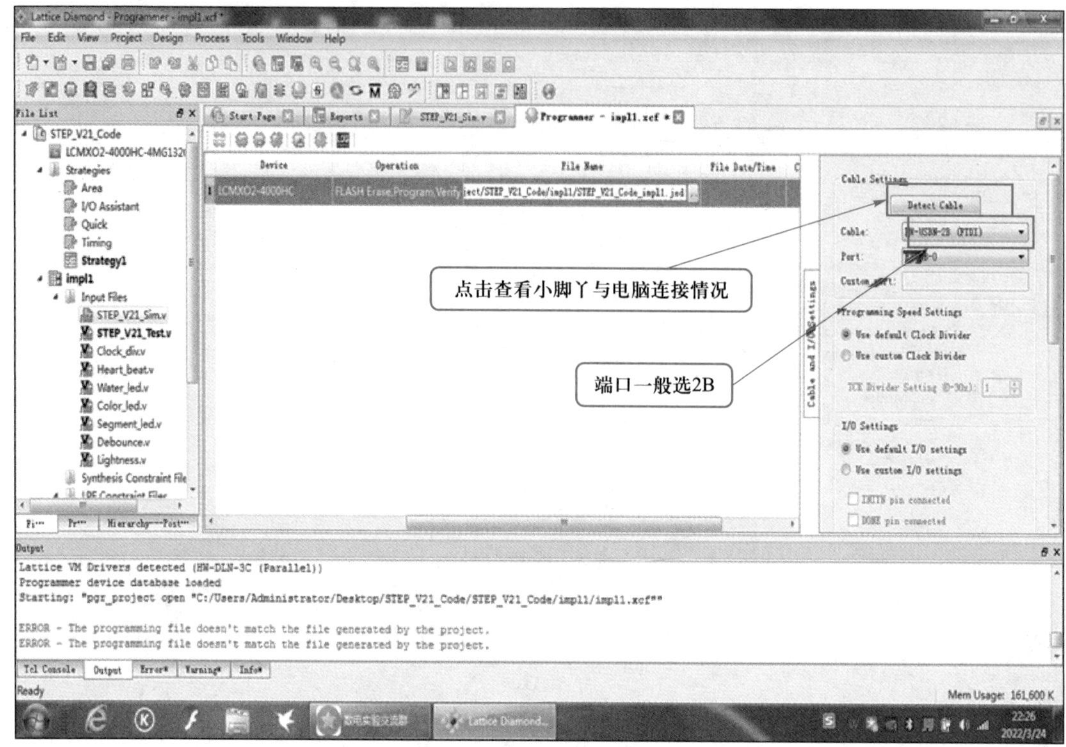

附图 12.38 编程下载界面

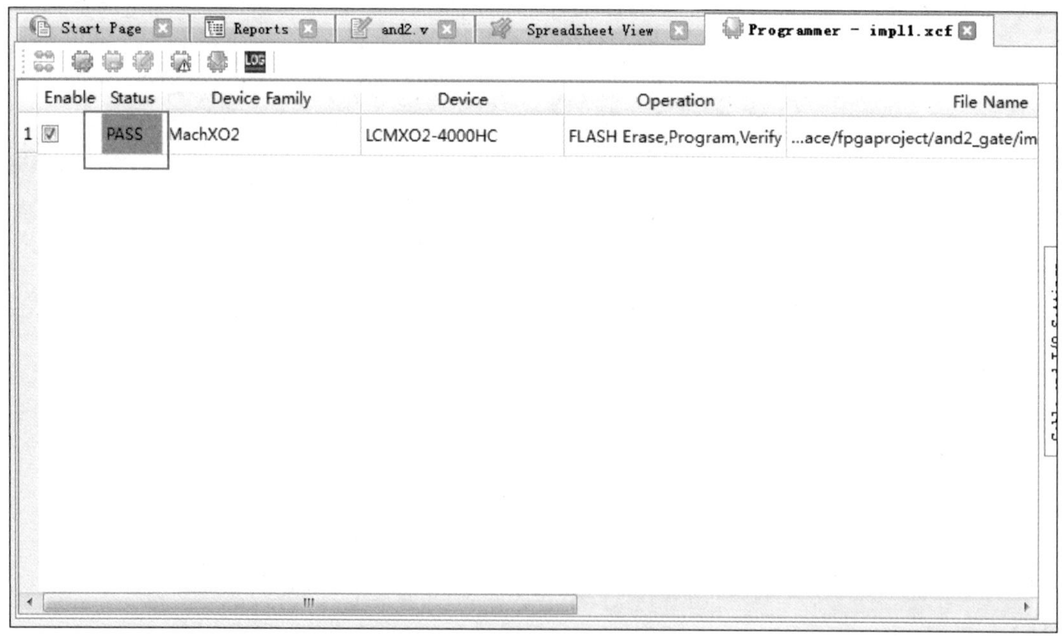

附图 12.39 下载成功后界面

四、仿真工具 Modelsim-Lattice FPGA

在用 IDE 进行 FPGA 工程设计实现时，IDE 还有一个重要的功能就是代码仿真，它可以极大地提高设计实现效率，并及时发现代码问题。Diamond 集成开发环境自带有 Modelsim-Lattice FPGA 代码仿真工具，下面介绍如何进行代码功能仿真。

（1）新建一个仿真测试（testbench）文件，例如将其命名为 and2_tb，如附图 12.40 所示。（被仿真程序模块名为 and2。）

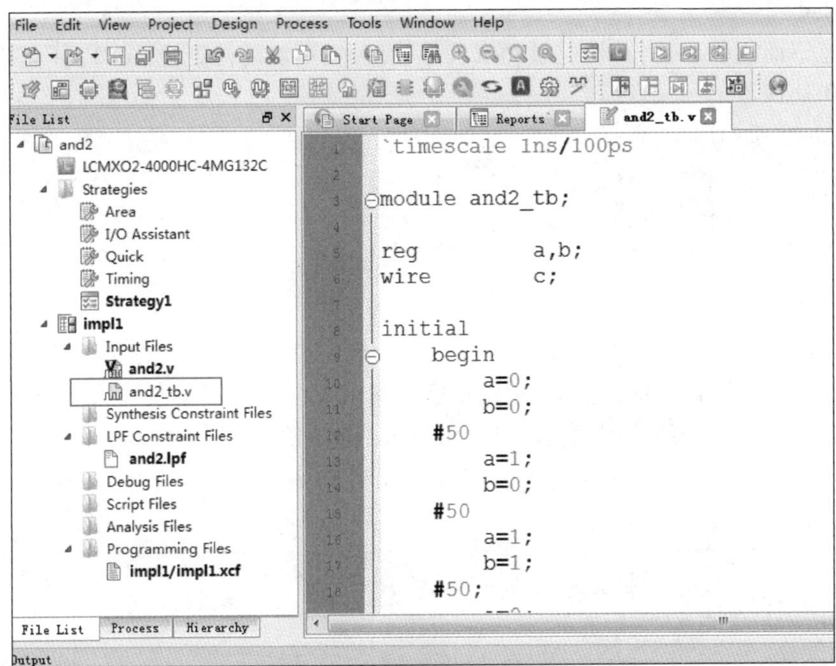

附图 12.40　新建一个 testbench 文件

（2）testbench 测试文件内容如下：

```
`timescale 1ns/100ps   //指明一个时间单位是 1ns，其精度是 100ps
module and2_tb;   // 测试模块，与外界无信号交互，不需要端口声明
reg  a,b;   /* 激励信号名，也是 multisim 仿真中逻辑开关的输出，需要对该输出数据
的类型进行定义，设为寄存器型 */
wire c;    /* 显示信号名，也是 multisim 仿真中逻辑显示接收信号，需要对该信号数
据的类型进行定义，设为线与型 */


initial   /* 从 initial 下的 begin 到 end，是 multisim 仿真中逻辑开关的变化状态描述 */
begin
        a=0;
        b=0;
        #50       //程序中 #50 都是延时 50ns
        a=1;
```

```
        b=0;
        #50
        a=1;
        b=1;
        #50;
        a=0;
        b=1;
    End
```

//注意下面这段语句,and2 是被仿真程序模块名,不能随便更改,and2_u1 是例化名,其名字符合语法即可。

```
and2 and2_u1(
            .a          (a),
    .b          (b),
            .c          (c)
            );
```

endmodule　　/ * 从 and2 and2_u1 到 endmodule,是需要进行仿真的工程调用,该案例是按端口名方式调用的,也可以按端口顺序调用 * /

(3) 这里需要注意的是测试文件只是用来仿真的,很多语句是不可综合的,所以要设置文件的属性。在工程目录里右键点击 and2_tb 仿真测试文件,选择 Properties 项,如附图 12.41所示。

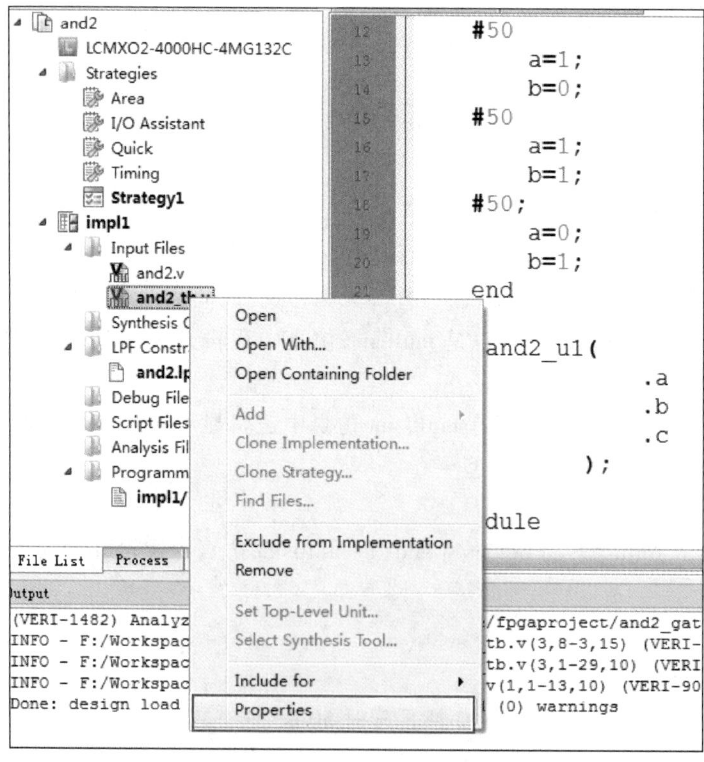

附图 12.41　仿真测试文件属性修改界面

随后弹出一个属性窗口，把测试文件属性值改为 simulation，表示只做仿真，如附图 12.42所示。

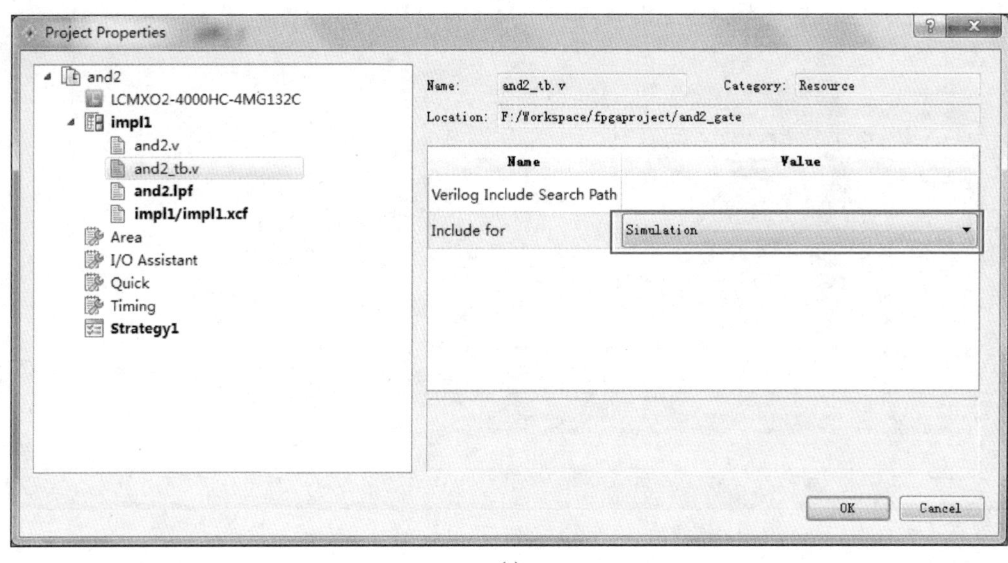

(a)

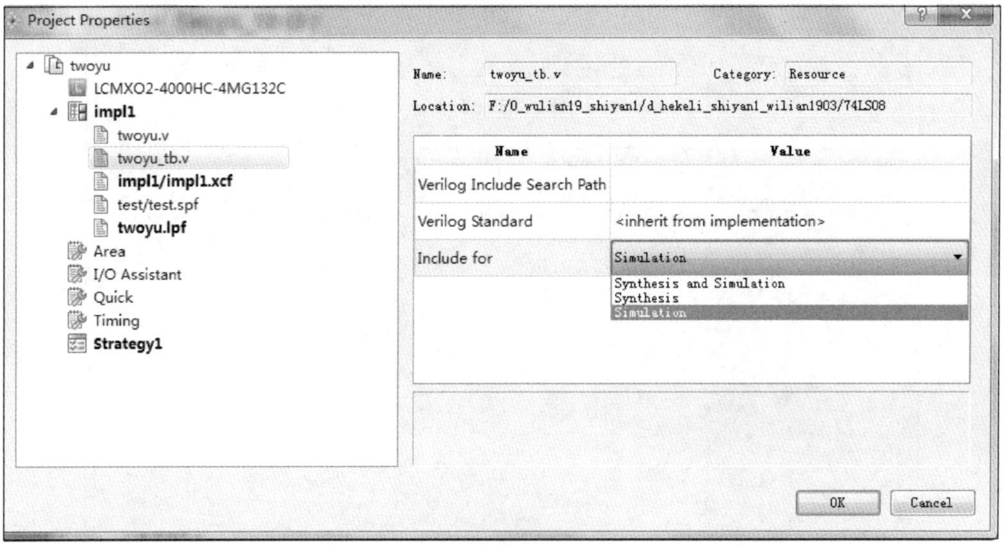

(b)

附图 12.42　把测试文件属性值改为 simulation 界面

(4) 点击工具栏的仿真向导按钮，如附图 12.43 所示。或者是选择 Tool -> Simulation Wizard，如附图 12.44 所示，进入仿真向导界面。

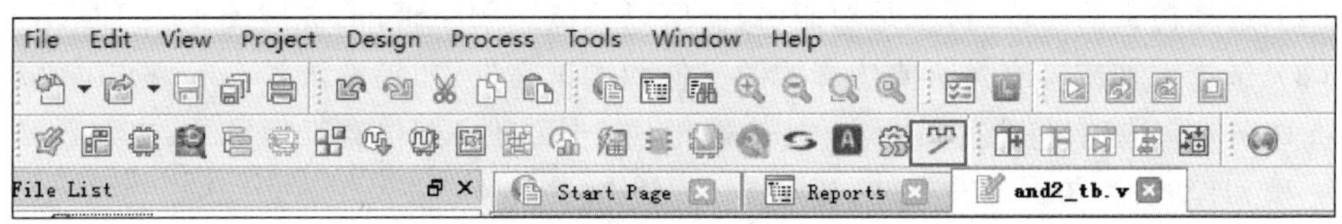

附图 12.43　仿真向导按钮界面

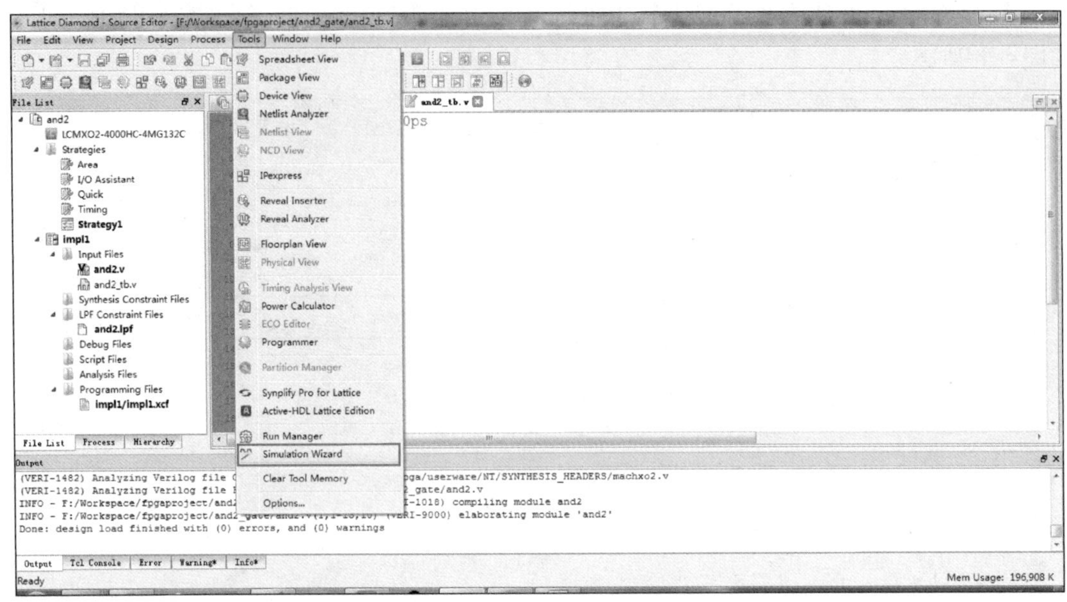

附图 12.44　Tool->Simulation Wizard 界面

（5）仿真向导界面如附图 12.45 所示。

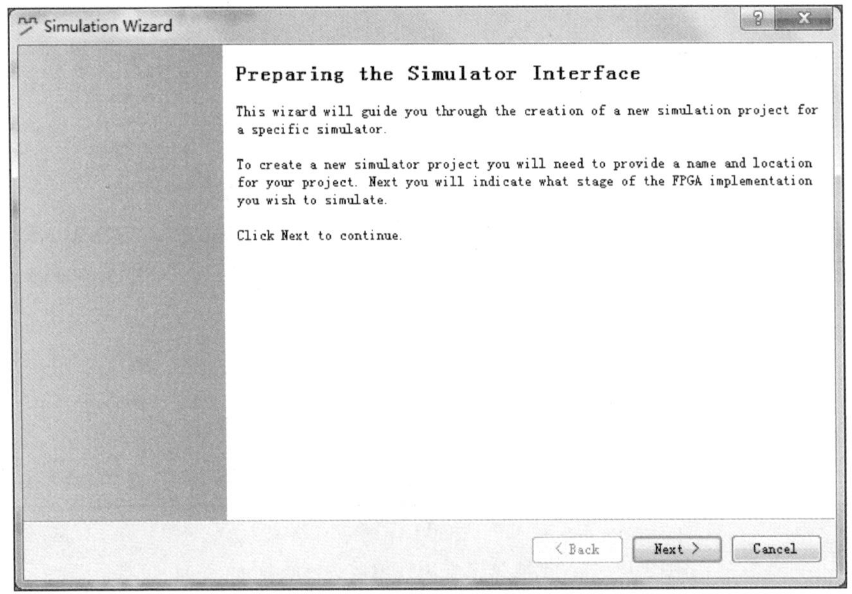

附图 12.45　仿真向导界面

（6）给仿真的工程起一个名字，如附图 12.46 所示。

（7）选择仿真的阶段，这里是功能仿真，所以只能选 ModelSim，如附图 12.47 所示。

（8）选择添加或者删除所要仿真的源文件和测试文件，如果确认了 Copy Source to Simulation Directory 选项，将会拷贝源文件（一般指独立原文件）到仿真工程目录，初学者可以选择下一项，自动设置仿真配置文件，如附图 12.48 所示。

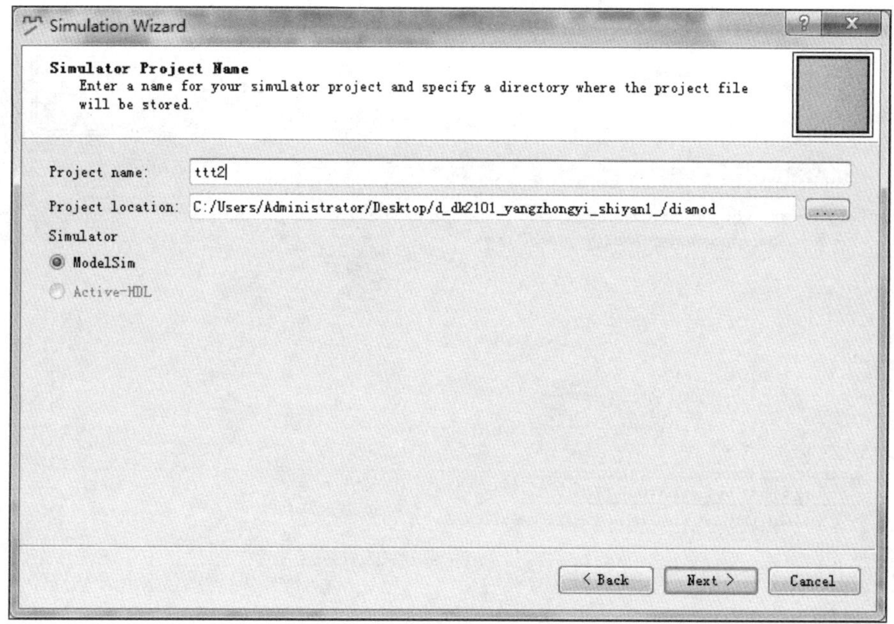

附图 12.46　给仿真的工程起名字界面

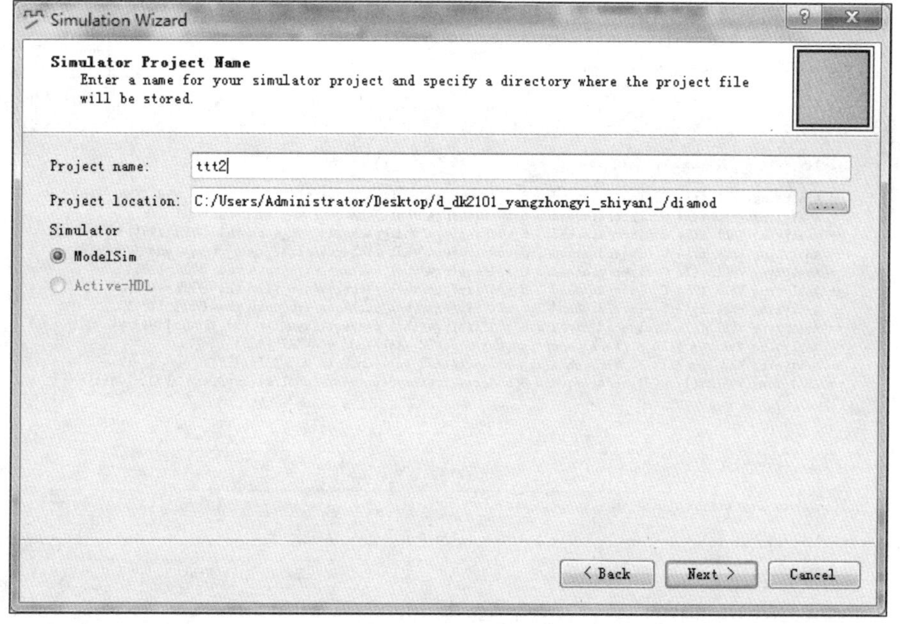

附图 12.47　选择仿真的阶段界面

（9）出现仿真工程列表，如果有多个测试文件，则可以选择自己要用的测试文件，例如 and2_tb，如附图 12.49 所示，点击 Next。

（10）仿真工程项目创建完成，如附图 12.50 所示，如果下方的三个选项都被选择，则在完成后会自动执行仿真并显示波形文件。

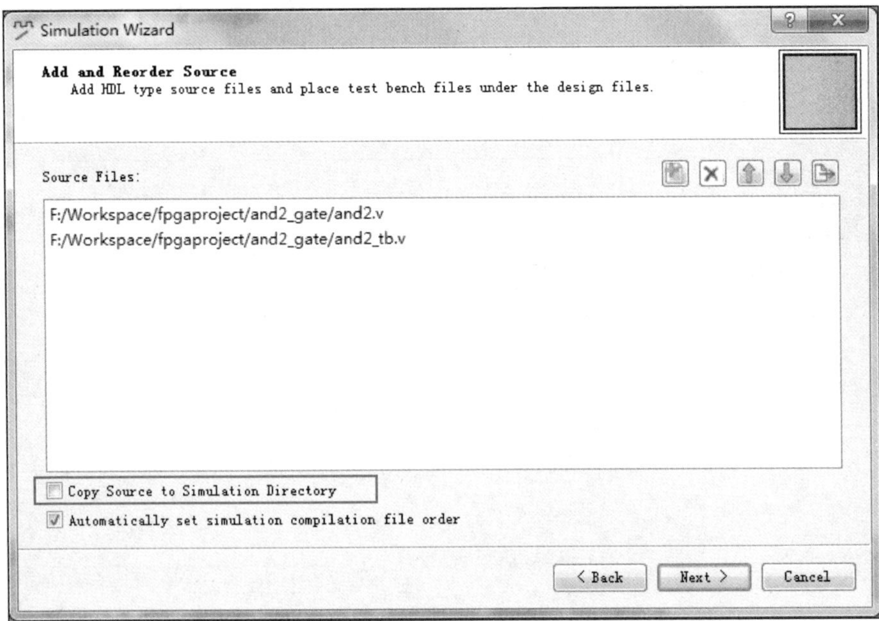

附图 12.48 自动设置仿真配置文件

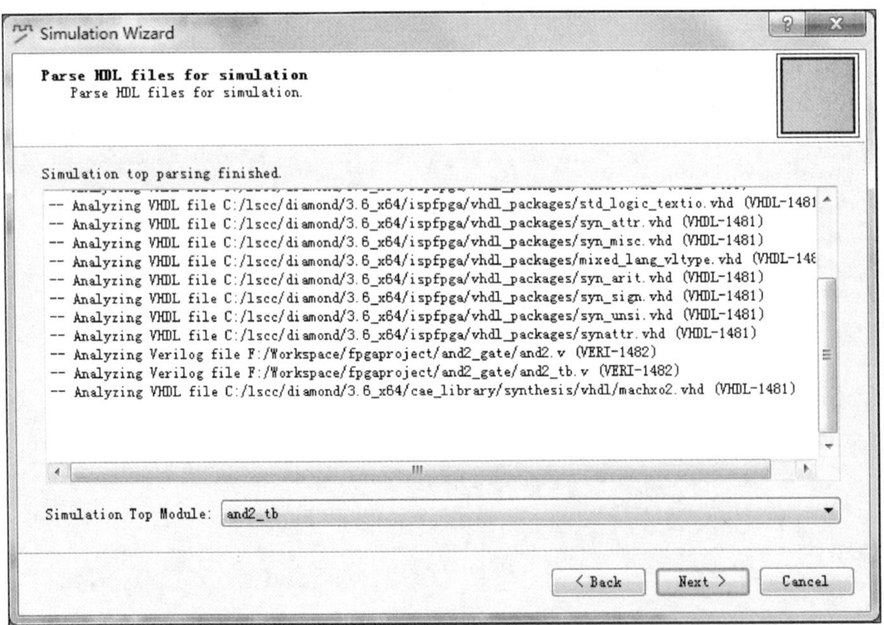

(a)

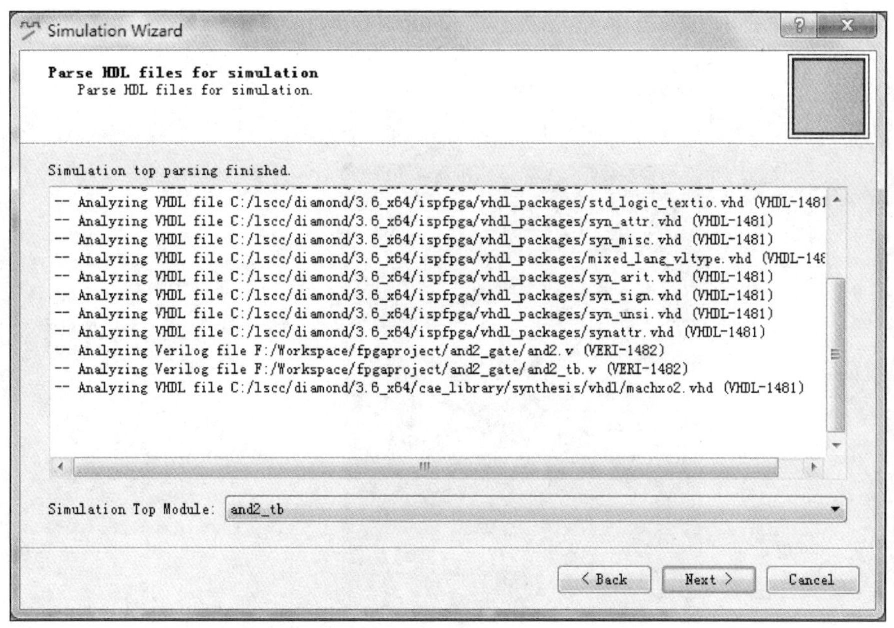

(b)

附图 12.49　测试文件 and2_th 选择界面

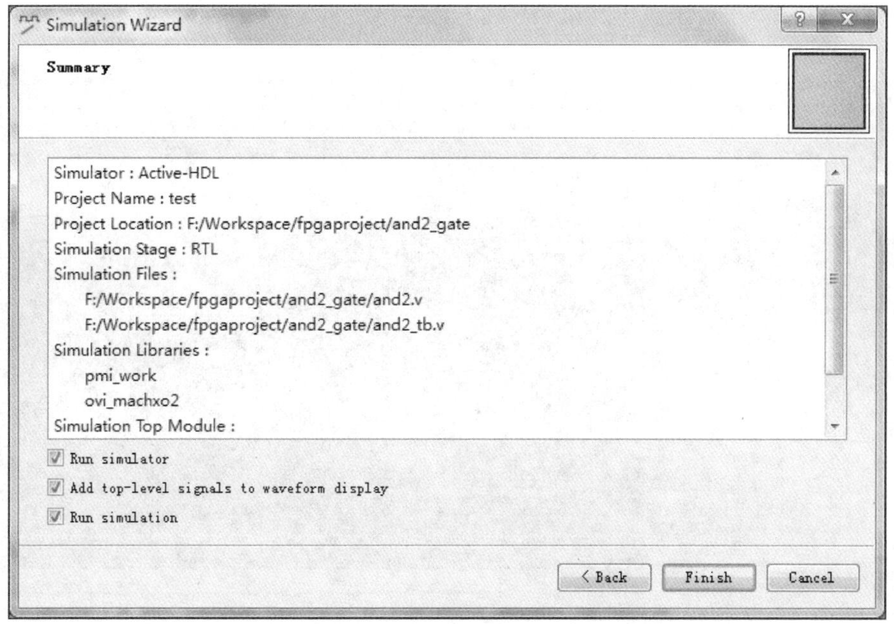

附图 12.50　仿真工程项目创建完成界面

(11) 点击 Finish 后,出现 ModelSim 开始工作界面,如附图 12.51 所示。

(12) 完成仿真向导后,会显示逻辑关系不清楚的仿真波形,如附图 12.52 所示。

(13) 如果看不到波形,如附图 12.52 所示,则可以将时间横轴调整(拖动下面的水平移动条)为最左边是 0 ps(皮秒),再点击放大或缩小图标(在波形窗口上的工具栏

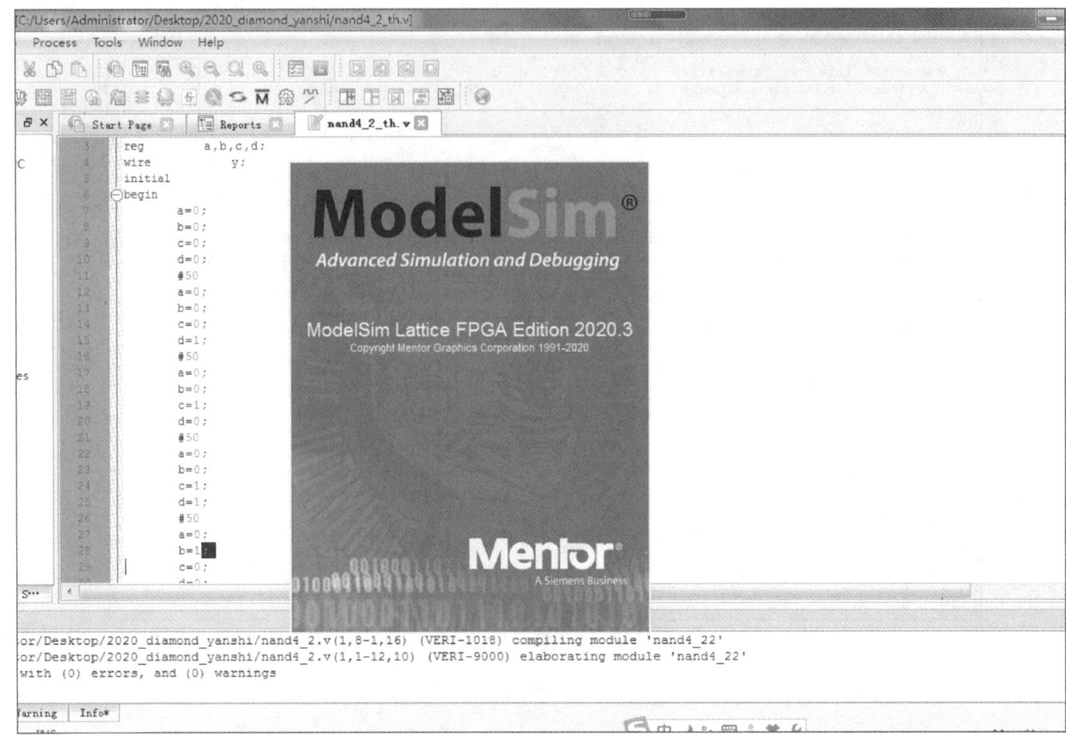

附图 12.51　ModelSim 开始工作界面

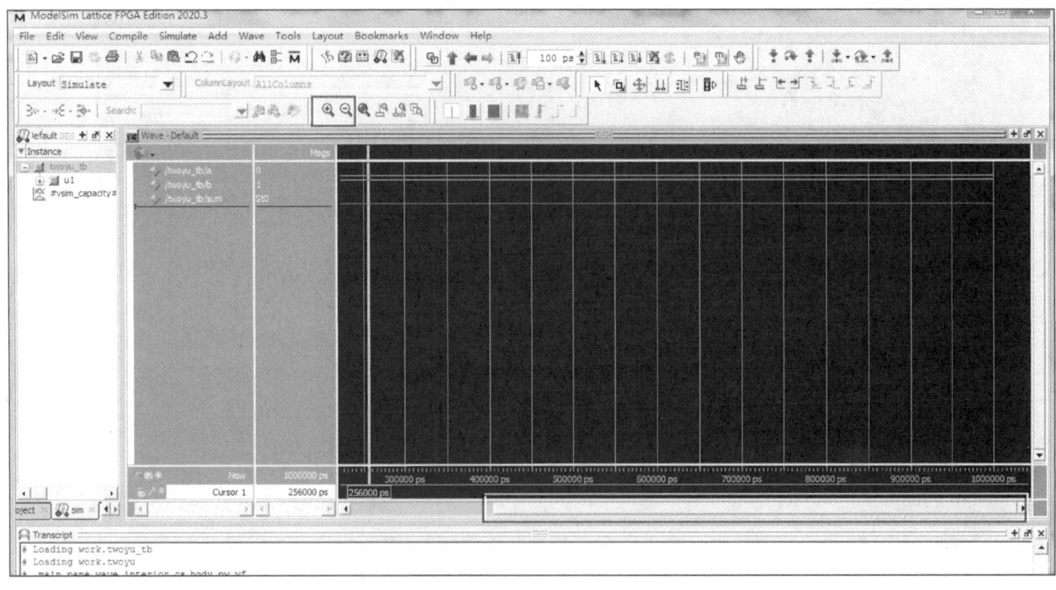

附图 12.52　逻辑关系不清楚的仿真波形

里)或点击 Full 按钮,就可以看到逻辑关系清楚的仿真波形了,如附图 12.53 所示。

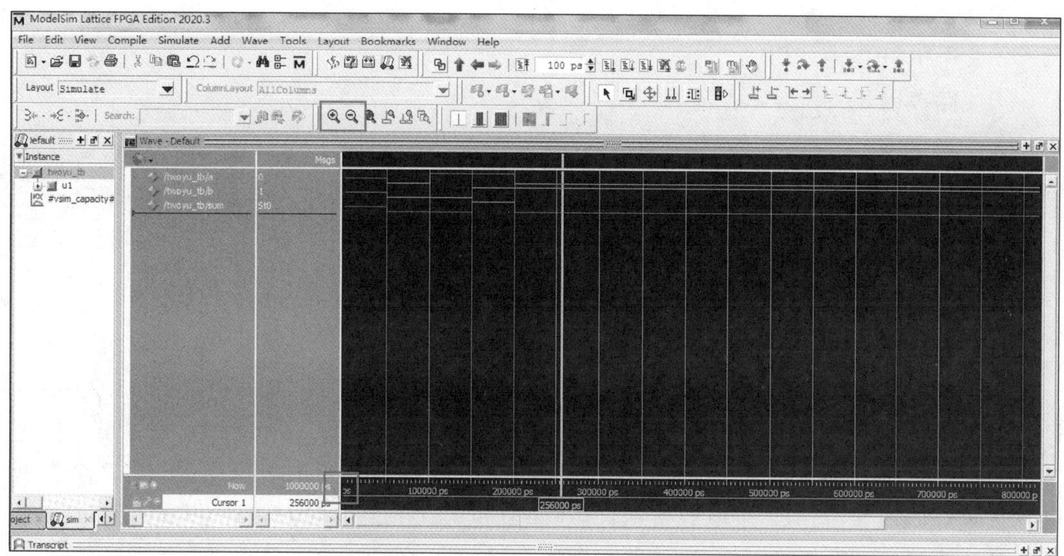

附图 12.53　逻辑关系清楚的仿真波形

附录十三　课程选用 FPGA 的开发板硬件手册

一、概述

课程选用的 FPGA 开发板是 STEP-MXO2 二代，它是有 40 个引脚 DIP 结构的 FPGA 开发板。核心 FPGA 芯片选用了 Lattice 公司 MXO2 系列的 4000HC 产品，相比于第一代“小脚丫”STEP-MXO2，板上的 FPGA 芯片资源提升了 4 倍。同时板上集成了 FT232 编程器和按键、拨码开关、数码管、LED 等多种外设资源。板上的 36 个 FPGA IO 接口都通过 2.54mm 通孔焊盘引出，可以和面包板配合使用。板卡尺寸为 52mm×18mm（拇指大小），能够灵活地嵌入到其他系统中。

STEP-MXO2 二代板上集成的编程器能够完美支持 Lattice 工具 Diamond，只需要一根 MicroUSB 连接线（为安卓数据线，注意不是安卓充电线）或 type-C 线就能够完成 FPGA 的供电、编程仿真和下载，使用更加方便。

（1）“小脚丫”STEP-MXO2 开发板上 FPGA 器件型号是 LCMXO2-4000HC-4MG132，它包含以下功能和资源：

① 4320 个 LUT（查找表）资源。

② 96kbit User Flash，92kbit RAM。

③ 2+2 路 PLL+DLL。

④ 嵌入式功能块（硬核）：1 路 SPI、1 路定时器、2 路 I^2C。

⑤ 支持外接 DDR/DDR2/LPDDR 存储器。

⑥ 上电瞬时启动，启动时间小于 1ms。

（2）“小脚丫”STEP-MXO2 开发板上的器件、接口包括：

① 1 路 Micro USB 接口。

② 2 位 7 段数码管。

③ 2 个 RGB 三色 LED。

④ 4 路拨码开关。

⑤ 4 路按键。

⑥ 8 路用户 LED。

⑦ 36 个用户可扩展 I/O(其中包括 1 路 SPI 硬核接口和 1 路 I^2C 硬核接口)。

⑧ 集成 FT232 编程器。

二、“小脚丫”STEP-MXO2 开发板实物的器件、接口介绍

“小脚丫”STEP-MXO2 开发板正面和反面器件布局,如附图 13.1 和附图 13.2 所示。该开发板从正面看有:4 个拨码开关,组合在一体化器件里(注意:不拨开关,则输出是低电平);8 个微型 LED,纵向排列,均为红色;8 段数码管(包括右下角的 1 位小数点);2 个微型 LED 三色灯(红、绿、蓝);1 个电源指示灯(微型红色 LED);1 个 MicroUSB(安卓)接口;4 个微型轻触按键(注意:不按下按钮,则输出是高电平)。

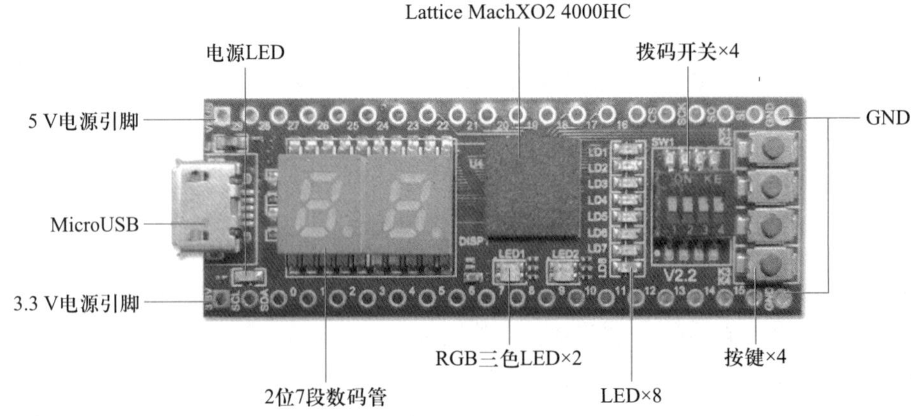

附图 13.1　“小脚丫”STEP-MXO2 开发板正面器件布局

“小脚丫”STEP-MXO2 开发板从反面看有:JTAG 编程器;上下各一排还没有使用的扩展引脚(GPIO);FPGA 芯片需要的 12MHz 晶振。

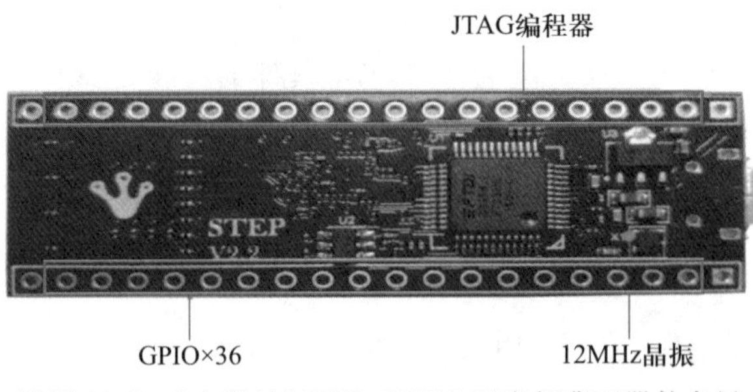

附图 13.2　“小脚丫”STEP-MXO2 开发板背面器件布局

三、“小脚丫”STEP-MXO2 开发板框图

“小脚丫”STEP-MXO2 的开发板框图，如附图 13.3 所示。所有外围器件均可直接通过 MachXO2 4000HC FPGA 进行编程。

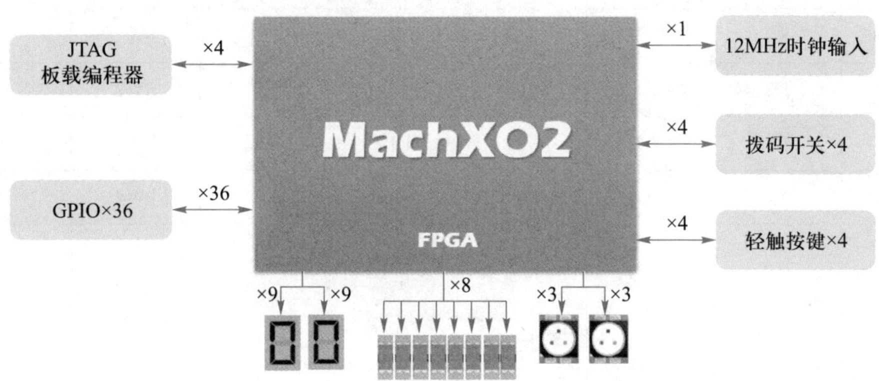

附图 13.3　“小脚丫”STEP-MXO2 的开发板框图

四、引脚分配

引脚分配就是将设计者打算用的“小脚丫”开发板上分立器件的引脚和扩展接口同 FPGA 芯片引脚联系起来，附表 13.1 是“小脚丫”开发板上分立器件引脚和扩展接口同 FPGA 芯片引脚的对应关系。

附表 13.1　“小脚丫”开发板上分立器件引脚和扩展接口同 FPGA 芯片引脚的对应关系

PCB 板引脚	FPGA 芯片	PCB 引脚	FPGA 芯片	12M 晶振	FPGA 芯片	发光二极管（红色）	FPGA 芯片
3.3V		VBUS				LED1	N13
SCL(时钟)	C8	GPIO29	E12	PCLK	C1	LED2	M12
SDA(数据)	B8	GPIO28	F12	数码管 1 引脚	引脚号	LED3	P12
GPIO0	E3	GPIO27	G12			LED4	M11
GPIO1	F3	GPIO26	F13	A1	A10	LED5	P11
GPIO2	G3	GPIO25	F14	B1	C11	LED6	N10
GPIO3	H3	GPIO24	G13	C1	F2	LED7	N9
GPIO4	J2	GPIO23	G14	D1	E1	LED8	P9

续表

PCB 板引脚	FPGA 芯片	PCB 引脚	FPGA 芯片	12M 晶振	FPGA 芯片	发光二极管（红色）	FPGA 芯片
GPIO5	J3	GPIO22	H12	E1	E2	拨码开关引脚	引脚号
GPIO6	K2	GPIO21	J13	F1	A9	SW1	M7
GPIO7	K3	GPIO20	J14	G1	B9	SW2	M8
GPIO8	L3	GPIO19	K12	DP1	F1	SW3	M9
GPIO9	N5	GPIO18	K14	DIG1	C9	SW4	M10
GPIO10	P6	GPIO17	K13	数码管 2 引脚	引脚号	按键开关引脚	引脚号
GPIO11	N6	GPIO16	J12			K1	L14
GPIO12	P7	CS(片选,低电平有效)	P3	A2	C12	K2	M13
GPIO13	N7	SCK(同步时钟)	M4	B2	B14	K3	M14
GPIO14	P8	SO	N4	C2	J1	K4	N14
GPIO15	N8	SI	P13	D2	H1		
GND		GND		E2	H2		
三色灯 1 引脚	引脚号	三色灯 2 引脚	引脚号	F2	B12		
红色	M2	红色	M3	G2	A11		
绿色	N2	绿色	N3	DP2	K1		
蓝色	P2	蓝色	P4	DIG2	A12		

[注:表中右下角数码管段位编号对应表中数码管 1,编号规律是 a-A1,b-B1,c-C1,d-D1,e-E1,f-F,g-G,h-DP1,该规律同样适合表中的数码管 2。]

五、出厂预设程序

出厂预设程序是为了让用户可以更好地使用“小脚丫”STEP-MXO2 开发板。初次拿到开发板通电后就是运行的出厂预设程序。

1. 提供出厂预设程序目的

驱动 STEP-MXO2 开发板载资源工作,增加对 STEP-MXO2 板载资源的了解,同时达到测试硬件的效果,STEP-MXO2 出厂程序运行效果图如附图 13.4 所示。

2. 出厂预设程序运行效果描述

(1) 数码管:循环显示 00~77 之间的数字。

附图 13.4　STEP-MXO2 出厂程序运行效果图

(2) 流水灯:依次闪烁实现流水效果。

(3) 三色灯:两个三色灯逐次显示红、绿、蓝、白四种颜色。

(4) 拨码开关:拨码开关的不同组合可控制数码管、流水灯及三色灯闪烁的速度。

① 四位拨码开关全部拨至下端,则闪烁速度最快(最快 0.5 s 左右)。

② 四位拨码开关全部拨至上端,则速度最慢(2 s 左右)。

③ 四位拨码开关不动,则速度适中(1 s 左右)。

(5) 按键开关:按下不同的按键开关可控制数码管、流水灯及三色灯闪烁的方向显示亮度。

① 按下 K1,控制数码管、流水灯及三色灯闪烁的方向或顺序。

② 按下 K2,控制所有显示的亮度,亮度分六个等级,按下 K2,亮度会增强。

③ 按下 K3,亮度会减弱。

④ 按下 K4,软件复位。

附录十四　课程选用 FPGA 的开发板电路原理图

课程选用的 FPGA 开发板是 STEP-MXO2,其电路原理图(蓝色基板)如附图 14.1 和附图 14.2 所示。附图 14.1 以 FT232RL 为接口转换芯片,可以实现 USB 到串行 UART 接口的转换,也可转换到同步、异步 Bit-Bang 接口模式。附图 14.2 主要介绍“小脚丫”STEP-MXO2 开发板上的外围电路,下面分别介绍附图 14.2 中方框中的几个单元电路。

图中左下角为 8 个微型 LED 发光二极管的外供电电路。从线路连接来看,该电路是共阳连接,也就是 LED 正极均接在 3.3 V 电源正极上,该接法的特点是 LED 发光二极管由外电源驱动,减轻了 FT232 芯片的负载任务,但写程序时要注意,当设置输出为高电平时,LED 发光二极管不亮,要想 LED 发光二极管符合设计要求,需要在程序算法中再**非**一次。

靠近 8 个微型 LED 发光二极管的供电电路的是四个轻触按键外供电电路,从线路连接看,接入 FPGA 芯片的信号从 4 个电阻下端引出,该电路使接入 FPGA 芯片的信号在不按按键时为高电平,按下按键时为低电平。

靠近 8 个微型 LED 发光二极管的供电电路和四个轻触按键外供电电路上方的是 4 个拨码开关电路,该电路有一点小问题,没有画出接入 FPGA 芯片的信号从哪里出,经过实际测量,该电路接入 FPGA 芯片的信号从开关左边引出,故该电路使接入 FPGA 芯片的信号在开关打开时为低电平,闭合时为高电平,与四个轻触按键的动作与电平高低刚好相反。

靠近四个轻触按键外供电电路右边的是 2 个三色灯(红、绿、蓝)外供电电路,供电方式和 8 个微型 LED 发光二极管的外供电电路相同。

靠近 2 个三色灯(红、绿、蓝)外供电电路右边的是 2 个 8 段数码管(包括一段小数点)外供电电路,从线路连接看,该电路是共阴连接,也就是 LED 负极均接在 3.3V 电源负极上(地),使用者在设计时一定要注意公共端的声明和引脚分配是接“地”。否则,数码管段位会出现“暗亮”的问题。

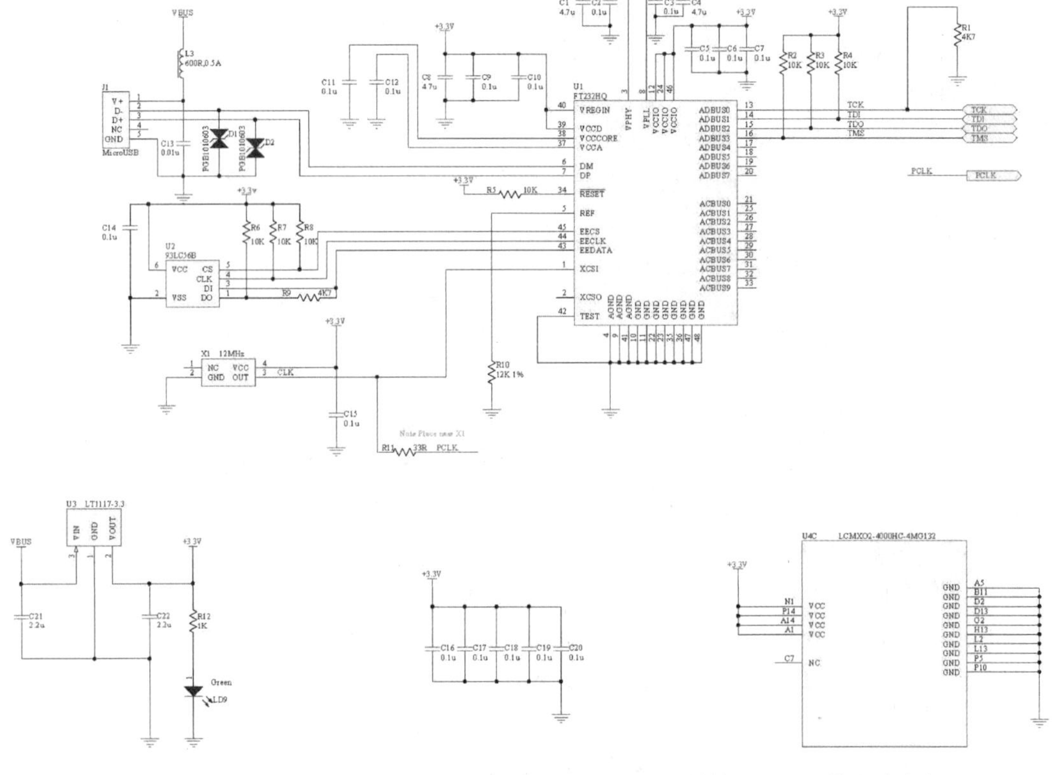

附图 14.1　STEP-MXO2 电路原理图(蓝色基板):以 USB 转换 UART 通信电路为主

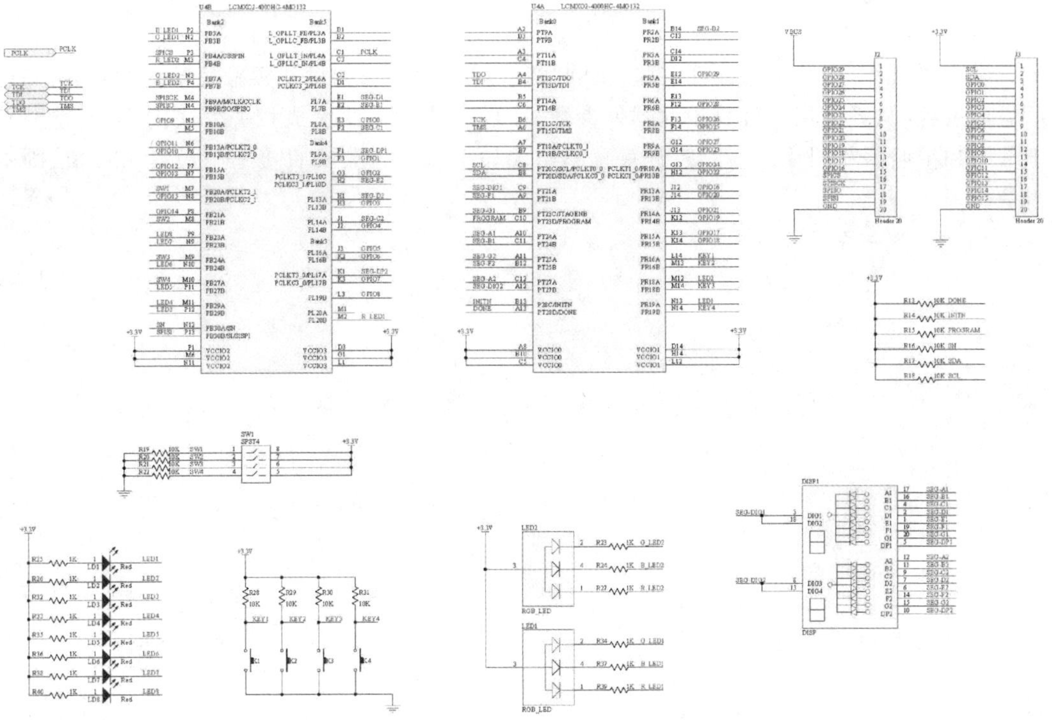

附图 14.2　STEP-MXO2 电路原理图(蓝色基板):以外围元器件连接电路为主

附录十五　三种实验报告模板

模板一
电子技术实验预习报告

课程名称(理论课/实验课) ____________________

实　验　名　称 ____________________

年　级　班　级 ____________________

学　号　姓　名 ____________________

过程记录册页码/序号 ____________________

报告等级 / 教师签字 ____________________

年　　月　　日

郑重提示:如果电子文档报告出现雷同(文字、计算过程、仿真电路结果及截图等),则将依据学校规定按作弊处理(双方同责),所以同学之间只能交流方法,不要把自己的报告内容、仿真文件或截图直接拷贝、传送给同学。

一、计算/设计过程

说明：如果本实验是验证性实验，则列写计算预测结果；如果本实验是设计性实验，则列写设计过程（从系统指标计算出元器件参数）。用公式输入法完成相关公式内容，不得贴网上截图和拍照手写图片。（注意：计算预测结果如果从抽象公式直接“=”最终参数值，则不得分。）

二、填写实验指导书上的预表

三、填写实验指导书上的虚表

四、粘贴原理仿真、工程仿真截图

模板二
电子技术实验报告

课程名称(理论课/实验课) ____________________
实　验　名　称 ____________________
年　级　班　级 ____________________
学　号　姓　名 ____________________
过程记录册页码/序号 ____________________
报告等级 / 教师签字 ____________________

郑重提示:如果实验报告出现雷同(文字、计算过程、仿真电路结果及截图等),则将依据学校规定按作弊处理(双方同责),所以同学之间只能交流方法,不要把自己的报告内容、仿真文件或截图直接拷贝、传送给同学。注意:本报告内容必须手写!

进入实验室操作之前需预习,完成以下内容:

1. 完成本实验报告一、二、三部分内容。
2. 用 Multisim 完成本实验原理仿真和工程仿真,将原理仿真写在预习本上。
3. 观看线上课程视频,完成线上作业(预习思考题)。
4. 用 Verilog 语言描述本实验逻辑电路,并仿真,最后下载到“小脚丫”开发板上,将详细情况写在 FPGA 报告上。

年　　月　　日

一、实验目的

二、实验仪器设备、主要元器件

序号	名称	型号	设备编号	数量	备注
1					
2					
3					
4					
5					
6					

三、实验原理/设计过程简述

说明:如果本实验是验证性实验,则列写实验原理(优先用图和公式表示);如果本实验是设计性实验,则列写实验过程。

四、实验数据及结果分析

(写实验结果的判断依据以及预测与仿真结果之间的误差原因。)

五、思考题　（数量不少于 4 题）

六、实验心得与体会

模板三
FPGA 实验报告

郑重提示：如果电子文档报告出现雷同（文字、计算过程、仿真电路结果及截图等），则将依据学校规定按作弊处理（双方同责），所以同学之间只能交流方法，不要把自己的报告内容、仿真文件或截图直接拷贝、传送给同学。期末时该报告需随实验报告交由学习委员集中统一上交给老师。

课程名称（理论课/实验课）＿＿＿＿＿＿＿＿＿＿＿＿＿＿＿＿

实　验　名　称＿＿＿＿＿＿＿＿＿＿＿＿＿＿＿＿

年　级　班　级＿＿＿＿＿＿＿＿＿＿＿＿＿＿＿＿

学　号　姓　名＿＿＿＿＿＿＿＿＿＿＿＿＿＿＿＿

一、实验目的

1. 掌握基于 Verilog 语言的 Diamond 工具设计全流程。
2. 熟悉、应用 Verilog HDL 描述数字电路。
3. 掌握 Verilog HDL 的组合逻辑电路和时序逻辑电路的设计方法。
4. 掌握“小脚丫”开发板的使用方法。

二、实验原理

（包括原理图绘制和实验原理简述。）

比如：全加器仿真原理图，如附图 15.1 所示。

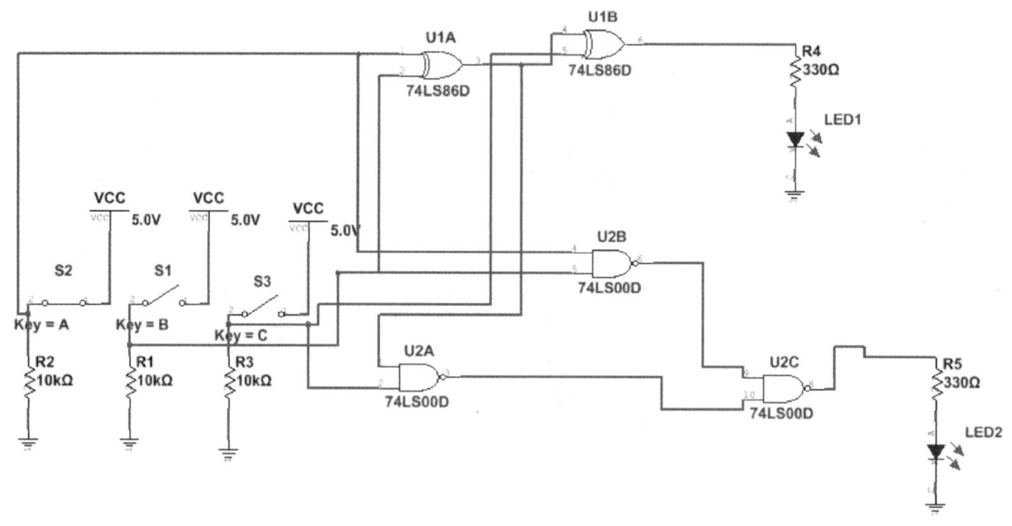

附图 15.1　全加器仿真原理图

三、程序清单

（每条语句必须包括注释或在开发窗口注释后截图。）

提示：多个设计时可以参考以下格式。

1. 全加器程序清单

……………………

2. 三变量表决器清单

　　……………………

3. ………………

　　………………………

4. ………………

　　…………………………

5. ………………

　　……………………

四、综合、引脚分配、生成输出文件、下载

（在多个设计中任选一个，写出所有步骤截图。）

五、仿真程序清单、波形

(波形截图即可。)

六、思考与体会

附录十六 FPGA 典型综合设计案例提示

一、数字钟设计案例提示

数字钟是学习数字电子技术课程后的一个常用综合设计题目,该数字钟的时、分、秒在“小脚丫”FPGA 开发板上的两个数码管上实现,时、分、秒的显示通过按键开关设置进行切换。

数字钟设计基于模块化的设计思想,通过数码管显示、模 60、24、10、6 计数器和 top 模块实现,具体要求如下。

1. 基本要求

(1) 可以在两个数码管上切换显示时、分、秒。

(2) 24 小时制计数。

(3) 具有暂停、复位功能。

2. 扩展要求

(1) 具有校时功能,可以对小时和分单独校时,对分校时的时候,停止分向小时进位。校时时钟源可以手动输入或借用电路中的时钟。

(2) 具有整点报时、提醒功能。

3. 基于两个数码管数字钟的程序清单

//推上 SW4 进入校准,轻按 KEY1 进行数码管切换,轻按 KEY3 校准加,轻按 KEY4 校准减,注意:KEY2 是时、分、秒显示切换按键。

```
module top(
input clk,
input reset,//复位            （M7-拨码开关 SW1）
input key_s,//开始/暂停  （M9-拨码开关 SW3）
input     key_ch,//数码管切换显示  （L14-轻触按键开关 KEY1）
input     key_j,//进入/退出校准（M10-拨码开关 SW4）
input     key_a,//校准加      （M14-轻触按键开关 KEY3）
input     key_u,//校准减      （N14-轻触按键开关 KEY4）
input key,     //切换时、分、秒  （M13-轻触按键开关 KEY2）
output wela1,
output [6:0]dula1,
output wela2,
output [6:0]dula2
    );

wire key_value;
wire key_c_value;
wire key_add_value;
wire key_sub_value;

key_ctrl u1(
.clk(clk),
.reset(reset),
.key(key),
.key_value(key_value)
);

key_ctrl u2(
.clk(clk),
.reset(reset),
.key(key_ch),
.key_value(key_c_value)
);

key_ctrl u3(
.clk(clk),
.reset(reset),
.key(key_a),
.key_value(key_add_value)
```

```
);

key_ctrl u4(
.clk(clk),
.reset(reset),
.key(key_u),
.key_value(key_sub_value)
);

timer u5(
.clk(clk),
.reset(reset),//复位
.key_s(key_s),//进入/退出暂停
.key_j(key_j),//进入/退出校准
.key_c(key_c_value),//切换校准位置
.key_add(key_add_value),//校准加
.key_sub(key_sub_value),//校准减
.key_value(key_value),//数码管切换显示
.dula1(dula1),
.wela1(wela1),
.dula2(dula2),
.wela2(wela2)
);

endmodule

module key_ctrl(
input clk,
input reset,
input key,
output key_value
);

parameter time_20ms = 32'd119999;//定义 10ms 消抖时长
reg sysclk = 1'd0;
reg [31:0]cnt;//按键消抖延时计数

//20ms 分频
always @ (posedge clk)
```

```
begin
    if(reset)
        cnt <= 32'd0;
    else if(cnt == time_20ms)
        cnt <= 32'd0;
        else
        ……………………………; //由学习者自行完成
end

always @ (posedge clk)
begin
if(cnt == time_20ms)
    ……………………………………;//学习者自行完成
end

reg reg_key1;
always @ (posedge sysclk)
begin
    reg_key1 <= key;
end

//按键值锁存一个时钟周期,以判断按键是否按下
reg key_flag1;
always @ (posedge clk)
begin
    key_flag1 <= reg_key1;
end

wire reg_key_value;
assign reg_key_value = key_flag1 &(! reg_key1);
assign key_value = reg_key_value;

endmodule

module timer(
input                    clk,
input   reset,           //复位
input                    key_s,//进入/退出暂停
input                    key_j,//进入//退出校准
```

```
input                    key_c,//切换校准位置
input                    key_add,//校准加
input                    key_sub,//校准减
input                    key_value,//切换显示数码管
output                   wela1,
output reg [6:0]       dula1,
output                   wela2,
output reg [6:0]       dula2
);

//分频模块
parameter freq_1hz = ……………………;//分频数 20ms,由学习者自行完成
reg [31:0]clk_cnt = 32'd0;
always@(posedge clk)
begin
    if(reset)
        clk_cnt <= 32'd0;
    if(clk_cnt == freq_1hz)
        clk_cnt <= 32'd0;
    else
        clk_cnt <=…………………………;//由学习者自行完成
end

//计数模块
reg [3:0]second_num1 = 0;//秒个位
reg [3:0]second_num2 = 0;//秒十位

reg [3:0]munite_num1 = 0;//分个位
reg [3:0]munite_num2 = 0;//分十位

reg [3:0]hour_num1 = 0;//时个位
reg [3:0]hour_num2 = 0;//时十位

reg [3:0]staute = 0;//校准位置
always@(posedge clk)
begin
    if(reset)
        staute <= 0;
    else if(staute==6)
```

```
            staute <= 0;
        else if(key_j &&key_c)
            staute <=…………………………;//由学习者自行完成
    end

    always@ (posedge clk)
    begin
        if(reset)begin
            second_num1 <= 0;
            second_num2 <= 0;
            munite_num1 <= 0;
            munite_num2 <= 0;
            hour_num1 <= 0;
            hour_num2 <= 0;
    end
        else if(key_j)begin//进入校准模式
            if(staute == 0 && key_add && second_num1<9)
    second_num1 <= second_num1 + 1;
            else if(staute == 0 && key_sub && second_num1>0)
    second_num1 <= second_num1 - 1;

            if(staute == 1 && key_add && second_num2<6)
    second_num2 <= second_num2 + 1;
            else if(staute == 1 && key_sub && second_num2>0)
    second_num2 <= second_num2 - 1;

            if(staute == 2 && key_add && munite_num1<9)
    munite_num1 <= munite_num1 + 1;
            else if(staute == 2 && key_sub && munite_num1>0)
    munite_num1 <= munite_num1 - 1;

            if(staute == 3 && key_add && munite_num2<6)
    munite_num2 <= munite_num2 + 1;
            else if(staute == 3 && key_sub && munite_num2>0)
    munite_num2 <= munite_num2 - 1;

            if(staute == 4 && key_add && hour_num1<9)
    hour_num1 <= hour_num1 + 1;
            else if(staute == 4 && key_sub && hour_num1>0)
```

```
hour_num1 <= hour_num1 - 1;

          if(staute == 5 && key_add && hour_num2<2)
hour_num2 <= hour_num2 + 1;
          else if(staute == 5 && key_sub && hour_num2>0)
hour_num2 <= hour_num2 - 1;
end
     else if(! key_j)begin//非校准模式
          if(second_num1 == 4'd10)begin
               second_num1 <= 4'd0;
               second_num2 <= second_num2 + 4'd1;
end
          else if(second_num2 == 4'd6)begin
               second_num2 <= 4'd0;
               munite_num1 <= munite_num1 + 4'd1;
end
          else if(munite_num1 == 4'd10)begin
               munite_num1 <= 4'd0;
               munite_num2 <= munite_num2 + 4'd1;
end
          else if(munite_num2==4'd6)begin
               munite_num2 <= 0;
               hour_num1 <= hour_num1 + 4'd1;
end
          else if(hour_num1==4'd10)
               hour_num2 <= hour_num2 + 4'd1;
          else if(! key_s && clk_cnt == freq_1hz)
               second_num1 <= second_num1 + 4'd1;
     end
end

//按键显示选择
reg [3:0]show_flag = 0;
always@(posedge clk)
begin
     if(reset)
          show_flag <= 0;
     if(show_flag==3)
          show_flag <= 0;4
```

```
        if( key_value)
            show_flag <= show_flag + 1;
    end

    //数码管位选模块
    assign wela1  =  1'd0;
    assign wela2  =  1'd0;

    //数码管段选模块

    always@ ( posedge clk)
    begin
        if( reset)//伏位清零
            dula1 <= 7'b1111110;
          else if( show_flag = = 0)
            Begin//显示秒个位
                case( second_num1)
                        4'd0 : dula1 <= 7'b1111110;
                        4'd1 : dula1 <= 7'b0110000;
                        4'd2 : dula1 <= 7'b1101101;
                        4'd3 : dula1 <= 7'b1111001;
                        4'd4 : dula1 <= 7'b0110011;
                        4'd5 : dula1 <= 7'b1011011;
                        4'd6 : dula1 <= 7'b1011111;
                        4'd7 : dula1 <= 7'b1110000;
                        4'd8 : dula1 <= 7'b1111111;
                        4'd9 : dula1 <= 7'b1111011;
                endcase
            end
          else if( show_flag = = 1)
              Begin//显示分个位
                case( munite_num1)
                    4'd0 : dula1 <= 7'b1111110;
                    4'd1 : dula1 <= 7'b0110000;
                    4'd2 : dula1 <= 7'b1101101;
                    4'd3 : dula1 <= 7'b1111001;
                    4'd4 : dula1 <= 7'b0110011;
                    4'd5 : dula1 <= 7'b1011011;
                    4'd6 : dula1 <= 7'b1011111;
```

```
                4'd7 : dula1 <= 7'b1110000;
                4'd8 : dula1 <= 7'b1111111;
                4'd9 : dula1 <= 7'b1111011;
            endcase
        end
    else if(show_flag==2)
        Begin//显示时个位
            case(hour_num1)
                4'd0 : dula1 <= 7'b1111110;
                4'd1 : dula1 <= 7'b0110000;
                4'd2 : dula1 <= 7'b1101101;
                4'd3 : dula1 <= 7'b1111001;
                4'd4 : dula1 <= 7'b0110011;
                4'd5 : dula1 <= 7'b1011011;
                4'd6 : dula1 <= 7'b1011111;
                4'd7 : dula1 <= 7'b1110000;
                4'd8 : dula1 <= 7'b1111111;
                4'd9 : dula1 <= 7'b1111011;
            endcase
        end
end

always@ (posedge clk)
begin
    if(reset)
        dula2 <= 7'b1111110;//复位清零
    else if(show_flag==0)
        Begin//显示秒十位
            case(second_num2)
                4'd0 : dula2 <= 7'b1111110;
                4'd1 : dula2 <= 7'b0110000;
                4'd2 : dula2 <= 7'b1101101;
                4'd3 : dula2 <= 7'b1111001;
                4'd4 : dula2 <= 7'b0110011;
                4'd5 : dula2 <= 7'b1011011;
                4'd6 : dula2 <= 7'b1011111;
                4'd7 : dula2 <= 7'b1110000;
                4'd8 : dula2 <= 7'b1111111;
                4'd9 : dula2 <= 7'b1111011;
```

```
            endcase
        end
    else if(show_flag==1)
            Begin//显示分十位
            case(munite_num2)
                    4'd0 : dula2 <= 7'b1111110;
                    4'd1 : dula2 <= 7'b0110000;
                    4'd2 : dula2 <= 7'b1101101;
                    4'd3 : dula2 <= 7'b1111001;
                    4'd4 : dula2 <= 7'b0110011;
                    4'd5 : dula2 <= 7'b1011011;
                    4'd6 : dula2 <= 7'b1011111;
                    4'd7 : dula2 <= 7'b1110000;
                    4'd8 : dula2 <= 7'b1111111;
                    4'd9 : dula2 <= 7'b1111011;
            endcase
        end
    else if(show_flag==2)
            Begin//显示时十位
            case(hour_num2)
                    4'd0 : dula2 <= 7'b1111110;
                    4'd1 : dula2 <= 7'b0110000;
                    4'd2 : dula2 <= 7'b1101101;
                    4'd3 : dula2 <= 7'b1111001;
                    4'd4 : dula2 <= 7'b0110011;
                    4'd5 : dula2 <= 7'b1011011;
                    4'd6 : dula2 <= 7'b1011111;
                    4'd7 : dula2 <= 7'b1110000;
                    4'd8 : dula2 <= 7'b1111111;
                    4'd9 : dula2 <= 7'b1111011;
            endcase
            end
end
endmodule
```

二、简易交通信号灯设计案例提示

以开发板“小脚丫”上两个“四色”灯(红、绿、蓝、白)为基础设计一个交通信号灯控制器。该交通信号灯控制器由一条车道 A 和一条车道 B 汇合成十字路口,在每个入口处设置红、蓝、绿三色信号灯,蓝色代表实际交通信号灯中的黄色。

1. 具体设计要求

(1) A 通道、B 通道的红灯持续时间均为 20s。

(2) A 通道、B 通道的黄灯持续时间均为 3s。

(3) A 通道、B 通道的蓝灯持续时间均为 15s。

2. 程序清单

```
module Traffic_Light
(
input                clk_in,   //时钟
input                rst_n_in,// 复位
output    reg[2:0]led_master,          //R,G,Y 主路三色灯
output    reg[2:0]led_slave,          //R,G,Y 支路三色灯
output       [8:0]segment_led_1,  //MSB~LSB = SEG,DP,G,F,E,D,C,B,A 倒计
时数码管 1
output       [8:0]segment_led_2   //MSB~LSB = SEG,DP,G,F,E,D,C,B,A 倒计
时数码管 2
);

localparam      S1 = 2'b00,    //A 车道绿,B 车道红
                S2 = 2'b01,     //A 车道黄(蓝),B 车道红
                S3 = 2'b10,       //A 车道红,B 车道绿
                S4 = 2'b11;     //A 车道红,B 车道黄(蓝)
localparam RED = 3'b011,GREEN = 3'b101,YELLOW = 3'b110;  //交通信号灯的
控制
localparam          GREENTIME = 8'd20,REDTIME = 8'd15,YELLOWTIME = 8'd3;
reg  clk_1Hz;
Reg  [23:0] cnt;
Wire  [7:0] segtime;


//Generate 1Hz signal
always @ (posedge clk_in or negedge rst_n_in)
     begin
          if(! rst_n_in)
begin
               cnt <= 0;
               clk_1Hz <= 0;
          end
else if(cnt == 24'd5_999_999)
begin
```

```
                cnt<=0;
                clk_1Hz <= ~clk_1Hz;
            end
else cnt<=cnt+1'b1;
        end

reg [7:0] timecnt;
reg[1:0] c_state,n_state;
//同步状态转移
always @(posedge clk_1Hz or negedge rst_n_in)
        if(! rst_n_in)
            c_state <= S1;
        else
            c_state <= n_state;

//判断转移条件
always @(c_state or timecnt or rst_n_in)
        if(! rst_n_in)
begin
            n_state = S1;
        end
else
begin
            case(c_state)
                S1:if(! timecnt) n_state = S2; else n_state = S1;
                S2:if(! timecnt) n_state = S3; else n_state = S2;
                S3:if(! timecnt) n_state = S4; else n_state = S3;
                S4:if(! timecnt) n_state = S1; else n_state = S4;
                default:n_state = S1;
            endcase
        end

//同步逻辑输出
always @(posedge clk_1Hz or negedge rst_n_in) begin
        if(! rst_n_in)
begin
            timecnt <= GREENTIME;
            led_master <= GREEN;
            led_slave <= RED;
```

```
        end
    else
    begin
            case(n_state)
                S1 : begin
                    led_master <= GREEN;
                    led_slave <= RED;
                    if(timecnt==0) begin
                        timecnt <= GREENTIME;
                    end else begin
                        timecnt <=……………………;//由学习者自己完成
                    end
                end
                S2 : begin
                    led_master <=……………………; //由学习者自己完成
                    led_slave <= RED;
                    if(timecnt==0) begin
                        timecnt <= YELLOWTIME;
                    end else begin
                        timecnt <= timecnt- 1'b1;
                    end
                end
                S3 : begin
                    led_master <= RED;
                    led_slave <= GREEN;
                    if(timecnt==0) begin
                        timecnt <= REDTIME;
                    end
    else
    begin
                        timecnt <= timecnt- 1'b1;
                    end
                end
                S4 : begin
                    led_master <= RED;
                    led_slave <= YELLOW;
                    if(timecnt==0)
    begin
                        timecnt <=……………………;//由学习者自己完成
```

```
                    end
else
begin
                        timecnt <= timecnt- 1'b1;
                    end
                end
                default:;
            endcase
        end
end

//Segment led display
Segment_led Segment_led_uut
(
.seg_data_1(segtime[7:4]),   //seg_data input
.seg_data_2(segtime[3:0]),   //seg_data input
.segment_led_1(segment_led_1),   //MSB~LSB = SEG,DP,G,F,E,D,C,B,A
.segment_led_2(segment_led_2)    //MSB~LSB = SEG,DP,G,F,E,D,C,B,A
);

bin2bcd bin2bcd_uut(
    .bitcode(timecnt),
    .bcdcode(segtime)
);

Endmodule
```

下面是数码显示子程序,需要提前加入上面交通信号灯工程中去,并在程序中例化。

```
module Segment_led
(
input   [3:0] seg_data_1,   //seg_data input
input   [3:0] seg_data_2,   //seg_data input
output [8:0] segment_led_1,   //MSB~LSB = SEG,DP,G,F,E,D,C,B,A
output [8:0] segment_led_2    //MSB~LSB = SEG,DP,G,F,E,D,C,B,A
);

reg[8:0] seg [9:0];
initial
    begin
```

```
        seg[0] = 9'h3f;   //  0
        seg[1] = 9'h06;   //  1
        seg[2] = 9'h5b;   //  2
        seg[3] = 9'h4f;   //  3
        seg[4] = 9'h66;   //  4
        seg[5] = 9'h6d;   //  5
        seg[6] = 9'h7d;   //  6
        seg[7] = 9'h07;   //  7
        seg[8] = 9'h7f;   //  8
        seg[9] = 9'h6f;   //  9
    end

assign segment_led_1 = seg[seg_data_1];
assign segment_led_2 = seg[seg_data_2];

endmodule
```

第 3 版后记

参考文献

[1] 康华光. 电子技术基础(数字部分)[M].7版. 北京:高等教育出版社,2021.
[2] 王永军,丛玉珍. 数字逻辑与数字系统[M]. 北京:电子工业出版社,1997.
[3] 康华光. 电子技术基础(数字部分)[M].5版. 北京:高等教育出版社,2006.
[4] 彭容修. 数字电子技术基础[M].2版. 武汉:武汉理工大学出版社,2006.
[5] 谢自美. 电子线路设计、实验、测试[M].3版. 武汉:华中科技大学出版社,2006.
[6] 何金茂. 电子技术基础实验[M].2版. 北京:高等教育出版社,2000.
[7] 范爱萍. 电子电路实验与虚拟技术[M]. 济南:山东科学技术出版社,2001.
[8] 陈先荣. 电子技术基础实验[M]. 北京:国防工业出版社,2006.
[9] 陈鸿茂,于洪珍. 常用电子元器件简明手册[M]. 徐州:中国矿业大学出版社,1991.
[10] 路勇. 电子电路实验及仿真[M]. 北京:清华大学出版社,2001.
[11] 孙焕根,吴仲海. 模拟电路、数字电路、微处理机实验[M]. 杭州:浙江大学出版社,1985.
[12] 西南西北地区九所高等院校合编. 电子线路实验[M]. 成都:四川科学技术出版社,1988.
[13] 王金明. 数字系统设计与Verilog HDL[M].7版. 北京:电子工业出版社,2019.
[14] 吴国盛.7天搞定FPGA——Robei与Xilinx实战[M]. 北京:电子工业出版社,2016.
[15] 高敬鹏. 基于Verilog HDL的数字系统设计快速入门[M]. 北京:电子工业出版社,2016.
[16] 刘睿强. Verilog HDL的数字系统设计及实践[M]. 北京:电子工业出版社,2011.
[17] 王金明. 数字系统设计与Verilog HDL[M].8版. 北京:电子工业出版社,2021.